新编大学物理

主　　编　孙卫卫　胡继超　王文涛
副主编　肖址敏　刘　军　刘　刚
编委成员　（排名不分先后）
张　恒　葛晓东　于万堂
吴　滨　尹延生　何纪达
李生宝　张　栋　杜　鹃
蔡金松　李永春　朱国冕
张　静　李　轶　诸葛锦兵

特配电子资源

微信扫码
· 视频学习
· 拓展资源
· 互动交流

南京大学出版社

图书在版编目(CIP)数据

新编大学物理 / 孙卫卫，胡继超，王文涛主编. —— 南京：南京大学出版社，2021.4

ISBN 978-7-305-24356-1

Ⅰ. ①新… Ⅱ. ①孙… ②胡… ③王… Ⅲ. ①物理学－高等学校－教材 Ⅳ. ①O4

中国版本图书馆 CIP 数据核字(2021)第 060500 号

出版发行 南京大学出版社
社　　址 南京市汉口路 22 号　　邮　编 210093
出 版 人 金鑫荣

书　　名 新编大学物理
主　　编 孙卫卫　胡继超　王文涛
责任编辑 刘　飞　　编辑热线 025-83592146

照　　排 南京南琳图文制作有限公司
印　　刷 南京人文印务有限公司
开　　本 787×1096　1/16　印张 15.5　字数 378 千
版　　次 2021 年 4 月第 1 版　2021 年 4 月第 1 次印刷
ISBN 978-7-305-24356-1
定　　价 39.00 元

网址：http://www.njupco.com
官方微博：http://weibo.com/njupco
官方微信号：njupress
销售咨询热线：(025) 83594756

前　言

当前,科学技术发展的学科交叉特征愈发突出,物理学正在进一步与生物学、化学和材料科学相结合,使科学研究向更广更深的层次发展。因此,物理是学好自然科学和工程技术科学的基础,工科大学生物理基础的厚薄将会影响他们日后的工作适应能力和发展潜力。同时,中学生物理竞赛一直如火如荼,虽然是针对中学生,但近几年的复赛、决赛真题越来越"普物化",大量中学生困于找不到一本合适的参考书。鉴于此,诸位一线教练根据数年教学经验,讨论、编写并出版了这本既满足理工科大学生需求,又达到中学生物理竞赛复赛考纲的大学物理教材。

本书依据教育部物理基础课程教学指导分委会制定的《理工科类大学物理课程教学基本要求》,针对普通高等院校理工科本科学生的特点及结合中学生物理竞赛的需求编写。

本书主要特点:

1. 注重科学思维,整体架构清晰

大学物理在普通高等院校理工科专业是基础课程,它的主要任务是通过学习,培养学生的科学性、逻辑性思维。因此,本书在结构和内容的安排上力求具有较强的逻辑性,能给学生一个完整的知识框架体系和清晰的脉络层次。本书共分 17 章,内容主要包括力学、振动和波、光学、热力学基础、电磁学、狭义相对论和量子物理等内容。

2. 注重精讲多练,突出重点内容

"以学生为中心"的教学法是本书编写的初心。本书的编写依据"讲练结合"的教学法,根据教学需要精选重点内容,在博采众家所长的基础上,针对学生的基础和学习特点,采用最优化方案精讲重点内容。总的教学指导思想是多形象分析,少抽象推演;多用通俗易懂的语言描述,少用深奥晦涩的术语论证。讲练结合体现在多介绍知识在生产生活中的应用,多讲解每类典型问题,同时训练知识掌握的灵活性。尽量做到"少课少时",切实减轻学生负担,又保证为后续课程提供必要的基础。此外,本书还注重从实验规律中引出概念,适当介绍物理发展史上的重大事件,使学生了解科学发展的规律、科学研究的方法以及科学家的精神。

3. 注重区分层次，适应不同学生

考虑不同需求，内容划分了层次，为方便教师根据教学情况进行取舍，部分章节标有“ * ”，即为可选内容，读者可以微信扫码线上阅览。

4. 立足理工物理，兼顾物理竞赛

编写中渗透了一线教师的经验心得，注重物理概念的阐述，定理、定律等表述准确、清楚、简洁，文字流畅，易教、易学，便于中学生在学习中理解与掌握。

本书由孙卫卫、胡继超、王文涛主编，肖址敏、刘军、刘刚任副主编，参与编写并给予指导意见的还有张恒、吴滨、李轶、何纪达、李生宝、尹延生等老师。在本书的编写过程中，编者们参阅了许多国内外优秀教材和教学参考资料，恕不一一列出，谨在此一并致谢。尽管本书的编写凝聚了编者们多年来积累的丰富教改研究和教学实践经验，但由于时间仓促且学识有限，疏漏和不妥之处在所难免，恳请专家及同行批评并赐教，也期望读者谅解并指正。

编　者

目 录

注:目录中“*”为线上阅览内容。

第1章　质点运动学

自然界的一切物质都处于永不停止的运动和变化中.尽管物质的运动形式千变万化,但最简单、最基本、又为人们最熟悉的运动是机械运动.而在机械运动中,质点的运动又是最为基本的运动形式.本章将先研究质点的运动学问题.

1.1　质点　坐标系

1.1.1　质点

宇宙中的一切物体,大到行星、恒星,小到分子、原子、基本粒子,都有一定的形状、大小和内部结构.通常当物体运动时,物体的各个部分的位置改变不尽相同.然而,当我们研究物体运动时,如果只考虑物体的整体运动情况,或者物体的大小和形状在物体运动中产生的影响可以忽略不计时,我们就可以把这个物体看成一个点.

把一个物体看作一个只有质量没有体积的理想物体,这个理想物体就称为**质点**.例如,绕太阳公转的地球,当我们只研究地球的公转轨道时,就可以将地球看作质点.又如,在地球表面运动的汽车,当我们只研究汽车沿公路的运动情况时,也可以将汽车看成质点.但如果是想研究地球的自转,或者汽车轮胎打滑的轨迹,二者就不能看成质点了.所以,物体是否能够看成质点,主要由所研究的运动的性质决定,即取决于我们研究问题的角度.

质点是一种理想模型.任何实际的物体都有一定的体积,无论物体多么小,只具有质量,而没有体积的物体是没有的.

一方面,人们在研究气体分子运动、天体运动等问题时,把气体分子和天体看成质点都能够正确地解决有关它们的各种问题,这证明了引入质点概念的合理性和正确性.另一方面,质点运动也是研究物体运动的基础.任何物体都可以看成是由无数个质点组成的,从理论上讲,当物体上每一个质点的运动情况分析清楚了,整个物体的运动情况也就清楚了.

1.1.2　空间

任何物质的存在和运动都是在一定的空间中进行的.空间是物质的广延性质的反映,是与物体的体积和物体位置的变化紧密联系在一起的.从物理学发展的历史看,人们对空间的认识主要有两个阶段,即早期的牛顿绝对时空观的绝对空间概念和爱因斯坦相对论时空观的相对空间概念.牛顿在《自然哲学的数学原理》中说:“绝对空间,就其本性来说,与任何外在的情况无关,始终保持着相似和不变.”绝对空间概念认为空间是独立的客观存在,不依赖于物质的存在和运动,但相对空间概念认为空间是与物质的存在形式和物质的运动相联系的，空间的特性受物质和物质运动的影响，没有物质和物质运动的空间是无意义的.

目前人们已经探知的空间范围，小到最小的微观粒子的线度 10^{-15} m，大到宇宙范围的尺度 10^{26} m. 物理理论指出，空间的范围是有下限的，最小的空间线度是普朗克长度，约为 10^{-35} m. 小于这个长度范围，现有的空间概念就有可能不再适用了.

阅读 典型的空间尺度和时间间隔

1.1.3 时间

一切物体的存在和运动都具有持续性和顺序性. 反映物理事件持续性和顺序性的概念，就是时间. 在牛顿的绝对时空观中，时间也是不依赖于物质而独立存在的. 牛顿在《自然哲学的数学原理》中说："绝对的、真正的和数学的时间自身在流逝着，并且由它的本性而均匀地、同任何一种外界事物无关地流逝着."然而，随着科学的发展，这种观点是不正确的. 爱因斯坦相对论时空观指出，时间是与物质的存在和运动紧密联系的.

目前度量的时间范围，短至最短的微观粒子寿命 10^{-25} s，长至宇宙年龄 10^{18} s. 物理理论给出，时间间隔也是有下限的，其值为普朗克时间 10^{-43} s. 当时间间隔小于普朗克时间，现有的时间概念就可能不适用了.

1.1.4 参考系和坐标系

在自然界中，物质的运动是绝对的，但对物质运动的描述却是相对的. 同样的一个运动，处于不同运动状态的观测者看到的将是不同的结果. 例如在匀速直线运动的火车车厢内，一个物体自由下落. 对车厢中的观测者，它是在做直线运动；但对地面上的观测者，它是在做平抛运动. 因此，在描述研究对象的机械运动时，必须选定一个标准物体（或几个相对静止的物体）作为参考，而这个被选作标准的物体或物体系，就是**参考系**，也称为**参照系**.

参考系的选择可以是任意的，对同一物体的运动选择不同的参考系，描述结果一般是不同的. 一般以对问题的描述、研究和求解最为方便和简洁为基本原则. 通常研究地球上的物体运动，选择地球作为参考系最为方便；当研究人造卫星的运动时，选择地心系方便；而研究行星的运动时，则应该选择太阳作为参考系. 对该问题的进一步讨论见第 2 章.

选择了参考系只能定性地研究物体运动，要想定量地描述物体的运动，就必须在参考系上建立一套度量系统或标尺，来对物体的运动进行测量. 这种带有度量系统的参考系称为**坐标系**. 在物理理论中，常用的坐标系是直角坐标系. 此外，根据所研究的问题的不同，还有平面极坐标系、柱面坐标系、球面坐标系和自然坐标系等.

选择不同的坐标系，得到的描述物体运动的变量和方程可能不同，但运动性质是不会改变的. 坐标系选择得恰当与否，只会影响求解的过程（有时坐标系选择不恰当会导致问题难以求解），不会改变物体运动的本性.

1.2 位置矢量 运动方程

1.2.1 位置矢量

在选定的坐标系中，为了表示质点的运动，采用**位置矢量**（简称**位矢**或**矢径**）描述质点运动的瞬时位置.从坐标系的原点到质点所在瞬时位置的有向线段称为位矢,用矢量 $\boldsymbol{r}$ 表示.参看图1-1,在直角坐标系 $O-xyz$ 中,质点 P 的位置可用它在坐标系中的三个坐标 x,y,z 来确定,坐标 x,y,z 就是位矢 $\boldsymbol{r}$ 在三个坐标轴上的分量.

在直角坐标系中,位矢 $\boldsymbol{r}$ 可以写为

$$\boldsymbol{r}=x\boldsymbol{i}+y\boldsymbol{j}+z\boldsymbol{k}, \tag{1.1}$$

式中 $\boldsymbol{i},\boldsymbol{j},\boldsymbol{k}$ 分别表示沿 x,y,z 轴正方向的单位矢量.位矢 $\boldsymbol{r}$ 的大小为

$$r=|\boldsymbol{r}|=\sqrt{x^2+y^2+z^2}. \tag{1.2}$$

位矢的方向余弦是

$$\cos\alpha=\frac{x}{r},\cos\beta=\frac{y}{r},\cos\gamma=\frac{z}{r}. \tag{1.3}$$

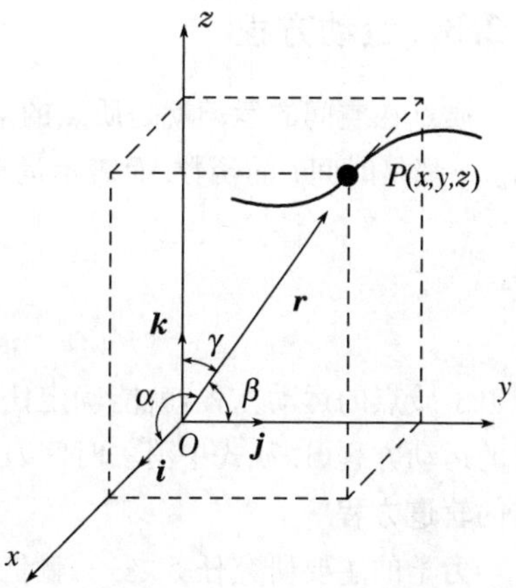

图1-1 直角坐标系中的位矢

1.2.2 位移

如图1-2(a)所示,设质点沿曲线轨道 ab 运动.在时刻 t,质点在 a 处,在时刻 $t+\Delta t$,质点到达 b 处.a、b 两点的位矢分别用 $\boldsymbol{r}_1$ 和 $\boldsymbol{r}_2$ 表示,则在时间间隔 Δt 内,质点位矢的变化

$$\Delta\boldsymbol{r}=\boldsymbol{r}_2-\boldsymbol{r}_1 \tag{1.4}$$

就称为**位移**.位移是描述物体位置改变的大小和方向的物理量,图中就是由起始位置 a 指向终止位置 b 的一个矢量,它的运算是按三角形法则或平行四边形法则进行的.

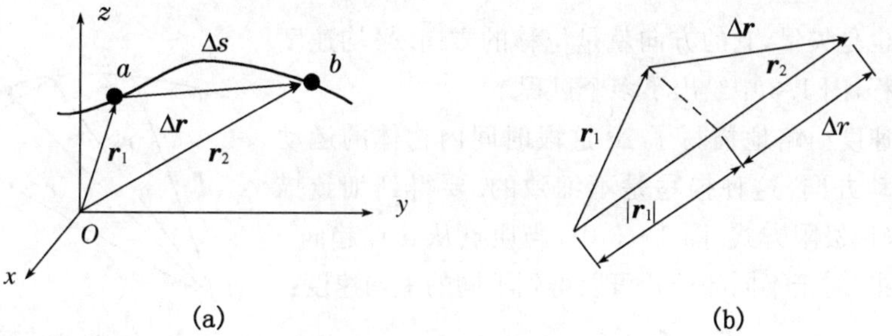

图1-2 质点的位移

有两点要注意:

首先,**位矢改变的大小**(即位移的模)$|\Delta\boldsymbol{r}|$ 与**位矢大小的改变** Δr 是不同的,$\Delta r\equiv|\boldsymbol{r}_2|-|\boldsymbol{r}_1|\neq|\Delta\boldsymbol{r}|\equiv|\boldsymbol{r}_2-\boldsymbol{r}_1|$,如图1-2(b)所示.

其次,位移表示物体位置的改变,并不是物体实际所经历的路程.在图1-2(a)中,位移是有向线段 $\overrightarrow{ab}$,它的大小 $|\Delta\boldsymbol{r}|$ 为直线 ab 的长度.而路程是指物体实际所经过的轨道的长度,它是一个标量,一般用 Δs 表示,在图中即曲线 ab 的长度.通常 $|\Delta\boldsymbol{r}|$ 与 Δs 不一定相同(除非是直线运动),当 Δt 较小时,二者近似相等,而当 Δt 趋近于零时,可以有 $|\mathrm{d}\boldsymbol{r}|=\mathrm{d}s$.

以上两点可以总结为下面的公式:

$$\Delta r\neq|\Delta\boldsymbol{r}|\approx\Delta s,\mathrm{d}r\neq|\mathrm{d}\boldsymbol{r}|=\mathrm{d}s. \tag{1.5}$$

1.2.3 运动方程

质点在空间的运动就是质点的空间位置随时间变化的过程. 质点的位矢 $\boldsymbol{r}$ 以及坐标 x, y, z 都是时间 t 的函数. 而表示运动过程的具体函数式就称为**运动方程**①,可以表示为

$$\boldsymbol{r}=\boldsymbol{r}(t), \tag{1.6}$$

或

$$x=x(t), y=y(t), z=z(t). \tag{1.7}$$

知道了质点的运动方程,就能确定任一时刻质点的位置,从而确定质点的运动. 如果从质点的运动方程(1.7)式中消去时间 t,就可以得到质点三个坐标之间一种函数关系,称为质点的**轨道方程**.

力学的主要研究任务之一,就是根据各种问题的具体条件,求解质点的运动方程.

1.3 速度 加速度

1.3.1 速度

研究质点的运动,不仅要知道质点的位移,还必须知道质点在多长一段时间内通过这段位移,即要知道质点运动的快慢程度.

位移 $\Delta\boldsymbol{r}$ 和发生这段位移所经历的时间之比叫作质点在这一段时间内的**平均速度**,记为 $\bar{\boldsymbol{v}}$,有

$$\bar{\boldsymbol{v}}=\frac{\Delta\boldsymbol{r}}{\Delta t} \tag{1.8}$$

平均速度也是矢量,它的方向就是位移的方向. 平均速度依赖于过程,图 1.3 中绘出了多个过程.

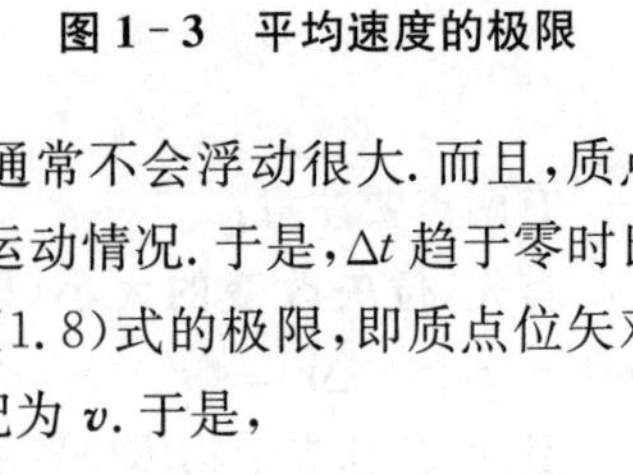

图 1-3 平均速度的极限

平均速度粗略地描写了 Δt 这段时间内物体的运动快慢和运动方向,这种描写是不细致的. 要得到细致描写,必须采用极限方式. 图 1-3 中,当质点从 a 点趋向 b 点的过程中,对于不同的位置可以得到不同的平均速度:

$$\frac{\Delta\boldsymbol{r}_1}{\Delta t_1}, \frac{\Delta\boldsymbol{r}_2}{\Delta t_2}, \frac{\Delta\boldsymbol{r}_3}{\Delta t_3}, \cdots$$

虽然 Δt 在不断减小,但同时 $|\Delta\boldsymbol{r}|$ 也在不断减小,所以比值通常不会浮动很大. 而且,质点越接近 b 点(Δt 越小)时,平均速度越能反映质点在 b 点的运动情况. 于是,Δt 趋于零时比值 $\Delta\boldsymbol{r}/\Delta t$ 的极限就应该准确反映质点在 b 点的运动情况. (1.8)式的极限,即质点位矢对时间的变化率,叫作质点在时刻 t 的**瞬时速度**,简称**速度**,记为 $\boldsymbol{v}$. 于是,

$$\boldsymbol{v}=\lim_{\Delta t\to 0}\bar{\boldsymbol{v}}=\lim_{\Delta t\to 0}\frac{\Delta\boldsymbol{r}}{\Delta t}=\frac{\mathrm{d}\boldsymbol{r}}{\mathrm{d}t}. \tag{1.9}$$

速度的方向,就是当 Δt 趋于零时,位移 $\Delta\boldsymbol{r}$ 的方向. 由图 1.3 可以看出,当 Δt 趋于零时,a

① 严格来说,这应该称为"运动函数"才合适,但"运动方程"的说法已经被大家所广泛使用.

点向 b 点趋近，位移 $\Delta\boldsymbol{r}$ 的方向就趋于运动轨道在 a 点的切线方向. 所以，质点在某时刻的**速度方向就是质点所在处轨道的切线方向**.

在实际运用中，有时仅需要考虑速度的大小，这时人们也常采用**速率**这个物理量. 速率是速度的大小，是一个标量，它不考虑质点运动的方向. 故有

$$v=|\boldsymbol{v}|=\lim_{\Delta t\to 0}\frac{|\Delta\boldsymbol{r}|}{\Delta t}=\lim_{\Delta t\to 0}\frac{\Delta s}{\Delta t}=\frac{\mathrm{d}s}{\mathrm{d}t}. \tag{1.10}$$

需要注意的是，由于位矢改变的大小 $|\Delta\boldsymbol{r}|$ 与位矢大小的改变 Δr 一般不相等(见(1.5)式)，因此，

$$v=\left|\frac{\mathrm{d}\boldsymbol{r}}{\mathrm{d}t}\right|\neq\frac{\mathrm{d}r}{\mathrm{d}t}. \tag{1.11}$$

在直角坐标系中，将(1.1)式代入(1.9)式，并考虑到三个坐标轴的单位矢量为常矢量，不随时间改变，因此有

$$\boldsymbol{v}=\frac{\mathrm{d}x}{\mathrm{d}t}\boldsymbol{i}+\frac{\mathrm{d}y}{\mathrm{d}t}\boldsymbol{j}+\frac{\mathrm{d}z}{\mathrm{d}t}\boldsymbol{k}, \tag{1.12}$$

也就是说，速度 $\boldsymbol{v}=v_x\boldsymbol{i}+v_y\boldsymbol{j}+v_z\boldsymbol{k}$ 的三个分量分别为①

$$v_x=\dot{x}=\frac{\mathrm{d}x}{\mathrm{d}t},v_y=\dot{y}=\frac{\mathrm{d}y}{\mathrm{d}t},v_z=\dot{z}=\frac{\mathrm{d}z}{\mathrm{d}t}. \tag{1.13}$$

速度的模(大小)可以计算为

$$v=|\boldsymbol{v}|=\sqrt{v_x^2+v_y^2+v_z^2}=\sqrt{\dot{x}^2+\dot{y}^2+\dot{z}^2}. \tag{1.14}$$

速度的 SI 单位是 m/s.

阅读　一些实际的速率与加速度数值

1.3.2　加速度

当质点的运动速度随时间改变时，常常需要了解速度矢量变化的情况. 这个变化可以是运动快慢的变化，也可以是运动方向的变化. 一般情况下，速度的方向和大小都可以变化. 速度矢量变化的快慢用**加速度**表示. 如图 1-4 所示，在时刻 t，质点位于 a 点，速度为 $\boldsymbol{v}_a$，在时刻 $t+\Delta t$，质点位于 b 点，速度为 $\boldsymbol{v}_b$，则在时间 Δt 内，质点速度的增量为

$$\Delta\boldsymbol{v}=\boldsymbol{v}_b-\boldsymbol{v}_a. \tag{1.15}$$

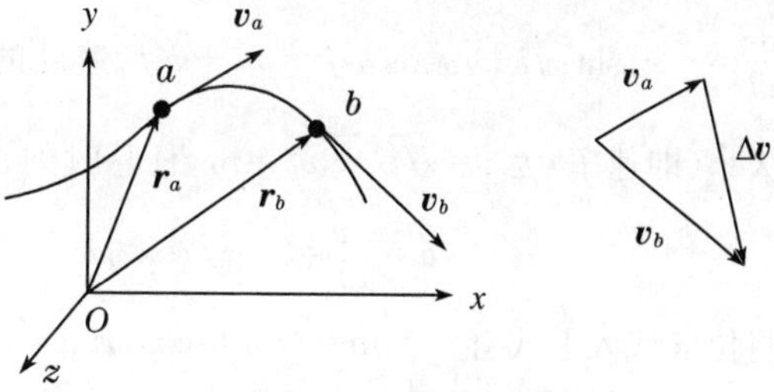

图 1-4　速度的增量

类似平均速度的定义，可以定义时间 Δt 内的平均加速度为

$$\bar{\boldsymbol{a}}=\frac{\Delta\boldsymbol{v}}{\Delta t}. \tag{1.16}$$

平均加速度只是反映在时间 Δt 内速度的平均变化率. 为了准确描述质点在某一时刻的速度变化快慢，必须引入瞬时加速度的概念. 当时间间隔 Δt 趋于零时，(1.16)式表示的平均加速度的极限，即速度对时间的变化率，称为质点在时刻 t 的**瞬时加速度**，简称**加速度**：

---

① 时间导数有时又用加点来表示.

$$\boldsymbol{a}=\lim_{\Delta t\to 0}\frac{\Delta \boldsymbol{v}}{\Delta t}=\frac{\mathrm{d}\boldsymbol{v}}{\mathrm{d}t}=\frac{\mathrm{d}^2\boldsymbol{r}}{\mathrm{d}t^2} \tag{1.17}$$

加速度也是矢量.质点运动速度的大小和方向的改变,都会引起加速度.在直角坐标系中,将速度的表示式(1.12)代入上式,有

$$\boldsymbol{a}=\frac{\mathrm{d}v_x}{\mathrm{d}t}\boldsymbol{i}+\frac{\mathrm{d}v_y}{\mathrm{d}t}\boldsymbol{j}+\frac{\mathrm{d}v_z}{\mathrm{d}t}\boldsymbol{k}. \tag{1.18}$$

也就是说,加速度的三个分量分别为

$$a_x=\frac{\mathrm{d}v_x}{\mathrm{d}t}=\frac{\mathrm{d}^2x}{\mathrm{d}t^2}=\ddot{x},a_y=\frac{\mathrm{d}v_y}{\mathrm{d}t}=\frac{\mathrm{d}^2y}{\mathrm{d}t^2}=\ddot{y},a_z=\frac{\mathrm{d}v_z}{\mathrm{d}t}=\frac{\mathrm{d}^2z}{\mathrm{d}t^2}=\ddot{z}. \tag{1.19}$$

加速度的大小可用下式计算:

$$a=|\boldsymbol{a}|=\sqrt{a_x^2+a_y^2+a_z^2}. \tag{1.20}$$

加速度的SI单位是$\mathrm{m/s^2}$.

例 1.1 如图1-5所示,人造地球卫星在绕地球的平面轨道内做匀速圆周运动,角速度为ω,卫星距地球球心的距离为r,试求:(1) 在平面直角坐标系中,卫星任一时刻的位矢、速度和加速度;(2) 当$r=5\times10^7$ m,$\omega=7.3\times10^{-5}$ rad/s,卫星的速率和加速度的大小.

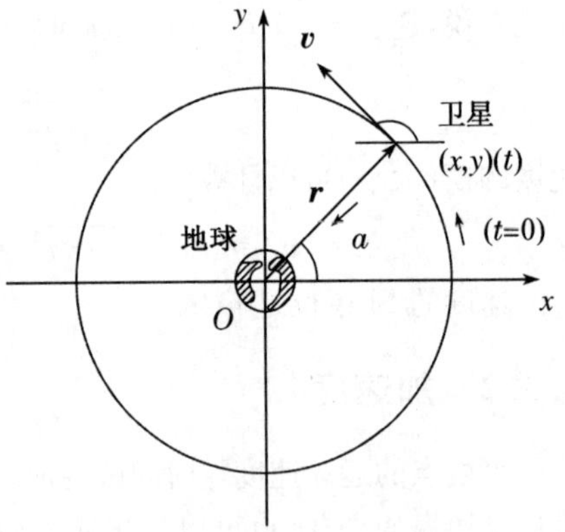

图 1-5 例 1.1 题图

解:(1) 如图,选择以球心为坐标原点的平面直角坐标系,卫星在任意一点的坐标为$x=r\cos\omega t$,$y=r\sin\omega t$.任意时刻t的位矢为$\boldsymbol{r}=r\cos\omega t\boldsymbol{i}+r\sin\omega t\boldsymbol{j}$,任意时刻$t$的速度为$\boldsymbol{v}=\frac{\mathrm{d}\boldsymbol{r}}{\mathrm{d}t}=-r\omega\sin\omega t\boldsymbol{i}+r\omega\cos\omega t\boldsymbol{j}=v_x\boldsymbol{i}+v_y\boldsymbol{j}$,速度的大小(即速率)为$v=\sqrt{v_x^2+v_y^2}=r\omega$,任意时刻$t$的加速度为

$$\boldsymbol{a}=\frac{\mathrm{d}\boldsymbol{v}}{\mathrm{d}t}=-r\omega^2\cos\omega t\boldsymbol{i}-r\omega^2\sin\omega t\boldsymbol{j}=a_x\boldsymbol{i}+a_y\boldsymbol{j}.$$

将位矢代入上式有

$$\boldsymbol{a}=-\omega^2(r\cos\omega t\boldsymbol{i}+r\sin\omega t\boldsymbol{j})=-\omega^2\boldsymbol{r}. \tag{1.21}$$

由这一结果可知,卫星加速度的方向总和位矢的方向相反,且沿着半径指向圆心.这一结果是所有匀速圆周运动所满足的关系.加速度的大小为$a=\sqrt{a_x^2+a_y^2}=r\omega^2$.

(2) 将具体的数字代入,则卫星的速率为$v=r\omega=5\times10^7\times7.3\times10^{-5}$ m/s$=3.65\times10^3$ m/s,其加速度的大小为$a=r\omega^2=5\times10^7\times(7.3\times10^{-5})^2$ m/s$^2=2.66\times10^{-1}$ m/s^2.

例 1.2 已知质点的运动方程为$x=3t-3t^2$,$y=t-4t^3/3$(SI),求$t=1$ s时质点的速率与加速度的大小.

解:对质点的运动方程求一阶时间导数,得到质点的运动速度为

$$v_x=3-6t,v_y=1-4t^2.$$

对质点的运动速度再求一阶时间导数，得到质点运动的加速度为

$$a_x=-6, a_y=-8t.$$

由质点运动的速度和加速度分量，可以得到速率和加速度的大小为

$$v=\sqrt{v_x^2+v_y^2}, a=\sqrt{a_x^2+a_y^2}.$$

将 $t=1$ s 代入上式，得到

$$v=3\sqrt{2}\ \mathrm{m/s}, a=10\ \mathrm{m/s^2}.$$

例 1.3　跳水运动员以 v_0 的速度入水后受阻力而减速，加速度与速度成正比，比例系数为 k. 则其入水深度是多少？

解：以水面为原点，竖直向下为 x 轴正方向. 依题意，有

$$\frac{\mathrm{d}v}{\mathrm{d}t}=-kv.$$

由于 $\frac{\mathrm{d}v}{\mathrm{d}t}=\frac{\mathrm{d}v}{\mathrm{d}x}\frac{\mathrm{d}x}{\mathrm{d}t}=v\frac{\mathrm{d}v}{\mathrm{d}x}$，代入上式得

$$\frac{\mathrm{d}v}{\mathrm{d}x}=-k,$$

两边积分，得

$$\int_{v_0}^{0}\mathrm{d}v=-\int_{0}^{h}k\mathrm{d}x.$$

故深度为

$$h=\frac{v_0}{k}.$$

1.4　匀变速运动　圆周运动

1.4.1　匀变速运动

匀变速运动是一类最简单的运动，其加速度为常矢量. 依据加速度方向与初速度方向是否共线，其轨迹可以是直线或抛物线. 后者虽是曲线运动，但与前者可以一起统一处理.

根据加速度的定义(1.17)式，有 $\mathrm{d}\boldsymbol{v}=\boldsymbol{a}\mathrm{d}t$. 由于 $\boldsymbol{a}$ 是常矢量，上式两边积分，可得

$$\boldsymbol{v}=\boldsymbol{v}_0+\boldsymbol{a}t, \tag{1.22}$$

其中 $\boldsymbol{v}_0$ 是积分常数，在这里的意义是初速度. 又根据速度的定义(1.9)式，有

$$\mathrm{d}\boldsymbol{r}=\boldsymbol{v}\mathrm{d}t=(\boldsymbol{v}_0+\boldsymbol{a}t)\mathrm{d}t.$$

两边再积分，得位移

$$\boldsymbol{s}=\boldsymbol{r}-\boldsymbol{r}_0=\boldsymbol{v}_0t+\frac{1}{2}\boldsymbol{a}t^2. \tag{1.23}$$

(1.22)式和(1.23)式是匀变速运动的基本公式. 根据(1.23)式，位移 $\boldsymbol{s}$ 是常矢量 $\boldsymbol{v}_0$ 和 $\boldsymbol{a}$ 的线性组合，是由跟 $\boldsymbol{v}_0$ 和 $\boldsymbol{a}$ 同向的两个矢量合成的，故 $\boldsymbol{s}$ 始终处在 $\boldsymbol{v}_0$ 和 $\boldsymbol{a}$ 所确定的平面内.

如果把(1.22)式和(1.23)式消去初速度 $\boldsymbol{v}_0$，即得

$$\boldsymbol{s}=\boldsymbol{v}t-\frac{1}{2}\boldsymbol{a}t^2. \tag{1.24}$$

若消去加速度 $\boldsymbol{a}$，即得

$$\boldsymbol{s}=\frac{1}{2}(\boldsymbol{v}_0+\boldsymbol{v})t. \tag{1.25}$$

如果把(1.25)式两边分别点乘 $\boldsymbol{a}=(\boldsymbol{v}-\boldsymbol{v}_0)/t$(见(1.22)式)的两边，即得①

$$2\boldsymbol{a}\cdot\boldsymbol{s}=\boldsymbol{v}\cdot\boldsymbol{v}-\boldsymbol{v}_0\cdot\boldsymbol{v}_0=v^2-v_0^2. \tag{1.26}$$

(1.22)～(1.26)式共五个公式，分别不含 $\boldsymbol{v}_0,\boldsymbol{v},\boldsymbol{a},\boldsymbol{s},t$ 五个量中的一个.

匀变速运动的一个常见特例是地球表面的**抛体运动**. 如果高度不太高，而空气阻力可以忽略，则抛射体的加速度就始终为重力加速度：$\boldsymbol{a}=\boldsymbol{g}$.

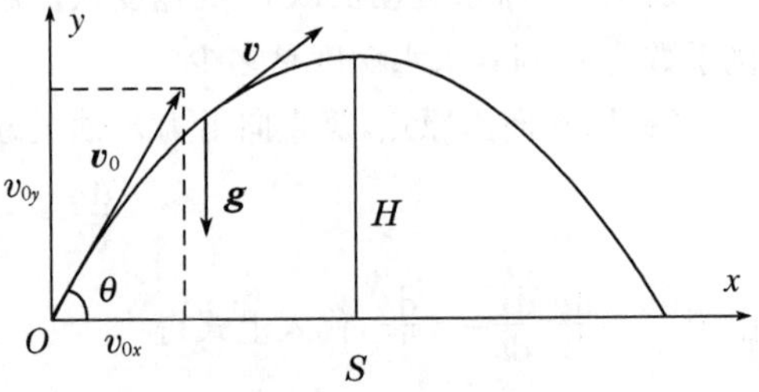

图 1－6　抛体运动

取平面直角坐标系，坐标原点为 $t=0$ 时的抛射点(即 $\boldsymbol{r}_0=\boldsymbol{0}$)，$x$ 轴和 y 轴分别沿水平方向和竖直方向，$\boldsymbol{v}_0$ 在该平面内，如图 1－6 所示. 设 θ 为抛射角，则有

$$\boldsymbol{v}_0=v_{0x}\boldsymbol{i}+v_{0y}\boldsymbol{j}=v_0\cos\theta\boldsymbol{i}+v_0\sin\theta\boldsymbol{j}.$$

物体所受的加速度为

$$\boldsymbol{a}=\boldsymbol{g}=-g\boldsymbol{j}.$$

根据(1.22)式，可得物体在空中任意时刻的速度为

$$\boldsymbol{v}=v_0\cos\theta\boldsymbol{i}+(v_0\sin\theta-gt)\boldsymbol{j}. \tag{1.27}$$

根据(1.23)式，物体在任意时刻的位置为

$$\boldsymbol{r}=v_0t\cos\theta\boldsymbol{i}+\left(v_0t\sin\theta-\frac{1}{2}gt^2\right)\boldsymbol{j}. \tag{1.28}$$

此即物体的运动方程(1.6). 其分量是

$$x=v_0t\cos\theta,\ y=v_0t\sin\theta-\frac{1}{2}gt^2. \tag{1.29}$$

由(1.29)式可知，抛体运动是由沿 x 轴方向的匀速直线运动和沿 y 轴方向的匀变速直线运动叠加而成的. 此外，由(1.29)式易得物体所能到达的最大高度

$$H=\frac{v_0^2\sin^2\theta}{2g},$$

以及到达该高度所用的时间

$$T=\frac{v_0\sin\theta}{g}.$$

还可以得到物体的水平射程为

---

① (1.26)式在某种意义上可以认为是由(1.22)式和(1.23)式消去时间 t 而得，但这种消元不能这样直接进行：$t=\frac{\boldsymbol{v}-\boldsymbol{v}_0}{\boldsymbol{a}}$，因为矢量没有除法.

$$S=\frac{v_0^2\sin 2\theta}{g}.$$

由(1.29)式中消去时间 t,可以得到物体运动的轨道方程

$$y=x\tan\theta-\frac{1}{2}\frac{gx^2}{v_0^2\cos^2\theta}.$$

由于 v_0 和 θ 是常数,显然该方程表示通过坐标原点的抛物线.

例 1.4　质点从地面出发以初速度 100 m/s 和抛射角 $\frac{\pi}{6}$ 做斜抛运动,试求质点达到的最大水平距离,达到最大水平距离时的时间(重力加速度取 10 m/s²).

解:达到的最大水平距离为

$$x=\frac{v_0^2\sin 2\theta}{g}=\frac{100^2\times\sin(2\times\pi/6)}{2\times 10}\ \mathrm{m}=250\sqrt{3}\ \mathrm{m}.$$

达到最大水平距离时的时间为

$$t=2T=\frac{2v_0\sin\theta}{g}=\frac{2\times 100\times\sin(\pi/6)}{10}\ \mathrm{s}=10\ \mathrm{s}.$$

1.4.2　圆周运动

质点曲线运动的一个重要特例是圆周运动. 如图 1-7 所示,以 s 表示从圆周上 A 点起算的弧长,则质点的速度为 $v=\mathrm{d}s/\mathrm{d}t$(见 1.10 式). 以 θ 表示半径 r 从 OA 位置开始转过的角度,由数学关系有 $s=r\theta$. 将这一关系代入上式,由于 r 是常量,有

$$v=\frac{\mathrm{d}\theta}{\mathrm{d}t}r=\omega r,\tag{1.30}$$

式中 $\omega\equiv\frac{\mathrm{d}\theta}{\mathrm{d}t}$称为质点运动的**角速度**,其 SI 单位是 rad/s. 通常为与角速度的称呼做对比,把速度 v 又称为**线速度**.

角速度可以赋予一个方向,成为一个矢量①. 那么该赋予它什么方向呢? 在图 1-7 中,这个方向显然不应该在圆轨道平面内,因为该平面内所有方向都是等价的:既然能够赋予角速度沿 x 方向,为什么不能让它沿 y 方向? 所以,合理的做法是让其方向垂直于轨道平面,即沿转轴方向. 进一步的定义要求它的方向与转动方向之间构成**右手螺旋关系**.

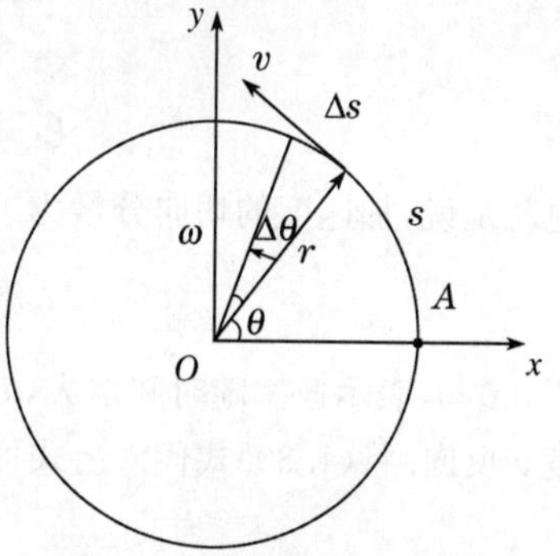

图 1-7　线速度与角速度

在定义了角速度矢量后,(1.30)式可以改写为矢量形式:

$$\boldsymbol{v}=\boldsymbol{\omega}\times\boldsymbol{r},\tag{1.31}$$

式中 $\boldsymbol{r}$ 为 O 点到质点的位矢. 利用角速度矢量,可以同时给出线速度的大小和方向,使得

① 在附录 1 的脚注中已提及,并非有大小和方向就是矢量. 角速度在赋予一个方向后,可以证明其合成满足平行四边形法则,这才使得角速度成为矢量.

表示公式简洁明了.

接下来求解圆周运动的加速度. 由于质点做圆周运动时的速度方向不断变化,因此,即使是做匀速圆周运动,质点的加速度也不为零. 记切向和法向方向的单位矢量分别为 $\boldsymbol{\tau}$ 和 $\boldsymbol{n}$. 如图 1-8(a)所示,在时刻 t,质点位于 a 点,速度为 $\boldsymbol{v}_a$,在时刻 $t-\Delta t$,质点位于 b 点,速度为 $\boldsymbol{v}_b$. 在图 1-8(b)中,在矢量 $\boldsymbol{v}_b$ 上截取一段等于 $|\boldsymbol{v}_a|$,作矢量 $(\Delta\boldsymbol{v})_1$ 和 $(\Delta\boldsymbol{v})_2$,则在时间 Δt 内,质点速度的增量可分解为

$$\Delta\boldsymbol{v}=(\Delta\boldsymbol{v})_1+(\Delta\boldsymbol{v})_2.$$

下面考虑极限情况. 从图 1-8 中可以看出,当 Δt 趋于零时,$\boldsymbol{v}_b$ 和 $(\Delta\boldsymbol{v})_1$ 的方向趋于跟 $\boldsymbol{v}_a$ 相同,即趋于切线方向 $\boldsymbol{\tau}$,而 $(\Delta\boldsymbol{v})_2$ 趋于法向 $\boldsymbol{n}$. 因此,在极限情况下,$(\Delta\boldsymbol{v})_1$ 和 $(\Delta\boldsymbol{v})_2$ 分别表示速度的切向和法向增量,从而可以用来计算切向加速度和法向加速度:

$$\boldsymbol{a}_\tau=\lim_{\Delta t\to 0}\frac{(\Delta\boldsymbol{v})_1}{\Delta t},\boldsymbol{a}_n=\lim_{\Delta t\to 0}\frac{(\Delta\boldsymbol{v})_2}{\Delta t}$$

对于切向情况,由图 1-8(b)可知

$$(\Delta\boldsymbol{v})_1\approx v_b\boldsymbol{\tau}-v_a\boldsymbol{\tau}=\Delta v\boldsymbol{\tau}.$$

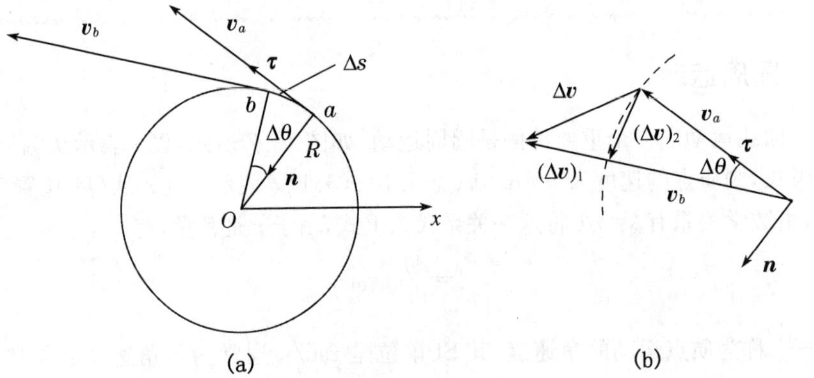

图 1-8　圆周运动的速度变化

故
$$\boldsymbol{a}_\tau=\lim_{\Delta t\to 0}\frac{(\Delta\boldsymbol{v})_1}{\Delta t}=\lim_{\Delta t\to 0}\frac{\Delta v}{\Delta t}\boldsymbol{\tau}=\frac{\mathrm{d}v}{\mathrm{d}t}\boldsymbol{\tau}.$$

也就是说,加速度的切向分量为

$$a_\tau=\frac{\mathrm{d}v}{\mathrm{d}t}.\tag{1.32}$$

当 $a_\tau>0$,表示速率随时间增大,$\boldsymbol{a}_\tau$ 与速度 $\boldsymbol{v}$ 同向;当 $a_\tau<0$,表示速率随时间减小,$\boldsymbol{a}_\tau$ 与速度 $\boldsymbol{v}$ 反向. 将(1.30)式代入上式可得

$$a_\tau=\frac{\mathrm{d}(r\omega)}{\mathrm{d}t}=r\frac{\mathrm{d}\omega}{\mathrm{d}t}=r\beta,\tag{1.33}$$

式中 $\beta=\frac{\mathrm{d}\omega}{\mathrm{d}t}$ 为质点运动角速度对时间的变化率,称为**角加速度**. 它的 SI 单位是 $\mathrm{rad/s^2}$. 根据上式,切向加速度等于半径与角加速度的乘积.

对于法向情况,

$$(\Delta\boldsymbol{v})_2\approx|(\Delta\boldsymbol{v})_2|\boldsymbol{n}.$$

参考图 1-8(a)和(b)图中的两个夹角为 $\Delta\theta$ 的相似等腰三角形,有

$$\frac{|(\Delta \boldsymbol{v})_2|}{v_a}=\frac{\overline{ab}}{r}\approx\frac{\Delta s}{r}=\Delta\theta,$$

式中$\overline{ab}$为弦长，它趋于弧长 Δs. 故

$$\boldsymbol{a}_n=\lim_{\Delta t\to 0}\frac{(\Delta \boldsymbol{v})_2}{\Delta t}=\lim_{\Delta t\to 0}\frac{|(\Delta \boldsymbol{v})_2|}{\Delta t}\boldsymbol{n}=\lim_{\Delta t\to 0}\frac{v_a\Delta\theta}{\Delta t}\boldsymbol{n}=v\frac{\mathrm{d}\theta}{\mathrm{d}t}\boldsymbol{n}=v\omega\boldsymbol{n}.$$

也就是说，加速度的法向分量为

$$a_n=v\omega=\frac{v^2}{r}=\omega^2 r. \tag{1.34}$$

这里用到了(1.30)式. $\boldsymbol{a}_n$ 的方向总是垂直于速度 $\boldsymbol{v}$ 的方向并且指向圆心.

结合上面的讨论，最后有

$$\boldsymbol{a}=a_\tau\boldsymbol{\tau}+a_n\boldsymbol{n}=\frac{\mathrm{d}v}{\mathrm{d}t}\boldsymbol{\tau}+\frac{v^2}{r}\boldsymbol{n}. \tag{1.35}$$

这就是圆周运动加速度的表达式，其中，**切向加速度表示速度大小变化的快慢，而法向加速度表示速度方向变化的快慢**. 而加速度的大小为

$$a=|\boldsymbol{a}|=\sqrt{a_\tau^2+a_n^2}=\sqrt{\left(\frac{\mathrm{d}v}{\mathrm{d}t}\right)^2+\left(\frac{v^2}{r}\right)^2}. \tag{1.36}$$

对于一般平面曲线运动，其加速度表达式同上，只要把半径 r 换为曲率半径 ρ 即可.

1.5　相对运动

描述物体的运动必须在一定的参考系中进行. 选取不同的参考系，对同一物体运动的描述就会不同. 当我们研究行驶着的火车内的物体运动时，我们站在地面上和坐在车厢内，所看到的物体运动是不相同的. 我们可能需要了解地面和火车上所观测到的同一物体的运动情况. 通常我们把地面选为**静止参考系**，把随火车一起运动的车厢选为**运动参考系**. 由于运动的相对性，这里的静止参考系和运动参考系都只有相对的意义.

一旦定义了静止参考系和运动参考系之后，对于一个运动的物体，我们把它相对于静止参考系的运动称为**绝对运动**，把它相对于运动参考系的运动称为**相对运动**，同时把运动参考系相对于静止参考系的运动称为**牵连运动**. 显然，这里定义的这些运动也都是相对的.

如图 1-9 所示，设 O-xy 为静止参考系 S，O'-$x'y'$为运动参考系 S'. 为简单计，假定对应坐标轴互相平行，且 S'系相对于 S 系沿 x 轴做直线运动. 在时刻 t，设有一个质点位于空间某点 P，它相对于 S'系和 S 系的位矢分别为 $\boldsymbol{r}'$和 $\boldsymbol{r}$，而此刻 S'系的坐标原点 O'相对于 S 系的坐标原点 O 的位矢为 $\boldsymbol{r}_0$. 由矢量的合成法则可以得到三个位矢之间的关系为

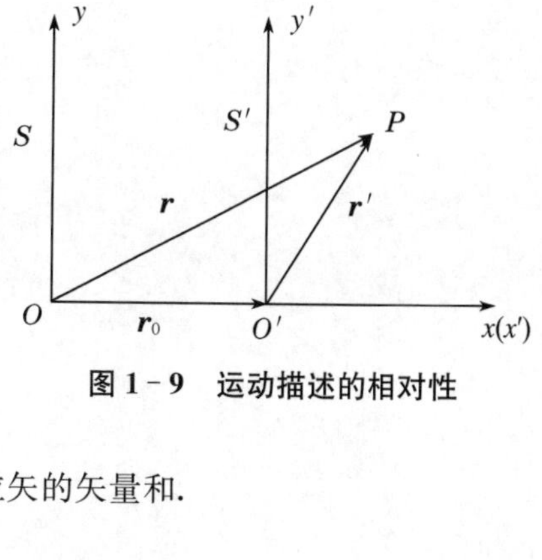

图 1-9　运动描述的相对性

$$\boldsymbol{r}=\boldsymbol{r}_0+\boldsymbol{r}'. \tag{1.37}$$

上式表明，质点的绝对位矢等于相对位矢与牵连位矢的矢量和.

将(1.37)式两边对时间求导，得到

$$\boldsymbol{v}=\boldsymbol{v}_0+\boldsymbol{v}', \tag{1.38}$$

式中 $\boldsymbol{v}$、$\boldsymbol{v}'$、$\boldsymbol{v}_0$ 分别表示绝对速度、相对速度和牵连速度. 将(1.38)式两边对时间再求一次导数,得到

$$\boldsymbol{a}=\boldsymbol{a}_0+\boldsymbol{a}', \tag{1.39}$$

式中 $\boldsymbol{a}$、$\boldsymbol{a}'$、$\boldsymbol{a}_0$ 分别表示绝对加速度、相对加速度和牵连加速度.

需要说明的是,这里讨论的位矢、速度和加速度所满足的矢量变换关系,只是一种近似关系,它们的前提是牛顿的绝对时空观. 这种时空观只在物体的运动速度远小于光速时,才较为准确地成立. 随着物体运动速度的增大,它们与物体实际运动情况的偏差将逐步增大. 此时绝对时空观必须代以相对论时空观,它们也将由相对论中的位矢、速度和加速度变换关系所取代.

例 1.5 某人向东行进,当行进速度为 5 km/h 时,感觉风从正北方向吹来;当行进速度为 10 km/h 时,感觉风从正东北方向吹来. 试求风相对于地面速度.

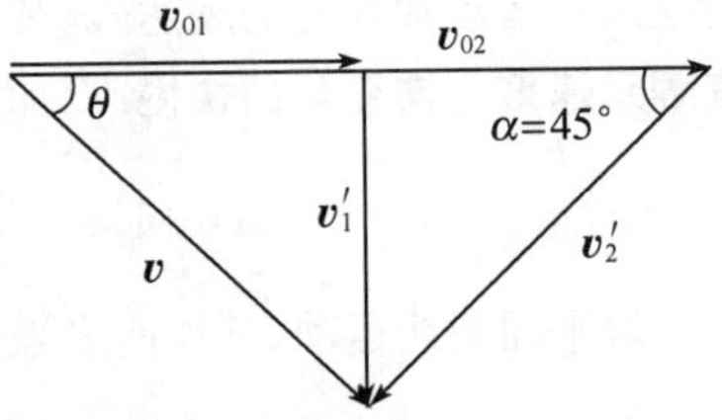

图 1-10 例 1.5 题图

解:选地面为静止参考系 S,人为运动参考系 S'. 在两种情况下,人相对于地面的牵连速度分别为 $\boldsymbol{v}_{01}$ 和 $\boldsymbol{v}_{02}$,风相对于人的相对速度分别为 $\boldsymbol{v}_1'$ 和 $\boldsymbol{v}_2'$,风相对于地面的绝对速度为 $\boldsymbol{v}$,如图 1-10 所示. 则由(1.38)式可得

$$\boldsymbol{v}=\boldsymbol{v}_{01}+\boldsymbol{v}_1',\boldsymbol{v}=\boldsymbol{v}_{02}+\boldsymbol{v}_2'.$$

此外,根据已知条件 $v_{02}=2v_{01}$ 和 $\alpha=45°$,由几何关系易得

$$\theta=45°,v=\sqrt{2}\,v_{01}=5\sqrt{2}\ \text{km/h},$$

即风是正西北风.

由此例可以看出,解题中相当关键的是画出矢量图,然后物理问题就可以转化成为几何问题.

习题

线上阅览

第2章　质点和质点系动力学

上一章主要讨论质点运动的描述问题，但这不是力学的核心内容. **力学的核心内容是研究力与物体运动的关系**. 研究这种关系的分支称为**动力学**. 本章将研究质点运动的动力学以及以此为基础的质点系动力学. 质点动力学涉及质点在什么条件下将产生运动、将产生什么样的运动，以及相反的问题，即要产生某种运动，需要什么样的条件. 研究动力学问题的基础是牛顿三定律. 以牛顿三定律为基础的力学称为牛顿力学或经典力学.

2.1　牛顿运动定律

2.1.1　惯性定律　惯性参考系

既然力学的核心问题是力与运动的关系，那么这种关系是什么呢？人类对该问题的最初回答是亚里士多德的观点：力是物体运动的原因. 这种观点应该说还是比较符合日常经验的，只有这样该观点才能维持近两千年. 然而，该结论是针对复杂的实际情况提出来的，没能采用“抽象”的方法去看待事物的本质. 抽象和理想实验方法的采用才是科学的开始. 伽利略的理想实验开始导致完全不同的结论，最后被牛顿所总结.

牛顿第一定律的内容是：任何物体都保持静止或匀速直线运动状态，除非有外力迫使它改变这种状态为止.

牛顿第一定律指出了任何物体都具有保持原有运动状态的特性，这一特性被称为物体的**惯性**，因此牛顿第一定律又称为**惯性定律**. 物体保持原有运动状态不变的运动称为惯性运动. 惯性是物体的固有属性.

牛顿第一定律指出，运动状态的维持不需要力；而要想改变物体的运动状态，必须靠作用在物体上的力，或者说靠其他物体对这个物体产生的作用. 也就是说，力不是物体运动的原因；**力是改变物体运动状态的原因**. 这是对力学的核心问题——力与运动的关系——的首次回答，也是初步的和定性的回答. 例如，运动员击打排球，手对排球有一个力的作用，这一作用改变了排球的运动状态，使排球由静止的变成运动的.

如果一个物体不受任何其他物体的作用，或者离其他物体的距离足够大，使得其他物体的作用可以忽略，这个物体就称为**孤立物体**. 孤立物体是一个理想模型，严格地不受外力、保持静止或匀速直线运动状态的物体实际上并不存在，因为任何物体都或多或少地受到其他物体力的作用. **所有的理想模型都是实际情况的某种“可望而不可即”的极限状态.** 但如果作用在物体上的力恰好可以互相抵消而平衡，物体的运动状态就可以保持不变.

一个孤立物体或受力平衡物体并不是在任何参考系中都能保持静止或匀速直线运动状态的. 一个光滑无摩擦的小球静止在汽车上，而汽车静止在地面上. 当汽车发动而加速向前运动时，汽车不能给小球以水平力的作用. 现在，地面上的观测者看到小球仍然静止，这没有任何问题.但汽车中的观测者看到什么呢?小球向后加速运动!此例说明,惯性定律对加速运动的汽车并不成立,只能在某些特殊参考系成立.

问题的关键更在于:**对于一个自由的孤立物体**,虽然在一些参考系中其加速度不为0,但**一定存在一个参考系,在这个参考系中,该物体的加速度为0,而且其他的孤立物体也保持静止或匀速直线运动状态**.这种特殊的参考系称为**惯性参考系**,简称**惯性系**.而且,**相对于一个惯性系做匀速直线运动的平动参考系也是惯性系**.因此,确定了一个惯性系,就确定了一组惯性系.

在惯性系中,惯性定律以及整个牛顿力学体系得以成立,因此,惯性系在牛顿力学中具有重要的意义.惯性系的选择主要依据观察和实验.通常在地球表面讨论物体的动力学问题,地球可以认为是一个很好的惯性系.但由于地球的公转和自转效应,地球并不是严格的惯性系.地球的公转和自转加速度分别为 $5.9\times10^{-3}\ \mathrm{m/s^2}$ 和 $3.4\times10^{-2}\ \mathrm{m/s^2}$.在绝大多数实际问题中,这些加速度产生的效应可以忽略,地球可以被看成一个近似程度很好的惯性系.

在研究人造卫星的运动(如卫星发射、定轨)时,地球的自转就不能忽略了.此时较好的惯性系是**地心系**:由地心引出三根相互垂直的射线指向远处确定的恒星,就构成地心系.

在研究太阳系行星的运动时,可以选择太阳作为惯性系.虽然太阳也在绕银河系中心转动,但其加速度约为 $10^{-10}\ \mathrm{m/s^2}$.在研究太阳系内的天体运动时,这个加速度产生的效应完全可以忽略,太阳可以被看成一个非常精确的惯性系.

2.1.2 牛顿第二定律

牛顿第一定律指出任何物体都具有惯性.惯性大小的量度是**惯性质量**,简称**质量**.质量大的,惯性大,反抗外力、保持原有运动状态(速度)的能力就强,相同的作用下速度的改变就会慢;质量小的,惯性小,在外力作用下就会比较容易地改变状态,相同的作用下速度的改变比较快.而在第1章我们知道,速度变化的快慢用加速度来表示.

牛顿第二定律的内容是:物体受到外力作用时,它所获得的加速度 $\boldsymbol{a}$ 的大小与合外力的大小成正比,与物体的质量成反比,加速度 $\boldsymbol{a}$ 的方向与合外力 $\boldsymbol{F}$ 的方向相同.写成数学形式为

$$\boldsymbol{F}=m\boldsymbol{a}, \tag{2.1}$$

力的单位在国际单位制(SI)中为N(牛顿).

牛顿第二定律是对力学的核心问题——力与运动的关系——的再次回答,而且是定量回答.它给出表征外界作用的力、表征惯性的质量和表征运动状态改变快慢的加速度三者之间的定量关系,是整个牛顿力学的基本定律.

由万有引力定律知道,任意两个物体之间存在万有引力.万有引力的大小与两个物体的质量成正比,这个质量称为引力质量.大量实验证明,惯性质量与引力质量相等.

2.1.3 牛顿第三定律

牛顿第三定律的内容是:物体间的作用力总是成对出现,称为**作用力和反作用力**.它

们大小相等,方向相反,且作用在同一直线上.用数学公式表示①,即

$$\boldsymbol{F}_{12}=-\boldsymbol{F}_{21} \text{ 且 } \boldsymbol{F}_{12} /\!/ \boldsymbol{r}_{21}. \tag{2.2}$$

其中 $\boldsymbol{r}_{21}\equiv\boldsymbol{r}_2-\boldsymbol{r}_1$ 是质点 2 与质点 1 之间的**相对位矢**.

关于牛顿第三定律,需要做如下说明:① 作用力和反作用力不是一对平衡力,它们分别作用在两个不同的物体上. ② 作用力和反作用力总是成对出现,它们在本性上必然同时出现,同时变化,同时消失. ③ 作用力和反作用力属于相同性质的作用力.

牛顿第三定律使得从研究质点到研究质点系成为可能,恰是作用力和反作用力把质点系中的各个质点联系起来.

2.1.4　几种常见的力

重力是由地球对地表物体的吸引而产生的.在地球表面附近,任一物体所受的重力 $\boldsymbol{G}$ 为

$$\boldsymbol{G}=m\boldsymbol{g},$$

式中 $\boldsymbol{g}$ 是重力加速度.重力的方向与重力加速度的方向相同,都是竖直向下的.

万有引力是任意两物体之间都存在的力,取决于二者的质量.质量为 M 的质点施给质量为 m 的质点的万有引力为

$$\boldsymbol{F}=-G\frac{mM}{r^2}\hat{\boldsymbol{r}}=-G\frac{mM}{r^3}\boldsymbol{r}, \tag{2.3}$$

其中 $\boldsymbol{r}$ 为由 M 指向 m 的矢径,$\hat{\boldsymbol{r}}$ 为 $\boldsymbol{r}$ 方向的单位矢量.

物体发生形变后,产生一种要恢复原状的力,这个力即**弹力**.当弹性形变不太大时,弹簧产生的弹力为

$$F=-kx, \tag{2.4}$$

式中 k 为弹簧的劲度系数,x 为弹簧端点的形变.这就是胡克定律.由上式可知,弹簧产生的弹力总是和弹簧的形变方向相反.

两个物体相互接触,在接触面上有相对运动或有相对运动趋势,就会在接触面之间产生一对阻止相对运动(或运动趋势)的力,称为**摩擦力**.它们分别作用在两个接触物体上,其方向总是与物体的相对运动方向或相对运动趋势的方向相反.

摩擦力分为**静摩擦力**和**滑动摩擦力**两种.两者都与两物体接触面之间的正压力 N 有关.静摩擦力是指两个物体接触面之间没有相对运动,只有相对运动的趋势而产生的摩擦力.它的大小由这种相对运动趋势的强弱决定,介于 0 和某个最大值之间.最大静摩擦力的大小为

$$f_0=\mu_0 N,$$

式中 μ_0 为静摩擦系数.滑动摩擦力是指两个物体接触面之间有相对运动而产生的摩擦力.它的大小为

$$f_k=\mu_k N,$$

① 通常仅把(2.2)式的第一式称为牛顿第三定律,这是不完整的,还必须包含第二式.第二式结合力的作用点恰好反映了作用力和反作用力"作用在同一直线上".这一点也是证明角动量定理的一个关键条件.

式中 μ_k 为滑动摩擦系数. 通常而言, μ_0 略大于 μ_k, 但在一般计算中可以认为二者相等.

2.1.5 牛顿定律的应用

牛顿定律的应用,主要以牛顿第二定律为主,但也要考虑牛顿第一、第三定律的作用. 运用牛顿定律解力学问题分为两类:一类为**已知物体的受力,求解物体的运动**;另一类为**已知物体的运动,求物体的受力**.

具体计算时,先根据物体的受力情况,得到物体所受合力. 由所受合力,列写出物体运动所满足的牛顿运动方程式(2.2). 然后,根据实际情况,选定具体的坐标系,将牛顿运动方程在坐标系上投影,把矢量方程写成标量方程. 最后,求解标量方程得到问题的解.

例 2.1 质量为 m 的质点在恒力 F_0 的作用下一直沿 x 轴运动,若当 $t=0$ 时,质点具有初速 v_0,今将质点速度增到 v_0 的 n 倍时,需多长时间?

解:质点只在恒力 F_0 的作用下运动,有牛顿运动方程 $m\ddot{x}=F_0$,即

$$\ddot{x}=\frac{F_0}{m}.$$

两边同时对时间 t 积分,可得

$$\ddot{x}=\int \ddot{x}\mathrm{d}t=\int \frac{F_0}{m}\mathrm{d}t=\frac{F_0}{m}t+c_1.$$

代入初始条件,即当 $t=0$ 时 $\dot{x}=v_0$,可得

$$c_1=v_0.$$

所以

$$\dot{x}=\frac{F_0}{m}t+v_0,\text{或 } t=\frac{\dot{x}-v_0}{F_0}m.$$

当速度 $\dot{x}$ 达到 nv_0 的瞬间,代入上式得

$$t=\frac{nv_0-v_0}{F_0}m=(n-1)\frac{mv_0}{F_0}.$$

例 2.2 如图 2-1 所示,细绳跨过一个定滑轮,绳的两端分别挂有物体 m_1 和 m_2,且 $m_1<m_2$. 设绳不可伸长,绳和滑轮的质量以及滑轮的阻力可略. 试求两物体的加速度.

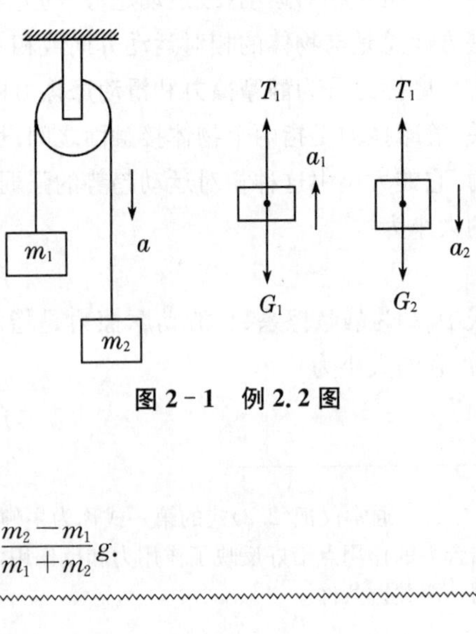

图 2-1 例 2.2 图

解:对 m_1 和 m_2 分别作受力图. 分别写出它们的牛顿运动方程为

$$T_1-m_1g=m_1a_1,m_2g-T_2=m_2a_2.$$

由于绳不可伸长,绳和滑轮的质量以及滑轮的阻力可略,有

$$T_1=T_2=T,a_1=a_2=a.$$

联立求解牛顿运动方程,可得

$$T=\frac{2m_1m_2}{m_1+m_2}g,a=\frac{m_2-m_1}{m_1+m_2}g.$$

2.2 动量定理和动量守恒定律

2.2.1 质点的动量定理

我们由牛顿第二定律推导出质点的动量定理. 牛顿第二定律给出

$$\boldsymbol{F}=m\boldsymbol{a}=m\frac{\mathrm{d}\boldsymbol{v}}{\mathrm{d}t}.$$

由于质量 m 是一个常数,上式改写为

$$\boldsymbol{F}=\frac{\mathrm{d}(m\boldsymbol{v})}{\mathrm{d}t}.$$

定义质量 m 和速度 $\boldsymbol{v}$ 的乘积为**动量**:$\boldsymbol{p}\equiv m\boldsymbol{v}$,则上式可写为

$$\boldsymbol{F}\mathrm{d}t-\mathrm{d}\boldsymbol{p}. \tag{2.5}$$

这就是动量定理的微分形式(或无限小形式),其中 $\boldsymbol{F}\mathrm{d}t$ 是 $\mathrm{d}t$ 时间内力的**元冲量**①. 上式两边对时间积分得

$$\int_0^t \boldsymbol{F}\mathrm{d}t=\int_{\boldsymbol{p}_0}^{\boldsymbol{p}}\mathrm{d}\boldsymbol{p}=\boldsymbol{p}-\boldsymbol{p}_0=m\boldsymbol{v}-m\boldsymbol{v}_0, \tag{2.6}$$

这就是动量定理的积分形式(或有限形式),其中 $\boldsymbol{I}\equiv\int_0^t\boldsymbol{F}\mathrm{d}t$ 称为力在该过程中的**冲量**.

动量是一个矢量,它的方向与物体的运动方向一致;**冲量是力的时间积累**,也是一个矢量. 不论是微分形式还是积分形式的动量定理,它们都表明:作用于物体上的合外力的冲量等于物体动量的增量. 二者不仅大小相等,方向也相同.

动量是对物体运动状态的一种描述方式. 力可以改变运动状态,当然也就可以改变动量,只是这种改变是通过力的时间积累——冲量来改变的. 所以,动量定理也是对力学的根本问题——力与运动的关系的定量回答.

动量定理常常用于研究物体的碰撞问题或在冲击力的作用下物体的运动问题. 在这一类问题中,作用力的作用时间很短,很难得到作用力的准确表示形式. 但物体之间的作用力的持续时间以及作用前后物体动量的改变都较为容易得到,这样根据动量定理,我们就可以求得作用力的平均值②:

$$\bar{\boldsymbol{F}}\equiv\frac{\boldsymbol{I}}{t}\equiv\frac{1}{t}\int_0^t\boldsymbol{F}\mathrm{d}t,$$

而此时,动量定理可以用平均力表示为

$$\bar{\boldsymbol{F}}t=\boldsymbol{p}-\boldsymbol{p}_0=m\boldsymbol{v}-m\boldsymbol{v}_0. \tag{2.7}$$

例 2.3 一钢球的质量为 0.1 kg,以 5 m/s 的速度与墙面相碰,速度的方向与墙面间的夹角为 45°. 设球与墙面的碰撞为完全弹性碰撞,且碰撞时间为 0.05 s. 试求在碰撞时间内墙面受到的平均作用力.

---

① "元"表明的是无限小过程,后面的"元功"等概念中的"元"字都是这个意思.

② 这里的平均值是指时间平均值. 在后面谈论功时,还可以定义力沿某方向的空间平均值.

解:如图 2-2 所示,选平面直角坐标系 O-xy,则球在两坐标轴上的速度分量为

$$v_{1x}=-v\cos\alpha, v_{1y}=v\sin\alpha,$$

$$v_{2x}=v\cos\alpha, v_{2y}=v\sin\alpha.$$

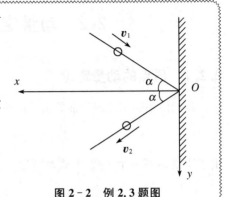

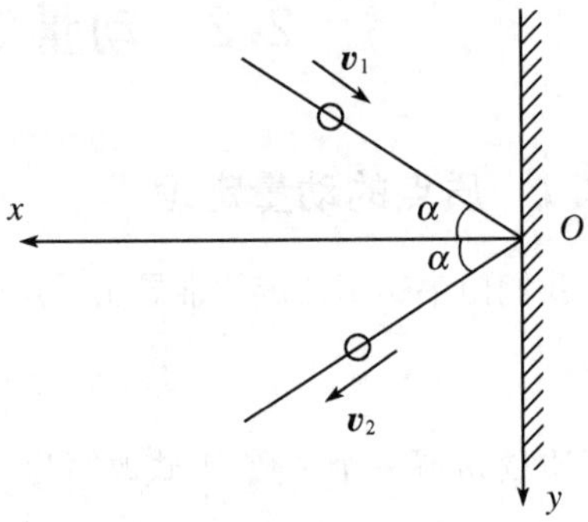

图 2-2　例 2.3 题图

设小球所受的平均作用力为$\bar{\boldsymbol{F}}$,由(2.7)式动量定理的分量形式,有

$$\bar{F}_x\cdot\Delta t=mv_{2x}-mv_{1x}=2mv\cos\alpha,$$

$$\bar{F}_y\cdot\Delta t=mv_{2y}-mv_{1y}=0.$$

刚性球受到的平均作用力为

$$\bar{F}_x=\frac{2mv\cos\alpha}{\Delta t}=\frac{2\times0.1\times5\times\sqrt{2}}{0.05\times2}\ \mathrm{N}=10\sqrt{2}\ \mathrm{N},$$

$$\bar{F}_y=0.$$

由牛顿第三定律得到,墙面受到的平均作用力为

$$\bar{F}'_x=-10\sqrt{2}\ \mathrm{N},$$

$$\bar{F}'_y=0.$$

2.2.2　质点系的动量定理

所谓质点系是指若干个有相互作用的质点组成的系统.从理论上讲,任何一个不能简化为质点的物体都可以看成是由无数个质点组成,这些质点之间的相互作用使得这个物体不散架.当研究一个质点系的力学问题时,质点系内质点所受的力可以分为内力和外力.对于质点系内的一个质点而言,质点系内其他质点给它的作用力称为**内力**,质点系以外的其他物体对该质点的作用力称为**外力**.

需要说明的是,内力和外力的区分不是绝对的,是由所研究或选取的具体的质点系决定的.例如,当我们研究太阳系内各个星体的运动时,行星之间以及行星与太阳之间的作用力就为内力.但我们如果仅研究地球和月亮之间的运动问题,除了地球与月亮之间的作用力外,其他星体的作用力都是外力.

由牛顿第三定律可知,质点系内质点间的相互作用内力一定是成对出现的,每对作用力的作用线一定沿着两质点连线的方向.**牛顿第三定律对研究质点系有着重要作用**.

考虑一个由 n 个质点组成的质点系.设质点系内第 j 个质点对第 i 个质点的作用力为 $\boldsymbol{f}_{ji}$,且第 i 个质点受到的合外力为 $\boldsymbol{F}_i$,则第 i 个质点受到的合力为

$$\boldsymbol{F}_i+\sum_{j\neq i}\boldsymbol{f}_{ji}.$$

对该质点应用动量定理,有

$$(\boldsymbol{F}_i+\sum_{j\neq i}\boldsymbol{f}_{ji})\mathrm{d}t=\mathrm{d}\boldsymbol{p}_i, \tag{2.8}$$

其中 $\boldsymbol{p}_i=m_i\boldsymbol{v}_i$ 为第 i 个质点的动量.该质点是任取的,所以上式对所有质点都成立,即其中的 i 可以取 1 到 n 的所有整数.将(2.8)式对 i 求和,即对质点系内所有质点求和,有

$$\sum_i\boldsymbol{F}_i\mathrm{d}t+\sum_i\sum_{j\neq i}\boldsymbol{f}_{ji}\mathrm{d}t=\mathrm{d}\sum_i\boldsymbol{p}_i.$$

注意上式中左边第二项，它表示将所有质点受到的所有内力矢量全部相加. 根据牛顿第三定律，内力的出现总是成对的，且每对内力都是大小相等，方向相反，因此所有质点受到的所有内力的矢量和为零，即

$$\sum_i \sum_{j\neq i} \boldsymbol{f}_{ji} = \boldsymbol{0}.$$

将这一结果代入上式，有

$$\sum_i \boldsymbol{F}_i \mathrm{d}t = \mathrm{d}\sum_i \boldsymbol{p}_i. \tag{2.9}$$

这就是微分形式的**质点系动量定理**. 将上式积分，得

$$\int_{t_1}^{t_2} \left(\sum_i \boldsymbol{F}_i\right) \mathrm{d}t = \sum_i \boldsymbol{p}_{i2} - \sum_i \boldsymbol{p}_{i1}. \tag{2.10}$$

这就是积分形式的质点系动量定理. 该动量定理表明：质点系总动量的增量等于作用于质点系上的合外力的冲量. 由上面的推导可知，质点系中**内力的作用只是在质点系内交换各质点的动量**，而对质点系的总动量的改变没有任何贡献.

2.2.3　动量守恒定律

如果质点系受到的合外力为零，即 $\sum_i \boldsymbol{F}_i = \boldsymbol{0}$，那么，根据质点系动量定理(2.9)式或(2.10)式，有

$$\mathrm{d}\boldsymbol{P}=\boldsymbol{0}, \boldsymbol{P}_2=\boldsymbol{P}_1, \tag{2.11}$$

其中 $\boldsymbol{P} \equiv \sum_i \boldsymbol{p}_i = \sum_i m_i \boldsymbol{v}_i$ 为质点系的总动量. 上式说明，当质点系所受的合外力为零时，尽管质点系内各质点的动量可以交换，但质点系的总动量保持不变. 这一结论称为质点系的**动量守恒定律**.

式(2.11)是严格的动量守恒. 在实际问题中，可能会碰到其他情况. 如果质点系受到的合外力只是在某个方向上为零，这时质点系动量守恒定律就化为在这个方向上的动量守恒定律. 例如，质点系在 x 方向上所受的合外力为零，则质点系动量的 x 分量守恒：

$$\text{当}\sum_i F_{ix} = 0\text{ 时}, P_x = \sum_i m_i v_{ix} = \text{常数}. \tag{2.12}$$

有时质点系受到的合外力并不严格为零，但远小于内力，且过程很短，此时可以认为系统的总动量近似守恒. 空中物体爆炸前后就可以按这种方式处理.

需要注意的是，上面我们是从牛顿定律推导出的动量守恒定律，但我们不能认为动量守恒定律是牛顿定律的推论. 普遍的动量守恒定律并不依赖于牛顿定律. 动量守恒定律是自然界的一个普遍定律，它在牛顿定律不成立时仍然成立.

2.3　功和动能定理

2.3.1　动能定理

动量定理阐明了力的时间积累跟物体运动状态改变的关系，那么力的空间积累呢？考虑一个质点，根据牛顿第二定律，有

$$\boldsymbol{F}=m\frac{\mathrm{d}\boldsymbol{v}}{\mathrm{d}t}.$$

上式两边点乘位移 $\mathrm{d}\boldsymbol{r}=\boldsymbol{v}\mathrm{d}t$，得

$$\boldsymbol{F}\cdot\mathrm{d}\boldsymbol{r}=m\frac{\mathrm{d}\boldsymbol{v}}{\mathrm{d}t}\cdot\boldsymbol{v}\mathrm{d}t=m\boldsymbol{v}\cdot\mathrm{d}\boldsymbol{v}.$$

下面计算 $\boldsymbol{v}\cdot\mathrm{d}\boldsymbol{v}$. 根据点积的定义，

$$\boldsymbol{v}\cdot\mathrm{d}\boldsymbol{v}=v_x\mathrm{d}v_x+v_y\mathrm{d}v_y+v_z\mathrm{d}v_z=\frac{1}{2}(\mathrm{d}v_x^2+\mathrm{d}v_y^2+\mathrm{d}v_z^2)=\frac{1}{2}\mathrm{d}(v_x^2+v_y^2+v_z^2)=\mathrm{d}\left(\frac{1}{2}v^2\right),$$

故

$$\boldsymbol{F}\cdot\mathrm{d}\boldsymbol{r}=\mathrm{d}\left(\frac{1}{2}mv^2\right).\tag{2.13}$$

这是一个非常紧凑的公式. 左边表示力的空间积累，右边是一个状态量的全微分. 我们定义：左边的

$$đA\equiv\boldsymbol{F}\cdot\mathrm{d}\boldsymbol{r}\tag{2.14}$$

称为**功(元功)**①，右边的 $E_k\equiv\frac{1}{2}mv^2$ 称为**动能**，则(2.13)式表明，外力所做的功等于物体动能的增量.

把(2.13)式两边积分，得到

$$A\equiv\int_1^2\boldsymbol{F}\cdot\mathrm{d}\boldsymbol{r}=E_{k2}-E_{k1}=\frac{1}{2}mv_2^2-\frac{1}{2}mv_1^2.\tag{2.15}$$

这是动能定理的有限形式.

可以看出，动能也是对物体运动状态的一种描述. 力能够改变物体的运动状态，也就能够改变物体的动能，只是这种改变是通过**力的空间积累**——功来实现的. 所以，动能定理也是对力学的根本问题——力与运动的关系的定量回答.

2.3.2 功和功率

功是力的空间积累效应，是一个非常重要的物理量，同时又比冲量要复杂. 因此，有必要专门讨论一下功的概念.

考虑一个无限小过程，如图 2-3 所示. 在此过程中，力所做的功由(2.14)式给出：

$$đA=\boldsymbol{F}\cdot\mathrm{d}\boldsymbol{r}=F|\mathrm{d}\boldsymbol{r}|\cos\alpha.\tag{2.16}$$

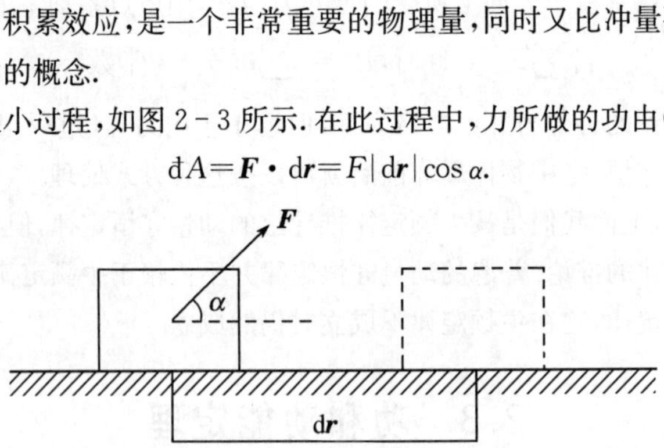

图 2-3 力所做的功

① 功是过程量，故在无限小过程中的元功用đ表示，以区别于函数(状态量)的全微分符号 d，因为đA 一般不是某个量 A 的微分(详见第 13 章)，只在特殊情况(即保守力)时才能如此.

该式可以做两种等价的理解:(1) 力在位移方向的分量与位移的乘积;(2) 位移在力方向上的分量与力的乘积.

功是一个标量,它没有方向,但有大小和正负,是一个代数量. 功的正负由角 α 决定. 当 $0\leqslant\alpha<\frac{\pi}{2}$时,$đA>0$,力对物体做正功;当 $\alpha=\frac{\pi}{2}$时,$đA=0$,力对物体不做功;当$\frac{\pi}{2}<\alpha\leqslant\pi$时,$đA<0$,力对物体做负功. 此时,我们也说,物体克服阻力做负功.

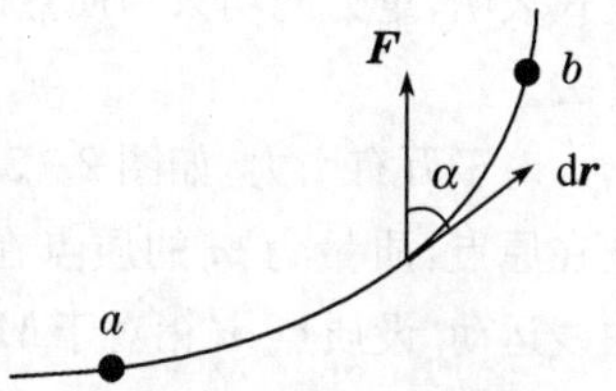

图 2-4　力沿曲线做的功

对于一个一般的过程,如图 2-4 所示,物体沿曲线运动从 a 点到达 b 点,沿这一路径力 $\boldsymbol{F}$ 做的功,可以通过对(2.16)式积分得到

$$A_{ab}=\int_a^b đA=\int_a^b \boldsymbol{F}\cdot \mathrm{d}\boldsymbol{r}=\int_a^b F\mid \mathrm{d}\boldsymbol{r}\mid\cos\alpha. \tag{2.17}$$

如果物体在一组力 $\boldsymbol{F}_i$ 的作用下,沿曲线从 a 点到达 b 点,则合力 $\boldsymbol{F}$ 对物体做的功为

$$\begin{aligned}A_{ab}&=\int_a^b(\boldsymbol{F}_1+\boldsymbol{F}_2+\cdots+\boldsymbol{F}_n)\cdot\mathrm{d}\boldsymbol{r}\\&=\int_a^b\boldsymbol{F}_1\cdot\mathrm{d}\boldsymbol{r}+\int_a^b\boldsymbol{F}_2\cdot\mathrm{d}\boldsymbol{r}+\cdots+\int_a^b\boldsymbol{F}_n\cdot\mathrm{d}\boldsymbol{r}\\&=A_1+A_2+\cdots+A_n.\end{aligned} \tag{2.18}$$

上式说明,合力所做的功等于各分力沿同一条路径所做的功的代数和. 在 SI 国际单位制中,功的单位是焦耳,用 J 表示.

在直角坐标系中,力和元位移可以表示为

$$\boldsymbol{F}=F_x\boldsymbol{i}+F_y\boldsymbol{j}+F_z\boldsymbol{k},\mathrm{d}\boldsymbol{r}=\mathrm{d}x\boldsymbol{i}+\mathrm{d}y\boldsymbol{j}+\mathrm{d}z\boldsymbol{k},$$

这样,(2.17)式就可以写为

$$A_{ab}=\int_a^b(F_x\mathrm{d}x+F_y\mathrm{d}y+F_z\mathrm{d}z). \tag{2.19}$$

力在单位时间内所做的功称为功率. 设力 $\boldsymbol{F}$ 在 Δt 时间内做的功为 ΔA,则在 Δt 时间内的平均功率为$\bar{P}=\frac{\Delta A}{\Delta t}$. 当 Δt 趋于零时,可得瞬时功率为

$$P=\lim_{\Delta t\to 0}\frac{\Delta A}{\Delta t}=\frac{đA}{\mathrm{d}t}. \tag{2.20}$$

将功的表示式(2.16)式代入,有

$$P=\boldsymbol{F}\cdot\boldsymbol{v}. \tag{2.21}$$

也就是说,力的瞬时功率等于力和速度的点积. 在 SI 国际单位制中,功率的单位是瓦特,用 W 表示.

2.3.3　保守力的功

功的数值一般与路径有关. 在(2.17)式和(2.19)式中的积分标明了始末位置,但原则上还必须标明积分路径. 但人们发现,有一类力所做功的大小仅与物体的始末位置有关,而与物体所经历的路径无关,这类力称为**保守力**. 比较常见的保守力有重力、万有引力、弹性力等. 下面分别给出它们的功.

重力是最简单的保守力.设质点的质量为 m,在重力作用下沿任意路径由 a 点运动到 b 点.在地球表面附近,重力的大小不变,方向竖直向下.选择地面为坐标原点,z 轴垂直于地面向上,则重力只有 z 方向的分量 $G_z=-mg$.代入(2.19)式,有

$$A_{ab}=\int_a^b G_z\mathrm{d}z=-\int_{z_a}^{z_b} mg\mathrm{d}z=-(mgz_b-mgz_a). \tag{2.22}$$

上式表明,重力的功只与质点的始末位置有关(而且只取决于始末高度),与所走过的路径无关.

对于万有引力,如图 2-5 所示,质量为 M 的质点保持静止在原点,质量为 m 的质点在 M 施与的万有引力作用下做曲线运动.设质点 m 相对于 M 的初末位置分别为 $\boldsymbol{r}_a$ 和 $\boldsymbol{r}_b$,则根据万有引力公式(2.3)式,有

$$\text{đ}A=\boldsymbol{F}\cdot\mathrm{d}\boldsymbol{r}=-G\frac{mM}{r^3}\boldsymbol{r}\cdot\mathrm{d}\boldsymbol{r}=-G\frac{mM}{r^2}\mathrm{d}r,$$

其中 $\boldsymbol{r}\cdot\mathrm{d}\boldsymbol{r}=r\mathrm{d}r$(在图中,$\mathrm{d}\boldsymbol{r}$ 沿径向的分量就是 $\mathrm{d}r$.也可参见(2.13)式的推导过程).上式表明,万有引力做功只取决于半径的变化,与垂直于半径方向的运动无关.于是

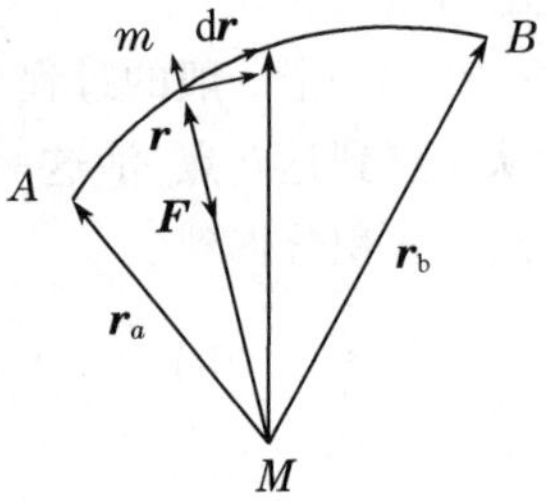

图 2-5 万有引力做的功

$$A_{ab}=\int_a^b \boldsymbol{F}\cdot\mathrm{d}\boldsymbol{r}=-\int_{r_a}^{r_b} G\frac{mM}{r^2}\mathrm{d}r=-\left[\left(-G\frac{mM}{r_b}\right)-\left(-G\frac{mM}{r_a}\right)\right]. \tag{2.23}$$

式(2.23)表明引力的功也只由质点的始末位置决定(而且只决定于始末距离),与所走过的路径无关.

弹性力满足胡克定律(2.4)式.考虑弹簧在 x 轴方向上伸缩,选择一维坐标的坐标原点在弹簧的自然长度处,有

$$A_{ab}=\int_a^b F_x\mathrm{d}x=-\int_a^b kx\mathrm{d}x=-\left(\frac{1}{2}kx_b^2-\frac{1}{2}kx_a^2\right) \tag{2.24}$$

显然,弹性力做的功也只由质点的始末位置决定.

上述各力做功的结果显示,**保守力做功仅由物体的始末位置决定,而与中间路径无关**.由此马上得到,**保守力沿任意一条闭合路径做功之和为零**,即

$$\oint_L \boldsymbol{F}\cdot\mathrm{d}\boldsymbol{r}=0. \tag{2.25}$$

这是因为起点与终点重合了.(2.25)式也可以视为保守力的定义.

与此相反,摩擦力做功就不满足此性质.以在粗糙水平面上运动的质点为例,由于滑动摩擦力始终跟运动方向相反,故滑动摩擦力始终做负功.它沿闭合路径做功之和就只能为负数,不可能等于0.而且,它做的功显然跟路径有关:对于相同的始末位置,路程越长,滑动摩擦力做的负功越多.因此,摩擦力不是保守力.

例 2.4 质点在 xy 平面内受外力 $\boldsymbol{F}=2xy\boldsymbol{i}+x^2\boldsymbol{j}$(SI)的作用,求质点沿如下不同路径从点 $O(0,0)$ 运动到点 $A(1,1)$ 的过程中,力 $\boldsymbol{F}$ 所做的功:

(1) 路径 L_1:先沿 x 轴从 O 点运动到点 $B(1,0)$,再平行于 y 轴运动到 A 点;

(2) 路径 L_2:沿直线 $y=x$ 从 O 点到 A 点.

解：(1) $A_1=\int_{O,L_1}^{A}\boldsymbol{F}\cdot\mathrm{d}\boldsymbol{r}=\int_{O}^{B}\boldsymbol{F}\cdot\mathrm{d}\boldsymbol{r}+\int_{B}^{A}\boldsymbol{F}\cdot\mathrm{d}\boldsymbol{r}$,

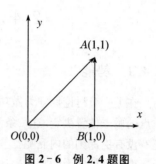

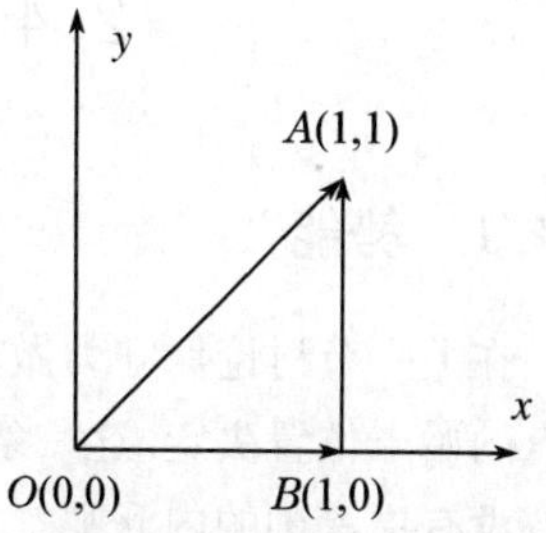

图 2-6　例 2.4 题图

其中对于路径 OB, $y=0$, $\mathrm{d}y=0$,故

$$\begin{aligned}A_{OB}&=\int_{O}^{B}\boldsymbol{F}\cdot\mathrm{d}\boldsymbol{r}\\&=\int_{O}^{B}(2xy\boldsymbol{i}+x^2\boldsymbol{j})\cdot(\mathrm{d}x\boldsymbol{i}+\mathrm{d}y\boldsymbol{j})\Big|_{y=0}\\&=\int_{O}^{B}x^2\boldsymbol{j}\cdot\mathrm{d}x\boldsymbol{i}=0.\end{aligned}$$

对于路径 BA, $x=1$, $\mathrm{d}x=0$,故

$$\begin{aligned}A_{BA}&=\int_{B}^{A}\boldsymbol{F}\cdot\mathrm{d}\boldsymbol{r}\\&=\int_{B}^{A}(2xy\boldsymbol{i}+x^2\boldsymbol{j})\cdot(\mathrm{d}x\boldsymbol{i}+\mathrm{d}y\boldsymbol{j})\Big|_{x=1}\\&=\int_{B}^{A}(2y\boldsymbol{i}+\boldsymbol{j})\cdot\mathrm{d}y\boldsymbol{j}\\&=\int_{B}^{A}\mathrm{d}y\\&=\int_{0}^{1}\mathrm{d}y=1(\mathrm{J}).\end{aligned}$$

故

$$A_1=A_{OB}+A_{BA}=1\ \mathrm{J}.$$

(2) 对于直线 OA,有 $y=x$,故

$$\begin{aligned}A_2&=\int_{O,L_2}^{A}\boldsymbol{F}\cdot\mathrm{d}\boldsymbol{r}\\&=\int_{O}^{A}(2xy\boldsymbol{i}+x^2\boldsymbol{j})\cdot(\mathrm{d}x\boldsymbol{i}+\mathrm{d}y\boldsymbol{j})\Big|_{y=x}\\&=\int_{0}^{1}(2x^2\boldsymbol{i}+x^2\boldsymbol{j})\cdot(\boldsymbol{i}+\boldsymbol{j})\mathrm{d}x\\&=\int_{0}^{1}(2x^2+x^2)\mathrm{d}x=1(\mathrm{J}).\end{aligned}$$

可以看出,尽管积分路径不同,但积分结果完全相同. 我们还可以证明,沿其他任意路径得积分结果都是这个数值,从而说明该力为保守力. 事实上,考虑题中所给的力在一般情况下的元功:

$$\begin{aligned}\text{đ}A&=\boldsymbol{F}\cdot\mathrm{d}\boldsymbol{r}\\&=(2xy\boldsymbol{i}+x^2\boldsymbol{j})\cdot(\mathrm{d}x\boldsymbol{i}+\mathrm{d}y\boldsymbol{j})\\&=2xy\mathrm{d}x+x^2\mathrm{d}y\\&=y\mathrm{d}(x^2)+x^2\mathrm{d}y\\&=\mathrm{d}(x^2y).\end{aligned}$$

可见,该力所做的功必然等于函数 x^2y 在终点和起点的函数值差,这当然跟路径无关.

2.4 势能 机械能守恒定律

2.4.1 势能

在上一节讨论保守力做功时，我们知道，保守力做的功与质点运动的路径无关，仅由质点的始末位置决定. 这一条又等价于力沿任意闭合路径做功之和为 0. 那么，这种性质还有没有更深刻的内涵呢?

由几种保守力做功的表达式(2.22)～(2.24)式可以看出，保守力做的功总是可以写为一个**由位置决定**的函数 E_p 的减少①，即

$$A_{ab}=\int_a^b \boldsymbol{F}\cdot \mathrm{d}\boldsymbol{r}=-(E_{pb}-E_{pa})=-\Delta E_p. \tag{2.26}$$

对于上节的重力、万有引力和弹性力，根据(2.22)～(2.24)式，这个函数分别为

$$E_p=mgz, \tag{2.27}$$

$$E_p=-G\frac{mM}{r}, \tag{2.28}$$

$$E_p=\frac{1}{2}kx^2. \tag{2.29}$$

这个函数称为**势能函数**，简称**势能**. 所以，保守力的又一等价说法是：存在(或可以定义)势能. 而(2.26)式则说明，保守力做了多少正功，势能就减少多少.

在(2.26)式中，如果固定起点 a(重新记为 O 点)，让 b 变为任意点 P，并颠倒积分上下限，就可以得到任意点 P 的势能：

$$E_p=\int_P^O \boldsymbol{F}\cdot \mathrm{d}\boldsymbol{r}+E_{pO}. \tag{2.30}$$

这就是已知保守力求其势能函数的计算式，其中 O 点的势能 E_{pO} 是任意的. 这是因为势能的定义(2.26)式只是定义了任意两点势能的差值，并没有给出势能的绝对大小. 如果取 $E_{pO}=0$，即令 O 点为**势能零点**，那么其他位置的势能就唯一确定了.

与条件(2.26)式等价的无限小形式是

$$\text{đ}A\equiv \boldsymbol{F}\cdot \mathrm{d}\boldsymbol{r}=-\mathrm{d}E_p. \tag{2.31}$$

该式的得出只要考虑无限小过程中保守力的做功即可. 它同样反映了保守力做正功时势能减少的约定. 所以，要确定某力是否是保守力，或者要确定某保守力的势能，我们可以只计算其元功. 如果该元功不能写成全微分的形式，那么该力就是非保守力. 如果该元功能够写为一个函数的全微分的形式，那么该力就是保守力，同时还得到了它对应的势能——所得函数添负号. 上节的例 2.4 的最后就是这样的一个例子，其相应的势能为 $-x^2y$.

从上面的讨论可以看出，势能的定义是与保守力的条件紧密相关的，它完全由保守力决定. 保守力的形式不同，其对应的势能函数形式也不同. 此外，势能是一个相对量，它的值与势能零点的选择有关.

① 这里的"减少"和(2.26)、(2.31)式中的负号是人为规定的，目的是为了后面出现 $E_k+E_p=C$ 而不是 $E_k-E_p=C$.

需要明确的是，**势能是属于相互作用的各物体的**，而不是属于某个物体. 例如，我们常说的“重物的重力势能”其实是指“重物与地球之间的重力势能”. 设想把重物固定在原处，但把地球移走，此时该物体还具有跟以前一样的重力势能吗？所以“重物的重力势能”并不是只跟该重物有关，更是跟它与地球所构成的系统有关. 所以，一般地，我们应该谈论的是“A 与 B 之间的势能”，因为**势能取决于二者的相对位置**. 仅当与 A 相互作用的物体 B 固定或近似固定时，此时谈论“A 的势能”才有意义. 正是由于地球可以视为静止，我们才能认可“重物的重力势能”这种说法.

2.4.2　质点系的动能定理

动能定理(2.13)或(2.15)式可以推广到质点系. 此时，就像质点系的动量定理(2.9)式需考虑内力冲量之和一样，这里需考虑内力的做功之和. 然而，牛顿第三定律虽然能保证所有内力的冲量之和为 0，但不能保证所有内力做功之和为 0. 所以，虽然内力不会改变系统的总动量，但可能会改变系统的总动能. 这样的一个例子是，正负电荷在吸引力(内力)的作用下体系的总动能会增加. 所以，如果质点系的动能有变化，一般地这来自内力做功 A_i 和外力做功 A_e 两个方面. 此时**质点系的动能定理**为

$$A_i + A_e = \Delta E_k. \tag{2.32}$$

其中 E_k 为系统的总动能.

下面简单讨论一下内力做功问题. 设 $\boldsymbol{f}_{ij}$ 为质点 i 对质点 j 的作用力，则一对内力 $\boldsymbol{f}_{ij}$ 和 $\boldsymbol{f}_{ji}$ 做功之和 $\text{đ}A_{ij}$ 为

$$\begin{aligned}\text{đ}A_{ij} &= \boldsymbol{f}_{ij}\cdot \mathrm{d}\boldsymbol{r}_j + \boldsymbol{f}_{ji}\cdot \mathrm{d}\boldsymbol{r}_i = \boldsymbol{f}_{ij}\cdot \mathrm{d}\boldsymbol{r}_j - \boldsymbol{f}_{ij}\cdot \mathrm{d}\boldsymbol{r}_i \\ &= \boldsymbol{f}_{ij}\cdot(\mathrm{d}\boldsymbol{r}_j - \mathrm{d}\boldsymbol{r}_i) = \boldsymbol{f}_{ij}\cdot \mathrm{d}(\boldsymbol{r}_j - \boldsymbol{r}_i),\end{aligned}$$

其中用到了牛顿第三定律. 利用相对位矢 $\boldsymbol{r}_{ji} \equiv \boldsymbol{r}_j - \boldsymbol{r}_i$(质点 j 相对于质点 i 的位矢)，则

$$\text{đ}A_{ij} = \boldsymbol{f}_{ij}\cdot \mathrm{d}\boldsymbol{r}_{ji}, \tag{2.33}$$

其中 $\mathrm{d}\boldsymbol{r}_{ji}$ 为质点 j 相对于质点 i 的位移，简称**相对位移**. 因此，一对内力做功之和即相互作用力与相对位移的点积. 同时，由于力 $\boldsymbol{f}_{ij}$ 沿连线方向(即 $\boldsymbol{r}_{ji}$ 的方向)，因此只有在相对位移 $\mathrm{d}\boldsymbol{r}_{ji}$ 沿连线的分量存在(即二者的距离 $|\boldsymbol{r}_{ji}|$ 发生变化)时，才有内力做功. 因此，(2.33)式又可写为

$$\text{đ}A_{ij} = f_{ij}\,\mathrm{d}|\boldsymbol{r}_{ji}|, \tag{2.34}$$

其中，当内力为斥力时，$f_{ij} > 0$.

例 2.5　质量为 M 的木块放在光滑的水平面上，有一质量为 m，速度为 $\boldsymbol{v}_0$ 的子弹水平射入木块. 子弹在木块内运动距离 d 后相对于木块静止，此时木块向前滑动了一段距离. 设子弹在木块内运动的阻力不变. (1) 求当子弹相对于木块静止时，子弹与木块一起运动的速度 $\boldsymbol{v}$ 和木块滑过的距离 L. (2) 验证质点系的动能定理.

解：(1) 子弹和木块构成的系统在水平方向不受外力，故该方向动量守恒. 设子弹相对木块静止时，速度为 $\boldsymbol{v}$，取水平 $\boldsymbol{v}_0$ 方向为 x 轴正方向，有

$$mv_0 = (m+M)v.$$

设子弹和木块间作用力为 f. 以木块为对象，外力对木块做功为 fL，由动能定理，有

$$fL=\frac{1}{2}Mv^2.$$

对子弹,外力对它做功为$-f(L+d)$,故有

$$-f(L+d)=\frac{1}{2}mv^2-\frac{1}{2}mv_0^2.$$

联立以上各式,求解得

$$v=\frac{mv_0}{m+M},L=\frac{m}{m+M}d,f=\frac{Mmv_0^2}{2d(m+M)}.$$

(2) 外力对系统未做功:$A_e=0$. 只有内力(一对滑动摩擦力)做功. 子弹对木块做正功,为 fL,木块对子弹做负功,为$-f(L+d)$,故内力做功之和为

$$A_i=-fd.$$

该结论也可直接由(2.33)式得到. 另一方面,系统动能的变化为

$$\Delta E_k=\frac{1}{2}(M+m)v^2-\frac{1}{2}mv_0^2.$$

把上一小题的结果代入,即可看出

$$A_e+A_i=\Delta E_k.$$

2.4.3 机械能守恒定律

在质点系动能定理(2.32)式中,把内力做功 A_i 中具有特别性质的保守内力做的功 $A_{i保}$ 分离出来,剩下的就是非保守内力做的功 $A_{i非}$. 将这些结果结合起来,得到

$$A_{i保}+A_{i非}+A_e=\Delta E_k.$$

根据保守力的性质(2.26)式,保守内力做的功等于相互作用势能改变量的负值,故

$$A_{i非}+A_e=\Delta E_k+\Delta E_p=\Delta(E_k+E_p). \tag{2.35}$$

如果定义系统的总动能和相互势能之和为系统的**机械能** E,即

$$E=E_p+E_k, \tag{2.36}$$

那么(2.35)式表明:质点系在运动中,外力和非保守内力对系统所做的功之和等于系统机械能的增量,这就是**功能原理**.

当不存在外力做功和非保守内力做功时,(2.35)式给出

$$E=E_p+E_k=常数. \tag{2.37}$$

上式表明:当系统内只有保守力做功时,质点系的机械能守恒. 这就是**机械能守恒定律**.

一个不受外界作用的系统称为**孤立系统**. 对于孤立系统,外力对系统做的功为零. 当系统由于运动而状态发生变化时,系统内有非保守力做功,系统的总机械能就不再守恒. 然而,如果引入更为广泛的能量概念(例如电磁能、化学能、热能和原子能等)后,大量实验证明,一个孤立系统经历任何变化时,该系统的所有能量的总和保持不变. 能量只能从一种形式转化为另一种形式,或从系统内的一个物体传给另一个物体. 这就是**能量转化和守恒定律**. 能量转化和守恒定律指出,能量不能被产生,也不能被消灭,只能在不同形式间转化. 能量是物质不同运动的一般量度. 能量守恒定律是自然界的一条普遍的基本定律,机械能守恒定律仅是能量守恒定律的一个特例.

例 2.6　在地球表面垂直向上以第二宇宙速度 $v_2=\sqrt{2gR}$ 发射一物体，R 为地球半径，g 为重力加速度，试求物体到达与地心相距为 nR 时所需的时间.

解：设物体运动到距地心 x 时其速度为 v，地球质量为 M，在此过程中机械能守恒，有

$$\frac{1}{2}mv^2-G\frac{mM}{x}=\frac{1}{2}mv_2^2-G\frac{mM}{R}.$$

因为

$$v_2=\sqrt{2gR}=\sqrt{2\frac{GM}{R}},\left(g=\frac{GM}{R^2}\right)$$

则

$$\frac{1}{2}mv_2^2-G\frac{mM}{R}=0.$$

由此可得

$$\frac{1}{2}mv^2-G\frac{mM}{x}=0,$$

即

$$v=\frac{\mathrm{d}x}{\mathrm{d}t}=\sqrt{\frac{2GM}{x}}.$$

积分得

$$t=\int_0^t\mathrm{d}t=\int_R^{nR}\frac{\sqrt{x}\,\mathrm{d}x}{\sqrt{2GM}}=\frac{2}{3}\sqrt{\frac{R}{2g}}(n^{3/2}-1).$$

2.5　惯性力

在 2.1 节中我们知道，牛顿运动定律只在一类特殊的参考系——惯性系中才成立. 在那里我们举了加速运动汽车中的光滑小球的例子. 由于小球光滑，它在水平方向上不受任何力的作用. 地面上观测到小球静止，但汽车中观测到小球向后加速运动. 于是，在汽车中小球受力平衡，但具有加速度！这是违反牛顿运动定律的. 其原因就在于，加速运动的汽车是一个**非惯性参考系**（简称**非惯性系**），在这种参考系中，牛顿运动定律不成立.

其实，惯性系本来只是一个理想概念，实际参考系都是非惯性参考系，只是“非惯性”程度各不相同. 虽然有时可以把一些非惯性系（如地球）视为惯性系来处理，但在要求高精度时，非惯性效应将会明显. 而且，在实际问题中，经常需要在非惯性参考系中观察和处理力学问题. 因此，有必要考虑在非惯性系中的动力学. 理所当然地，此时必须将牛顿定律进行修正，而修正的方式只是引入惯性力即可.

2.5.1　加速平动系中的惯性力

所谓非惯性系，就是相对于惯性系存在加速运动的参考系. 这有两种基本情况：(1) 做加速平动；(2) 做匀速转动. 这两种情况是其他复杂情况的基础.

先考虑加速平动的非惯性系，简称加速平动系. 设有一个相对于地面以加速度 $\boldsymbol{a}_0$ 做

平动的车厢，车厢内有一个质量为 m 的物体，所受合力为 $\boldsymbol{F}$，相对车厢的加速度为 $\boldsymbol{a}'$. 根据第 1 章 1.5 节相对运动的知识知，该物体的对地加速度(绝对加速度)为

$$\boldsymbol{a}=\boldsymbol{a}_0+\boldsymbol{a}'.$$

由于车厢不是惯性系，故不能适用牛顿运动定律. 但地面是惯性系，根据牛顿第二定律，有

$$\boldsymbol{F}=m\boldsymbol{a}=m\boldsymbol{a}_0+m\boldsymbol{a}'.$$

它可以改写为

$$\boldsymbol{F}-m\boldsymbol{a}_0=m\boldsymbol{a}'. \tag{2.38}$$

该式有很好的意义. 右边是质量乘以车厢中测到的加速度，而左边则可以视为合力，其中

$$\boldsymbol{F}_{惯}\equiv-m\boldsymbol{a}_0 \tag{2.39}$$

称为惯性力.

由式(2.38)可知，若要牛顿运动定律在非惯性系车厢中成立，则在受力分析时，除了考虑物体所受实际的外力 $\boldsymbol{F}$ 外，还必须引入一个惯性力. 惯性力的大小等于质点的质量 m 和非惯性系的加速度 $\boldsymbol{a}_0$ 的乘积，方向与加速度 $\boldsymbol{a}_0$ 的方向相反.

需要指出的是：惯性力不是物体之间的相互作用力，因此，惯性力只有受力物体，没有施力物体，也没有反作用力. 它仅仅是参考系非惯性运动的一种表现，具体形式与物体非惯性运动的形式有关.

例 2.7 火箭载有质量为 50 kg 的物体，以 10 m · s^{-2}的加速度发射升空，试问发射时如果在火箭内用弹簧秤称量该物体，弹簧秤的读数为多少?

解：取火箭为参考系，这是一个非惯性参考系. 物体在火箭内部受三种力的作用而平衡：重力 $G=mg$、弹簧秤的支撑力 N 和惯性力 $F'=ma_0$. 三力的作用方向都在竖直方向，平衡时有

$$N-G-F'=0$$

即

$$N=G+F'=m(g+a_0)=50\times(10+10)\text{N}=1\,000\text{ N}.$$

故弹簧秤的读数为 1 000 N.

2.5.2 匀速转动系中的静止物体所受的惯性力

设想一个匀速转动的水平圆盘，其上有一个物体因受静摩擦力而与圆盘相对静止. 在地面系中看，物体具有加速度，同时受到向内的摩擦力. 根据牛顿第二定律，有

$$f=m\frac{v^2}{r}.$$

而在圆盘系中看，物体静止. 它受到了真实的摩擦力作用，同时还受到向外的惯性力作用. 这样它才能受力平衡而静止. 这个惯性力就称为**惯性离心力**，其大小为

$$F'=m\frac{v^2}{r}, \tag{2.40}$$

方向向外.

匀速转动系中的运动物体，其所受的惯性力除了惯性离心力外，还有科里奥利力. 此处从略.

2.6　碰撞问题

当两个或两个以上的物体相遇，物体之间的相互作用时间非常短暂，这种现象就称为碰撞. 物体在碰撞时，相互作用力一般很大，远大于其他作用力. 因此，我们在研究物体碰撞时，通常忽略其他作用力，仅考虑碰撞物体之间的相互作用内力. 而且，由于碰撞过程较为复杂，又很迅速，故在研究碰撞时，我们只考虑物体碰撞前后的运动状态的变化，不去研究具体的碰撞细节.

如果两个小球碰撞前的速度方向在两球心的连线上，则碰撞后的速度方向也在这一连线上，这种碰撞称为**对心碰撞**. 如图 2-7 所示，设质量为 m_1 和 m_2 两个小球发生对心碰撞，v_{10} 和 v_{20} 为碰前两球的速度，v_1 和 v_2 为碰后两球的速度，由动量守恒定律，有

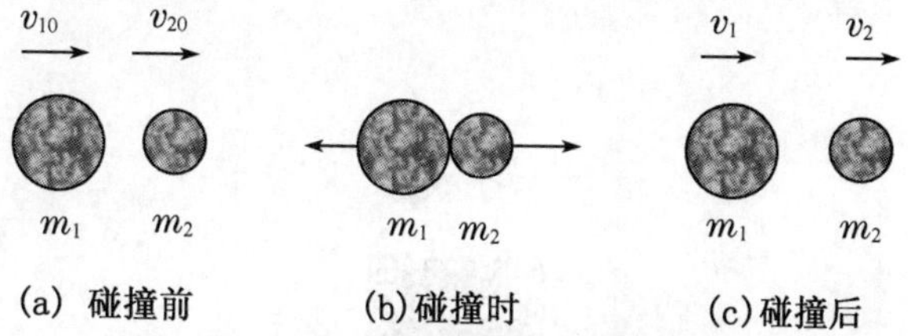

图 2-7　两球的对心碰撞

$$m_1 v_{10} + m_2 v_{20} = m_1 v_1 + m_2 v_2. \tag{2.41}$$

显然，该式无法确定碰撞后两球的速度，它们还取决于两球的材料. 牛顿从实验中发现，保持小球的材料不变而改变其他因素（如质量、速度）时，两球在碰撞后的分离速度与碰撞前的接近速度的比值是一个常数. 因此牛顿引入**恢复系数**的概念来描述这种特征：

$$e = \frac{v_2 - v_1}{v_{10} - v_{20}}. \tag{2.42}$$

如果 $e=0$，则 $v_2 = v_1$，即两球碰撞后以相同的速度运动，称为**完全非弹性碰撞**. 如果 $e=1$，则分离速度等于接近速度. 后面将会发现，此时碰撞前后总动能守恒，故是**弹性碰撞**.

有了(2.41)和(2.42)两式，碰撞后的结果就完全确定了. 联立它们，解得

$$v_1 = v_{10} - \frac{(1+e)m_2(v_{10} - v_{20})}{m_1 + m_2},\ v_2 = v_{20} + \frac{(1+e)m_1(v_{10} - v_{20})}{m_1 + m_2}. \tag{2.43}$$

利用该结果，容易求得前后动能的减少为

$$\Delta E_k = (1 - e^2)\frac{m_1 m_2}{2(m_1 + m_2)}(v_{10} - v_{20})^2. \tag{2.44}$$

我们可以分几种情况来讨论.

对于弹性碰撞，$e=1$. 根据(2.44)式，前后动能不变，即机械能是守恒的. 又由(2.43)式，有

$$v_1 = \frac{(m_1 - m_2)v_{10} + 2m_2 v_{20}}{m_1 + m_2},\ v_2 = \frac{(m_2 - m_1)v_{20} + 2m_1 v_{10}}{m_1 + m_2}.$$

对于完全非弹性碰撞，$e=0$. 根据(2.44)式，机械能损失达到最大. 而根据(2.43)式，可得

$$v_1=v_2=\frac{m_1v_{10}+m_2v_{20}}{m_1+m_2}.$$

如果两球质量相等，即 $m_1=m_2=m$，则由(2.43)式，有

$$v_1=v_{10}-\frac{1}{2}(1+e)(v_{10}-v_{20}),v_2=v_{20}+\frac{1}{2}(1+e)(v_{10}-v_{20}).$$

也就是说，此时快球速度的减小量与慢球速度的增大量相同. 特别地，如果 $e=1$，则

$$v_1=v_{20},v_2=v_{10},$$

即质量相等的小球发生弹性碰撞后交换速度.

考虑有一个球质量很大且静止的情况，例如 $m_2\gg m_1$，$v_{20}=0$. 代入(2.43)式，有

$$v_1\approx -ev_{10},v_2\approx 0,$$

即碰撞后，质量很大的球几乎仍然保持静止，而质量很小的球几乎以原速率的 e 倍被反弹回去. 乒乓球撞击墙壁或地面，就是这种情况. 该式为恢复系数提供了简单的测量手段.

习题

线上阅览

第3章 角动量定理和刚体的转动

3.1 质点和质点系的角动量

3.1.1 角动量定理

角动量定理是除动量定理、动能定理之外牛顿运动定律的又一推论. 把牛顿第二定律

$$\boldsymbol{F}=m\frac{\mathrm{d}\boldsymbol{v}}{\mathrm{d}t}$$

两边用位矢 $\boldsymbol{r}$ 从左叉乘,得

$$\boldsymbol{r}\times\boldsymbol{F}=\boldsymbol{r}\times m\frac{\mathrm{d}\boldsymbol{v}}{\mathrm{d}t}.$$

现在考虑等式右边. 由于

$$\frac{\mathrm{d}}{\mathrm{d}t}(\boldsymbol{r}\times m\boldsymbol{v})=m\frac{\mathrm{d}\boldsymbol{r}}{\mathrm{d}t}\times\boldsymbol{v}+m\boldsymbol{r}\times\frac{\mathrm{d}\boldsymbol{v}}{\mathrm{d}t}=m\boldsymbol{v}\times\boldsymbol{v}+m\boldsymbol{r}\times\frac{\mathrm{d}\boldsymbol{v}}{\mathrm{d}t}=m\boldsymbol{r}\times\frac{\mathrm{d}\boldsymbol{v}}{\mathrm{d}t},$$

故

$$\boldsymbol{r}\times\boldsymbol{F}=\frac{\mathrm{d}}{\mathrm{d}t}(\boldsymbol{r}\times m\boldsymbol{v}). \tag{3.1}$$

该式反映了又一重要规律. 定义

$$\boldsymbol{M}\equiv\boldsymbol{r}\times\boldsymbol{F} \tag{3.2}$$

为**力矩**,定义

$$\boldsymbol{L}\equiv\boldsymbol{r}\times m\boldsymbol{v} \tag{3.3}$$

为**角动量**①,那么,(3.1)式表明,力矩等于角动量的变化率. 这就是**角动量定理**.

角动量定理还有另一形式:

$$\boldsymbol{M}\mathrm{d}t=\mathrm{d}\boldsymbol{L}. \tag{3.4}$$

由于 $\boldsymbol{F}\mathrm{d}t$ 是(元)冲量,故 $\boldsymbol{r}\times\boldsymbol{F}\mathrm{d}t$ 称为(元)**冲量矩**. 对于某一过程,则有

$$\int_{t_1}^{t_2}\boldsymbol{M}\mathrm{d}t=\boldsymbol{L}_2-\boldsymbol{L}_1. \tag{3.5}$$

不论是(3.4)式还是(3.5)式都表明,质点所受的冲量矩等于质点角动量的改变. 这也是角动量定理的表述.

角动量定理也是一个动力学规律,也是对运动与力的关系的一个定量回答. 角动量 $\boldsymbol{L}=\boldsymbol{r}\times m\boldsymbol{v}$ 是质点运动状态的又一种描述,而力矩 $\boldsymbol{M}=\boldsymbol{r}\times\boldsymbol{F}$ 则由力所确定,反映外界作用

① “角动量”又名“动量矩”,这是承袭“力矩”一词的命名规则. 但“角动量”一词也符合另一规则,在分析力学中,与直角坐标共轭的是普通动量,而与角坐标共轭的就是这里的角动量.

的又一方面. 于是角动量定理告诉我们,力矩是角动量改变的原因.

力矩虽然与功和能具有同样的量纲,但其 SI 单位是 N·m,而不是 J.

3.1.2 对力矩和角动量概念的分析

力矩 $\boldsymbol{M}$ 是个矢量,其方向垂直于质点位矢 $\boldsymbol{r}$ 和力 $\boldsymbol{F}$ 所构成的平面,其大小等于 $rF\sin\alpha$,其中 α 是 $\boldsymbol{r}$ 和 $\boldsymbol{F}$ 的夹角,而 $r_{\perp}=r\sin\alpha$ 又称为力臂(见图 3-1(a)). 故力矩的大小等于力与力臂的乘积,位矢 $\boldsymbol{r}$ 的另一个平行于 $\boldsymbol{F}$ 的分量 $r_{/\!/}$ 对力矩没有贡献. 力矩的概念表明,不仅力的方向重要,力的作用线也是很重要的. 沿着力的作用线平移力矢量,不会产生多大问题,只是作用点改变而已;但离开作用线平移力矢量将改变力臂,从而改变力矩. 以上是利用了对位矢 $\boldsymbol{r}$ 的分解,也可以分解力,此时力矩只依赖于力的垂直分量 $F_{\perp}$,另一个分量 $F_{/\!/}$ 对力矩没有贡献. 故有

$$M=Fr_{\perp}=F_{\perp}r.$$

在日常经验中,推门时力的作用点总尽可能地离轴远且方向尽量垂直于门,这就是为了用较小的力产生较大的力矩.

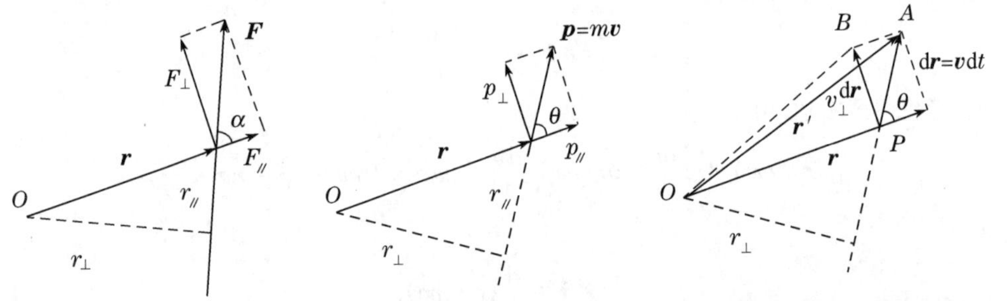

(a) 力矩　　(b) 角动量　　(c) 角动量和掠面速度的关系

图 3-1　图解力矩和角动量

角动量的定义与力矩类似(见图 3-1(b)),其方向垂直于质点位矢 $\boldsymbol{r}$ 和动量 $\boldsymbol{p}=m\boldsymbol{v}$ 所构成的平面,其大小等于 $rmv\sin\theta$,其中 θ 是 $\boldsymbol{r}$ 和 $m\boldsymbol{v}$ 的夹角. 仿照力的作用线、力臂两个概念,这里也可以定义“动量线”“动量臂”的概念. 显然,角动量的大小等于动量与“动量臂”$r_{\perp}$ 的乘积,位矢的另一分量 $r_{/\!/}$ 对角动量没有贡献. 质点在保持其动量不变的前提下沿“动量线”平移不会改变“动量臂”$r_{\perp}=r\sin\theta$ 的大小,也就不会改变角动量. 另一方面,我们也可以分解动量,而对角动量有贡献的只有动量的垂直分量 $p_{\perp}=mv_{\perp}$,因为只有它才反映了绕 O 点的转动,而 $p_{/\!/}$ 只表示离开 O 点的运动,与转动无关. 故有

$$L=r_{\perp}mv=rmv_{\perp} \tag{3.6}$$

角动量具有明显的几何意义. 如图 3-1(c)所示,在 $\mathrm{d}t$ 时间内,质点的位矢由 $\boldsymbol{r}$ 变为 $\boldsymbol{r}'$,位移为 $\mathrm{d}\boldsymbol{r}$. 显然,从原点到质点的连线所扫过的面积为

$$\mathrm{d}S=\frac{1}{2}|\boldsymbol{r}\times\mathrm{d}\boldsymbol{r}|=\frac{1}{2}|\boldsymbol{r}\times\boldsymbol{v}|\mathrm{d}t=\frac{1}{2}rv\sin\theta\mathrm{d}t.$$

所以,角动量的大小正比于连线在单位时间内扫过的面积(简称**掠面速度**),具体为

$$L=r_{\perp}mv=2m\frac{\mathrm{d}S}{\mathrm{d}t}. \tag{3.7}$$

在图 3-1(c)中，$\triangle OPA$ 与 $\triangle OPB$ 的面积显然相等，因而若质点在 P 处以 $v_\perp$ 运动，其角动量等于在 P 处以 v 运动时具有的角动量. 这又印证了(3.6)式.

可见，不论是力矩还是角动量，其大小和方向都有赖于参考点 O 的选择. 如果参考点取在力的作用线(或"动量线")上，则此时的力矩(或角动量)为 0，若参考点跨过了该线，则力矩(或角动量)将反号. 在讨论问题时，必须选取统一固定的参考点，此时角动量定理(3.1)式才有意义. 在选定参考点后，**角动量是描述质点绕参考点转动状态的一种定量指标，而力矩则是转动状态的这种指标发生改变的原因.**

3.1.3　质点的角动量守恒定律

根据角动量定理，如果质点受到的力矩 $\boldsymbol{M}=\boldsymbol{0}$，那么

$$\boldsymbol{L}_2=\boldsymbol{L}_1, \tag{3.8}$$

即质点的角动量将守恒.

$\boldsymbol{M}=\boldsymbol{0}$ 的一个简单情况是 $\boldsymbol{F}=\boldsymbol{0}$，即质点是自由的. 此时质点做匀速直线运动，它与参考点的连线在相等的时间内扫过的面积相等. 在图 3-1(b)中，质点这样的运动就相当于不变的动量沿"动量线"平移.

$\boldsymbol{M}=\boldsymbol{0}$ 的另一重要例子是质点在有心力场中的运动，比如行星绕太阳的运动. 此时，由于太阳的质量足够大，以至于可以认为是静止的. 以太阳为参考点，则 $\boldsymbol{r}/\!/\boldsymbol{F}$，故 $\boldsymbol{M}\equiv\boldsymbol{r}\times\boldsymbol{F}=\boldsymbol{0}$. 这意味着，虽然行星的动量(速度)一直在改变，但其角动量 $\boldsymbol{L}=\boldsymbol{r}\times m\boldsymbol{v}$ 的方向和大小却都不变. 角动量 $\boldsymbol{L}$ 的方向是垂直于 $\boldsymbol{v}$ 和 $\boldsymbol{r}$ 所确定的平面的. $\boldsymbol{L}$ 的方向不变，意味着 $\boldsymbol{v}$ 和 $\boldsymbol{r}$ 所确定的平面也不变. 开始时位矢和速度确定了某一个平面，则此后速度永远在此平面内而不会离开该平面. 因此，行星的轨道也始终在同一个平面内(太阳也在该面内)，其轨迹一定是条平面曲线，而不会是空间曲线. 角动量 $\boldsymbol{L}$ 的大小不变，意味着行星与太阳的连线在相等的时间内扫过的面积相等. 这正是**开普勒第二定律**. 而开普勒当年是通过大量的观测数据才得到这个结论的.

3.1.4　质点系的角动量定理和角动量守恒定律

为把角动量定理从质点推广到质点系，应该把每个质点的角动量定理方程列出来，再求和，从而得到整个体系的角动量定理. 其中，每个质点都可能受到外力和内力，因此，必须研究所有内力的力矩之和(见图 3-2). 根据牛顿第三定律，

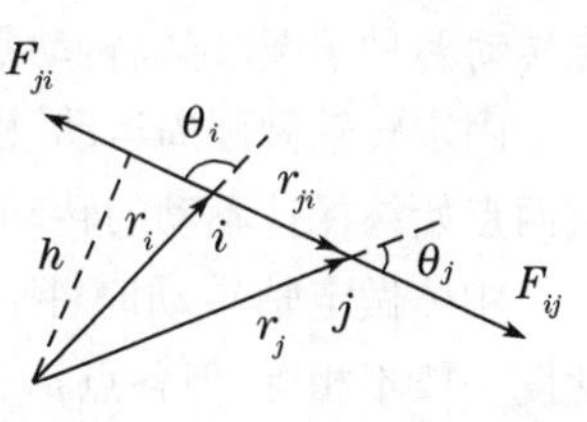

图 3-2　一对内力矩之和为 0

$$\boldsymbol{F}_{ij}=-\boldsymbol{F}_{ji}\text{且}\boldsymbol{F}_{ij}/\!/\boldsymbol{r}_{ji}$$

($\boldsymbol{r}_{ji}\equiv\boldsymbol{r}_j-\boldsymbol{r}_i$ 是质点 j 与质点 i 之间的相对位矢)，质点 i、j 的内力矩之和为

$$\boldsymbol{r}_i\times\boldsymbol{F}_{ji}+\boldsymbol{r}_j\times\boldsymbol{F}_{ij}=-\boldsymbol{r}_i\times\boldsymbol{F}_{ij}+\boldsymbol{r}_j\times\boldsymbol{F}_{ij}=(\boldsymbol{r}_j-\boldsymbol{r}_i)\times\boldsymbol{F}_{ij}=\boldsymbol{r}_{ji}\times\boldsymbol{F}_{ij}=\boldsymbol{0},$$

其中最后一步用到了 $\boldsymbol{F}_{ij}/\!/\boldsymbol{r}_{ji}$ 的条件. 因此，**一对内力矩之和为 0**，从而不影响质点系的总角动量.

该结论也可以从图 3-2 中看出. 在图中，力矩 $\boldsymbol{r}_i\times\boldsymbol{F}_{ji}$ 和 $\boldsymbol{r}_j\times\boldsymbol{F}_{ij}$ 显然方向相反，而其大小又相等，因为两相互作用力具有相同的作用线和相同的力臂：

$$|\boldsymbol{r}_i\times\boldsymbol{F}_{ji}|=F_{ji}r_i\sin\theta_i=F_{ji}h=F_{ij}r_j\sin\theta_j=|\boldsymbol{r}_j\times\boldsymbol{F}_{ij}|,$$

因此，二者之和为 $\boldsymbol{0}$.

于是，对于一般的质点系，有

$$\sum_i \boldsymbol{M}_i = \frac{\mathrm{d}}{\mathrm{d}t}\sum_i \boldsymbol{L}_i, \tag{3.9}$$

即所有**外力矩**之和等于系统总角动量的变化率. 这就是**质点系的角动量定理**.

如果外力矩之和为 $\boldsymbol{0}$，那么质点系的角动量将保持不变. 这就是**质点系的角动量守恒定律**. 作为一个例子，考虑一些天体系统的旋涡盘状结构. 宇宙中存在着各种各样的天体系统，它们中许多都具有旋转的盘状结构. 例如，银河系最初是一团极大的弥漫气体云，具有一定的初始角动量 $\boldsymbol{L}$. 气体云在内部相互间的万有引力作用下逐渐收缩，速度越来越大. 但角动量守恒要求粒子速度的增大必须主要体现为横向速度（即绕 $\boldsymbol{L}$ 轴的速度分量 $v_{\perp}$）的增大（因为半径减小了），而不是径向速度（即指向 $\boldsymbol{L}$ 轴的速度分量）的增大. 这意味着气体云难以进一步向转动轴收缩. 但是，气体云在平行于 $\boldsymbol{L}$ 轴的方向收缩时，就不存在这个问题. 因此，银河系就演化成了朝一个方向旋转的盘状结构. 据估计，银河系的直径约为其中心厚度的 10 倍.

3.2　刚体的定轴转动定理和转动惯量

3.2.1　刚体的定轴转动及其描述

固体都有一定的形状和大小，在外力的作用下，其形状和大小都要发生变化. 这种变化对于我们研究物体的运动会带来许多不便. 通常固体在外力的作用下，其变形都很小. 在这种形变不产生实质后果时，我们将其略去，认为固体在外力的作用下不发生形变，这就是**刚体**. 刚体也是一种理想模型，它是一种特殊的质点系，其内部各个质点之间的相对位置保持不变.

刚体的运动形式有转动和平动，以及二者的合成. 对于平动，由于其内各质点的运动情况完全一样，此时刚体可以当成一个质点处理. 刚体的转动比较复杂，有**定轴转动**和**定点转动**两种情况. 定轴转动是刚体转动最简单的形式. 在这种转动中刚体上的各点都绕着一个固定转轴做圆周运动. 由于两点确定一条直线，故刚体定轴转动的一种定义是：至少有两点始终保持不动的转动. 本章主要讨论刚体的定轴转动.

刚体做定轴转动时，刚体上各点的位移、速度、加速度一般不相等，但各点都在各自的固定平面（垂直于转轴）内做圆周运动，而且各点的角位移、角速度和角加速度都是相等的.

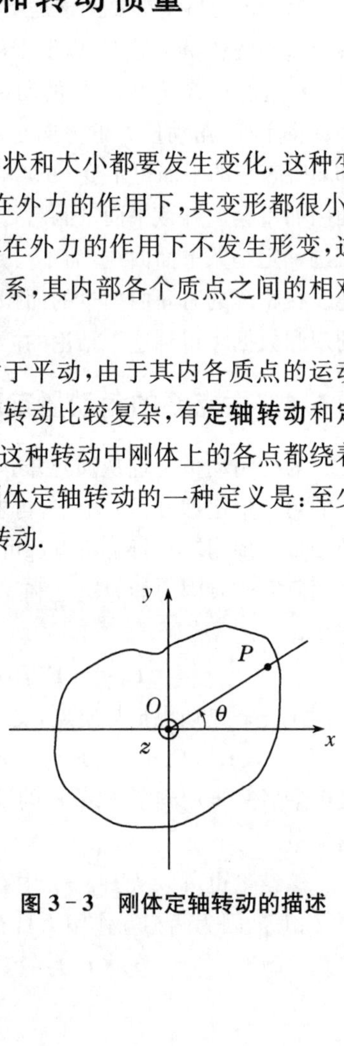

图 3－3　刚体定轴转动的描述

图 3－3 为一个绕 z 轴转动的刚体在 xy 平面内的截面，z 轴垂直于纸面向外. 在该截面内任取一点 P（非原点 O），则 P 点的位置确定了，刚体的位置也就唯一确定了. 而 P 点的位置可用 OP 离开 Ox 的角度 θ（称为**角坐标**）确定，这里规定 θ 以逆时针方向为正. 这样规定的角坐标正方向与 z 轴的正方向符合右手螺旋关系. 于

是，只需要用一个自由度，即角坐标 θ，即可表征刚体的位置. 于是，刚体绕 z 轴的转动就用角坐标 θ 随时间的变化来表示：

$$\theta=\theta(t). \tag{3.10}$$

这就是定轴转动刚体的运动学方程. 由此马上得到刚体的角速度和角加速度：

$$\omega=\frac{\mathrm{d}\theta}{\mathrm{d}t},\beta=\frac{\mathrm{d}\omega}{\mathrm{d}t}=\frac{\mathrm{d}^2\theta}{\mathrm{d}t^2}. \tag{3.11}$$

角坐标 θ、角速度 ω 和角加速度 β 都是代数量. 例如，$\omega<0$ 表示刚体反向转动，$\beta<0$ 表示正向转动时角速度在减小，或反向转动时角速度在增加. 角坐标、角速度和角加速度之间的关系，与质点一维运动时的坐标、速度和加速度的关系完全类似. 将(3.11)式对时间积分，即得

$$\begin{aligned}\omega &= \omega_0+\int_0^t\beta\mathrm{d}t,\\ \theta &= \theta_0+\int_0^t\omega\mathrm{d}t.\end{aligned} \tag{3.12}$$

因此，若已知角加速度随时间的关系以及初始角速度和初始角坐标，那么就可以得到运动学方程(3.10). 对于匀加速转动，β 为常数，此时有

$$\begin{aligned}&\omega=\omega_0+\beta t,\\ &\theta-\theta_0=\omega_0 t+\frac{1}{2}\beta t^2,\\ &\omega^2-\omega_0^2=2\beta(\theta-\theta_0).\end{aligned} \tag{3.13}$$

读者可以将此处的公式与第一章的相应公式比较.

刚体做定轴转动时，其角速度矢量 $\boldsymbol{\omega}$ 即沿转轴的方向，刚体上任一点在垂直于转轴的平面内做圆周运动. 根据第一章圆周运动的知识，任一点的线速度为 $v=\omega r_\perp$，其中 $r_\perp$ 为从刚体转轴到质点 P 的垂直距离. 为简单起见，在不至于混淆的地方，我们改 $r_\perp$ 为 r，只需记住 r 不是从原点到 P 点的距离，而是从转轴到 P 点的垂直距离即可. 于是，线速度与角速度的关系为

$$v=\omega r. \tag{3.14}$$

加速度的关系就复杂些，为方便计罗列如下：

$$a_\tau=\frac{\mathrm{d}v}{\mathrm{d}t}=\beta r,a_n=v\omega=\frac{v^2}{r}=\omega^2 r. \tag{3.15}$$

3.2.3　刚体定轴转动定理

刚体是一种特殊的质点系，适用质点系的角动量定理(3.9)式. 由于定轴转动存在一个确定的转轴(z 轴，其正方向为 ω 的指向)，而且通常我们只关心绕 z 轴的转动，因此，我们只考虑(3.9)式的 z 分量，即只考虑绕 z 轴(或对 z 轴)的角动量定理：

$$M_z=\frac{\mathrm{d}}{\mathrm{d}t}\sum_i L_{iz}. \tag{3.16}$$

其中 i 是对刚体中各质元的编号.

方程(3.16)的左边是力产生的绕 z 轴的力矩. 在图 3－4 中，对于一个一般的力 $\boldsymbol{F}$ 而言，对 M_z 有贡献的显然只有力 $\boldsymbol{F}$ 的绕轴分量 $\boldsymbol{F}_\tau$ 和位矢 $\boldsymbol{R}$ 的垂直分量 $\boldsymbol{r}$(即离开 z 轴的垂

直距离),故

$$M_z = rF_\tau. \tag{3.17}$$

该结论也可以按照力矩的定义(3.2)式 $\boldsymbol{M} \equiv \boldsymbol{R} \times \boldsymbol{F}$ 并取其 z 分量而得到:

$$\boldsymbol{M} = \boldsymbol{R} \times \boldsymbol{F} = (\boldsymbol{r} + \boldsymbol{r}_{/\!/}) \times (\boldsymbol{F}_\tau + \boldsymbol{F}_{/\!/} + \boldsymbol{F}_n)$$
$$= \boldsymbol{r} \times \boldsymbol{F}_\tau + \boldsymbol{r} \times \boldsymbol{F}_{/\!/} + \boldsymbol{r}_{/\!/} \times \boldsymbol{F}_\tau + \boldsymbol{r}_{/\!/} \times \boldsymbol{F}_n.$$

显然,由于第二、三、四项的因子中都有沿 z 轴的矢量,故这三个叉乘结果都没有 z 分量,从而对 M_z 有贡献的只有第一项.

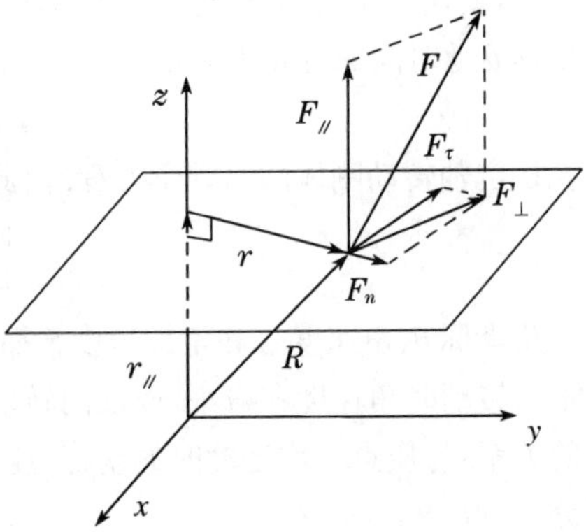

图 3-4 绕轴的力矩

方程(3.16)式的右边是绕 z 轴的角动量(或角动量的 z 分量)的变化率. 对于质元 i,其绕 z 轴的角动量为 $L_{iz} = r_i m_i v_i$. 根据(3.14)式,有

$$L_{iz} = r_i^2 m_i \omega.$$

注意其中 ω 是与各质元无关的. 于是,刚体对 z 轴的总角动量为

$$L_z = \sum_i L_{iz} = \omega \sum_i r_i^2 m_i$$

其中求和部分反映刚体自身的特征,称为刚体绕 z 轴的**转动惯量**:

$$I_z \equiv \sum_i r_i^2 m_i. \tag{3.18}$$

于是,刚体绕 z 轴的角动量等于其绕 z 轴的转动惯量与角速度的乘积:

$$L_z = I_z \omega. \tag{3.19}$$

因此,根据绕 z 轴的角动量定理(3.16)式和(3.19)式,有

$$M_z = \frac{\mathrm{d}L_z}{\mathrm{d}t} = I_z \frac{\mathrm{d}\omega}{\mathrm{d}t} = I_z \beta. \tag{3.20}$$

这就是刚体对轴的角动量定理,又称为刚体绕定轴的**转动定理**. 转动定理表明,刚体定轴转动时的角加速度正比于刚体所受到的对轴的力矩之和. 如果刚体对轴的力矩为 $\boldsymbol{0}$,则刚体保持匀速转动状态.

需要注意的是,一般来说,刚体的角动量 $\boldsymbol{L}$ 的方向与其角速度 $\boldsymbol{\omega}$ 的方向(即 z 轴方向)不一定相同,(3.19)式只是给出角动量的 z 分量而已. 设一个质点 P 在图 3-5 中画出的平面内绕 z 轴做匀速圆周运动. 现在的问题是:它只是在绕 z 轴旋转吗?有没有绕 x 轴旋转?有没有绕 y 轴旋转?考虑 A 点. 质点 P 在此处的速度 $\boldsymbol{v}_A$ 沿 y 轴方向,且 $\boldsymbol{v}_A \perp \overline{A'A}$,故质点 P 在 A 点时也在绕 x 轴旋转!(当然,此时没有绕 y 轴的旋转.)类似地,质点在 B 处时也在绕 y 轴旋转(但没有绕 x 轴旋转). 作

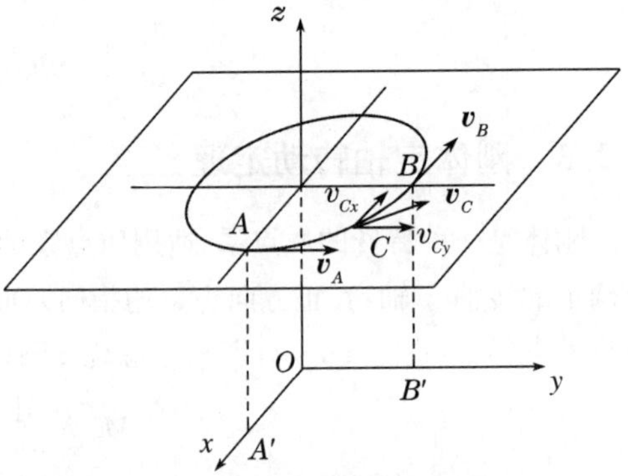

图 3-5 绕 z 轴旋转的质点也在绕 x 轴和 y 轴旋转

为 A、B 两点的中间情况，考虑 C 点. 此时质点 P 的速度 $\boldsymbol{v}_C$ 有分量 $\boldsymbol{v}_{Cx}$ 和 $\boldsymbol{v}_{Cy}$，可以看出，质点也在绕 y 轴和 x 轴旋转. 也就是说，在 C 点时，质点 P 同时在绕 x 轴、y 轴和 z 轴旋转，只是对应的角速度不相同而已. 这种情况实际上是质点 P 在 C 点时的角动量（反映质点绕原点的转动）沿三个轴的分量（反映质点绕三个轴的转动）都不为 0 的体现.

在图 3-5 中，设原点 O 处也有一质点. 把质点 P 与质点 O 用一根质量可以忽略的轻杆连起来，就得到一个绕 z 轴做定轴转动的刚体，且刚体的角动量就等于质点 P 的角动量（因为轻杆无质量，而质点 O 无运动）. 显然，根据上面的分析，刚体的角动量矢量在一般情况下沿三个轴都有分量，而刚体的角速度却只是沿 z 轴方向. 故通常而言，刚体的角动量方向与其角速度方向可以不同. 这也是为什么我们要强调(3.19)式和(3.20)式只是针对绕 z 轴的转动的原因. 实际上此时也有绕 x 轴和绕 y 轴的转动，只是我们不关心而已.

如果刚体有对称轴，那么刚体绕对称轴转动时，$\boldsymbol{L}$ 与 $\boldsymbol{\omega}$ 一定同向. 更一般地，对于任意刚体，过其上任意一点都有三条称为惯量主轴的直线，它们相互垂直，绕任何一根旋转都有 $\boldsymbol{L}/\!/\boldsymbol{\omega}$.

3.2.4　转动惯量

刚体的转动惯量反映了刚体的转动特性，是一个重要的概念，有必要专门阐述.

牛顿第二定律中的质量可以视为物体平动时惯性大小的量度，而转动定理表明，I_z（以下省略脚标，写为 I）实际上表明刚体反抗外力矩的一种能力，是转动惯性的体现，故称为转动惯量，相当于平动时的质量. 转动惯量大的刚体不容易改变它的转动运动状态，这就是那些需要有稳定转速的机器设备，在转轴上都有一个较重的飞轮的原因.

由定义(3.18)式可以看出，转动惯量等于组成刚体各质点的质量与各个质点到转轴的距离平方的乘积之和. 刚体的质量通常是连续分布的，此时求和可以改写为积分，有

$$I=\int r^2\,\mathrm{d}m=\int r^2\rho\mathrm{d}V. \tag{3.21}$$

式中 $\mathrm{d}m=\rho\mathrm{d}V$ 是质元的质量，r 是此质元到转轴的垂直距离. 转动惯量不仅跟刚体的质量分布有关，还跟转轴的位置有关.

例 3.1　一根均匀细棒质量为 m，长为 l，试求当转轴垂直于棒，且分别过棒的中点和棒的端点时，细棒的转动惯量.

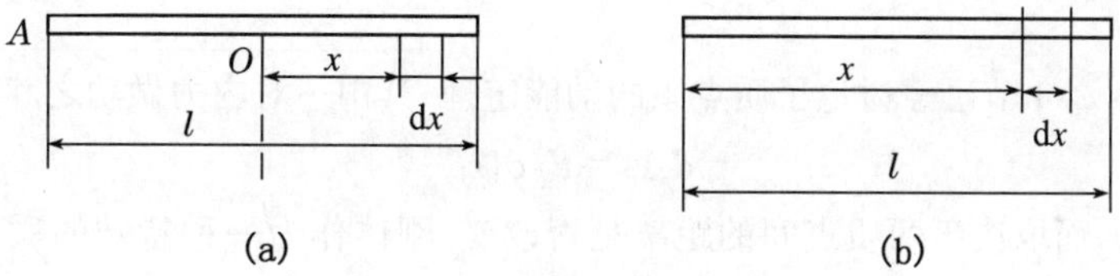

图 3-6　细棒的转动惯量

解：如图 3-6 所示，设细棒的线密度为 λ，长度为 $\mathrm{d}x$ 的微元具有的质量为

$$\mathrm{d}m=\lambda\mathrm{d}x=\frac{m}{l}\mathrm{d}x.$$

当转轴垂直于细棒并过细棒中心时，由(3.21)式可得

$$I=\int r^2\mathrm{d}m=\int_{-l/2}^{l/2}x^2\lambda\mathrm{d}x=\frac{1}{12}\lambda l^3=\frac{1}{12}ml^2.$$

当转轴垂直于细棒并过细棒端点时，则得

$$I=\int r^2\mathrm{d}m=\int_0^l x^2\lambda\mathrm{d}x=\frac{1}{3}\lambda l^3=\frac{1}{3}ml^2.$$

阅读 一些均匀刚体的转动惯量

例 3.2 质量为 60 kg，半径为 0.25 m 的均匀飞轮，以角速度 1 000 r/min 匀速转动. 现将轮闸压向飞轮，使飞轮在 5 s 内匀减速至停止，试求对轮闸所加外力的大小. 设闸与轮之间的滑动摩擦系数为 0.8.

解：设所加外力为 N，则摩擦力为 $f=\mu N$，而其阻力矩为

$$M=-fr=-\mu Nr.$$

飞轮的转动惯量为 $I=\frac{1}{2}mr^2$，由转动定理(3.20)式，有

$$-\mu Nr=I\alpha=\frac{1}{2}mr^2\alpha.$$

故

$$\begin{aligned}N&=-\frac{mr}{2\mu}\alpha=-\frac{mr}{2\mu}\frac{\omega-\omega_0}{t}\\&=-\frac{60\times0.25\times(0-1\,000\times2\pi/60)}{2\times0.8\times5}\ \mathrm{N}\\&=196\ \mathrm{N}.\end{aligned}$$

3.3 动能定理

在第 2 章 2.4 节已经讨论了质点系的动能定理，其中一对内力做功之和

$$đA_{ij}=F_{ij}\,\mathrm{d}|\boldsymbol{r}_{ji}|$$

并不一定为 0，而取决于两质点间的距离是否改变. 刚体作为一种特殊的质点系，其内各质点间的距离 $|\boldsymbol{r}_{ji}|$ 不变，故**刚体的内力做功之和为 0**. 此时的动能定理为

$$đA_e=\mathrm{d}E_k,\ A_e=\Delta E_k, \tag{3.22}$$

即外力所做的功等于刚体动能的增量. 但由于刚体的特殊性，此时外力做的功和刚体动能都有简单的形式.

刚体的转动动能是刚体上的各个质点动能之和：

$$E_k = \sum_i \frac{1}{2} m_i v_i^2,$$

根据(3.14)式，刚体的转动动能为

$$E_k = \sum_i \frac{1}{2} m_i v_i^2 = \sum_i \frac{1}{2} m_i r_i^2 \omega^2 = \frac{1}{2}(\sum_i m_i r_i^2)\omega^2 = \frac{1}{2} I\omega^2. \tag{3.23}$$

该式可以跟质点动能表达式 $E_k=\frac{1}{2}mv^2$ 做类比，所以转动时的转动惯量确实相当于平动时的质量.

对于刚体的转动，力的功体现为**力矩的功**. 刚体上任一质点所受外力做的功为

$$đA = \boldsymbol{F} \cdot \mathrm{d}\boldsymbol{r}.$$

由于该质点的速度 $\boldsymbol{v}$ 和无限小位移 $\mathrm{d}\boldsymbol{r}=\boldsymbol{v}\mathrm{d}t$ 总在垂直于转轴的某一个平面内，且沿着该质点圆轨道的切线方向 $\boldsymbol{\tau}$，故只有力 $\boldsymbol{F}$ 沿 $\boldsymbol{\tau}$ 方向的分量 F_τ 才做功：

$$đA = F_\tau v\mathrm{d}t = F_\tau r\omega \mathrm{d}t = M_z \mathrm{d}\theta, \tag{3.24}$$

其中用到了 $\mathrm{d}\theta=\omega\mathrm{d}t$ 和(3.17)式. 当刚体从 θ_1 转到 θ_2 时，力所做的功为

$$A = \int_{\theta_1}^{\theta_2} M_z \mathrm{d}\theta. \tag{3.25}$$

从(3.24)式和(3.25)式可以看出，力做的功可以用力矩表示出来，表现为力矩做的功.

根据刚体动能和功的特殊表达式(3.23)式和(3.24)式，刚体的动能定理(3.22)式可以表示为

$$\begin{aligned} M_z \mathrm{d}\theta &= \mathrm{d}\left(\frac{1}{2} I\omega^2\right), \\ \int_{\theta_1}^{\theta_2} M_z \mathrm{d}\theta &= \frac{1}{2} I\omega_2^2 - \frac{1}{2} I\omega_1^2. \end{aligned} \tag{3.26}$$

当然，这种形式的动能定理也可以直接从刚体的转动定理(3.20)式得到：

$$M_z \mathrm{d}\theta = I\frac{\mathrm{d}\omega}{\mathrm{d}t}\mathrm{d}\theta = I\omega\mathrm{d}\omega = \mathrm{d}\left(\frac{1}{2}I\omega^2\right).$$

作为一个小结，下面给出刚体的定轴转动和质点的一维运动的对比. 但要注意，这种对应只是有用的，但并不是基本的，所以要注意适用条件.

表 3.1　刚体的定轴转动和质点的一维运动的对比

刚体的定轴转动	质点的一维运动
$\theta=\theta(t)$	$x=x(t)$
$\omega=\frac{\mathrm{d}\theta}{\mathrm{d}t}, \beta=\frac{\mathrm{d}\omega}{\mathrm{d}t}=\frac{\mathrm{d}^2\theta}{\mathrm{d}t^2}$	$v=\frac{\mathrm{d}x}{\mathrm{d}t}, a=\frac{\mathrm{d}v}{\mathrm{d}t}=\frac{\mathrm{d}^2x}{\mathrm{d}t^2}$
$\omega=\omega_0+\beta t$ $\theta-\theta_0=\omega_0 t+\frac{1}{2}\beta t^2$ $\omega^2-\omega_0^2=2\beta(\theta-\theta_0)$	$v=v_0+at$ $x-x_0=v_0 t+\frac{1}{2}at^2$ $v^2-v_0^2=2a(x-x_0)$
$L_z=I\omega$	$p=mv$
$M_z=\frac{\mathrm{d}L_z}{\mathrm{d}t}=I\beta$	$F=\frac{\mathrm{d}p}{\mathrm{d}t}=ma$

（续表）

刚体的定轴转动	质点的一维运动
$đA=M_z\mathrm{d}\theta$	$đA=F\mathrm{d}x$
$E_k=\frac{1}{2}I\omega^2$	$E_k=\frac{1}{2}mv^2$
$M_z\mathrm{d}\theta=\mathrm{d}\left(\frac{1}{2}I\omega^2\right)$	$F\mathrm{d}x=\mathrm{d}\left(\frac{1}{2}mv^2\right)$

3.4 角动量守恒定律

根据角动量定理，如果力矩为0，那么体系的角动量将保持不变. 这就是角动量守恒定律. 根据情况的不同，角动量守恒定律有多种形式. 质点和质点系的情况前面已经阐述，下面专门讨论刚体情况.

刚体的对轴角动量由(3.19)式给出，它正比于对轴转动惯量和角速度的乘积. 由转动定理(即对轴角动量定理)(3.20)式可知，当外力对轴的总力矩为零时，刚体对该轴的角动量保持不变. 故在定轴转动中，当 $M_z=0$ 时，有

$$I\omega=I_0\omega_0. \tag{3.27}$$

由于刚体的对轴转动惯量是不变的，故

$$\omega=\omega_0. \tag{3.28}$$

在航海、航空、航天以及导弹中使用的定向装置回转仪，其基本原理就是刚体的角动量守恒定律. 这种回转仪高速旋转，而且尽量把外力矩减到了最小. 虽然回转仪没有可以看见的转轴，但它靠惯性而保持着其转轴方向和转动角速度大小不变，因为这分别表征着其角动量的方向和大小. 因此，不管飞行器如何飞行，回转仪总是指向确定方向，从而可以用于定向.

根据质点系的对轴角动量定理(3.16)式，如果合外力矩的 z 分量 $M_z=0$，那么质点系的对轴角动量将守恒. 在实际使用中经常碰到整个体系不能视为一个刚体的情况，但体系的始末状态都表现为一些刚体(和质点)的组合. 此时，刚体的对轴角动量根据(3.19)式是很容易计算的，于是可以得到有用的方程.

例如，对于一个可以形变的物体，虽然其转动惯量可以变化，但(3.27)式可以适用，只要物体的始末状态都可以视为刚体. 这意味着转动惯量 I 和角速度 ω 都可以改变，但它们的乘积将保持不变. 因此，当转动惯量增大时，角速度必然减小；当转动惯量减小时，则角速度必然增大.

这样的实例有很多. 例如，体操运动员在做翻转动作时，通常在起跳后将身体蜷缩起来，以减小转动惯量，从而增加转动的角速度，使得翻转的次数尽量得多. 当运动员准备落地时，又会将身体展开，以增大转动惯量而减小角速度，便于稳定地落地. 溜冰运动员和舞蹈演员在做旋转动作时，通过张开或收缩手臂来改变转动的快慢，其原理也是利用改变转动惯量来控制转动. 在工业生产中，离心式调速器也是通过角动量守恒的原理来调节转速.

例 3.3　工业上常将两个飞轮用摩擦啮合器使它们以相同的转速一起转动. 它的基本结构是两飞轮的轴杆在同一中心线上，转动惯量分别为 $I_1=20\ \text{kg}\cdot\text{m}^2$ 和 $I_2=40\ \text{kg}\cdot\text{m}^2$. 初始时，第一个飞轮的转速为 $n_1=500\ \text{r/min}$，另一个为静止. 试求两轮啮合后的共同转速.

解：考虑两飞轮组成的一个系统，则系统不受外力矩，啮合前后的角动量守恒. 设啮合后的角速度为 ω，有

$$I_1\omega_1+I_2\omega_2=(I_1+I_2)\omega,$$

或

$$I_1n_1+I_2n_2=(I_1+I_2)n,$$

故

$$n=\frac{I_1n_1}{I_1+I_2}=\frac{20\times 500}{20+40}\ \text{r/min}\approx 167\ \text{r/min}.$$

例 3.4　质量为 M，半径为 R 的水平均匀圆盘可以绕竖直轴转动. 在盘的边缘上有一个质量为 m 的人，二者开始都相对地面静止. 当人沿盘的边缘相对于圆盘走一周时，盘对地面转过的角度为多少？略去转轴处的摩擦阻力.

解：人和盘组成的系统中，外力矩在转轴上的分量为零，满足角动量守恒. 人和盘对转轴的转动惯量分别为 $I_1=mR^2$ 和 $I_2=MR^2/2$. 设二者的角速度分别为 ω_1 和 ω_2，角位移分别为 θ_1 和 θ_1，由角动量守恒，有

$$I_1\omega_1-I_2\omega_2=0.$$

故

$$mR^2\frac{\mathrm{d}\theta_1}{\mathrm{d}t}=\frac{1}{2}MR^2\frac{\mathrm{d}\theta_2}{\mathrm{d}t}.$$

两边同乘以 $\mathrm{d}\theta$，并积分，有

$$\int_0^{\theta_1}mR^2\mathrm{d}\theta_1=\int_0^{\theta_2}\frac{1}{2}MR^2\mathrm{d}\theta_2,$$

即

$$m\theta_1=\frac{1}{2}M\theta_2.$$

又因为人在盘上走一周，满足

$$\theta_1+\theta_2=2\pi.$$

故

$$\theta_2=\frac{4\pi m}{2m+M}.$$

例 3.5　如图 3-7 所示，质量为 2.97 kg、长为 1.0 m 的均匀细杆可绕水平且光滑的 O 轴转动，杆静止于竖直方向. 一质量为 10 g 的粒子以水平速度 200 m/s 射向杆的下端，并未穿出，而是和杆一起运动. 求碰撞前后系统的动能改变和动量改变.

解:碰撞过程动量并不守恒,因为O处的约束会施予杆以额外的力,使得O点不动.但系统对O点的角动量守恒:

$$mv_0L=\left(mL^2+\frac{1}{3}ML^2\right)\omega.$$

于是

$$\omega=\frac{3mv_0}{(3m+M)L}.$$

动能改变为

$$\Delta E_k=\frac{1}{2}\cdot\left(m+\frac{1}{3}M\right)L^2\cdot\omega^2-\frac{1}{2}mv_0^2=-\frac{Mm}{2(3m+M)}v_0^2.$$

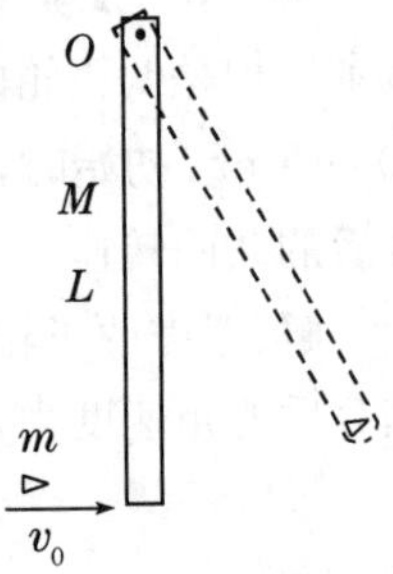

图 3-7 粒子入射细杆

刚体的动量等于把质量集中于质心时的动量,故动量改变为

$$\Delta p=M\cdot\frac{1}{2}L\omega+m\cdot L\omega-mv_0=\frac{Mm}{2(3m+M)}v_0.$$

可见,系统的动能有损失,但动量有增加.后者是因为,若O点不被固定,则碰撞后的瞬间O点将向后运动.因此,碰撞时O处的约束施予杆的力是向前的,使总动量增加.

习题

线上阅览

第4章 振动和波

4.1 简谐振动

自然界中，经常可以看到物体在某中心位置附近做一种周期性的往复运动. 这种物体在平衡位置附近所做的往复运动称为**机械振动**，简称**振动**.

振动是一种常见的物理现象，各种机械运行时的振动、水波的振动、乐器的弦振动等，都是最常见的例子. 振动的特点在于往复的周期性运动. 在物理学领域内，还有一些物理现象或物质运动，描述这些现象或运动的物理量，也是在某一数值附近做周期性的变化，例如交流电的电流和电压、光波在空间某点的电场强度或磁场强度等. 尽管这些现象不是机械振动，但描述它们的方式和运动方程是完全一样的. 对于这样的一些运动，我们也称为振动.

4.1.1 简谐振动

物体做振动时，振动物体的位置坐标随时间的变化规律为余弦（或正弦）函数，则称物体的振动为**简谐振动**. 简谐振动是一种最简单、最基本的振动，许多复杂的振动都可以分解为简谐振动的合成. 了解和掌握了简谐振动对于掌握其他各种复杂的振动具有重要意义.

接下来我们以弹簧振子为例详细讨论简谐振动. 如图 4-1 所示，长度为 l_0 的轻质弹簧（质量可以忽略不计）的一端固定，另一端连接一个质量为 m 的小球，放置在光滑的水平面上. 当小球在水平方向不受外力作用时，弹簧处于自然长度 l_0，小球处于平衡位置 O 点. 然后对小球施加一个向右的作用力，将小球拉至 A 点，然后无初速地释放，小球将在弹簧弹性恢复力的作用下从 A 点向 O 点运动. 弹性恢复力指向 O 点，小球速度逐渐增大. 当小球到达 O 点时，弹性恢复力为 0，小球不受力的作用，但小球在惯性的作用下，通过 O 点继续向左运动. 于是，弹簧开始被压缩，弹性恢复力仍然指向 O 点. 在这个弹性恢复力的作用下，小球速度逐渐减小，直到减小到零并到达左边最远点 B 点. 从 B 点小球再次开始加速向 O 点运动，整个运动过程与小球从 A 点向 B 点的运动情况相似.

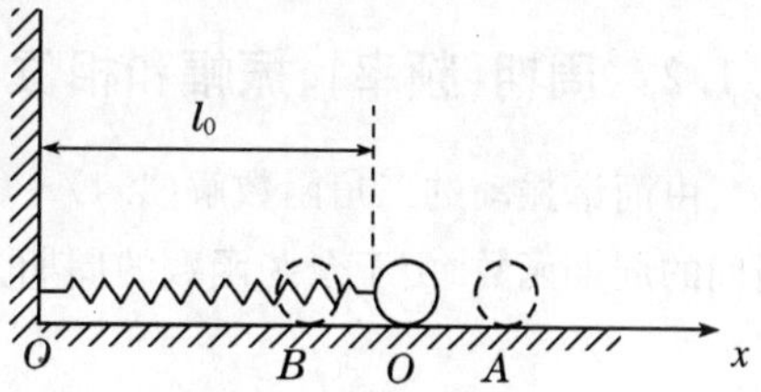

图 4-1 弹簧振子的运动

从上面的分析可以知道，弹簧的弹性恢复力和惯性是小球产生往复运动（即振动）的关键. 现在我们来讨论弹簧振子的运动方程. 在图 4-1 中，设小球在 x 轴方向上运动，坐标原点在平衡位置 O 点，则弹簧的弹性恢复力为

$$F_x = -kx, \tag{4.1}$$

由牛顿第二定律可以得到小球的运动微分方程为

$$m\ddot{x}=-kx,$$

或写为标准形式为

$$\ddot{x}+\omega^2 x=0, \tag{4.2}$$

式中

$$\omega\equiv\sqrt{\frac{k}{m}} \tag{4.3}$$

称为简谐振动的**圆频率**(或**角频率**),它由振动系统的特性所决定,是系统的固有属性.

运动微分方程(4.2)式的通解为正弦或余弦函数:

$$x=A\cos(\omega t+\varphi), \tag{4.4}$$

其中A和φ为两个待定常数.将(4.4)式对时间求导,可以得到小球的速度v_x和加速度a_x为

$$v_x=\dot{x}=-A\omega\sin(\omega t+\varphi), \tag{4.5}$$

$$a_x=\ddot{x}=-A\omega^2\cos(\omega t+\varphi). \tag{4.6}$$

可见,对于做简谐振动的物体,它的坐标、速度和加速度随时间的变化都呈余弦或正弦函数关系.可以定义速度振幅和加速度振幅分别为

$$v_m=\omega A, a_m=\omega^2 A. \tag{4.7}$$

由(4.4)式和(4.6)式可以马上得到(4.2)式:

$$a_x=-\omega^2 x, \tag{4.8}$$

即加速度与位移成正比,且与位移方向相反.(4.2)式或(4.8)式是物体做简谐振动的本质特征.只要物体运动的动力学方程可以写成(4.2)或(4.8)式的形式,物体就一定是做简谐振动.

4.1.2 周期(频率)、振幅和相位

由简谐振动的三角函数解(4.4)～(4.6)式可以知道,物体的位置、速度和加速度都是时间的周期函数.由于余弦函数的周期为2π,故简谐振动的**周期**T满足$\omega T=2\pi$,即

$$T=\frac{2\pi}{\omega}. \tag{4.9}$$

对于弹簧振子,考虑(4.3)式圆频率的表示形式,有

$$T=2\pi\sqrt{\frac{m}{k}}. \tag{4.10}$$

对于常见的另一种简谐振动形式——单摆,它的振动周期为

$$T=2\pi\sqrt{\frac{l}{g}}, \tag{4.11}$$

式中l为单摆的摆长,g为重力加速度.

频率ν是1秒时间内重复振动的次数,故有

$$\nu=\frac{1}{T}. \tag{4.12}$$

其SI单位为Hz.1 Hz表示1秒内物体完成一次重复振动.显然,根据(4.9)式,有

$$\omega=\frac{2\pi}{T}=2\pi\nu. \tag{4.13}$$

上式表示圆频率与频率只相差一个常数 2π，故它们在本质上反映同一物理量，只是使用环境有所不同而已. 简谐振动的运动方程也可以用周期和频率写为

$$x=A\cos\left(\frac{2\pi}{T}t+\varphi\right)=A\cos(2\pi\nu t+\varphi). \tag{4.14}$$

圆频率(频率、周期)由描述系统固有特征的一些物理量决定. 对于弹簧振子，这些物理量是质量和弹性系数，其中质量是振动系统惯性的反映，而弹性系数是系统所受线性回复力的反映. 对于单摆，它取决于摆球和地球之间的万有引力，此时的系统由摆球和地球构成，而表征这个系统特征的量是摆长和重力加速度. 由于引力的特性是引力质量与惯性质量相等，故在(4.11)式中，二者消去了从而不出现.

运动方程(4.4)式中除圆频率由系统固有特征所确定外，还有两个待定常数. 其中正数 A 是物体偏离平衡位置的最大位移，称为**振幅**. 对于一些非机械运动的简谐振动，其振幅不是长度量，故 A 可以具有其他的量纲.

物体在做简谐振动时，当振幅 A 和圆频率 ω 给定，则振动物体在任一时刻相对平衡位置的位置、速度和加速度都由物理量$(\omega t+\varphi)$决定. 物理量$(\omega t+\varphi)$称为简谐振动的**相位**，又称**位相**. 对于图 4-1 所示弹簧振子，根据(4.4)式和(4.5)式，当相位$(\omega t_1+\varphi)=\pi/2$ 时，有 $x=0$，$v_x=-A\omega$，即在 $t=t_1$ 时刻，物体在平衡位置，并以速度 $v_x=-A\omega$ 向左运动. 当$(\omega t_2+\varphi)=3\pi/2$ 时，有 $x=0$，$v_x=A\omega$，即在 $t=t_2$ 时刻，物体仍在平衡位置，但以速度 $v_x=A\omega$向右运动. 这说明在 t_1 和 t_2 两个不同时刻，由于相位的不同，物体的运动状态也不相同. 相位是一个重要的概念，它反映了物体振动状态的一种顺序变化. 在研究波动、物理光学、无线电技术、交流电等问题时，相位都起着关键性的作用.

在相位的表示式$(\omega t+\varphi)$中，φ 为 $t=0$ 时的相位，称为**初相位**，表示初始时物体的运动状态. 由于相位可以相差 2π，故通常限制 φ 在$[0,2\pi)$或$(-\pi,\pi]$范围内取值. 振动的振幅和初相位可以由初始条件确定. 设初位置和初速度已知：$t=0$ 时 $x=x_0$，$v_x=v_{x0}$，将此初始条件代入(4.4)式和(4.5)式得

$$x_0=A\cos\varphi,\ v_{x0}=-A\omega\sin\varphi. \tag{4.15}$$

由此容易解得振幅为

$$A=\sqrt{x_0^2+\frac{v_{x0}^2}{\omega^2}}, \tag{4.16}$$

而初相位满足

$$\tan\varphi=-\frac{v_{x0}}{\omega x_0}. \tag{4.17}$$

利用初始条件求初相位时要注意，单独(4.17)式不能完全确定 φ，还需根据(4.15)式选择两个可能值中的一个.

例 4.1　某物体在做圆频率 $\omega=5$ rad/s 的简谐振动，初始条件为 $t=0$ 时，$x_0=1$ m，$v_{x0}=-5\sqrt{3}$ m/s，求物体振动的振幅和初相位.

解：由(4.16)式得

$$A=\sqrt{x_0^2+\frac{v_{x0}^2}{\omega^2}}=\sqrt{1^2+\frac{(-5\sqrt{3})^2}{5^2}}\ \mathrm{m}=2\ \mathrm{m}.$$

由(4.17)式得到

$$\tan\varphi=-\frac{v_{x0}}{\omega x_0}=-\frac{-5\sqrt{3}}{5\times1}=\sqrt{3},$$

故

$$\varphi=\frac{\pi}{3}\text{或}\ \varphi=\frac{4\pi}{3}.$$

又由(4.15)式得到

$$\cos\varphi=\frac{x_0}{A}=\frac{1}{2}>0,$$

故

$$\varphi=\frac{\pi}{3}.$$

例 4.2 已知物体做简谐振动时，最大位移为 10 cm. 开始振动时，物体处于 −5 cm 的位置，且向正方向运动，而当 $t=1$ s 时，物体第一次处于 5 cm 处. 试写出物体的振动方程.

解:设物体的运动方程为

$$x=A\cos(\omega t+\varphi).$$

代入初始条件得

$$-5=10\cos\varphi,$$

即

$$\varphi=\frac{2}{3}\pi\ \text{或}\ \varphi=\frac{4}{3}\pi.$$

因为

$$v_{x0}=-A\omega\sin\varphi>0,$$

故 $\varphi=\frac{4}{3}\pi$. 于是

$$x=0.1\cos\left(\omega t+\frac{4}{3}\pi\right)\quad(\mathrm{SI}).$$

再由 $t=1$ s 时 $x=5$ cm 的条件，得

$$0.05=0.1\cos\left(\omega\cdot1+\frac{4}{3}\pi\right)\quad(\mathrm{SI}),$$

即

$$\omega+\frac{4}{3}\pi=\frac{1}{3}\pi+2k\pi\ \text{或}\ \frac{5}{3}\pi+2k\pi.$$

而由于此时物体是第一次处于 5 cm 处，故 $T>1$ s，且

$$v_x=-A\omega\sin\left(\omega t+\frac{4}{3}\pi\right)=-A\omega\sin\left(\omega+\frac{4}{3}\pi\right)>0,$$

于是

$$\omega+\frac{4}{3}\pi=\frac{5}{3}\pi,$$

即 $\omega=\frac{1}{3}\pi$. 最后有

$$x=0.1\cos\left(\frac{\pi}{3}t+\frac{4}{3}\pi\right)\ (\mathrm{SI}).$$

4.1.3 旋转矢量法

简谐振动位置和时间的函数关系还可以用旋转矢量的方法来表示. 使用旋转矢量法的好处是可以直观清楚地给出简谐振动的各特征量(振幅、圆频率、相位)以及它们之间的关系.

如图 4-2 所示，从直角坐标系 $O-xy$ 的原点 O 出发，作一矢量 $\boldsymbol{A}$，令 $\boldsymbol{A}$ 的模等于振动的振幅 A. 矢量 $\boldsymbol{A}$ 逆时针匀速转动，其角速度就是圆频率 ω，且在初始时刻与坐标横轴 x 的夹角就是初相位 φ. 由圆周运动可知，在任意一个时刻 t，矢量 $\boldsymbol{A}$ 与 x 轴的夹角为 $\omega t+\varphi$，而它在 x 轴上的投影为

$$x=A\cos(\omega t+\varphi). \tag{4.18}$$

此式说明，**这样特意构造出的旋转矢量，其端点在 x 轴上投影就正好做(4.4)式所示的简谐振动！** 于是，对于简谐振动，我们找到了一个很好、很直观的几何解释. 而振动物体的速度和加速度可以从该矢量端点速度和加速度的 x 轴分量得到.

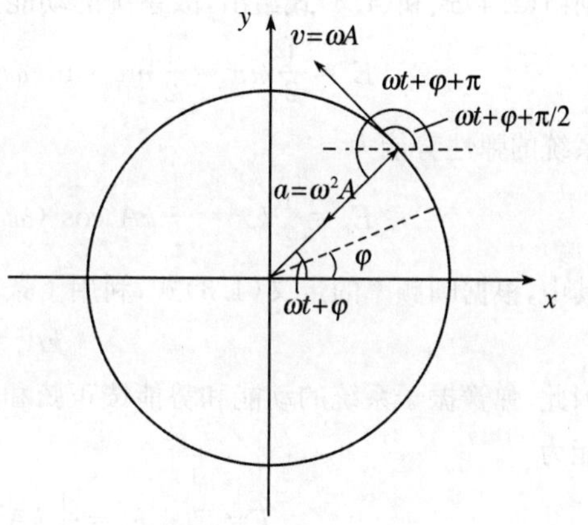

图 4-2 旋转矢量图

由图 4-2 可以得到，矢量 $\boldsymbol{A}$ 的矢端速度沿切线方向，大小为 $v_m=\omega A$，方向为与 x 轴呈夹角 $\omega t+\varphi+\frac{\pi}{2}$，故它在 x 轴上的投影为

$$v_x=v_m\cos\left(\omega t+\varphi+\frac{\pi}{2}\right)=-\omega A\sin(\omega t+\varphi). \tag{4.19}$$

而矢量 $\boldsymbol{A}$ 的矢端的加速度就是向心加速度，其大小为 $a_m=\omega^2 A$，方向指向坐标系原点 O 点，与 x 轴的夹角为 $\omega t+\varphi+\pi$，故它在 x 轴上的投影为

$$a_x=a_m\cos(\omega t+\varphi+\pi)=-\omega^2 A\cos(\omega t+\varphi). \tag{4.20}$$

(4.18)～(4.20)式正是前面得到的简谐振动的位移、速度和加速度公式(4.4)～(4.6)式.

由此可以知道，以圆频率 ω 为角速度、以振幅 A 为模、以初相位 φ 为初始夹角的旋转矢量 $\boldsymbol{A}$，其端点的 x 轴投影的运动完全**模拟**了一个具有上述参数的简谐振动. 这种用旋转矢量在坐标轴上的投影来描述简谐振动的方法称为简谐振动的**旋转矢量法**.

使用旋转矢量法可以方便地得到结果. 在上面的例 4.2 中，根据题意，相应的过程用

旋转矢量表示的话只能是图 4-3 中的 BC 段. 于是易得初相位 $\varphi=\frac{4}{3}\pi$,且圆频率(即角速度)$\omega=\frac{\pi\text{rad}/3}{1\text{ s}}=\frac{\pi}{3}$ rad/s. 可见,利用旋转矢量法可以极大地简化计算.

但需要说明的是,旋转矢量法仅仅是为了更好地理解、更直观地描述简谐振动而引进的一种工具,矢量 **A** 本身并不做简谐振动;做简谐振动的是 **A** 的端点的投影.

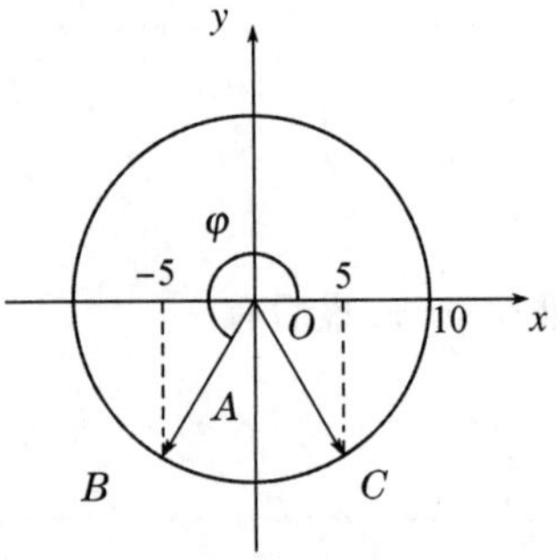

图 4-3 用旋转矢量法解例 4.2

4.2 简谐振动的能量

我们以图 4-1 的弹簧振子为例说明简谐振动系统的能量. 弹簧振子的位置和速度分别由(4.4)式和(4.5)式给出,故系统的动能为

$$E_k=\frac{1}{2}mv^2=\frac{1}{2}mv_m^2\sin^2(\omega t+\varphi)=\frac{1}{2}m\omega^2A^2\sin^2(\omega t+\varphi), \tag{4.21}$$

系统的弹性势能为

$$E_p=\frac{1}{2}kx^2=\frac{1}{2}kA^2\cos^2(\omega t+\varphi)=\frac{1}{2}m\omega^2A^2\cos^2(\omega t+\varphi). \tag{4.22}$$

其中,根据圆频率的定义(4.3)式,利用了条件

$$kA^2=mv_m^2,$$

因此,弹簧振子系统的动能和势能按正弦和余弦的平方关系随时间变化. 而系统的总机械能为

$$E=E_k+E_p=\frac{1}{2}kA^2=\frac{1}{2}mv_m^2=\frac{1}{2}m\omega^2A^2. \tag{4.23}$$

可见,弹簧振子系统的总机械能是守恒的. 总机械能的大小与系统振动的位置振幅或速度振幅(即速度最大值)有关,振幅越大,总机械能越大.

由弹簧振子系统的动能和势能随时间的变化可以计算在一个周期内的平均值:

$$\begin{aligned}\bar{E}_k&=\frac{1}{T}\int_0^T\frac{1}{2}mA^2\omega^2\sin^2(\omega t+\varphi)\mathrm{d}t=\frac{E}{2},\\ \bar{E}_p&=\frac{1}{T}\int_0^T\frac{1}{2}kA^2\cos^2(\omega t+\varphi)\mathrm{d}t=\frac{E}{2}.\end{aligned} \tag{4.24}$$

可见,简谐振动的平均动能和平均势能相等. 这是简谐振动的一个重要特征.

例 4.3 质量为 0.1 kg 的物体做简谐振动,振幅为 1 cm,圆频率为 20 rad/s. 问物体的最大动能以及物体在什么位置时动能和势能相等?

解:物体在通过平衡位置时的速度最大,$v_m=\omega A$. 所以

$$\begin{aligned}E_{k,\max}&=\frac{1}{2}mv_m^2=\frac{1}{2}m\omega^2A^2\\ &=\frac{1}{2}\times0.1\times20^2\times(1\times10^{-2})^2\text{ J}=2\times10^{-3}\text{ J}.\end{aligned}$$

因为

$$E=E_k+E_p=E_{k,\max},$$

所以当 $E_k=E_p$ 时，

$$E_p=\frac{1}{2}kx^2=\frac{1}{2}m\omega^2x^2=\frac{1}{2}E_{k,\max},$$

即

$$x=\pm\sqrt{\frac{E_{k,\max}}{m\omega^2}}=\pm\sqrt{\frac{2\times10^{-3}}{0.1\times20^2}}\ \mathrm{m}\approx\pm0.71\ \mathrm{cm}.$$

例 4.4　将一个弹簧振子从平衡位置拉伸 1 cm 时，测得弹簧的拉力为 10 N. 然后释放振子，振子做简谐振动. 求：(1) 弹簧振子的总能量；(2) 振子离开平衡位置 0.5 cm 时，振子的动能和势能.

解：(1) 因为

$$F=-kx,$$

所以

$$k=\left|\frac{F_m}{A}\right|=\frac{10}{0.01}\ \mathrm{N/m}=10^3\ \mathrm{N/m}.$$

根据题意，振幅 $A=1$ cm，故总能量为

$$E=\frac{1}{2}kA^2=\frac{1}{2}F_mA=\frac{1}{2}\times10\times0.01\ \mathrm{J}=5\times10^{-2}\ \mathrm{J}.$$

(2)

$$E_p=\frac{1}{2}kx^2=\frac{1}{2}k\left(\frac{A}{2}\right)^2=\frac{1}{4}\times\frac{1}{2}kA^2=\frac{E}{4}=\frac{5}{4}\times10^{-2}\ \mathrm{J},$$

$$E_k=E-E_p=\frac{3E}{4}=\frac{15}{4}\times10^{-2}\ \mathrm{J}.$$

4.3　简谐振动的合成

通常，一种周期振动可以分解为多种不同成分的简谐振动；反过来，多种简谐振动也可能合成某种周期振动. 当不同的人以相同响度、相同音高发音时，我们仍可以区分出不同的人，这就是因为各人声音的成分并不相同. 研究简谐振动的合成，是研究各种振动的基础.

4.3.1　同方向、同频率简谐振动的合成

我们首先考虑一种最为简单的简谐振动合成. 设一个物体同时参与了两个同方向同频率的简谐振动：

$$x_1=A_1\cos(\omega t+\varphi_1),\ x_2=A_2\cos(\omega t+\varphi_2), \tag{4.25}$$

其中圆频率 ω 是共同的. 物体振动的总效果是这两个振动的合成，即

$$x=x_1+x_2=A_1\cos(\omega t+\varphi_1)+A_2\cos(\omega t+\varphi_2), \tag{4.26}$$

利用三角函数关系将上式展开，得到

$$x=(A_1\cos\varphi_1+A_2\cos\varphi_2)\cos\omega t-(A_1\sin\varphi_1+A_2\sin\varphi_2)\sin\omega t.$$

令

$$A\cos\varphi=(A_1\cos\varphi_1+A_2\cos\varphi_2),A\sin\varphi=(A_1\sin\varphi_1+A_2\sin\varphi_2),\tag{4.27}$$

则

$$x=x_1+x_2=A\cos\varphi\cos\omega t-A\sin\varphi\sin\omega t=A\cos(\omega t+\varphi),\tag{4.28}$$

而其中的 A,φ 可以根据(4.27)式确定:

$$A=\sqrt{A_1^2+A_2^2+2A_1A_2\cos(\varphi_2-\varphi_1)},\tan\varphi=\frac{A_1\sin\varphi_1+A_2\sin\varphi_2}{A_1\cos\varphi_1+A_2\cos\varphi_2}.\tag{4.29}$$

(4.28)式表明,两个同方向同频率简谐振动的合成仍然是一个同一方向的简谐振动,合振动的频率和两个分振动的频率相同,而合振动的振幅和初相位由两个分振动的振幅和初相位唯一确定.

以上结果也可以由旋转矢量法更直观地得到.如图 4-4 所示,在直角坐标系 $O-xy$ 中有旋转矢量 $\boldsymbol{A}_1$ 和 $\boldsymbol{A}_2$,它们都以角速度 ω 逆时针旋转.由于 x_1,x_2 分别是它们的 x 分量,故二者的合成(4.26)式就是两矢量的合成 $\boldsymbol{A}\equiv\boldsymbol{A}_1+\boldsymbol{A}_2$ 的 x 分量.由于 $\boldsymbol{A}_1$ 和 $\boldsymbol{A}_2$ 都以角速度 ω 逆时针旋转,故合矢量 $\boldsymbol{A}$ 也是以角速度 ω 旋转,矢量 $\boldsymbol{A}_1$、$\boldsymbol{A}_2$ 和 $\boldsymbol{A}$ 的相对位置总保持不变.于是,其端点的 x 轴投影必然做同频率的简谐振动.合振动的振幅就是矢量 $\boldsymbol{A}$ 的模,而其初相位就是初始时 $\boldsymbol{A}$ 与 x 轴的夹角.这两个量都很容易从几何关系得到,例如(4.27)式正是初始时合矢量 $\boldsymbol{A}$ 的 x 分量和 y 分量.最终的结果(4.29)式也就很容易得到了.

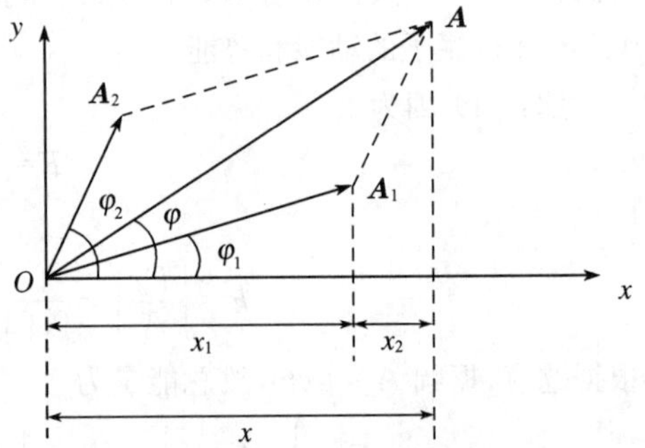

图 4-4 用旋转矢量表示法求合振动

用旋转矢量法来表示简谐振动的合成非常直观,合振动的振幅和初相位与两个分振动的振幅和初相位之间的关系非常清楚,这正是旋转矢量法的长处所在.

下面我们从(4.29)式讨论两个分振动的振幅和相位对合振动的振幅和相位的影响.作为极端情况,由(4.29)式,有

$$A=\begin{cases}A_2+A_1,\varphi_2-\varphi_1=2n\pi\\|A_2-A_1|,\varphi_2-\varphi_1=(2n+1)\pi\end{cases}\tag{4.30}$$

这两种情况分别称为两个分振动**同相**和**反相**,而合振动的振幅分别达到最大值和最小值.而对一般情况,两个分振动既不同相也不反相,合振动的振幅便介于最小值 $|A_2-A_1|$ 和最大值 A_2+A_1 之间.

同方向同频率简谐振动合成,在研究光的干涉和衍射现象、无线电信号的合成和分解等问题时,有着重要的应用.

4.3.2 同方向、不同频率简谐振动的合成

当物体同时参与两个同方向、不同频率的简谐振动时,合振动的结果又不一样.为简单计,我们只考虑两个分振动振幅相同、初相位都为 0 的情况,这样便于考虑频率对合振

动的影响. 此时,设两分振动的圆频率分别为 ω_1 和 ω_2,则合振动为

$$x=x_1+x_2=A\cos\omega_1 t+A\cos\omega_2 t=2A\cos\left(\frac{\omega_2-\omega_1}{2}t\right)\cos\left(\frac{\omega_2+\omega_1}{2}t\right). \tag{4.31}$$

下面我们对(4.31)式的结果做一些讨论. 如果两个分振动的频率之差很小,远小于两频率之和,此时的合振动会呈现出一种有趣的现象,叫作**拍**. 此时,因子 $\cos\left(\frac{\omega_2-\omega_1}{2}t\right)$随时间的变化远慢于 $\cos\left(\frac{\omega_2+\omega_1}{2}t\right)$随时间的变化. 这样我们可以认为振动位移随时间的变化主要由 $\cos\left(\frac{\omega_2+\omega_1}{2}t\right)$决定,将(4.31)式表示的运动看成是圆频率为$\frac{\omega_2+\omega_1}{2}$的简谐振动,而将 $2A\cos\left(\frac{\omega_2-\omega_1}{2}t\right)$看成是一个随时间缓慢变化的振幅 $A(t)$. 这样,(4.31)式改写成

$$x(t)=A(t)\cos\omega t, \tag{4.32}$$

其中

$$\omega=\frac{\omega_2+\omega_1}{2}, A(t)=2A\cos\left(\frac{\omega_2-\omega_1}{2}t\right).$$

(4.32)式表示一种振幅呈周期性变化的简谐振动. 严格地讲,这不是简谐振动,因为简谐振动的振幅应该是不变的. 我们的说法只是在忽略振幅缓慢变化的前提下的一种近似. 振幅周期性缓慢变化的现象,就是拍. 图 4-5 是 $\omega_2/\omega_1=19/17$ 的两个同向简谐振动的合成,其中画出了 $x(t)$和 $A(t)$(虚线)的图像.

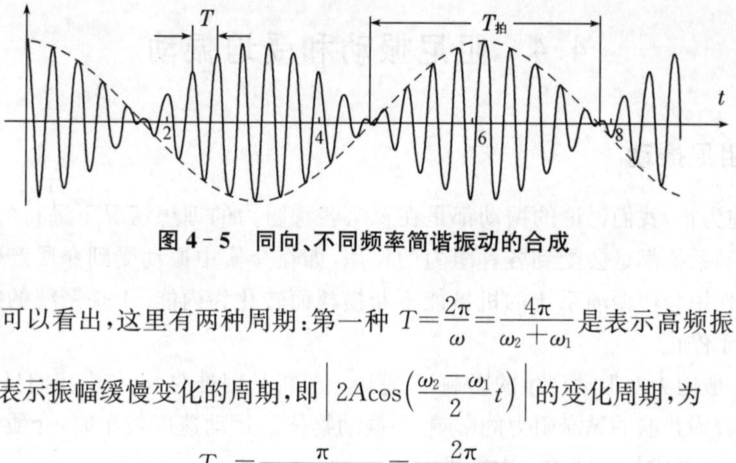

图 4-5　同向、不同频率简谐振动的合成

从图中可以看出,这里有两种周期:第一种 $T=\frac{2\pi}{\omega}=\frac{4\pi}{\omega_2+\omega_1}$是表示高频振动的周期;另一种 $T_{拍}$ 表示振幅缓慢变化的周期,即$\left|2A\cos\left(\frac{\omega_2-\omega_1}{2}t\right)\right|$的变化周期,为

$$T_{拍}=\frac{\pi}{|\omega_2-\omega_1|/2}=\frac{2\pi}{|\omega_2-\omega_1|},$$

相应的频率为

$$\nu_{拍}=\frac{1}{T_{拍}}=\frac{|\omega_2-\omega_1|}{2\pi}=|\nu_2-\nu_1| \tag{4.33}$$

称为**拍频**. 当两个分振动是两个声波时,可以听到声音的强弱以这样的频率发生周期性变化.

4.3.3　垂直方向、同频率简谐振动的合成

设一质点同时参与了两个振动方向垂直,且同频率的简谐振动,即

$$x=A_1\cos(\omega t+\varphi_1),y=A_2\cos(\omega t+\varphi_2),\tag{4.34}$$

则合振动为

$$\boldsymbol{r}=x\boldsymbol{i}+y\boldsymbol{j}=A_1\cos(\omega t+\varphi_1)\boldsymbol{i}+A_2\cos(\omega t+\varphi_2)\boldsymbol{j}.$$

由该运动方程可以消去时间 t 而得到轨道方程为

$$\frac{x^2}{A_1^2}+\frac{y^2}{A_2^2}-\frac{2xy}{A_1A_2}\cos\Delta\varphi=\sin^2\Delta\varphi,\Delta\varphi\equiv\varphi_2-\varphi_1.\tag{4.35}$$

这是一个一般的椭圆方程,其具体形状由位相差 $\Delta\varphi\equiv\varphi_2-\varphi_1$ 决定.

图 4-6 给出了各种相位差下质点的轨迹,同时画出了质点的运动方向. 可以看出,质点的轨道始终位于边长为 $2A_1$、$2A_2$ 的矩形内,并与之相切. 当 $0<\Delta\varphi<\pi$ 时,质点在椭圆轨道上沿顺时针方向运动;当 $\pi<\Delta\varphi<2\pi$ 时,质点沿逆时针方向运动;而当 $\Delta\varphi=0,\pi$ 时,轨道退化为直线,此时质点的运动退化为一维的简谐振动.

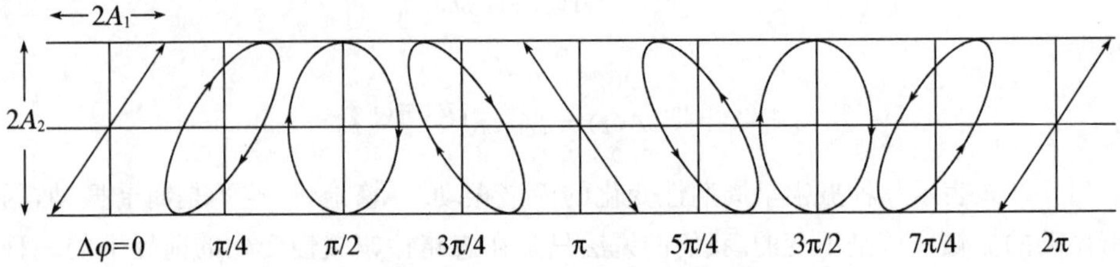

图 4-6 方向垂直、频率相同的两简谐振动的合成

方向垂直、频率相同的简谐振动的合成在光的偏振现象中有直接应用,详见第 8 章.

4.4 阻尼振动和受迫振动

4.4.1 阻尼振动

到目前为止,我们讨论的振动都是在忽略各种阻力的理想情况下进行的. 对实际情况,各种振动系统都是会受到各种阻力的作用,如在介质中振动受到介质产生的黏滞阻力. 阻力的作用会使振动系统的机械能不断损耗而转化为内能. 于是系统的振幅逐步减小,最后趋于停止.

对于一般阻力对振动产生的影响,从理论上分析是困难的. 本节中我们只分析一种较为简单,且较为普遍的黏滞阻力的影响. 当振动物体的运动速度较小时,介质产生的黏滞阻力可以近似看成与速度的一次方成正比:

$$f=-\gamma v,\tag{4.36}$$

其中 γ 为**黏滞阻力系数**. 考虑一个弹簧振子在介质中运动,则其运动微分方程为

$$m\ddot{x}=-kx-\gamma\dot{x}.$$

把该式改写为标准形式,即

$$\ddot{x}+2\beta\dot{x}+\omega^2x=0,\tag{4.37}$$

其中,$\omega\equiv\sqrt{k/m}$ 为振动系统在无阻力时的圆频率,称为固有圆频率,$\beta\equiv\gamma/(2m)$ 称为**阻尼系数**.

方程(4.37)的解可以由二阶微分方程理论得到,此处只给出结果. 根据阻尼系数 β 值

的情况，该方程有三种可能的解：

$$x=\begin{cases}Ae^{-\beta t}\cos(\sqrt{\omega^2-\beta^2}\,t+\varphi), & (\beta<\omega)\\(c_1+c_2t)e^{-\beta t}, & (\beta=\omega)\\c_1e^{-(\beta-\sqrt{\beta^2-\omega^2})t}+c_2e^{-(\beta+\sqrt{\beta^2-\omega^2})t}. & (\beta>\omega)\end{cases}\tag{4.38}$$

这三种情况依次称为**欠阻尼**情况、**临界阻尼**情况和**过阻尼**情况. 三种情况的通解中都含有两个待定常数，可以由初始条件确定. 三者的图像见图 4-7，其中取初始条件为 $t=0$ 时 $x=a, v_x=0$，且三条曲线分别对应 $\beta=\omega/6, \beta=\omega$ 和 $\beta=2\omega$.

可以看出，欠阻尼情况可以视为振幅随时间做指数衰减的简谐振动，其周期

$$T_\gamma=\frac{2\pi}{\sqrt{\omega^2-\beta^2}}$$

比无阻尼时大. 而另外两种情况就完全不存在"振动"现象了，振子在到达平衡位置后就静止不动了. 这可以理解为是阻尼过大的结果.

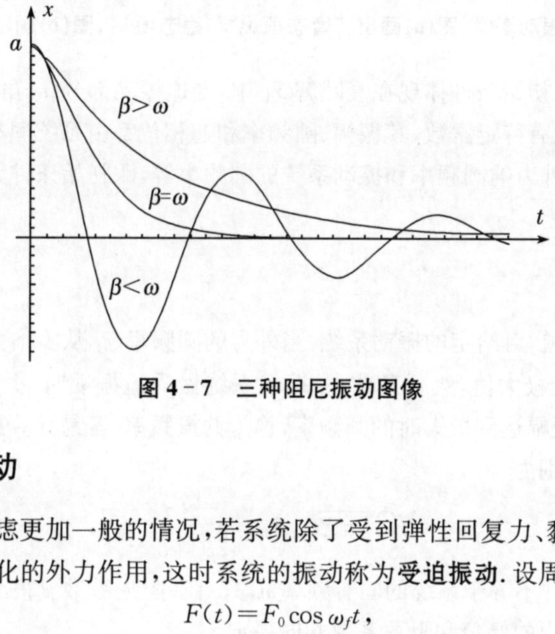

图 4-7　三种阻尼振动图像

4.4.2　受迫振动

对振动系统考虑更加一般的情况，若系统除了受到弹性回复力、黏滞阻力作用外，还受到一个周期性变化的外力作用，这时系统的振动称为**受迫振动**. 设周期性外力为

$$F(t)=F_0\cos\omega_f t,\tag{4.39}$$

其中 ω_f 为周期性外力的圆频率，则振动系统的运动微分方程为

$$m\ddot{x}=-kx-\gamma\dot{x}+F_0\cos\omega_f t.$$

将其化为标准形式，得

$$\ddot{x}+2\beta\dot{x}+\omega^2x=f_0\cos\omega_f t,\tag{4.40}$$

其中，$\omega\equiv\sqrt{k/m}, \beta\equiv\gamma/(2m), f_0\equiv F_0/m$.

由二阶微分方程理论可以知道，方程(4.40)的通解由齐次微分方程(4.37)的通解 x_1 和非齐次微分方程(4.40)本身的特解 x_2 组成，即

$$x=x_1+x_2, x_2=A_f\cos(\omega_f t+\varphi_f),\tag{4.41}$$

其中常数 A_f 和 φ_f（总位于第三、四象限）满足

$$A_f=\frac{f_0}{\sqrt{(\omega^2-\omega_f^2)^2+(2\beta\omega_f)^2}}, \tan\varphi_f=\frac{-2\beta\omega_f}{\omega^2-\omega_f^2}.\tag{4.42}$$

x_1 的情况我们已经清楚(见(4.38)式),有欠阻尼、过阻尼和临界阻尼三种情况.但不论是哪一种,经过一定的时间以后都将衰减为零,属于暂态.所以,在经过一定的时间后,振子的振动只剩下 x_2 部分,这代表着振子的受迫振动,属于稳态.图 4-8 给出了受迫振动的函数图像,其中取初始条件为 $t=0$ 时 $x=0, v_x=0$,且 $\beta=\omega/6, \omega_f=3\omega$.

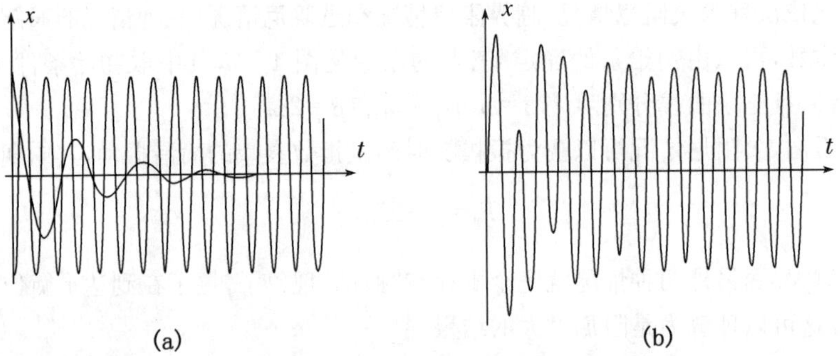

图 4-8　受迫振动图像,图(a)画出了暂态项 x_1 和稳态项 x_2,图(b)画出了二者的合成

值得注意的是,初始条件体现在衰减解 x_1 中,受迫振动部分 x_2 虽然具有简谐振动的形式,但其中完全没有待定常数,其振幅、圆频率和初相位都由系统固有的一些特征决定,如外力、阻尼系数、外力的圆频率和振动系统的圆频率等,跟初始条件无关.这从(4.42)式可以看出来.

4.4.3　共振

由(4.42)式知道,对给定的振动系统,当外力的圆频率 ω_f 从零增大时,受迫振动的振幅 A_f 将增大到一个极大值,然后又减小.振动系统做受迫振动时,振幅出现一个极大值的现象称为**共振**.振幅达到极大时的圆频率,称为**共振频率**.容易计算得出,发生共振时的频率和极大振幅分别为

$$\omega_{fr}=\sqrt{\omega^2-2\beta^2}, A_{fr}=\frac{f_0}{2\beta\sqrt{\omega^2-\beta^2}}. \tag{4.43}$$

可见,共振频率 ω_{fr} 并不等于系统的固有频率 ω,只有在阻尼系数 β 很小时才如此.而共振时的极大振幅由外力的幅值和阻尼系数共同决定.

在一般工程应用中,可以近似认为共振频率 ω_{fr} 等于固有频率 ω.共振在桥梁、道路以及机械设备的设计中都是要尽量避免的,否则就有可能产生重大事故.要避免产生共振现象,设计时就要使外力的作用频率远离系统的固有频率.

4.5　简谐波　惠更斯原理

4.5.1　波的概念

波是人们熟悉的一种物理现象.将一颗石子投入平静的水面中,我们可以看到以石子入水处为中心,有一圈一圈的水波向四面传播.在弹性介质中,当某质元受到扰动而偏离平衡位置时,周围的其他质元对它产生一个弹性恢复力,使它在平衡位置附近振动.同时

这种弹性恢复力的反作用力又将带动周围的质元振动起来. 这样通过不断带动新的周围质元,就使得振动在弹性介质中得以传播. **机械振动在弹性介质中的传播就形成了机械波**.

波的产生有两个必要的条件:波源和弹性介质. 没有波源,也就没有机械振动,当然也就没有振动的传播. 没有介质,波源的振动就不能传播出去. 我们听不到真空玻璃罩内电铃的声音,就是因为缺少空气这种传播声波的介质. 需要说明的是,波所传播的只是振动状态,介质中质元本身并没有随波一起移动. 我们可以看到水波向外传播,但漂在水面上的树叶等小物体只是在做振动,并不向外传播,就是因为水表面的质元只是在振动,并未随波移动.

通常波分为横波和纵波两类. **横波**是指介质质元的振动方向与波的传播方向垂直. 轻轻抖动柔软的细绳而产生的波就是横波. **纵波**是指介质质元的振动方向与波的传播方向平行. 空气中的声波,以及轻压柔软的弹簧所产生的振动传播都是纵波.

为了便于定量描述波的传播情况,我们引入波线、波面和波前的概念. 波是振动状态的传播,而振动状态由相位表征. 因此,**波也是振动相位的传播**. 沿着波的传播方向画出一些带有箭头的线,称为**波线**,它代表着波的传播方向. 在任一时刻,同一波线上各点的相位各不相同,但不同波线上存在相位相同的点. 这些点连接起来,构成一个曲面,称为**波面**或**同相面**. 不同的波源可以有不同形状的波面,最常见的点波源在各向同性介质中产生的波面为球面. 在某一时刻,波源最初振动状态传到的各点所连成的曲面称为**波前**. 显然,波前是波面中的一个,而且是传播在最前面的一个波面. 在各向同性介质中,波线始终与波面垂直.

4.5.2　简谐波

如果波源和介质中各质元均做同频率的简谐振动,这样的波称为**简谐波**. 简谐波是最基本、最简单的波动形式. 我们知道,复杂的振动可以由一系列不同的简谐振动合成. 与此类似,复杂的波也可以由一系列简谐波合成.

当简谐波的波面为平面时,称为**平面简谐波**,简称平面波. 为讨论问题方便,下面我们仅对平面波进行讨论,所得结论很容易推广到其他形式的简谐波. 此外,为简化问题,我们假定介质为无吸收、各向同性的均匀无限大介质.

考虑一个平面波以传播速度(即**波速**)u 沿 x 轴正向传播,设振动方向在 y 方向①. 坐标原点 $x=0$ 处的质元必然做简谐振动,设其运动方程为

$$y_0(t)=A\cos(\omega t+\varphi_0).$$

波传播的是振动状态,或者说是相位. 某时刻 t 原点处相位 $\omega t+\varphi_0=\varphi_1$ 的状态传到 x 处时,所需时间为 $\Delta t=\frac{x}{u}$. 也就是说,$t+\Delta t=t+\frac{x}{u}$ 时刻 x 处质元的振动相位也是 φ_1. 或者说,t 时刻原点处相位等于 $t+\frac{x}{u}$ 时刻 x 处的相位,即 $t-\frac{x}{u}$ 时刻原点处相位等于 t 时刻 x 处的相位. 因此,t 时刻 x 处质元的位移 $y_x(t)$ 必然等于 $t-\frac{x}{u}$ 时刻原点处质元的位移,即

---

① 这一假定完全不是必需的,可以换成其他情况而保持下面的讨论不变.

$$y_x(t)=y_0\left(t-\frac{x}{u}\right)=A\cos\left[\omega\left(t-\frac{x}{u}\right)+\varphi_0\right].$$

通常将左边写为 $y(x,t)$，于是上式写为

$$y(x,t)=A\cos\left[\omega\left(t-\frac{x}{u}\right)+\varphi_0\right]. \tag{4.44}$$

这就是描述平面波传播的**波方程**，它给出了任一时刻、任一位置处的质元的振动情况，或者说给出了介质内任一质元的运动方程. 当波沿 x 轴的负方向传播时，只需将上式中的 x 用 $-x$ 代替即可，这样就有

$$y(x,t)=A\cos\left[\omega\left(t-\frac{x}{u}\right)+\varphi_0\right]. \tag{4.45}$$

从(4.44)式可知，振动量 y 是时间 t 和坐标 x 的函数. 当坐标不变，即 $x=x_0$ 时，(4.44)式描述 x_0 处的介质质元随时间做周期振动. 另一方面，当时间不变，即 $t=t_0$ 时，则(4.44)式描述 t_0 时刻介质中各质点的位移随空间坐标的周期性分布情况. 这两种情况分别反映了平面波所具有的**时间周期性**和**空间周期性**. 时间恒定时反映振动量随空间变化关系的图像称为**波形图**. 图 4-9 就是简谐波(4.44)式在不同时刻的波形图，从中可以看出波的传播方向，其中已取初相位 $\varphi_0=0.9$ rad.

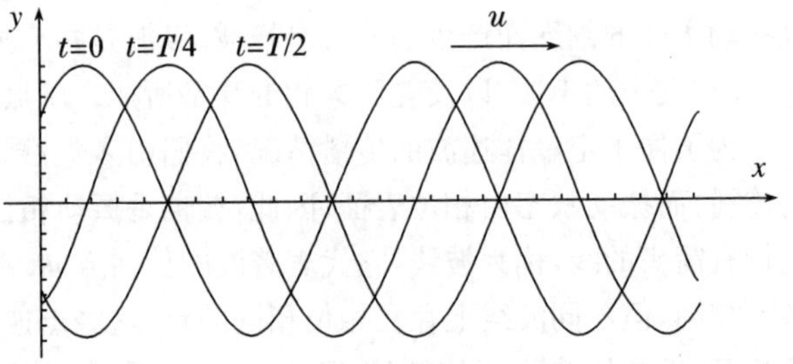

图 4-9　简谐波的波形图

平面波的时间周期性和空间周期性也可以由一些特征量来表述. 波传播时，在同一波线上相位差为 2π 的邻近质元之间的距离称为**波长** λ. 波源完成一次全振动，波刚好传播一个波长的距离. 因此，波长即体现了波的空间周期性. 波源(或任一质元)完成一次全振动所需的时间即周期 T，这反映了波的时间周期性. 由于波速的定义为在单位时间内波所传播的距离，故有 $u=\frac{\lambda}{T}=\lambda\nu$. 于是，波方程(4.44)式可以改写成如下各种形式：

$$\begin{aligned}y(x,t)&=A\cos\left[\omega\left(t-\frac{x}{u}\right)+\varphi_0\right]\\&=A\cos\left[\frac{2\pi}{T}\left(t-\frac{x}{u}\right)+\varphi_0\right]=A\cos\left[\frac{2\pi}{\lambda}(ut-x)+\varphi_0\right]\\&=A\cos\left[2\pi\left(\frac{t}{T}-\frac{x}{\lambda}\right)+\varphi_0\right]=A\cos[(\omega t-kx)+\varphi_0].\end{aligned} \tag{4.46}$$

式中，最后一式中的

$$k\equiv\frac{2\pi}{\lambda} \tag{4.47}$$

称为**波数**，它也表示空间周期性，正如圆频率 $\omega=2\pi/T$ 也表征时间周期性一样. 有了波数，波速的表达式又多了一种：

$$u=\lambda\nu=\frac{\lambda}{T}=\frac{\omega}{k}. \tag{4.48}$$

(4.46)式中各式是完全等价的. 注意各式小括号内的因子,它们都是$(t-x/u)$或其倍数. 时间和空间坐标只以这样的组合形式出现,就表明波确实是在传播,且保持波形不变.

例 4.5　人耳能够听到的声波频率范围在 20 Hz 到 20 000 Hz 之间. 已知声波在 20 ℃的空气中和水中的传播速度分别为 343 m/s 和 1 483 m/s,试求在该温度下声波分别在空气和水中的波长范围.

解:由波速、波长和频率之间的关系(4.48)式知

$$\lambda=\frac{u}{\nu}.$$

在空气中,代入波速得

$$\lambda_1=17\times10^{-3}\ \mathrm{m},\lambda_2=17\ \mathrm{m}.$$

在水中,代入波速得

$$\lambda_1=74\times10^{-3}\ \mathrm{m},\lambda_2=74\ \mathrm{m}.$$

例 4.6　已知沿 x 轴正方向传播的平面简谐波方程为 $y=0.1\cos(100\pi t-20\pi x)$ (SI),试求波的振幅、周期、波长和波速.

解:将波方程改写为

$$y=0.1\cos\left[2\pi\left(\frac{t}{0.02}-\frac{x}{0.1}\right)\right],$$

与标准形式 $y=A\cos\left[2\pi\left(\frac{t}{T}-\frac{x}{\lambda}\right)+\varphi_0\right]$比较,得

$$A=0.1\ \mathrm{m},T=0.02\ \mathrm{s},\lambda=0.1\ \mathrm{m}.$$

于是波速

$$u=\frac{\lambda}{T}=\frac{0.1}{0.02}\ \mathrm{m/s}=5\ \mathrm{m/s}.$$

例 4.7　平面简谐波沿 x 轴的正方向传播,已知振幅 $A=0.01\ \mathrm{m}$,周期 $T=2\ \mathrm{s}$,波长 $\lambda=0.02\ \mathrm{m}$. 初始时刻,坐标原点处的质点处于平衡位置且沿 y 轴正向运动. 试求波方程.

解:利用波方程下列形式

$$y=A\cos\left[2\pi\left(\frac{t}{T}-\frac{x}{\lambda}\right)+\varphi_0\right],$$

得波方程为

$$y=0.01\cos\left[2\pi\left(\frac{t}{2}-\frac{x}{0.02}\right)+\varphi_0\right].$$

为利用坐标原点处的信息,上式中取 $x=0$,得到原点处的运动方程为

$$y=0.01\cos(\pi t+\varphi_0).$$

根据题意,$t=0$ 时,$y=0$,$v_y>0$,可知

$$y|_{t=0}=\cos\varphi_0=0,$$

$$v_y\Big|_{t=0}=-\pi\sin\varphi_0>0.$$

故

$$\varphi_0=\frac{\pi}{2}.$$

于是，得到波方程为

$$y=0.01\cos\left[2\pi\left(\frac{t}{2}-\frac{x}{0.02}\right)-\frac{\pi}{2}\right].$$

4.5.3 波的能量和能流

波不仅是振动状态(相位)的传播，还是能量的传播. 在4.2节中我们阐述了简谐振动的能量，这种能量也会随着波而传播开去.

然而，与做简谐振动的质点其总能量守恒不同的是，弹性介质中做简谐振动的质元，其动能和(弹性)势能是同步变化的，即同时变大，同时变小，同时为0，因此，该质元的总能量并不守恒.

图4-10是某时刻绳波的波形图，其中a、b和c是三段原长相同的质元. 在该时刻，质元a的速度最大，质元c的速度最小(为0). 同时，质元a的形变最大，而质元c的形变最小(无形变). 而对于居中的质元b，其速度和形变都居中. 因此，当质元的动能达到最大时，其弹性势能也达到最大；当质元的动能为0时，其弹性势能也为0；当质元的动能居中时，其弹性势能也居中.

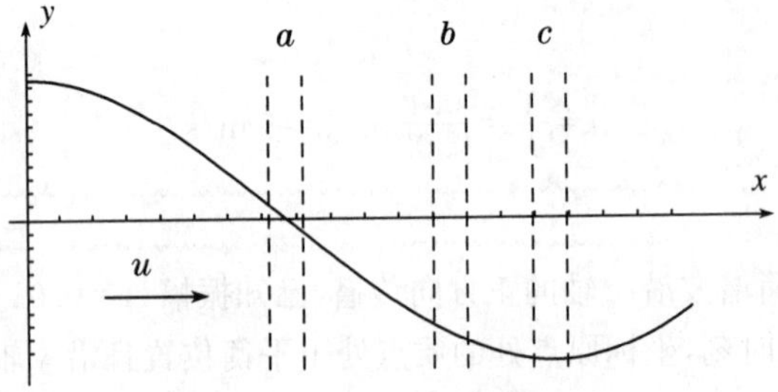

图4-10 绳波上各质元的能量

可以证明，处于x处、长度为Δx的质元，其势能和动能不仅同步随时间变化，而且是相等的. 在4.2节的分析中可以借用的是动能表达式(4.21)式①，故该质元的动能和势能都为

$$E_p=E_k=\frac{1}{2}\Delta m\omega^2A^2\sin^2\left[\omega\left(t-\frac{x}{u}\right)+\varphi_0\right],$$

其中$\Delta m=\lambda\Delta x$(对于弹性绳)或$\Delta m=\rho\Delta V$(对于弹性介质)为该质元的质量. 因此，该质元的总能量为

① 由于4.2节中的势能与本节的势能来源和意义完全不同，因此其中的势能表达式不适用于本节.

$$E=E_p+E_k=\Delta m\omega^2A^2\sin^2\left[\omega\left(t-\frac{x}{u}\right)+\varphi_0\right]. \tag{4.49}$$

通常,我们关心的是能量的时间平均值.由于正弦函数平方在一个周期内的平均值为 1/2,故

$$\bar{E}=\frac{1}{2}\Delta m\omega^2A^2.$$

因此,虽然对任一质元而言,其能量是不恒定的,但是其平均值与做简谐振动的质点的恒定能量(见(4.23)式)形式相同.于是,介质中的**平均能量密度**为

$$\bar{\varepsilon}=\frac{\bar{E}}{\Delta V}=\frac{1}{2}\rho\omega^2A^2. \tag{4.50}$$

介质中振动的传播所伴随的能量的传播可以用能流或能流密度来表示.单位时间内通过单位横截面积上的能量称为**能流密度**①.我们可以对此进行一般性的讨论.如图 4-11 所示,dS 为垂直于传播方向的面元.由于能量的流动速度跟波速 u 一样,故在 dt 时间通过 dS 的能量必然位于图中的立方体内,其大小为 $dE=\varepsilon dV=\varepsilon dSudt$.于是,按照定义,能流密度为

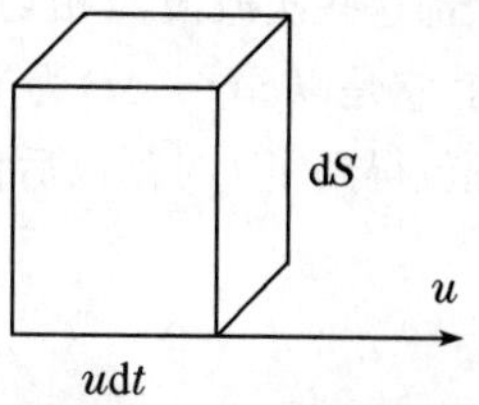

图 4-11　能流密度

$$I=\frac{dE}{dSdt}=\varepsilon u, \tag{4.51}$$

其方向就是波的传播方向.该公式适用于一般波动情况,只是能量密度的表达式可能会各不一样.

对于简谐机械波,利用上式和(4.50)式马上得到**平均能流密度**为

$$\bar{I}=\frac{d\bar{E}}{dSdt}=\bar{\varepsilon}u=\frac{1}{2}\rho\omega^2A^2u. \tag{4.52}$$

4.5.4　惠更斯原理

波在传播过程中,当遇到障碍物时,会显现出一些特别的性质.我们以水波为例,当我们用一块带有小孔的木板阻挡水波的传播,我们发现水波被完全阻挡了,只有小孔处的水波得以通过木板继续向前传播,但其波面已经发生了改变.只要小孔足够的小,不管原先水波的波面如何,新的波面都是以小孔处为圆心的圆,如图 4-12 所示.波都具有这种特性.

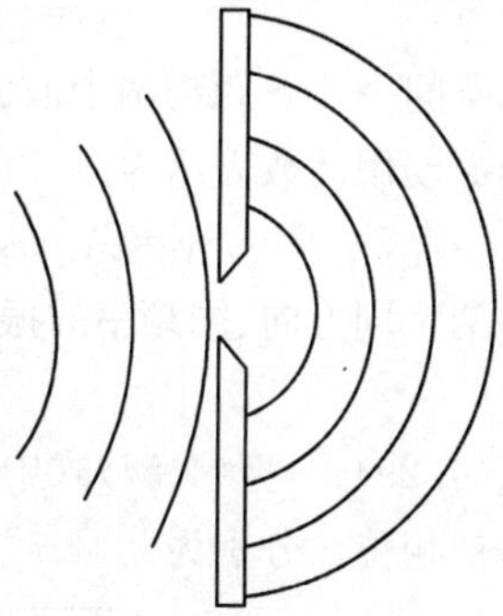

图 4-12　水波通过小孔的传播

在研究了大量类似现象后,荷兰物理学家惠更斯总结得到了一条重要的原理,称为**惠更斯原理**:介质中波动传播到的空间各点都可以看作发射次波的新波源,而

① 所有的**流密度**都是这种定义.例如电磁学中的电流密度(详见 11.1 节)就是单位时间内通过单位横截面积上的电量.

在其后的任意时刻,这些次波源所发射的次波形成的包络面就是新的波前.惠更斯原理对各种波动,如水波、声波、电磁波,以及均匀介质和非均匀介质都是适用的.

下面以球面波为例,说明惠更斯原理的应用.图 4-13 为球面波传播的示意图.设在均匀各向同性介质中,O 点的点波源发出的球面波以波速 u 传播.在 t 时刻,波前是以 ut 为半径的球面 S.由惠更斯原理可知,波前 S 上所有的点都可以看成点波源,每一个点波源都发射新的球面次波.图中画出了在 $t+\Delta t$ 时刻的许多球面次波,它们是以波面 S 上各点为圆心,以 $u\Delta t$ 为半径作出的.与全部这些次波波面相切的包络面就是 $t+\Delta t$ 时刻的波前,它是以 $u(t+\Delta t)$ 为半径的球面 S_1.这样用惠更斯原理就得到了 t 时刻以后任意时刻的波面.

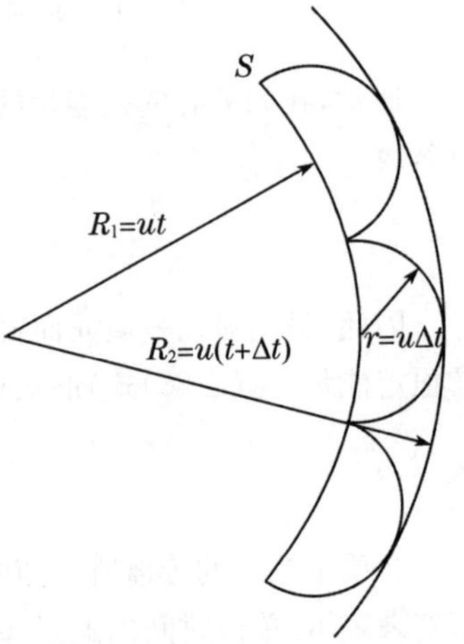

图 4-13 球面波传播的示意图

4.6 波的干涉 驻波

4.6.1 波的干涉

两列或两列以上的波在空间某个区域相遇时,相遇处介质质元的振动是各个波单独在该处产生的振动位移的矢量和①.介质中各点的合振动情况大小不同.在一定条件下,两列波相遇,介质中各点以大小不同但恒定的振幅振动,这种现象称为波的**干涉**.能产生干涉现象的两列波称为**相干波**,其条件是**频率相同、振动方向相同且相位差恒定**.产生相干波的波源称为相干波源.

设有相干波源 O_1 和 O_2,其共同的圆频率为 ω,共同的振动方向为 y 方向,且振动方程分别为

$$y_{01}=A_{01}\cos(\omega t+\varphi_1),y_{02}=A_{02}\cos(\omega t+\varphi_2). \tag{4.53}$$

考虑空间一点 S 距离两个波源分别为 r_1 和 r_2,则由(4.46)式最后一式,两波到达 S 处产生的振动用波数表示为

$$y_1=A_1\cos(\omega t-kr_1+\varphi_1),y_2=A_2\cos(\omega t-kr_2+\varphi_2). \tag{4.54}$$

这是两个同方向、同频率的振动,根据(4.28)式,其合成也是同频率的简谐振动:

$$y=y_1+y_2=A\cos(\omega t+\varphi). \tag{4.55}$$

根据(4.29)式,把(4.54)式中 φ_1-kr_1 和 φ_2-kr_2 视为两个初相位,则 S 处合振动的振幅 A 和初相位 φ 分别为

$$A=\sqrt{A_1^2+A_2^2+2A_1A_2\cos\Delta\varphi},\Delta\varphi=(\varphi_2-\varphi_1)-k(r_2-r_1), \tag{4.56}$$

$$\tan\varphi=\frac{A_1\sin(\varphi_1-kr_1)+A_2\sin(\varphi_2-kr_2)}{A_1\cos(\varphi_1-kr_1)+A_2\cos(\varphi_2-kr_2)}. \tag{4.57}$$

由(4.56)式可知,合振动振幅 A 与分振动的振幅 A_1、A_2 和相位差 $\Delta\varphi$ 有关.如果波源振动

① 该结论对于大部分情况(即线性情况)成立.

的相位差 $\varphi_2-\varphi_1$ 恒定，则 S 处的 $\Delta\varphi$ 恒定，于是，合振动振幅 A 将保持为常数. 因此，相干波的一个重要条件是叠加处的相位差(或波源的相位差)为常数.

从(4.56)式可以看出，如果 S 点满足

$$\Delta\varphi=(\varphi_2-\varphi_1)-k(r_2-r_1)=2n\pi, n\in \mathbf{Z}, \tag{4.58}$$

($\mathbf{Z}$ 为整数集)则合振动振幅 $A=A_1+A_2$，达到最大，称为相互加强(或相长). 如果 S 点满足

$$\Delta\varphi=(\varphi_2-\varphi_1)-k(r_2-r_1)=(2n+1)\pi, n\in \mathbf{Z}, \tag{4.59}$$

则合振动振幅 $A=|A_1-A_2|$，达到最小，称为相互减弱(或相消). 因此，干涉的结果使空间各点的合振动情况各不一样：有些点的振动相互加强，有些点相互减弱，还有些点则处于中间情况.

如果两个相干波源的初相位相同，即 $\varphi_1=\varphi_2$，则干涉加强和减弱的条件简化为

$$\Delta\equiv r_2-r_1\begin{cases} n\lambda, & (\text{加强}) \\ (2n+1)\dfrac{\lambda}{2}, & (\text{减弱}) \end{cases} \quad n\in\mathbf{Z} \tag{4.60}$$

式中 r_1 和 r_2 分别称为两个相干波源到 S 点的**波程**，而 $\Delta\equiv r_2-r_1$ 称为**波程差**. 由(4.60)式可以看出，对于这种情况，干涉的加强或者减弱仅由波程差决定. 波程差为零或波长的整数倍的空间各点，合振动的振幅最大，干涉加强；波程差为半波长的奇数倍的空间各点，合振动的振幅最小，干涉减小. 其余各点的振幅介于最大和最小之间. 波程差相同的点构成同一条**干涉明纹**或**干涉暗纹**.

图 4-14 是平面上两个同相相干波源发出的相干波的波面图，其中波源之间的距离为波长的 6 倍. 图中实线与实线、虚线与虚线的交点为干涉加强点，这些点位于干涉明纹上；实线与虚线的交点为干涉减弱点，这些点位于干涉暗纹上.

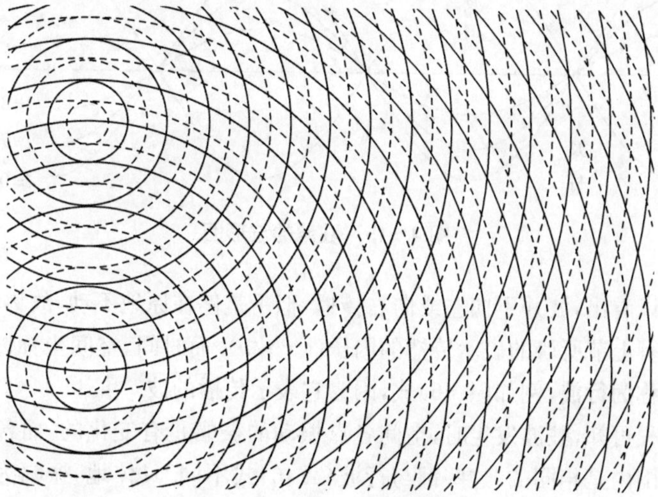

图 4-14　相干波的波面图

例 4.8　已知两个相同的相干波源 O_1 和 O_2 相距 0.2 m，振动频率为 100 Hz，初相位差 $\varphi_2-\varphi_1$ 为 π. 空间一点 S 距离 O_1 点为 0.15 m，且 SO_1 的连线与 O_1O_2 的连线垂直. 设波速为 0.1 m/s，求 S 点处的干涉情况.

解:由已知条件得

$$k=\frac{2\pi}{\lambda}=\frac{2\pi\nu}{u}=\frac{2\pi\times 100}{0.1}\ \mathrm{rad/m}=2\,000\pi\ \mathrm{rad/m}.$$

又

$$r_1=SO_1=0.15\ \mathrm{m},r_2=SO_2=\sqrt{0.15^2+0.2^2}\ \mathrm{m}=0.25\ \mathrm{m},$$

所以有

$$\Delta\varphi=\varphi_2-\varphi_1-k(r_2-r_1)=\pi-2\,000\pi\times(0.25-0.15)=-199\pi.$$

根据(4.59)式,此时干涉相减.

对于本例题,如果 $\varphi_2-\varphi_1=-\pi$,最后所得结果不变,请读者自己考虑其中的原因.

4.6.2 驻波

波的干涉问题中,一个特例就是驻波.振幅相同、传播方向相反的两列相干波干涉叠加而得到的波称为**驻波**.设这样的两列波为

$$y_1=A\cos(\omega t-kx),y_2=A\cos(\omega t+kx), \tag{4.61}$$

式中为使问题简单,已取两波的初相位为零.于是,介质质元的合振动为

$$y=y_1+y_2=2A\cos kx\cos\omega t. \tag{4.62}$$

(4.62)式即驻波方程.图 4-15 是各不同时刻的波形图.

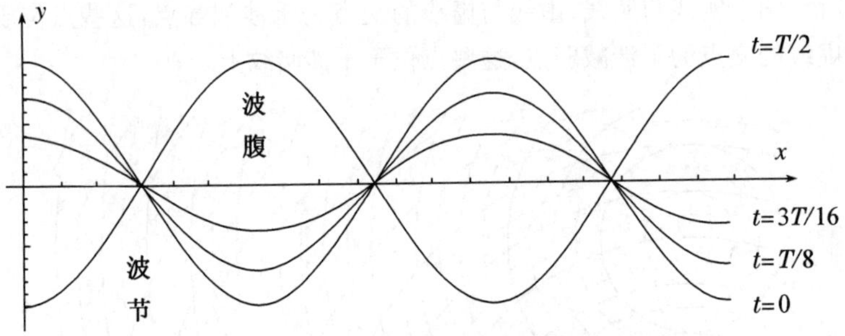

图 4-15 驻波的波形图

由该图可以看出,波并不向左或向右传播,似乎是停在原地不动,故称驻波.这是由于(4.62)式中没有上节所谈的表示传播的因子$(t-x/u)$.而时间、空间坐标以$(t-x/u)$组合形式出现的波称为**行波**,例如(4.46)式,因为它表示传播的波.

由驻波方程可知,驻波发生时,空间各点振动的振幅是有变化的,而各点的初相位则在一定空间范围内是相同的.这些都与行波(4.46)式不同.具体地,振幅为 0 的点的坐标满足 $kx=(2n+1)\pi/2(n\in\mathbf{Z})$,即

$$x=(2n+1)\frac{\lambda}{4},n\in\mathbf{Z}. \tag{4.63}$$

这些点称为驻波的**波节**.相邻波节之间的距离为半个波长:$\Delta x=x_{n+1}-x_n=\lambda/2$.振幅取最大值 $2A$ 的点,其坐标满足

$$kx=n\pi,n\in\mathbf{Z},$$

即

$$x=n\frac{\lambda}{2},n\in\mathbf{Z},\tag{4.64}$$

这些点称为驻波的**波腹**. 相邻波腹之间的距离也是半个波长. 可以看出,两相邻波节之间的点同相,而波节两边的点则反相.

4.7　多普勒效应

当波源和观测者之间有相对运动时,观测者观测到的频率与波源频率会有差别. 这种由于观测者和波源之间的相对运动而产生的观测频率和波源频率不同的现象,称为**多普勒效应**. 例如,当一列火车迎面驶向我们时,我们听到的汽笛声较为尖锐;而当火车驶离我们时,我们听到的汽笛声较为沉闷. 下面以声波为例,分成不同情况讨论机械波的多普勒效应.

4.7.1　波源静止,观测者运动

假设介质是均匀且各向同性的,而且是静止的. 我们考虑这样的情况:波源 O 静止,而观测者 S 相对于波源 O(也是相对于介质)以速度 v_s 向着波源 O 运动①. 如图 4－16 所示,波源的振动频率为 ν_0,波源产生的球面波波面是以 O 点为圆心的同心球面,波面相对于介质以波速 v 传播.

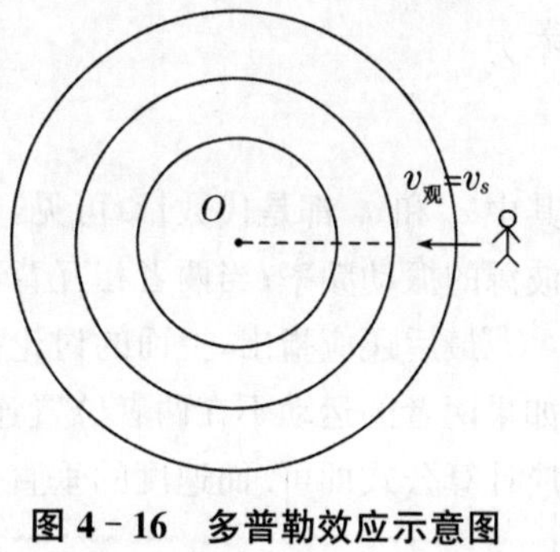

图 4－16　多普勒效应示意图

当观测者相对于波源 O 静止时,在时间 t 内,在波线方向长度为 vt 范围内的所有波面将被观测者接收,即观测者接收到的波面数为 vt/λ,故其在单位时间内接收到的波面数——频率为

$$\nu_0=\frac{vt/\lambda}{t}=\frac{v}{\lambda}.$$

这与前面的波速公式(4.48)式一致. 这样得到频率就是波源的振动频率.

如果观测者相对于波源以速度 v_s 运动,那么在时间 t 内,在波线方向长度为 $(v+v_s)t$ 范围内的所有波面将被观测者接收,即观测者接收到的波面数为 $(v+v_s)t/\lambda$. 于是,观测者所测量到的频率就是此时单位时间内接收到的波面数:

$$\nu=\frac{(v+v_s)t/\lambda}{t}=\frac{v+v_s}{\lambda}=\frac{v+v_s}{v/\nu_0}=\left(1+\frac{v_s}{v}\right)\nu_0.\tag{4.65}$$

显然,当观测者接近静止波源时,其测量到的频率将大于波源本身的振动频率. 如果观测者远离波源,则 $v_s<0$,此时观测者测量到的频率将小于波源的振动频率.

4.7.2　波源运动,观测者静止

下面考虑观测者 S 静止、而波源 O 相对于介质以速度 v_0 朝向观测者运动的情况. 如

① 规定向着波源 v_s 为正,远离波源 v_s 为负.

图 4－17 所示，当振动波源在 O 点产生的波面（这个波面是以 O 点为圆心的球面）经过 $t=T$ 时间后，波源已经运动了一段距离 v_0T 到达了 O' 点. 此时，波源产生的下一个波面（即相位落后 2π 的波面）是以 O' 点为圆心的球面. 由于两个波面相差的时间为一个周期 T，所以在波源的运动方向上，两个波面之间的距离就是一个波长：

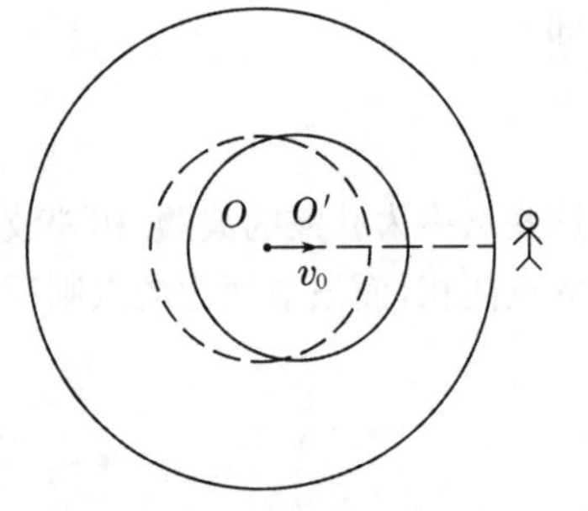

图 4－17　多普勒效应示意图

$$\lambda'=\lambda-v_0T=vT-v_0T=\frac{v-v_0}{\nu_0}.$$

显然，观测者在波源的运动方向上观测到的波长变短了.

由于观测者相对于介质静止，所以观测者观测到的波速不变，故波的频率为

$$\nu=\frac{v}{\lambda'}=\frac{v}{v-v_0}\nu_0. \tag{4.66}$$

因此，观测者观测到的频率变大了. 如果波源的运动背向观测者，那么 $v_0<0$，此时测量到的频率将变小.

4.7.3　波源和观测者同时相对介质运动

当波源和观测者同时相对介质运动时，考虑上面得到的结果，观测者测量到的波的频率为

$$\nu=\frac{v+v_s}{v-v_0}\nu_0, \tag{4.67}$$

其中 v_s 和 v_0 都是代数量. 可见，只要波源和观测者相互接近，观测者测量到的频率就大于波源的振动频率；当两者相互背离时，测量到的频率就小于波源的振动频率.

最后还应指出，上面的讨论都是针对波源和观测者的运动在两者位置连线上的情况. 如果两者的运动不在两者位置连线上，只需用它们速度在位置连线上的平行分量代入相应计算公式即可. 而速度的垂直分量不产生多普勒效应.

例 4.9　两个频率同为 1 000 Hz 的声源 O_1 和 O_2，O_1 静止不动，O_2 以 100 m/s 的速度远离 O_1 运动. 在 O_1 和 O_2 之间有一个观测者 S 以 50 m/s 的速度与 O_2 同向运动. 已知声速为 330 m/s，求观测者观测到的 O_1 和 O_2 声波的频率.

解：因为 O_1 静止，S 远离 O_1 运动，故由(4.65)式，有

$$\nu_1=\frac{v+v_s}{v}\nu_0=\frac{330+(-50)}{330}\times 1\,000\ \text{Hz}\approx 850\ \text{Hz}.$$

对波源 O_2，观测者朝向波源运动，波源背离观测者运动，故由(4.67)式，有

$$\nu_2=\frac{v+v_s}{v-v_0}\nu_0=\frac{330+50}{330-(-100)}\times 1\,000\ \text{Hz}\approx 650\ \text{Hz}.$$

习　题

线上阅览

第5章　几何光学

关于光的本性的认识，早在17世纪，就存在两派不同的学说：一派是牛顿所主张的微粒说，把光看成由机械微粒组成，认为光是一股粒子流；另一派是惠更斯所倡导的波动说，把光视为是一种机械波，认为光是机械振动在“以太”这种特殊介质中的传播．这两种观点都没有正确地反映光的客观本质．19世纪，菲涅耳等物理学家进一步发展了光的波动理论，使光的波动得到普遍承认．到了19世纪后期，麦克斯韦提出了光的电磁理论，证实了光为某一波段的电磁波，从而形成了以电磁理论为基础的波动光学．19世纪末20世纪初，人们从光电效应等一系列光与物质相互作用的实验中，认识到光还具有量子(粒子)性(即称为“光子”)，但它不同于牛顿所提出的机械微粒．近代科学实践事实证明，光是一种十分复杂的客体．光在某些方面的行为体现为“波动”的性质和规律，另一方面的行为却像“粒子”的属性．即光具有波粒二象性(详见第17章)．

光学是物理学的重要组成部分之一．光学是研究光的本性、光的传播和光与物质相互作用等规律的学科．光学分成几何光学、波动光学和量子光学三个分支．几何光学是以光的直线传播为基础，研究光在透明介质中传播规律而建立的光学理论．波动光学是以光的波动性质及光的电磁波理论为基础，研究光的干涉、衍射、偏振等现象的规律．量子光学是以光的粒子性为基础，从光的量子性，研究光与物质的相互作用．

5.1　光在平面界面上的反射和折射

5.1.1　光线　光的直线传播

“光线”只能用于表示光的传播方向，不可误认为是从实际光束中借助于小孔光阑分出的一个狭窄部分．在极限情况下，选用任意小的孔，好像能够得到像几何线那样的所谓“光线”，但由于衍射现象的存在，不可能分得出任意窄的光束．只有当小孔足够大时，衍射现象不显著时，光的传播过程才可以只用光线来表示．

若一个发光体距观察点处足够远，以至于该发光体的线度可以忽略，我们就可以把它看成一个**点光源**．点光源发出的光线是以点光源为中心向四周辐射的射线．如果知道点光源发出的任何两条光线，则可由这两条光线的反向延长线的交点确定该点光源的位置．

大量的光学实验现象表明，光在均匀的各向同性介质中沿直线传播．光的直线传播是几何光学的基础．根据光的波动理论，当光在传播过程中所遇到的障碍物或光阑的孔径线度远大于光波长时，衍射现象不显著，光才严格地沿直线传播．因此**几何光学是波动光学在衍射可忽略情况下的近似**．

光的传播是可逆的．如果光可以从A点沿一定的路径传到B点，那么光也可以沿同一路径从B点反向传到A点．这称为**光路可逆性原理**．

要注意的是，在非均匀介质中光的传播路经并非直线，而当光穿过多种不同的均匀介质时，光线为折线. 这一点后面会谈到.

5.1.2 光在平面界面上的反射

当一束光从一种均匀介质1射向另一种均匀介质2时(见图5-1)，在两种介质的分界面上光被分成两束，其中一束光返回原来的介质1中，称为**反射光**；另一束光穿过界面进入介质2，称为**折射光**. 一般情况下，反射光和折射光的强度是不等的. 实验表明，光的反射满足如下的**反射定律**：

(1) 反射光线在入射光线和两介质分界面的法线所决定的入射平面内；(2) 反射光线和入射光线分别置于法线的两侧；(3) 反射角 i_1' 等于入射角 i_1：

$$i_1' = i_1. \tag{5.1}$$

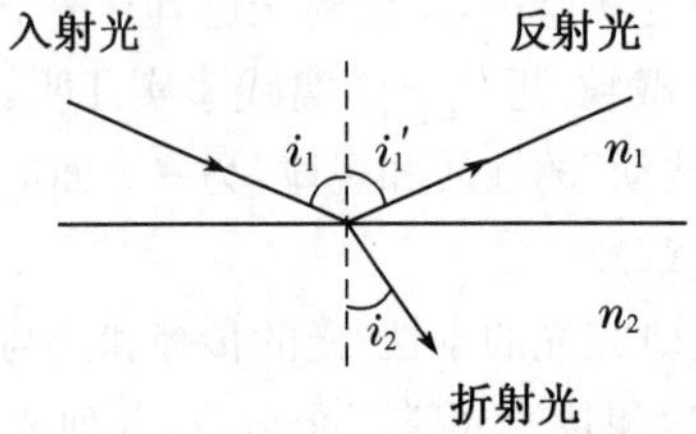

图5-1 光在界面上的反射与折射

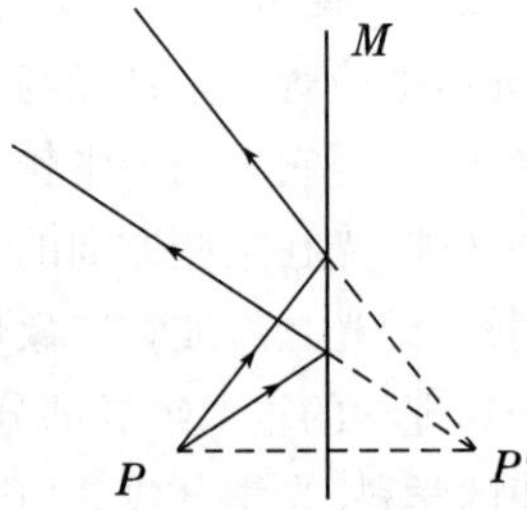

图5-2 平面镜成像

物点 P 发出的光(光线)为发散的同心光束. 如果这些光线经光学系统后会聚于一点 P'，那么 P' 点称为物点 P 的**实像**；如果这些光线经光学系统后仍是发散的，但它们的反向延长线却有交点 P'，则 P' 点为物点 P 的**虚像**. 实像和虚像统称为**像**. 一个物体可以视为由许多物点组成，这些物点对应的像点便形成该物的像.

从任一发光点 P(物点)发出的光束经平面镜 M 反射后(见图5-2)，根据反射定律，反射光线的反向延长线相交于 P' 点，该点就是物点 P 的虚像. 它位于平面镜后面，且像点与物点关于镜面对称. 平面镜是一个最简单的、不改变光束单心性、并能成完善像的光学系统.

5.1.3 光的折射定律 全反射现象

下面讨论在图5-1中的折射光. 设介质1、2的**折射率**分别为 n_1 和 n_2，这是表征介质光学性质的量. 两种介质相比，折射率较大的介质称为**光密介质**，折射率较小的介质称为**光疏介质**. 注意光密或光疏只是相对的说法. 实验表明，光在两介质界面产生折射时，入射光线和折射光线满足如下的**折射定律**：

(1) 折射光线在入射光线和法线所决定的入射平面内；(2) 折射光线和入射光线分别置于法线的两侧；(3) 入射角 i_1 和折射角 i_2 满足关系式：

$$n_1 \sin i_1 = n_2 \sin i_2. \tag{5.2}$$

由(5.2)式可知，若介质2的折射率大于介质1的折射率，即光由光疏介质折射到光密介质，则折射角小于入射角；相反，若介质2的折射率小于介质1的折射率，即光由光密介质折射到光疏介质，那么折射角大于入射角.

当光束从光密介质(折射率较大)射向光疏介质(折射率较小)时,折射角大于入射角.参照图5-3,当入射角增大到某一角度(i_c)时,对应的折射角等于90°.入射角再进一步增大时就不再有折射光,此时入射光全部反射回来.这一光学现象称为光的**全反射现象**.

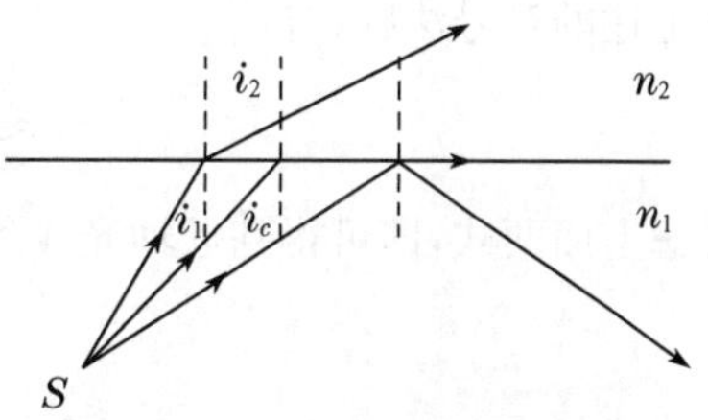

图5-3　光的全反射现象

对应于折射角等于90°的入射角 i_c,称为发生全反射的**临界角**.即当入射角大于等于临界角时,光发生全反射.临界角(i_c)的大小可以根据折射角等于90°的条件和(5.2)式求出,为

$$i_c=\arcsin\left(\frac{n_2}{n_1}\right).\quad (n_1>n_2) \tag{5.3}$$

5.2　光在球面上的反射

5.2.1　符号法则

多数光学仪器的基本元件的表面为球面.因此,研究光在呈球面的介质分界面上的反射和折射,是研究一般光学系统的基础.

图5-4中的 AOB 表示球面的一部分,其中心点 O 称为**顶点**,球面的球心 C 称为**曲率中心**,球面的半径称为**曲率半径**,连接顶点和曲率中心的直线 CO 称为**主轴**. P 点为主轴上的物点,P' 点为物点 P 经球面反射所成的像.在研究成像问题时,若事先规定各量的正负符号,可以很方便地判断像的位置和性质.

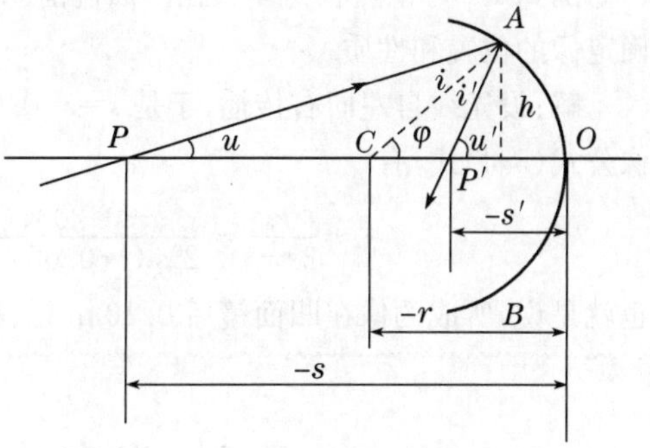

图5-4　光在球面上的反射

在本书中假定光线自左向右传播,采用的**符号法则**如下:主轴上线段长度都从顶点 O 算起.光线和主轴的交点在顶点右方的,线段长度的数值为正;光线和主轴的交点在顶点左方的,线段长度的数值为负.物点或像点至主轴的距离,在主轴上方为正,在下方为负.此外,规定所有角度取锐角.在图中出现的长度只用正值.例如,在图5-4中物距 s 的值为负的,则用 $-s$ 表示物距的几何长度.

5.2.2　近轴光线条件下球面反射的物像公式

在图5-4中,入射光线 PA 的折射光线为 AP',A 点为入射点,距主轴距离为 h.由几何关系有 $\varphi=u+i$,$u'=\varphi+i'$.根据光的反射定律 $i'=i$,则有

$$u'+u=2\varphi.$$

在近轴光线条件下,入射点 A 距主轴的距离 h 很小,角度 u、u'、φ 都是很小的角度,此时根

据上述的符号法则,有①

$$u'\approx\frac{h}{-s'},u\approx\frac{h}{-s},\varphi\approx\frac{h}{-r}.$$

考虑上面两式,即可得到近轴光线条件下**球面反射的物像公式**:

$$\frac{1}{s'}+\frac{1}{s}=\frac{2}{r}. \tag{5.4}$$

在上式中,对于 r 一定的球面,只有一个 s' 和给定的 s 对应.

说明:上式是在凹球面反射情况下推导得出的物像公式,但也适用于凸球面,是一个球面反射的普遍公式.对于凹球面,$r<0$;对于凸球面,由于曲率中心在顶点右边,故 $r>0$.因此,应用此式时,必须注意符号法则.后面的球面折射物像公式也是一样.

如果是平行光沿主轴方向入射,则可以认为 $s=-\infty$,此时 $s'=r/2$.因此,沿主轴入射的平行光束经球面反射后,成为会聚(或发散)的光束②,其交点在主轴上,称为反射球面的**焦点**.焦点到顶点间的距离,称为**焦距**(f').由上述关系可见,

$$r'=\frac{r}{2}. \tag{5.5}$$

f' 的符号取决于 r 的符号,即取决于球面的凸凹方向.此时,物像公式(5.4)式可以改写为

$$\frac{1}{s'}+\frac{1}{s}=\frac{1}{f'}. \tag{5.6}$$

例 5.1 一个点状物体放在凹面镜前 0.05 m 处,凹面镜的曲率半径为 0.20 m,试确定像的位置和性质.

解:设光线自左向右传播,于是 $s=-0.05\ \text{m}$,$r=-0.20\ \text{m}$,则根据球面反射的物像公式(5.4)式,有

$$s'=\frac{rs}{2s-r}=\frac{-0.20\times(-0.05)}{2\times(-0.05)-(-0.20)}\ \text{m}=0.1\ \text{m}.$$

也就是说,所成的像在凹面镜后 0.10 m 处,故是一个虚像.

5.3 光在球面上的折射

5.3.1 近轴光线条件下球面折射的物像公式

如图 5-5 所示,设入射光线所在的空间为**物空间**,其中介质的折射率为 n,折射光线所在的空间为**像空间**,其中介质的折射率为 n'.两种介质的界面为球面,O 点为顶点,C 点为球面的曲率中心,顶点和曲率中心的连线为主轴.P 为主轴上的一个点状物体,PA 为入射光线,A 点为折射点,AP' 为相应的折射光线.这里的符号法则同上一节.

---

① 图 5-4 为清楚起见把 A 点画得离 O 点较远.对于近轴光线,A 点离 O 点很近,此时这几个约等式都能很好地成立.下文的图 5-5 也应做类似理解.

② 如果 $r<0$,即凹球面情况,则反射光线汇聚;如果 $r>0$,即凸球面情况,则反射光线发散.

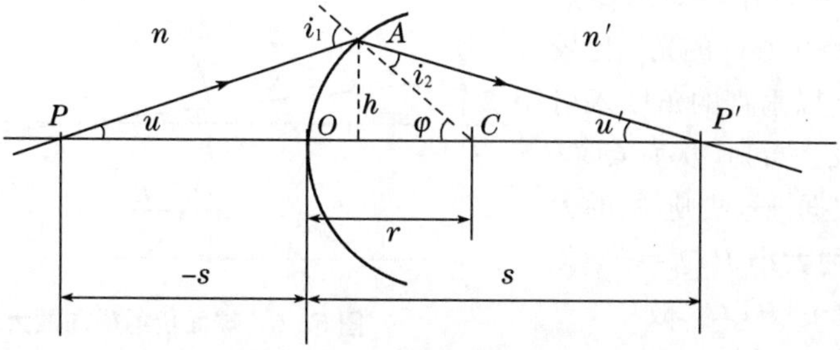

图 5-5　光在球面上的折射

在图中，根据几何关系，可得 $i_1=u+\varphi$，$i_2=\varphi-u'$. 根据光的折射定律(5.2)式，有 $n\sin i_1=n'\sin i_2$. 在近轴光线条件下，A 点距主轴的距离 h 很小，则角量 u,i_1,i_2,φ,u' 均很小，可以近似地有 $\sin u\approx u$ 等公式成立. 此时折射定律写为 $ni_1=n'i_2$. 将 i_1、i_2 代入，整理得

$$n'u'+nu=(n'-n)\varphi.$$

此外，根据几何关系、符号法则和近轴光线条件，有

$$u\approx\frac{h}{-s},u'\approx\frac{h}{s'},\varphi\approx\frac{h}{r}.$$

考虑上面两式，可得

$$\frac{n'}{s'}-\frac{n}{s}=\frac{n'-n}{r}. \tag{5.7}$$

此式为近轴光线条件下**球面折射的物像公式**. 应用此式时，必须注意符号法则.

平行于主轴的入射光线折射后和主轴相交的位置称为球面界面的**像方焦点**，从球面顶点 O 到像方焦点的距离称为**像方焦距**(f'). 由(5.7)式可知，当 $s=-\infty$时，即得

$$f'=\frac{n'}{n'-n}r. \tag{5.8}$$

如果把物点放在主轴上某一点时，发出的光折射后将产生平行于主轴的平行光，那么这一物点所在的点称为**物方焦点**，从球面顶点到物方焦点的距离称为**物方焦距**(f). 由(5.7)式可知，当 $s'=\infty$时，即得

$$f=-\frac{n}{n'-n}r. \tag{5.9}$$

可以看出，两焦距之比为折射率之比：

$$\frac{f'}{f}=-\frac{n'}{n}, \tag{5.10}$$

而其中的负号表示两焦点总是位于球面的两边. 由于要保证折射现象的存在，$n'\neq n$，故两焦距的大小总不会相等.

5.3.2　球面折射的横向放大率

在近轴光线(即光线与主轴的夹角很小)和近轴物(即在主轴上的物的大小远小于物距的大小)的条件下，可以证明垂直于主轴的物所成的像仍然是垂直于主轴的. 设物的大小为 y，像的大小为 y'. 定义像的横向大小与物的大小的比值为**横向放大率**(β)，即

$$\beta\equiv\frac{y'}{y}. \tag{5.11}$$

在图 5-6 中，物体 PQ 的 Q 点发出的通过曲率中心 C 的光线比较特殊，因为它会以垂直的角度入射到球面，不会发生折射，从而 QCQ' 是一条直线. 根据符号法则，物的大小 $PQ=y$，像的大小 $P'Q'=-y'$. 由于有 $\triangle PCQ \backsim \triangle P'CQ'$，故

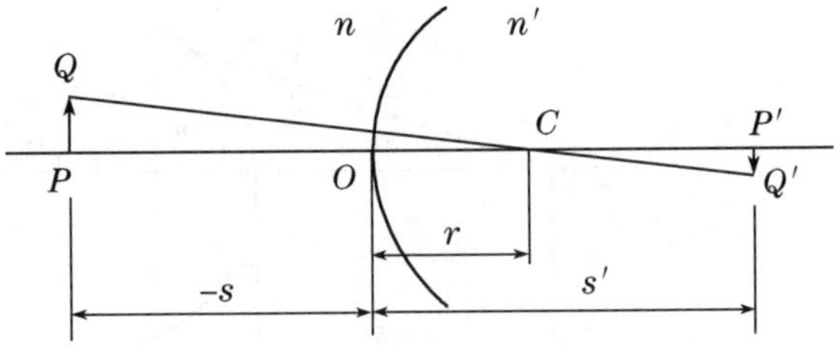

图 5-6　球面折射横向放大率

$$\frac{-y'}{y}=\frac{s'-r}{-s+r}.$$

同时，根据球面折射的物像公式(5.7)式，有

$$r=\frac{(n'-n)ss'}{n's-ns'}.$$

综合上面两式，可得

$$\beta=\frac{y'}{y}=\frac{s'}{s}\cdot\frac{n}{n'}. \tag{5.12}$$

这是用像距和物距表示的横向放大率，它跟两介质的折射率有关.

例 5.2　现有一个折射率为 1.5 的玻璃棒放置在空气中，其端面为半径 1.0 cm 的半球面. 有一个高为 0.3 cm 的小针放在离球面 4.0 cm 的轴线上，且垂直于轴线，试求小针在玻璃中所成的像的位置和大小.

解：由题意，物距为 $s=-4.0$ cm，物高为 $y=0.3$ cm. 由物像公式(5.7)式，有

$$s'=\frac{n'sr}{nr+(n'-n)s}=\frac{1.5\times(-4.0)\times1.0}{1.0+(1.5-1)\times(-4.0)}\ \text{cm}=6\ \text{cm},$$

即像的位置在玻璃中距端点 6.0 cm 处.

由横向放大率公式(5.12)式，

$$y'=\beta y=\frac{s'}{s}\cdot\frac{n}{n'}y=\frac{6.0\times1.0}{-4.0\times1.5}\times0.3\ \text{cm}=-0.3\ \text{cm},$$

即小针在玻璃中的像是倒立的，且像与物等大.

5.4　薄透镜

把玻璃等透明物质磨成薄片，使其两表面都为球面或有一面为平面，即成透镜. 透镜是光学中常用的光学元件. 连接两球面的曲率中心的直线称为透镜的**主轴**. 透镜两表面在其主轴上的间隔称为透镜的**厚度**. 若透镜的厚度与球面的曲率半径相比可以忽略，则称为薄透镜.

薄透镜分为凸透镜和凹透镜. **凸透镜**是中部厚而边缘薄的透镜，常见的凸透镜有双凸透镜、平凸透镜和弯凸透镜，如图 5-7(a)所示. **凹透镜**则是中部薄而边缘厚的透镜，常见的凹透镜有双凹透镜、平凹透镜和弯凹透镜，如图 5-7(b)所示.

对于薄透镜而言，其两个球面的顶点 O_1、O_2 之间的距离(即透镜厚度)非常小，故可以近似地用一个点 O 来表示顶点 O_1、O_2，此点称为透镜的**光心**. 通过光心 O 的近轴光线不

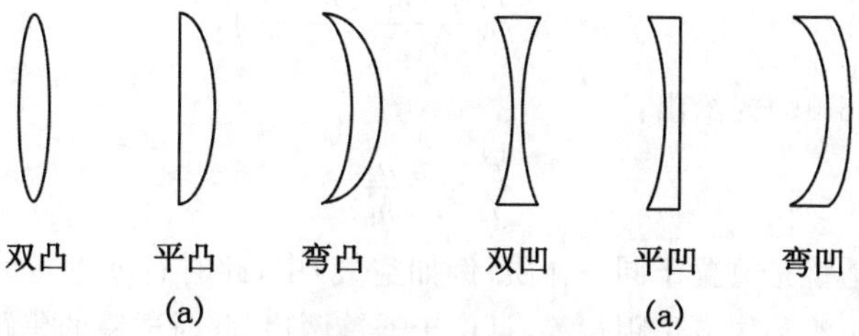

图 5-7　薄透镜

发生偏折，沿直线传播.

5.4.1　薄透镜成像的物像公式

如图 5-8 所示，设薄透镜的两个球面的曲率半径分别为 r_1、r_2，透镜折射率为 n，其两侧介质的折射率分别记作 n_1、n_2. 设在主轴上有一个发光的物点 P，其发出的光线经过透镜后成像于主轴上的 P' 点. 该过程可以分解为两个过程：P 点发出的光线先经第一个表面折射成像于 P_0，P_0 再经第二个表面折射成像于 P'. 因此，透镜成像是两次球面折射成像的过程.

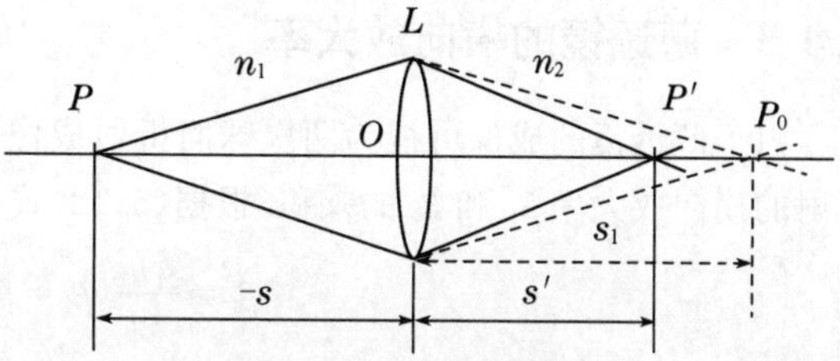

图 5-8　透镜成像

物点 P 经透镜第一个表面成像于像点 P_0，对应的像距为 s_1，物空间折射率为 n_1，而像空间的折射率为 n，由球面折射物像公式(5.7)式，得

$$\frac{n}{s_1}-\frac{n_1}{s}=\frac{n-n_1}{r_1}.$$

像点 P_0 相对第二个球面折射来说是物点，它经第二次折射后的像点为 P'，此时物空间的折射率为 n，像空间折射率为 n_2，再由球面折射物像公式得

$$\frac{n_2}{s'}-\frac{n}{s_1}=\frac{n_2-n}{r_2}.$$

两式相加，得

$$\frac{n_2}{s'}-\frac{n_1}{s}=\frac{n-n_1}{r_1}+\frac{n_2-n}{r_2}. \tag{5.13}$$

这便是一般的**薄透镜物像公式**，适用于凸透镜和凹透镜，只要注意其中的 s'，s，r_1，r_2 量应根据符号法则取正负.

5.4.2　薄透镜的焦距

下面寻找薄透镜两焦点的位置. 物方和像方的焦点、焦距的概念同上一节. 在(5.13)式中，令 $s=-\infty$，得像方焦距

$$f'=n_2\Big/\left(\frac{n-n_1}{r_1}+\frac{n_2-n}{r_2}\right), \tag{5.14}$$

若令 $s'=\infty$，则得物方焦距

$$f=-n_1\Big/\left(\frac{n-n_1}{r_1}+\frac{n_2-n}{r_2}\right), \tag{5.15}$$

二者的比值仍由(5.10)式给出：

$$\frac{f'}{f}=-\frac{n_2}{n_1}. \tag{5.16}$$

通常情况下透镜是放置于同一介质(例如空气)中，此时有 $n_1=n_2=n_{介}$，于是 $f'/f=-1$，即透镜物方焦距和像方焦距相等，且位于透镜两边. 此时透镜的焦距为

$$f'=-f=\frac{n_{介}}{(n-n_{介})}\cdot\frac{1}{1/r_1-1/r_2}.$$

对应(5.13)式的物像公式可写为类似(5.6)式的形式：

$$\frac{1}{s'}-\frac{1}{s}=\frac{1}{f'}. \tag{5.17}$$

5.4.3 薄透镜的横向放大率

由于薄透镜的成像可视为两次球面折射成像，故薄透镜的横向放大率 β 为两次球面折射的横向放大率 β_1 和 β_2 的乘积. 根据(5.12)式，

$$\beta_1=\frac{s_1 n_1}{sn},\beta_2=\frac{s'n}{s_1 n_2}.$$

故有

$$\beta=\beta_1\beta_2=\frac{s'}{s}\cdot\frac{n_1}{n_2}. \tag{5.18}$$

若透镜处于同一介质中，$n_1=n_2$，则

$$\beta=\frac{s'}{s}. \tag{5.19}$$

例 5.3 一大楼在照片上高为 6 cm，已知照此照片时照相机镜头到大楼的距离为 60 m，镜头的焦距为 20 cm，问大楼实际有多高？

解：由题意有 $s=-60$ m. 而照相机成的像是实像，故 $f'=0.20$ m. 根据薄透镜物像公式(5.17)式，有

$$s'=\frac{sf'}{s+f'}=\frac{-60\times0.2}{-60+0.2}\ \text{m}\approx0.2\ \text{m}.$$

根据透镜的横向放大率公式(5.19)式，

$$y=\frac{y'}{\beta}=y'\frac{s}{s'}=-6\times\frac{-60}{0.20}\ \text{cm}=18\ \text{m}.$$

习题

线上阅览

第 6 章　光的干涉

波动光学是以光的电磁理论为基础，研究光的干涉、衍射和偏振等涉及波动性的光学现象和规律的学科. 当满足一定条件（即相干条件）的两束或多束光在空间相遇时，在光的相遇重叠区域常呈现稳定的明暗相间的条纹（**干涉图样**），这一现象称为光的**干涉现象**. 光的干涉理论是波动光学的基础.

6.1　光源　光的相干性

6.1.1　光源

能发射光的物体称为光源. 常用的光源有两大类：普通光源和激光光源. 普通光源又分为热光源（如白炽灯、太阳）、冷光源（如日光灯、气体放电管）等. 在热光源中，大量分子或原子在热激发下处于高能量的激发态，当它们从高能激发态回到能量较低态时，就将多余的能量以光子形式辐射出来，这便是热光源的发光. 分子或原子发光都是间歇地向外发光，发光持续的时间仅约为 10^{-8} s，因此所发出的光波为在时间上很短、在空间上有限长的一串串波列（即光子）. 由于各分子或原子的发光彼此独立，互不相关，因而在同一时刻各分子或原子所发出的光波列的频率、振动方向和位相都不相同. 即使是同一分子或原子，在不同时刻所发出的光波列的频率、振动方向和位相也不尽相同.

光是一定波长范围内的电磁波. 光源发出的可见光是可以引起人眼视觉的、频率范围为 7.7×10^{14} Hz～3.9×10^{14} Hz 的电磁波，它在真空中对应的波长范围为 400 nm～760 nm. 不同频率的光将引起不同的颜色感觉.

阅读　各色光与频率及真空中波长的对照

只含单一频率或波长的光称为**单色光**. 实际上，频率范围或波长范围较窄的光可以近似地认为是单色光（又称为**准单色光**），光的频率范围或波长范围越窄，其单色性越好，然而，严格的单色光在实际中是不存在的. 一般光源的发光是由大量分子或原子在同一时刻发出的，它包含了各种不同的波长成分，称为**复色光**. 利用光谱仪可以把光源所发出的光中波长不同的成分彼此分开，所有的波长成分就组成了所谓**光谱**（即该光源的光谱）. 光谱中每一波长成分所对应的亮线或暗线，称为**光谱线**，它们都有一定的宽度. 每种光源都有自己特定的光谱结构，即不同的光源对应的光谱是不同的.

太阳光含有多种波长成分，是复色光. 钠光灯是实验室中常用的准单色光源，它能产生较强的黄色光，所发出的**双黄线**波长分别为 589.0 nm 和 589.6 nm. 激光是一种单色性好、亮度强、方向性好的光，是由激光器产生的. 实验室中常用的激光为**氦氖激光**，波长为 632.8 nm，呈红色.

光是一定频率范围的电磁波，光波场中电场和磁场同时存在. 实验表明，能引起眼睛产生视觉效应和引起照相底片感光作用的是光波中的电场. 所以光学中常把电场强度 $\boldsymbol{E}$ 代表**光振动**,$\boldsymbol{E}$ 矢量称为**光矢量**. 光振动指的是电场强度随时间周期性的变化.

人眼或感光仪器所检测到的光的强弱是由平均能流密度决定的. 在 4.5 节中,我们已经知道平均能流密度与振幅平方成正比,这对电磁波也成立(详见 12.6 节). 所以光的强度 $I\propto E_0^2$. 通常只关心光强度的相对分布,因此取比例系数为 1,而在光波场空间中的任一点处的光的强度可用该点处光矢量振幅的平方表示,即

$$I=E_0^2. \tag{6.1}$$

6.1.2 光的相干性

根据波动理论,波动具有叠加性. 两个相干波源发出的两列相干波,在相遇的区域将产生干涉现象. 在 4.6 节曾指出,**两列波相干的条件有三个:(1) 频率相同;(2) 振动方向相同;(3) 相位差恒定**. 这些要求对于所有的波都是一样的. 其中,相位差问题对于光波而言很重要.

通常对于机械波而言,相位差恒定的条件是很容易满足的,因为机械波源能够较长时间地维持同一次简谐振动而不中断. 但对于光源来说,前面已经说过,同一个原子发射光波列的时间很短,为 10^{-8} s,两列相继光波之间可能没有任何关系. 这样,两原子(两光波源)发射的光波的相位差完全可能不恒定而是随意的,从而无法形成稳定的干涉条纹. 因此,对于光波而言,相位差问题是一个至关重要的因素.

下面具体讨论位相差与干涉现象的关系. 设有两个频率相同、光振动方向相同的光源,它们发出的两光波在相遇区间某点 P 处的振幅分别为 E_{10}、E_{20},则根据 4.6 节的讨论,P 点处的合成光矢量的振幅 E 可表示为

$$E^2=E_{10}^2+E_{20}^2+2E_{10}E_{20}\cos\Delta\varphi,$$

式中 $\Delta\varphi$ 为 P 点处两光振动的相位差. 另一方面,光振动的周期极短,人眼和感光仪器不可能在一个或几个周期的短时间内对光做出响应. 我们所观察到的光强是较长时间 τ 内的平均值:

$$I=\overline{E^2}=E_{10}^2+E_{20}^2+2E_{10}E_{20}\overline{\cos\Delta\varphi}=I_1+I_2+2\sqrt{I_1I_2}\cos\Delta\varphi. \tag{6.2}$$

通常出现的情况是,分子或原子发光具有间歇性和随机性,在观察时间 τ 内,P 点处叠加的光波列频繁更替,来自两个独立光源(或同一光源的不同部位)的两光波的相位差 $\Delta\varphi$ 在 $0\sim2\pi$ 内完全随机变化,取一切可能的数值,因而 $\overline{\cos\Delta\varphi}=0$,故

$$I=I_1+I_2, \tag{6.3}$$

即 P 点处的光强等于两光束单独照射时的光强之和. 此时光的叠加为**非相干叠加**,在这两束光波相遇的区域无干涉现象. 如果两束光各自的振幅随空间点的变化可以忽略,那么此时空间各点处的光强相同.

如果两光波源的相位差恒定,在相遇区域各点处的相位差 $\Delta\varphi$ 各有各自的恒定值,则 $\overline{\cos\Delta\varphi}=\cos\Delta\varphi$,故合成后 P 点的光强为

$$I=I_1+I_2+2\sqrt{I_1I_2}\cos\Delta\varphi. \tag{6.4}$$

注意这里相位差 $\Delta\varphi$ 是空间点的函数,即两光波相遇区域内的不同点有不同的相位差,因此,空间各点的光强分布将由干涉项 $2\sqrt{I_2I_2}\cos\Delta\varphi$ 决定. 此时的叠加称为**相干叠加**,会出

现干涉现象. 有些地方会始终加强($I>I_1+I_2$)、有些地方会始终减弱($I<I_2+I_2$).

若 $I_1=I_2$,则(6.4)式可写为

$$I=2I_1(1+\cos\Delta\varphi)=4I_1\cos^2\frac{\Delta\varphi}{2}. \tag{6.5}$$

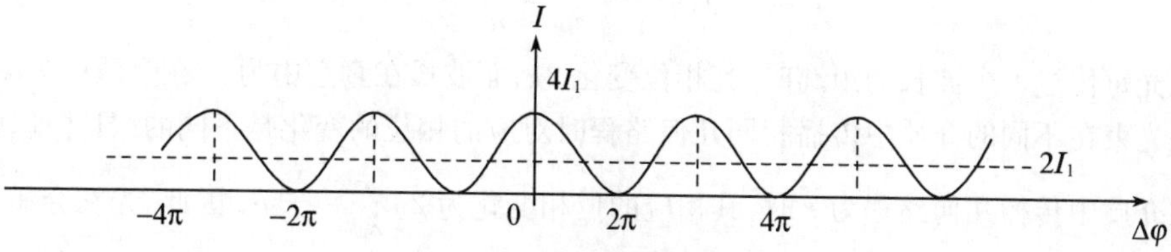

图 6-1　干涉光场光强分布

干涉光场中光强随相位差变化情况如图 6-1 所示. 当某些点的相位差满足 $\Delta\varphi=2k\pi$ ($k\in\mathbf{Z}$)时,光强达到最大值 $I_{\max}=4I_1$,称为**干涉相长**,这些点的位置为亮条纹的中心;当另一些点的相位差满足 $\Delta\varphi=(2k+1)\pi$($k\in\mathbf{Z}$)时,光强达到最小值 $I_{\min}=0$,称为**干涉相消**,这些位置为暗纹位置.

日常生活中是难以获得两个相干光源的. 对于两个独立的光源,即使它们发光的频率相同、光振动方向相同,也不能满足相位差恒定条件,因此两个独立的光源不是相干光源. 例如,由两个钠光灯发出的两束光同时照射到同一屏上,就观察不到干涉现象. 两个灯泡同时点亮,空间各点的光强只是简单地等于两个灯单独存在时的光强之和,也不会出现干涉现象.

要获得两相干光束,原则上可以将光源上同一发光点发出的光波分成两束,使之经历不同的路径再会合叠加. 由于这两束光是出自同一发光原子或分子的同一次发光,所以它们的频率和初相位必然完全相同. 在相遇点,这两束光的相位差是恒定的,而振动方向一般总是相互平行的,从而满足相干条件.

获得相干光的具体方法有两种:**分波面法**和**分振幅法**. 前者是从同一波面上的不同部分产生的次级波相干(如杨氏双缝干涉);后者是利用光在透明介质薄膜两表面的反射和折射将同一光束分割成振幅较小的两束相干光(如薄膜干涉).

6.2　光程与光程差

6.2.1　光程

在 4.6 节引入了波程和波程差的概念. 这两个概念对光波也适用,分别称为光程和光程差,只是现在有进一步的因素需要考虑.

干涉光场某点的光强,取决于两束相干光波在该点的相位差. **引入光程差的目的是为了描写由空间传播距离所导致的相位差**. 简单地说,光程差的本质是相位差. 当两相干光都在同一均匀介质中传播时,它们在相遇点的相位差仅取决于两光之间的几何路程之差. 但当两束相干光通过不同的介质时,相位差就不能单纯由它们的几何路程之差来确定.

频率为 ν 的单色光,不论在何种介质中传播,其频率始终保持不变,但传播速度在不

同的介质中是不同的. 它在真空中的波长为$\lambda=\frac{c}{\nu}$,而在折射率为n的介质中,由于此时的光速为$u=\frac{c}{n}$,故波长为

$$\lambda_n=\frac{u}{\nu}=\frac{c}{n\nu}=\frac{\lambda}{n}. \tag{6.6}$$

由于光每传过一个波长的距离时,其相位变化2π,而波长在真空中为λ,在介质中为λ_n,故同一光束在不同的介质中传播相同几何路程时对应的相位的变化是不同的. 具体地,如当光在介质中传播几何路程为r时,其相应的位相变化为$2\pi\frac{r}{\lambda_n}=\frac{2\pi}{\lambda}nr$. 因此,光在介质中传播几何路程$r$的相位变化与在真空中传播几何路程$nr$的相位变化相同. 我们把光在介质中所经历的几何路程r和该介质的折射率n的乘积nr叫作**光程**. 这样的光程(而不是几何路程)准确地反映了相位变化. 当光经历几种介质时,

$$\text{光程}=\sum n_i r_i,$$

其中,r_i为光在介质n_i中经历的路程.

根据$nr=\frac{c}{u}r=ct$(t为光在介质中传播几何路程r所需要的时间)可知,光在介质中传播几何路程r时经历的光程等于在相同的时间内光在真空中通过的路程,即光在介质(折射率为n)中传播几何路程r的时间与光在真空中传播路程nr所用的时间相同,对应的相位变化也一样. 引入光程的概念后,可以将光在介质中经过的路程折算为光在真空中的路程.

6.2.2 光程差

如图6-2所示,设S_1和S_2为两个同相位的相干光源,由它们发出的光分别在折射率为n_1和n_2的介质中传播,到相遇P点的几何路程分别为r_1和r_2,则两光束在P点处的相位差为

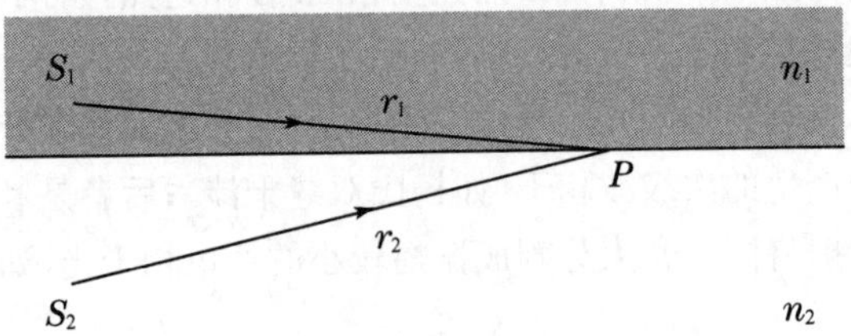

图6-2 两相干光束在不同介质中传播

$$\Delta\varphi=2\pi\frac{r_1}{\lambda_1}-2\pi\frac{r_2}{\lambda_2}=\frac{2\pi}{\lambda}(n_1r_1-n_2r_2), \tag{6.7}$$

式中,λ为光在真空中的波长,而$\Delta\equiv n_1r_1-n_2r_2$即两光束到达$P$点的光程差. 用光程差表示的相位差为

$$\Delta\varphi=\frac{2\pi}{\lambda}\Delta, \tag{6.8}$$

即光程差与相位差对于同一种光而言只相差一个常数,而与光通过的介质无关.

由于光程差直接反映了相位差,因此,光程差决定了干涉的加强和减弱. 根据4.6节和前面的讨论,两光源同相位时,干涉加强和减弱的条件为光程差满足:

$$\Delta=\begin{cases}k\lambda, & \text{(加强)}\\ (2k+1)\dfrac{\lambda}{2}, & \text{(减弱)}\end{cases}\quad (k\in\mathbf{Z}). \tag{6.9}$$

当然，如果相干光源 S_1 和 S_2 不是同相位的，则在 P 点处两相干光的相位差 $\Delta\varphi'$ 还需考虑两光源的初相位差 $\Delta\varphi_0$：

$$\Delta\varphi'=\Delta\varphi+\Delta\varphi_0=\frac{2\pi}{\lambda}\Delta+\Delta\varphi_0.$$

此时，(6.9)式也需做相应修改.

6.2.3　透镜不引起光程差

透镜是一种常用光学器件. 一束光通过透镜，会不会在光的各部分之间引起额外的光程差？初看起来，这个问题有点复杂. 几何路程短的部分，在透镜中的路程长；而几何路程长的部分，在透镜中的路程短. 总的来说，难以比较光的各部分的光程.

其实，有一种很好的判断方法. 平行光入射到透镜，会聚焦于焦平面上的一点，该点总是亮的. 点光源经过透镜的像也总是亮的. 这意味着，在一般情况下，光的各部分之间总是加强的，它们经过透镜时所经历的光程总是相等的. 因此，**透镜不会引起额外的光程差**. 这就是透镜的等光程性.

6.3　杨氏双缝干涉

6.3.1　杨氏双缝干涉

1801 年，托马斯·杨首先用实验获得了两列相干的光波，观察到了光的干涉现象. 他使用的实验装置如图 6-3 所示. 由普通单色光源(如钠光灯)得到一束平行光束照射在开有一单缝的屏上，在其后面再放置一个开有双缝的屏，双缝相距很近且平行，这样就可以在较远的接收屏上观察到干涉图样. S_1 和 S_2 到 S 的距离相等，由 S_1 和 S_2 透过的是同一波面的两部分，由它们发出的次级光波是两束相干光波. 这种获得相干光的方法是分波面法. 在这两光波的相遇区域将发生干涉，干涉图样为明暗相间的条纹.

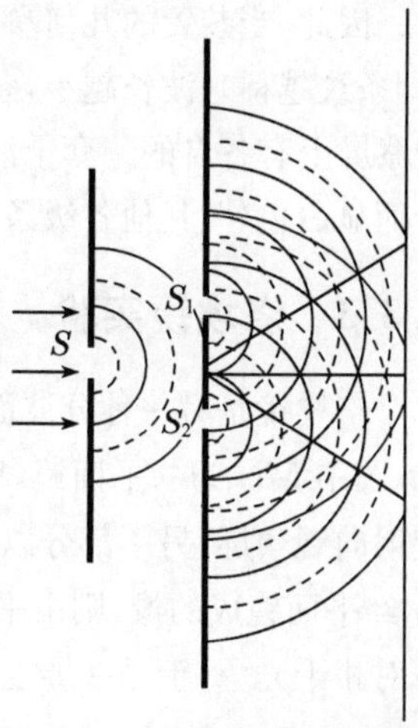

图 6-3　杨氏双缝干涉实验

6.3.2　双缝干涉条纹的定量分析

图 6-4 为垂直于缝的一个横截面. 设 S_1 和 S_2 的距离为 d，S_1 和 S_2 到观察屏的距离为 D，P_0 为观察屏上的中心点，OP_0 为 S_1 和 S_2 连线的垂直平分线. 设 P 点为观察屏上的一点，P 到 P_0 的坐标为 y，S_1 和 S_2 到观察屏 P 点的距离分别为 r_1 和 r_2，$\angle POP_0=\theta$(实验中一般 θ 很小). 则从 S_1 和 S_2 发出的光到达 P 点的光程差为

$$\Delta=r_2-r_1\approx d\cdot\sin\theta\approx d\,\frac{y}{D}. \tag{6.10}$$

由于 S_1 和 S_2 为同一波面上的两部分，由它们发出的子光波具有相同的初相位，则 P 点处

两光波的相位差由(6.8)式给出.

结合(6.10)式和(6.9)式,可得干涉加强的点(即明条纹中心)的位置坐标为

$$y=\pm k\frac{D}{d}\lambda,(k=0,1,2,\cdots)\quad(6.11)$$

其中 k 称为**干涉级**,$k=0$ 的明条纹称为**零级明纹**(或**中央明纹**),$k=1,2,\cdots$对应的明纹分别称为第一级、第二级…明纹.干涉减弱的点(即暗条纹)的位置坐标为

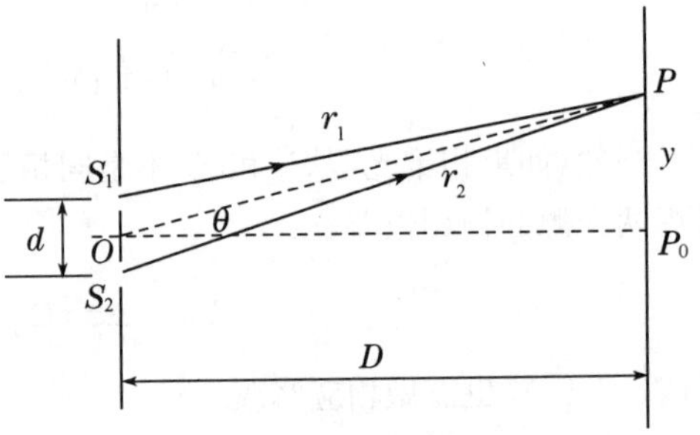

图 6-4　双缝干涉示意图

$$y=\pm\left(k-\frac{1}{2}\right)\frac{D}{d}\lambda,(k=1,2,3,\cdots)\quad(6.12)$$

其中 $k=1,2,\cdots$对应的明纹分别称为第一级、第二级…暗纹.在观察屏上看到的是明暗相间的稳定的干涉条纹.两相邻明纹或暗纹间的距离(称为**条纹间距**)均为

$$\Delta y=\frac{D}{d}\lambda.\quad(6.13)$$

由以上分析可知,双缝干涉条纹有如下特点:(1) 观察屏上干涉图样的明暗条纹的位置,对称地分布在屏中心 P_0 两侧,为平行于狭缝的明暗相间的直条纹.(2) 相邻明纹和相邻暗纹的间距相等,与干涉级无关.条纹间距 Δy 的大小与入射光波长 λ 及缝到屏的距离 D 成正比,与双缝间距 d 成反比.

因此,当装置的几何参数 D,d 一定时,对于不同波长的光,波长越长,条纹间距越大(即条纹越稀);波长越小,条纹间距越小(即条纹越密).当用白光实验时,不同波长的光在观察屏上有各自的一套干涉图样,它们在屏上并不能完全重叠.除中央明纹因各单色光重合而显白色外,其他各级条纹由于各单色光的明纹位置不同而形成彩色条纹.

6.3.3　洛埃镜实验

洛埃镜是另一种分波面法获得两相干光束的干涉装置.洛埃镜实验装置如图 6-5 所示,图中 MN 为一平面镜,S_1 为线状光源(如透光的一条狭缝),从 S_1 发出的光,一部分直接射向观察屏,另一部分以接近 90°的入射角掠射到平面镜上,经反射到观察屏上.S_2 为 S_1 经平面镜成的像,则由平面镜反射的这一部分光可以视为由 S_2 发出的,S_2 和 S_1 构成一对相干光源,于是在屏上可以看到明暗相间的等间距的干涉图样.

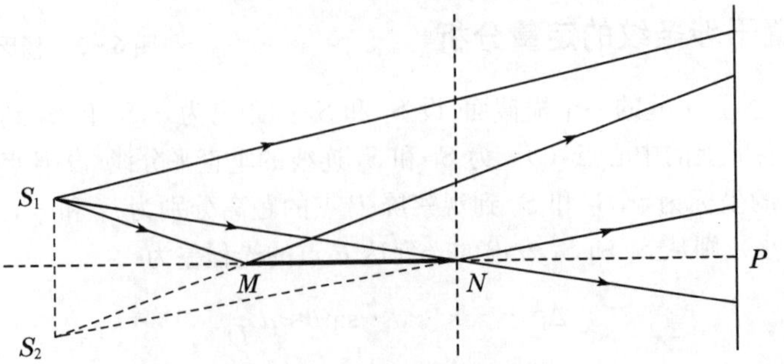

图 6-5　洛埃镜实验

洛埃镜干涉实验与杨氏双缝干涉实验有相同的原理. 但是,在实验中发现,当把观察屏平移到与平面镜端点 N 处接触时,作为屏的中心点,N 处出现的是暗条纹. 由于 S_2 和 S_1 到 N 点的几何路程是相等的,光程差为零,按道理 N 点处应该出现明纹. 这是因为,光从空气掠射到玻璃而发生反射时,反射光有相位 π 的突变,等效于光程改变了半个波长. 于是,在 N 点处相干的两光束的相位相反,从而出现暗纹. 事实上,可以证明,**当光从光疏介质射向光密介质而反射时,如果入射角接近 0°(垂直入射)或 90°(掠射),将发生"半波损失"**.

例 6.1　用单色光照射相距 0.4 mm 的双缝,缝屏间距为 1 m. (1) 从第一级明纹到同侧的第五级明纹的距离为 6 mm,求此单色光的波长;(2) 若入射的单色光波长为 400 nm 的紫光,求相邻两明纹间的距离;(3) 在上述两种波长的光同时照射时,求这两种光的明纹第一次重合的位置,以及这两种光从双缝到该位置的光程差.

解:(1) 由双缝干涉明纹位置公式(6.11)式,得

$$y_5-y_1=4\frac{D}{d}\lambda.$$

故

$$\lambda=\frac{(y_5-y_1)d}{4D}=\frac{6\times10^{-3}\times4\times10^{-4}}{4\times1}\ \mathrm{m}=6\times10^{-7}\ \mathrm{m}=600\ \mathrm{nm}.$$

(2) 用 $\lambda=400$ nm 的紫光时,条纹间距为

$$\Delta y=\frac{D}{d}\lambda=\frac{1\times400\times10^{-9}}{4\times10^{-4}}\ \mathrm{m}=1\times10^{-3}\ \mathrm{m}=1\ \mathrm{mm}.$$

(3) 记 $\lambda_1=600$ nm,$\lambda_2=400$ nm,设两光明纹重合位置坐标为 y,则

$$y=k_1\frac{D}{d}\lambda_1=k_2\frac{D}{d}\lambda_2,$$

即 $\frac{k_1}{k_2}=\frac{\lambda_2}{\lambda_1}=\frac{2}{3}$. 由于是第一次重合,故取 $k_1=2$,$k_2=3$,即 600 nm 光的第二级明纹与 400 nm 光的第三级明纹重合. 重合位置坐标为

$$y=k_1\frac{D}{d}\lambda_1=\frac{2\times1\times600\times10^{-9}}{4\times10^{-4}}\ \mathrm{m}=3\times10^{-3}\ \mathrm{m}=3\ \mathrm{mm}.$$

在重合位置处两光的光程差为

$$\Delta=k_1\lambda_1=k_2\lambda_2=1\ 200\ \mathrm{nm}.$$

6.4　薄膜干涉

6.4.1　薄膜干涉现象

薄膜干涉现象在日常生活和生产技术中都经常见到. 如浮在水面上的油膜,在阳光下呈现彩色的条纹,肥皂泡沫在日光下显出色彩鲜艳的干涉条纹,高级光学镜头表面上见到的彩色花纹,等等. 当光波入射到薄膜的上界面时将分成两部分,一部分反射形成一束光,一部分折射进入薄膜内,在薄膜的下界面反射,再经上界面折射,形成另一束光. 这两束光

来自同一光源，因此它们为相干光，干涉后即形成**薄膜干涉**条纹.

薄膜干涉是指同一束入射光经不同的反射面(即薄膜的上下表面)的反射而得到的两束反射光之间形成的干涉. 由上下表面反射而得的两束相干光的能流是从同一束入射光的能流中分得的，而波的能量与振幅有关，因此这种产生相干光的方法称为**分振幅法**.

6.4.2 等倾干涉

等倾干涉是指光波入射在厚度均匀的薄膜上产生的干涉现象.

如图 6-6 所示，在折射率为 n_1 的均匀介质(如空气)中，有一折射率为 n_2（设 $n_2>n_1$）、厚度为 e 的平行平面透明介质薄膜. S 为一扩展单色光源，从光源 S 发出的入射光 a 以入射角 i 入射到薄膜介质上表面 A 点，在薄膜介质内折射光的折射角为 γ. 入射光 a 经薄膜介质上下两表面反射得到两束光 a_1、a_2，从光 a_1 中的 D 点和光 a_2 中的 B 点以后两路光是等光程的，所以薄膜介质上下两表面反射得到两束相干光之间的光程差为

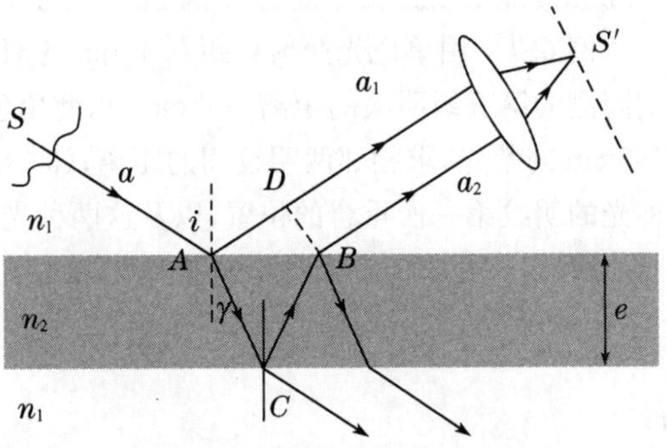

图 6-6　薄膜干涉(等倾干涉)

$$\Delta=n_2(AC+CB)-n_1AD+\frac{\lambda}{2},$$

其中 $\lambda/2$ 一项是光束在上表面反射时因半波损失而产生的附加光程差①. 由图可见，

$$AC=CB=\frac{e}{\cos\gamma},AD=AB\sin i,AB=2e\cdot\tan\gamma.$$

又根据折射定律 $n_i\sin i=n_2\sin\gamma$，有

$$\begin{aligned}\Delta&=2n_2\frac{e}{\cos\gamma}-2n_1e\tan\gamma\sin i+\frac{\lambda}{2}=2n_2e\cos\gamma+\frac{\lambda}{2}\\&=2e\sqrt{n_2^2-n_1^2\sin^2 i}+\frac{\lambda}{2}.\end{aligned}\tag{6.14}$$

由(6.14)式可见，对于厚度均匀的薄膜，光程差随入射角 i 而变. a_1、a_2 两反射光会聚于透镜 L 焦平面上的 S' 点，S' 点是明还是暗，取决于光程差. 根据(6.14)式给出的光程差以及(6.9)式，即可得到此时亮纹和暗纹所满足的关系. 由于光程差 Δ 随入射光的入射角 i 而变，因此，不同的干涉明条纹和暗条纹，相应地对应于不同入射角的入射光，而同一干涉条纹上的各点都具有相同的入射角. 因此，在厚度均匀的薄膜上产生的干涉现象叫作**等倾干涉**.

在透射光中也存在干涉现象，也可以使用(6.14)式计算，只是此时没有附加光程差项 $\lambda/2$.

---

① 这只是一种等价的说法. 事实上，如前所述，半波损失只发生在掠射或垂直入射时. 这里的实际情况是，上下表面处反射时的电场都有一定的突变. 由于两处的物理情况相反，合起来恰好出现附加光程差 $\lambda/2$.

例 6.2　如图 6-7 所示，在一光学元件玻璃表面上镀一层氟化镁(MgF_2)薄膜，为了使垂直入射的白光中波长 $\lambda=550$ nm 的光反射最小，薄膜的厚度该是多少？已知玻璃的折射率为 1.5，氟化镁的折射率为 1.38.

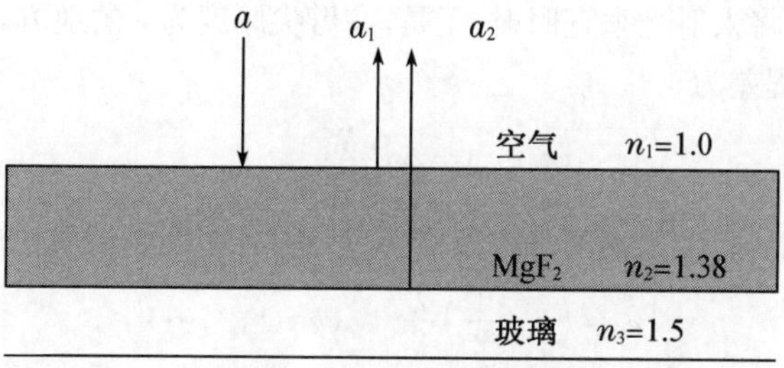

图 6-7　例 6.2 的示意图

解: 由于入射光在薄膜上下界面上的反射都产生了半波损失，因此(6.14)式中的附加光程差项不存在. 又因为光垂直入射，$i=0$，故

$$\Delta=2n_2e.$$

若要使 $\lambda=550$ nm 的光反射最小，则反射的两相干光对于这一波长的光满足干涉相消条件

$$\Delta=2n_2e=(2k+1)\frac{\lambda}{2},$$

故

$$e=\frac{(2k+1)\lambda}{4n_2}.$$

取 $k=0$，对应的薄膜厚度为最小厚度：

$$e=\frac{\lambda}{4n_2}=\frac{550\times10^{-3}}{4\times1.38}\ \mu\text{m}\approx0.1\ \mu\text{m}.$$

即氟化镁的厚度为 0.1 μm 或 $(2k+1)\times0.1$ μm 时，可使波长 $\lambda=550$ nm 的光在两界面上的反射光干涉减弱. 根据能量守恒，反射光减少了，透射光就增强了. 这种能使透射增强的薄膜叫作**增透膜**.

6.4.3　等厚干涉(Ⅰ)——劈尖干涉

下面讨论光入射在厚度不均匀的介质薄膜上时所产生的干涉现象. 把两块薄的平面玻璃片一端互相叠合，另一端在两玻璃片之间用一极小厚度的物体垫上，如图 6-8 所示. 此时在两玻璃片之间就形成了一端薄、一端厚的劈尖形的空气薄膜层，称为**空气劈尖**. 空气膜的两个表面即上玻璃的下表面和下玻璃的上表面，这两个表面的夹角 θ 称**劈尖楔角**. 两块玻璃片的叠合端的交线称为棱边. 在空气膜表面上平行于棱边的直线上各

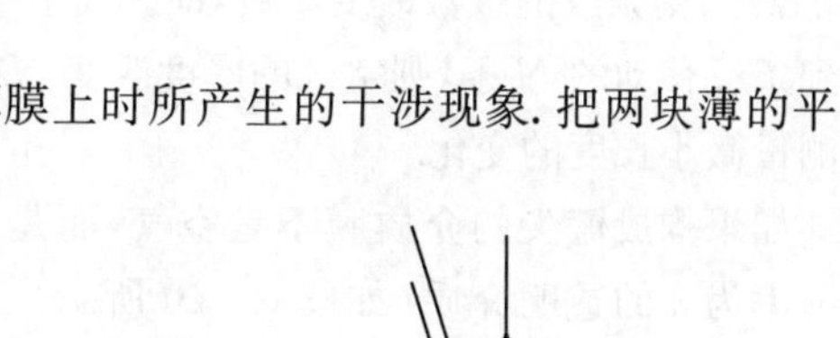

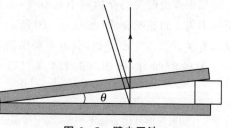

图 6-8　劈尖干涉

点处，空气膜的厚度 e 相等. 当平行单色光垂直入射玻璃片时，可以在劈尖表面观察到由空气膜上下表面反射的两列光波干涉而产生的明暗相间的干涉条纹.

由于劈尖楔角 θ 很小，空气劈尖的局部仍可视为厚度相同的薄膜. 也就是说，劈尖楔角所导致的效应主要体现在能够让厚度发生变化，而对于同一厚度附近，可以近似认为(6.14)式成立. 通常将入射光垂直照射，于是，在劈尖厚度为 e 的地方，空气膜上下表面反射的两相干光的光程差为

$$\Delta=2e+\frac{\lambda}{2}. \tag{6.15}$$

其中半波损失项仍然存在. 根据明暗纹条件(6.9)式，各级明条纹对应的空气膜的厚度为

$$e_k=\left(k-\frac{1}{2}\right)\frac{\lambda}{2}. \quad (k=1,2,\cdots) \tag{6.16}$$

由以上的分析可见，**空气劈尖膜厚度相同的地方，两反射相干光的光程差相等**，对应于同一个干涉级. 因此劈尖干涉是一种**等厚干涉**. 在劈尖膜面上，平行于棱边的直线上的各点厚度相同，因此空气劈尖膜的干涉条纹为一系列平行于棱边的明暗相间的直线①，如图 6－9 所示. 此外，在两玻璃的接触处，$e=0$，两反射光的光程差为 $\lambda/2$，所以棱边处为暗条纹.

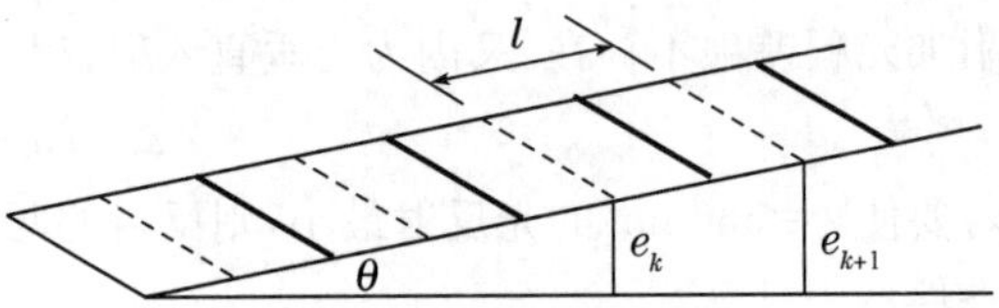

图 6－9　劈尖膜干涉条纹

由(6.16)式可得，两相邻明条纹或暗条纹对应的厚度差为

$$\Delta e=e_{k+1}-e_k=\frac{\lambda}{2}. \tag{6.17}$$

因此，在劈尖干涉中，任何两相邻明纹或暗纹之间的距离 l 都是相同的，且有

$$l\sin\theta\approx l\theta=\Delta e=\frac{\lambda}{2},$$

即

$$l=\frac{\lambda}{2\theta}. \tag{6.18}$$

可见，θ 越小，则 l 越大，干涉条纹也就越稀疏；θ 越大，则 l 越小，干涉条纹也就越密集. 由(6.17)式可知，任何两相邻明纹或暗纹之间的空气厚度之差为 $\lambda/2$. 所以，若空气膜厚度改变 $\lambda/2$，则条纹的级数改变 1 级，即膜面上干涉条纹移动了一条，移动了 l 的距离. 若观察到条纹移动的 N 条，则空气的厚度改变 $N\lambda/2$，条纹移动了 Nl 的距离. 根据这一原理可以测量微小长度的变化.

如果构成劈尖的介质膜不是空气，而是折射率为 n 的透明介质(如图 6－10 所示)，则其有关计算与上面类似，只需多考虑折射率 n 的效应即可. 例如，(6.15)、6.17)和

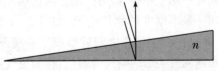

图 6－10　介质劈尖干涉

---

① 如果玻璃片的表面不平整，则干涉条纹将在凹凸不平处发生弯曲. 厚度相同的各处连接而成的曲线形状即对应条纹的形状.

(6.18)式分别应写为

$$\Delta=2ne+\frac{\lambda}{2},\Delta e=e_{k+1}-e_k=\frac{\lambda}{2n},l=\frac{\lambda}{2n\theta}. \tag{6.19}$$

例 6.3　用干涉膨胀仪可测量固体的线胀系数，其构造如图 6－11 所示. 在平台 D 上放置一上表面倾斜的待测样品 W，W 外套一个热膨胀系数很小的石英制成的圆环 C，环顶上放一块平板玻璃 A，A 的下表面与 W 的上表面形成一个空气劈尖. 以波长 λ 的单色光垂直照射，将产生等厚干涉条纹. 当样品受热膨胀时空气劈尖的下表面上升，产生的干涉条纹发生平移. 设温度为 t_0 时，样品的高度为 l_0，温度升为 t 时，样品的高度为 l，若在 W 温度升高的过程中，观察通过视场某一刻线的条纹数目为 N. 求此样品的热膨胀系数 β.

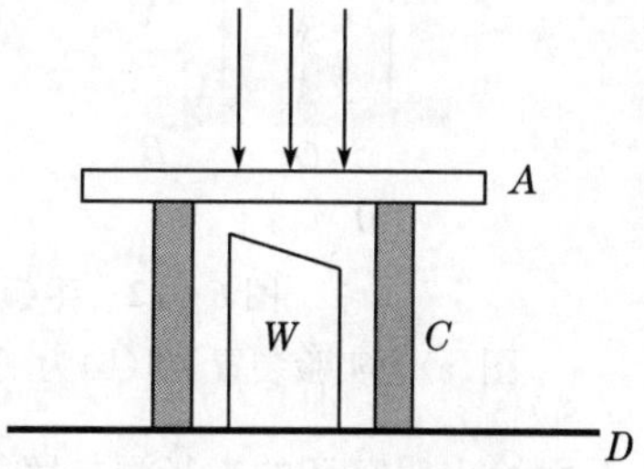

图 6－11　干涉膨胀仪

解：设温度为 t_0 时，刻线位置对应于第 k 级明纹，此处空气层厚度为 e_k，根据(6.16)式，有

$$e_k=k\frac{\lambda}{2}-\frac{\lambda}{4}.$$

温度升为 t 时，同一刻线位置对应第 $k-N$ 级明纹，则此时空气厚度为

$$e_{k-N}=(k-N)\frac{\lambda}{2}-\frac{\lambda}{4}.$$

两温度下刻线位置处空气层的厚度差为

$$\Delta l=e_k-e_{k-N}=N\frac{\lambda}{2}.$$

由热膨胀系数的定义，可得

$$\beta=\frac{\Delta l}{l_0(t-t_0)}=\frac{N\lambda}{2l_0(t-t_0)}.$$

6.4.4　等厚干涉(Ⅱ)——牛顿环

牛顿环的实验装置如图 6－12(a)所示. 由一个曲率半径较大的平凸透镜 A 放在一块平板玻璃 B 上，即构成了**牛顿环干涉仪**. 在透镜与平板玻璃之间形成一个上表面为球面、下表面为平面的空气薄层，此空气薄层中心薄边缘厚. 当单色平行光垂直照射时，由于空气薄层上下表面的两反射光发生干涉，在空气薄层的上表面可以形成以接触点 O 为中心的明暗相间的环形条纹，称为**牛顿环**，如图 6－12(b)所示. 其实这是等厚干涉的一个特例. 在牛顿环干涉中，两玻璃的接触点 O 处空气薄膜厚度最小，由中心 O 向外，薄膜的厚度逐渐增大，空气薄膜的等厚点的轨迹是圆，因此干涉条纹的形状是圆. 若用白光照射，则条纹呈现彩色.

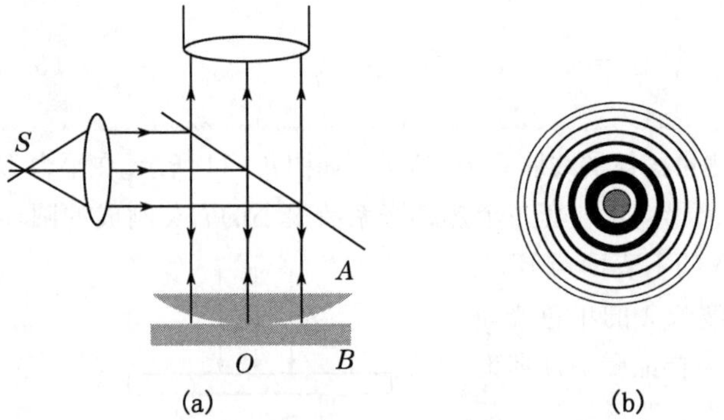

图 6-12　牛顿环

图(a)为实验装置，图(b)为观察到的牛顿环。

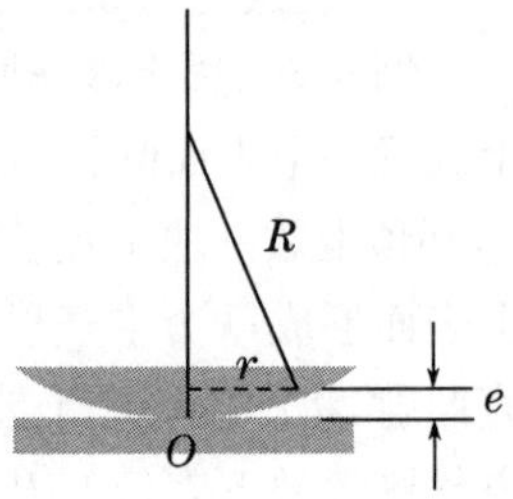

图 6-13　牛顿环半径的计算

下面给出明暗环的半径 r 与照射光波长 λ 和透镜的曲率半径 R 的关系式. 设与半径为 r 的干涉条纹对应的空气薄膜层厚度为 e，由图 6-13 可得

$$r^2=R^2-(R-e)^2=2eR-e^2\approx 2eR.$$

其中已考虑到 $R\gg e$. 故 $e=r^2/2R$. 由(6.15)式可知，该条纹对应的两反射光束之间的光程差为

$$\Delta=2e+\frac{\lambda}{2}=\frac{r^2}{R}+\frac{\lambda}{2}.$$

由明暗纹条件(6.9)式，可得牛顿环的明暗环的半径为

$$r=\begin{cases}\sqrt{\left(k-\dfrac{1}{2}\right)R\lambda}, & k=1,2,\cdots\text{明环}\\ \sqrt{kR\lambda}, & k=0,1,2,\cdots\text{暗环}\end{cases}\tag{6.20}$$

上式表明，k 值越大，对应的环半径越大，但相邻的两条明环或暗环的半径差越小. 也就是说，随牛顿环半径的增大，对应的条纹级数 k 越大，且条纹变得越密集. 在透镜 A 与平板玻璃 B 的接触点 O 处，因为 $e=0$，两反射光的光程差为 $\frac{\lambda}{2}$，故牛顿环的中心是暗的. 但由于透镜与平板玻璃不可能是点接触，所以实验中实际看到的牛顿环中心为一暗斑.

对于牛顿环干涉现象，在透射光中也可以观察到. 但透射光干涉的明暗条件恰好与反射光的相反，所以在空气膜的牛顿环中用透射光观察到的牛顿环的中心处为一亮斑.

例 6.4　用钠光灯观察牛顿环时，看到第 k 级暗环的半径 $r_k=4\ \text{mm}$，第 $k+4$ 级暗环半径 $r_{k+5}=6\ \text{mm}$. 已知钠光灯发出的钠黄光波长 $\lambda=589.3\ \text{nm}$，求平凸透镜的曲率半径 R.

解：由(6.20)式可知，牛顿环第 k 级和第 $k+5$ 级暗环的半径分别为

$$r_k=\sqrt{kR\lambda},\ r_{k+5}=\sqrt{(k+5)R\lambda},$$

故有

$$R=\frac{r_{k+5}^2-r_k^2}{5\lambda}=\frac{6^2-4^2}{5\times589.3\times10^{-6}}\ \text{mm}=6.79\times10^3\ \text{mm}=6.79\ \text{m}.$$

6.5　迈克耳逊干涉仪

迈克耳逊干涉仪是一种根据分振幅干涉原理制成的精密测量仪.在现代科学技术中,广泛应用于微小长度和角度的测量.

迈克耳逊干涉仪的光路图如图 6-14 所示.M_1 和 M_2 是两块平面镜,分别装置在相互垂直的两臂上,其中 M_2 是固定的,M_1 可以沿其臂方向调节做微小移动.G_1 和 G_2 是两块材料相同、厚薄一样的玻璃片,均与两臂成 45°角,其中 G_1 为**分光镜**,其一表面上镀有半透明的薄银层,由 S 发出经 L_1 后得到的平行光束照射 G_1 时,一半反射,一半透射.由 G_1 反射的光束向 M_1 传播,经 M_1 平面镜反射后透过 G_1 传向 L_2;另一束则透过 G_1 和 G_2 向 M_2 传播,经 M_2 平面镜反射后,又一次穿过 G_2,由 G_1 的薄银层反射传向 L_2.显然,这两束传向 L_2 的光束属于分振幅而得的相干光,两束光会聚于 L_2 的焦平面 S' 点.迈克耳逊干涉仪中的 G_2 的作用是为了使这两束光同样有三次机会穿过玻璃片,这样可以避免两光束在玻璃中经过的路程不等,使得在环境温度变化导致玻璃变化时不会引起附加的光程差.因为 G_2 在这里起了一个平衡补偿作用,故称之为**补偿板**.

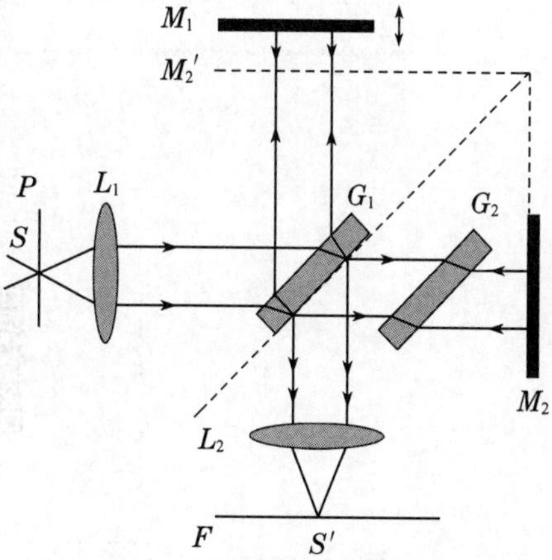

图 6-14　迈克耳逊干涉仪

图 6-14 中,平行于 M_1 的 M_2'是 M_2 经 G_1 所成的虚像.故从 G_1 的半透明表面到 M_2'的距离和到 M_2 的距离相等.因此从 M_2 反射的那束光,可以视为从 M_2'反射的.这样,M_2'和 M_1 之间构成一个"空气薄膜".在 L_2 的焦平面 F 上出现由这一"空气薄膜"产生的薄膜干涉条纹.若用单色面光源 P 时,对于面光源 P 上的不同发光点 S,在 M_2'和 M_1 面上对应于不同入射角的光.这样,在 L_2 的焦平面 F 上出现同心圆形条纹,为等倾干涉.

如果 M_1 和 M_2 不是严格的相互垂直,则由于 M_2'和 M_1 不平行,M_2'和 M_1 之间的"空气膜"就是劈尖状的,形成的干涉条纹将近似呈直线形的等厚干涉条纹.根据劈尖干涉的理论,当调节 M_1 向前或向后平移 $\lambda/2$ 距离时,"空气膜"的厚度就变化 $\lambda/2$,可观察到干涉条纹平移过一条.因此,通过记录在视场中移动的条纹数目 N,便可知 M_1 移动的距离为

$$\Delta d=N\frac{\lambda}{2}. \tag{6.21}$$

这样就可以测量长度的微小变化,精度可达 $\lambda/2$ 量级.

例 6.5　在迈克耳逊干涉仪的两臂中,分别放入长为 10 cm 的玻璃管,一个抽成真空,另一个准备充以一大气压的空气.设所用光的波长为 546.0 nm.在向真空管中逐渐充入一个大气压空气的过程中,观察到有 107.2 级条纹移动,试求空气的折射率.

解:设真空管充气前,两臂的光程差为 Δ_1,充完气后两臂之间的光程差为 Δ_2,光程差的变化为

$$\Delta_2-\Delta_1=2(n-1)l.$$

由于条纹每移一级时所对应的光程差的变化为一个波长，故有

$$2(n-1)l=107.2\lambda.$$

于是，

$$n=1+\frac{107.2\lambda}{2l}=1+\frac{107.2\times546.0\times10^{-9}}{2\times10\times10^{-2}}\approx1.000\,292\,7.$$

习题

线上阅览

第 7 章　光的衍射

光的干涉现象和衍射现象都是光波动性的重要特征. 光在传播过程中遇到障碍物时，能绕过障碍物的边缘继续前进，这种偏离直线传播的现象称为光的**衍射**现象. 激光问世以后，人们利用其衍射现象开辟了许多新的领域.

7.1　光的衍射现象　惠更斯-菲涅耳原理

7.1.1　光的衍射现象及其分类

光在传播过程中遇到障碍物时的衍射能使光绕过障碍物的边缘进入光沿直线传播时所不能到达的阴影区. 衍射现象显著与否取决于孔隙或障碍物的线度与波长的比值. 当孔隙或障碍物的线度与波长的数量级差不多时，才能观察到明显的衍射现象. 然而，由于光波长太小，远小于一般孔隙或障碍物的线度，所以光的衍射现象通常不易观察到，更多呈现的是光的直线传播特点，因而光的直线传播给人们留下的印象更深.

光的衍射现象实验如图 7－1 所示. S 为一块具有可调狭缝宽度的衍射屏，P 为一块观察屏. 用平行光垂直照射到 S 上，当缝宽较大时，观察屏 P 上呈现长条形的光斑，为缝在屏 P 上投影，如图 7－1(a)所示. 在这种情况下，光的衍射很不明显，光表现出的是直线传播的特征. 当逐渐减小 S 的缝宽时，可看到屏上的长条形光斑的宽度也相应变窄，但是，当缝宽减小到与光波长可以比拟的范围(约 0.1 mm 以下)时，实验表现：随着缝宽的继续减小，屏上条形光斑的宽度不但不进一步减小，反而增大，即有光进入了沿直线传播时所不能到达的阴影区中，此时的光线不再表现为沿直线传播. 不仅如此，还可以发现原来光斑上均匀的亮度分布也变得不均匀了，观察屏 P 上出现明暗相间条纹，如图 7－1(b)所示. 若用白光为光源，则可看到彩色的条纹. 观察屏 P 上的图样也就称为**衍射图样**.

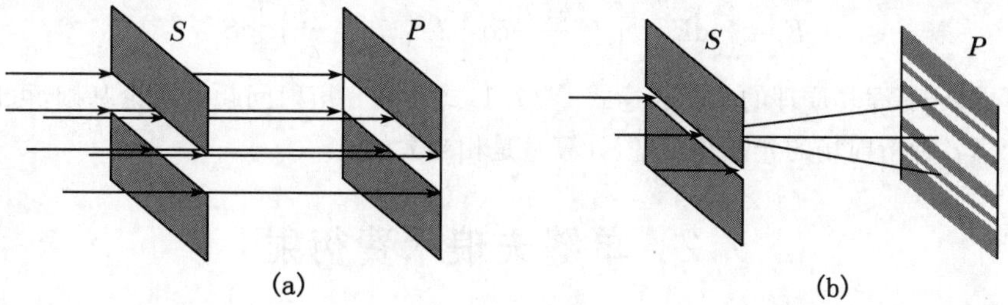

图 7－1　光的衍射现象

衍射系统是由光源、衍射屏和接收屏(即观察屏 P)组成. 通常根据三者相对的位置大小，把衍射现象分为两大类：一类是光源和接收屏或两者之一与衍射屏的距离为有限远时所产生的衍射，称为**菲涅耳衍射**(又称为**近场衍射**)；另一类是光源和接收屏与衍射屏的距离都为无限远时产生的衍射，即入射到衍射屏和离开衍射屏的光都是平行光的衍射，称为**夫琅禾费衍射**(又称为**远场衍射**). 由于夫琅禾费衍射能更方便地进行定量的分析，因此，在此仅着重讨论几种衍射屏的夫琅禾费衍射及相关的应用.

7.1.2 惠更斯-菲涅耳原理

在4.5节曾经谈到过惠更斯原理，即光波面上的每一点都可以看成是发出球面形次波的次波源，任意时刻由波面上的各次波源发出的次波的包络面即为新的波面. 惠更斯原理能够解释光通过衍射屏时为什么传播方向发生改变偏离直线，但不能解释为什么会出现衍射条纹，也不能计算条纹的位置和条纹光强的分布.

菲涅耳在波的干涉原理的基础上，发展了惠更斯原理，从而形成惠更斯-菲涅耳原理. 菲涅耳认为：从同一波面上各点发出的次波，在传播过程中相遇时，也能相互叠加而产生干涉现象；空间各点波的强度，由各次波在该点的相干叠加所决定. 这就是**惠更斯-菲涅耳原理**.

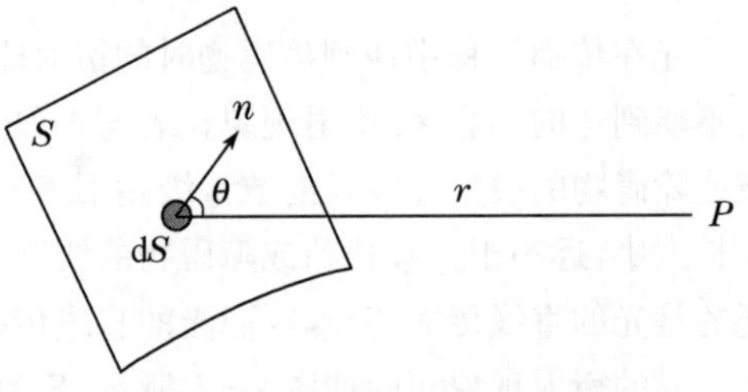

图 7-2 惠更斯-菲涅耳原理

按照这个原理，如果已知光波在某时刻的波面 S(见图 7-2)，则可以把 S 分成许多面元 $\mathrm{d}S$，根据菲涅耳"次波相干叠加"的设想，则空间中任意 P 点的光振动可由波面 S 上各面元 $\mathrm{d}S$ 发出的次波在该点叠加的结果. 菲涅耳指出，面元 $\mathrm{d}S$ 发出的次波在 P 点引起的光振动的振幅与面元面积 $\mathrm{d}S$ 成正比，与面元到 P 点的距离 r 成反比，还与 r 与面元的法线 n 之间的夹角 θ 有关. 为简化表示，取 S 波面记为 $t=0$ 时刻的波面，波面 S 上各点初位相为零. 则面元 $\mathrm{d}S$ 在 P 点引起的光振动可表示为

$$\mathrm{d}E=C\frac{k(\theta)}{r}\cos\left[2\pi\left(\frac{t}{T}-\frac{r}{\lambda}\right)\right]\mathrm{d}S.$$

式中 C 为比例系数，$k(\theta)$ 称为**倾斜因子**，为随角 θ 增大而缓慢减小的函数. 当 $\theta=0$ 时，$k(\theta)$ 为最大；当 $\theta\geqslant\frac{\pi}{2}$ 时，$k(\theta)=0$(次波不能向后传播). 借助上式，可得波面 S 在 P 点处引起的光合振动为

$$E=\int_S \mathrm{d}E=\int_S C\frac{k(\theta)}{r}\cos\left[2\pi\left(\frac{t}{T}-\frac{r}{\lambda}\right)\right]\mathrm{d}S. \tag{7.1}$$

这是惠更斯-菲涅耳原理的数学表达式①. (7.1)式是研究衍射问题的理论基础，可以用来定量计算各种衍射场的光强分布，但计算量是相当大的.

7.2 单缝夫琅禾费衍射

单缝夫琅禾费衍射实验装置如图 7-3 所示. S 为单色点光源，由其发出的光经透镜

① 电场是矢量，故(7.1)式其实是把电场的每个直角分量都视为标量场来处理，是标量场的衍射理论.

L_1 后变为平行光束，照射到开有一细长狭缝的衍射屏 K 上，在其后产生衍射. 透镜 L_2 的作用是使无限远观察屏上的衍射图样形成在其焦平面 F 上. 这样，在透镜 L_2 的焦平面上呈现出一系列平行于狭缝的衍射条纹.

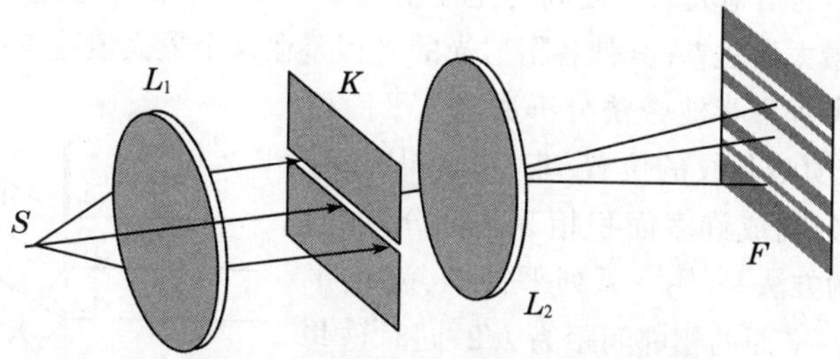

图 7-3　单缝夫琅禾费衍射实验装置

下面进行具体分析. 记缝为 AB，如图 7-4 和图 7-5 所示. 在波长为 λ 的平行单色光的垂直照射下，单缝所在处的平面 AB 也就是入射光的一个波面. 根据惠更斯-菲涅耳原理，波面 AB 上的每一点视为新的次光源，发出的次光波以球面波的形式向各方向传播. 每一个次光源点发出的光线有无穷多条，每个可能的方向都有，这些光都称为衍射光. 图 7-4 中 A 点发出的光线 1,2,3 代表 3 个传播方向的衍射光，而从波面 AB 上各点发出的同一方向的衍射光构成了该方向的平行光束. 衍射平行光与原入射平行光方向间的夹角 θ，称为**衍射角**. 由波面 AB 上各点发出的沿衍射角 θ 方向的衍射平行光束，经透镜后会聚于透镜焦平面上对应的 P 点. 不同方向的衍射平行光束，衍射角 θ 不同，会聚于屏上不同的点. 由于同一方向的衍射光均来自同一波面，但光线之间有干涉作用，不同点干涉的光强不同，因此在焦平面上形成明暗条纹.

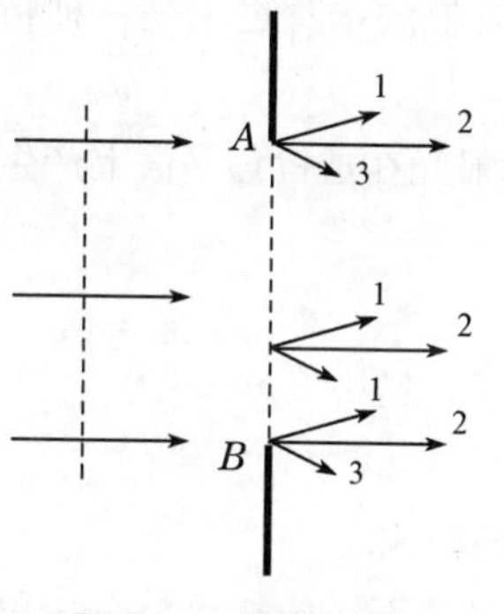

图 7-4　单缝衍射

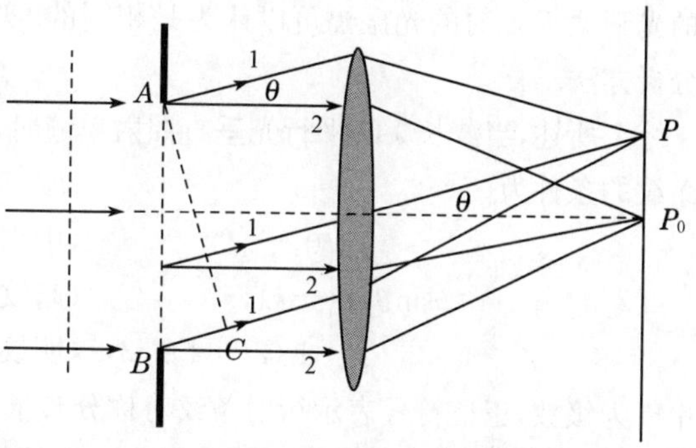

图 7-5　单缝衍射条纹位置

在图 7-5 中，各光线 2 为沿入射光原方向的衍射光，这些衍射光线从波面 AB 上各点发出时相位是相同的，而经过透镜又不会引起附加光程差(见 6.2 节)，它们会聚于 P_0 点时各光线 2 的相位仍然相同，因此在 P_0 点处的光振动是相互加强的，即 P_0 点处为明条纹，为中央明纹的中心. 对于与原入射方向成 θ 角的衍射光线 1，经透镜后会聚于焦平面上的 P 点处，此 P 点和透镜光心的连线与原入射方向(即对称轴线)的夹角也就是 θ. 然而，从波面 AB 上各点发出的衍射光线 1 到达 P 点的光程是各不相同的，P 点处的光振动由到达 P 点的各次波的干涉叠加所决定.

如图 7－5 所示，过 A 点作平面 AC 与衍射光线 1 垂直. 根据透镜的等光程性，AC 面上各点到 P 点的光程相等，因此各衍射光到达 P 点时的相位差就等于它们在 AC 面上的相位差，而这又取决于波面 AB 上各点沿光线 1 到 AC 面间的光程差. 单缝两边缘点 A、B 发出的衍射角为 θ 的衍射光线 1 之间的光程差为 $BC=b\sin\theta$（b 为缝宽），这也是沿 θ 方向的衍射光线间的最大光程差. 其他各衍射光的光程差在这个最大值范围内连续变化.

接下来根据**菲涅耳半波带法**分析透镜焦平面衍射图样，由此确定明暗条纹的位置. 菲涅耳将从单缝露出的波面 AB 分割成许多面积相等的部分，如图 7－6 所示. 分割的方法是：用一系列平行于 AC 的平面来划分 BC，这些平面的相邻间距为 $\lambda/2$，同时这些平面也将波面 AB 分为 AA_1，A_1A_2，…若干个带形波面元，称为**半波带**. 这些半波带面积相等，而且相邻两波带上对应点所发出的光线到 AC 面的光程差均为 $\lambda/2$，即相位差为 π，故在 P 点处将成对相互抵消. 因此，如果 BC 是半波长的偶数倍，即单缝上的波面 AB 分为偶数个半波带，那么相邻半波带两两一组，分组抵消后，P 点将出现暗纹. 如果 BC 是半波长的奇数倍，即单缝上的波面 AB 可分为奇数个半波带，那么最后将剩余一个半波带没有被抵消. 而同一个半波带各部分间的位相差是小于 π 的，它们将相互加强（只是不能达到同相时的强度），于是 P 点将出现明条纹.

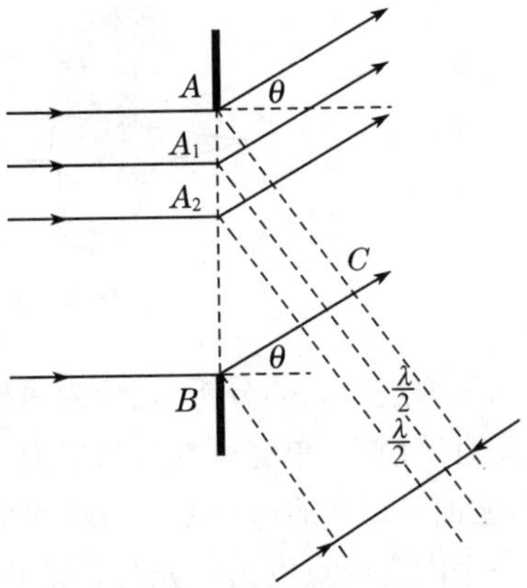

图 7－6　菲涅耳半波法

需要说明的是，根据惠更斯-菲涅耳原理(7.1)式，以上的分析没有考虑振幅随面元到 P 点距离的衰减是各不相同的. 但在上面的情况中，该距离的改变很小，所以各半波带发出的光到达 P 点时的光振幅可以认为是相同的. 实际上，半波带法本身也不是一种精确的分析方法.

综上所述，当波长 λ 的平行光垂直照射单缝时，单缝的衍射光在透镜焦平面上产生明暗条纹的条件为

$$b\sin\theta=\begin{cases}0, & \text{(中央明纹)} \\ \pm k\lambda, & \text{(暗纹)} \qquad k=1,2,\cdots \\ \pm(2k+1)\lambda/2, & \text{(明纹)}\end{cases} \tag{7.2}$$

式中 k 为级数，正负符号表示衍射条纹对称分布于中央明纹的两侧.

对于任意衍射角 θ 来说，BC 不一定为 $\lambda/2$ 的整数倍，即 AB 不一定能恰好分成整数个半波带，此时这一角度的衍射光经透镜会聚后在屏上对应点的光强介于最亮与最暗之间. 因而单缝衍射图样的光强分布是不均匀的，如图 7－7 所示. 由(7.2)式可知，两个第一级暗纹对应的位置对透镜中心方位角分别为 $\sin\theta_1=\dfrac{\lambda}{b}$、$\sin\theta_{-1}=-\dfrac{\lambda}{b}$，因此，利用小角度满足的近似关系 $\sin\theta\approx\theta$，中央明条纹的角宽度（即中央明条纹对透镜中心所张的角度）和线宽度分别为

$$\Delta\theta_0=2\theta_{+1}=2\frac{\lambda}{b},\Delta L_0=\Delta\theta f'=2\frac{\lambda}{b}f', \tag{7.3}$$

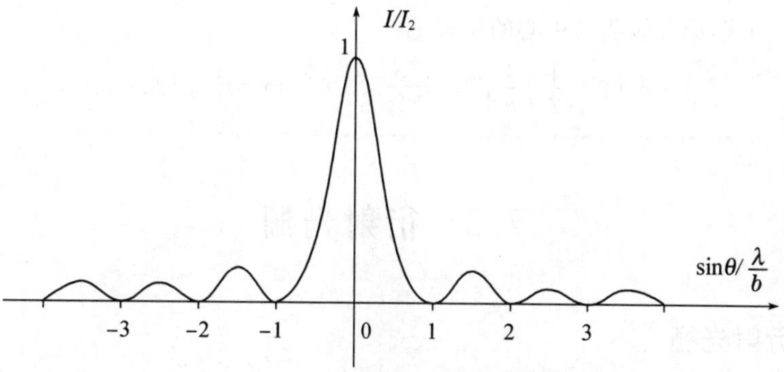

图 7-7 单缝衍射的光强分布

其中 f'为透镜的焦距. 显然,其他明条纹的**角宽度**和**线宽度**分别为

$$\Delta\theta_k=\frac{\lambda}{b},\Delta L_k=\frac{\lambda}{b}f'. \tag{7.4}$$

可见,中央明条纹的宽度是其他明纹宽度的两倍.

另外,各级明条纹的亮度随级数的增大而减小,原因是,级数越大的明纹对应的衍射角 θ 越大,AB 波面被分成的半波带数越多,每个半波带的面积也相应地减小,同时(7.1)式中的倾斜因子随 θ 增大而减小,因而对应明纹处未抵消的波带对该明纹光强的贡献越弱.

由(7.3)式和(7.4)式可知,入射光波长一定时,单缝宽度 b 越小,对应的各明条纹的宽度越宽,衍射越明显;相反,b 越大,各级明条纹越密集而逐渐难以分辨,即衍射现象不明显. 当 $b\gg\lambda$ 时,衍射现象消失,此时过渡到几何光学性质.

以中央明条纹中心 P_0 为坐标原点,利用关系 $\tan\theta\approx\sin\theta\approx\theta$,由(7.2)式可得各级暗纹和明纹的坐标位置分别为

$$y=\begin{cases}\pm k\dfrac{\lambda}{b}f', & \text{(暗纹)}\\ \pm\left(k+\dfrac{1}{2}\right)\dfrac{\lambda}{b}f'. & \text{(明纹)}\end{cases}\quad (k=1,2,\cdots) \tag{7.5}$$

可见,在单缝宽度 b 一定时,对于同一级衍射条纹,波长 λ 越大,其对应的衍射条纹越偏离中心. 因此,若用白光照射时,除中央明条纹的中部仍是白色外,其两侧由于各波长的各级衍射条纹位置不能重合而出现一系列由内向外由紫到红的彩色条纹,称为**衍射光谱**.

例 7.1 用波长 $\lambda=500$ nm 的单色光垂直照射到宽 $b=0.25$ mm 的单缝上,在缝后放置一块焦距 $f'=25$ cm 的凸透镜,在其焦平面上观察衍射图样. 求:(1) 观察屏上第 1 级暗纹中心的位置;(2) 中央明纹的宽度;(3) 第 2 级明纹中心的位置.

解:(1) 由(7.5)式,第 1 级暗纹中心的位置为

$$y_{\pm1}=\pm\frac{\lambda}{b}f'=\pm\frac{500\times10^{-9}}{0.25\times10^{-3}}\times25\ \text{cm}=\pm0.05\ \text{cm}.$$

(2) 由(7.3)式,中央明纹的宽度为

$$\Delta L_0=2\frac{\lambda}{b}f'=2\times0.05\ \text{cm}=0.10\ \text{cm}.$$

(3) 由(7.5)式,第2级明纹中心的位置

$$y=\pm\left(2+\frac{1}{2}\right)\frac{\lambda}{b}f'=\pm\frac{5}{2}\times 0.05\ \text{cm}=\pm 0.125\ \text{cm}.$$

7.3 衍射光栅

7.3.1 衍射光栅

由单缝衍射条纹分析得知,同一级衍射条纹,不同波长 λ 对应的衍射条纹位置不同.根据这一特性,原则上可以测定光的波长.但由于各波长的各级衍射明条纹均有一定的宽度,为了测量准确,要求不同波长的衍射条纹必须分得足够开,同时要求条纹既细又亮.这些要求对于单缝衍射难以达到:减小缝宽可以使条纹分开,但同时条纹变宽了,而且明条纹变得不够亮.因此,在实际测定光波长时,不是使用单缝衍射装置来测量,而是用衍射光栅来测量.

由大量等间距、等宽度的平行狭缝所组成的光学元件称为**衍射光栅**.用于透射光衍射的叫**透射光栅**,用于反射光衍射的叫**反射光栅**.常用的透射光栅是在一块玻璃板上刻着许多等间距、等宽度的平行刻痕,刻痕处相当于毛玻璃面,不透光,刻痕之间的光滑部分相当于缝,可以透光.因此,衍射光栅为一块具有**空间周期性**的平行等宽多缝衍射屏.现代常用的光栅,在1 cm内刻有1 000～10 000条缝.光栅衍射条纹特点是,明条纹很窄很亮,衍射图样十分清晰.

7.3.2 光栅衍射图样

图7-8所示为光栅的一部分,刻痕为不透光部分,宽为 a,透光部分的宽度为 b,光栅刻痕的周期为 $d=a+b$,d 称为**光栅常数**.

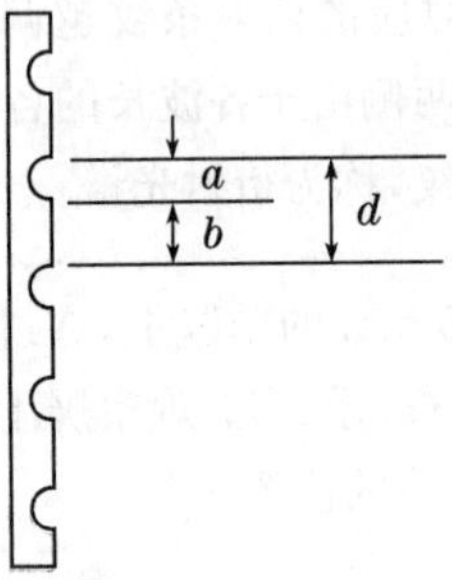

图7-8 光栅

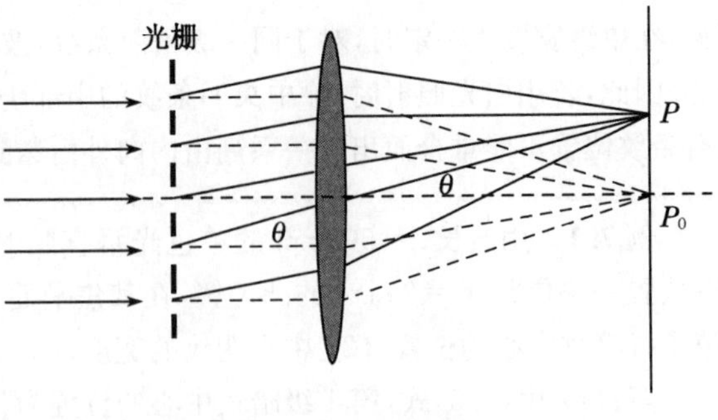

图7-9 光栅衍射

在图7-9中,当用单色平行光垂直照射光栅时,透过光栅后的衍射光经透镜后,会聚于透镜焦平面上,因而在焦平面上出现平行于狭缝的明暗相间的光栅衍射条纹.每一条狭缝都在观察屏上有各自的单缝衍射图样.由于各狭缝宽度相同,故它们形成的衍射图样相同.另外,更重要的是,它们的衍射图样还完全重叠.单一狭缝沿 θ 方向的衍射光(图中只

用一条光线表示)的各部分汇聚于 P 点,而且各狭缝沿 θ 方向的多条衍射光(图中用多条平行光线表示)也汇聚于 P 点,这从图 7－9 中可以看出. 由于级数只取决于衍射角 θ(见(7.2)式),因此,各狭缝单独存在时在 P 点形成的条纹级数完全相同. 现在所有狭缝同时存在,各缝的各条衍射光将在 P 点发生相干叠加. 因此,**光栅衍射图样为单缝衍射与多缝干涉的总效果**.

可以这样来理解:每一条狭缝的衍射光都由许多部分组成(见前面的半波带法),这些部分在 P 点叠加后的亮与暗由单缝衍射的(7.2)式决定. 完成这种叠加后,就可以把每条狭缝的衍射光视为一个整体了. 此时可以等效认为,每条狭缝沿 θ 方向发出一条衍射光,其明暗由刚才的叠加结果决定. 但只要其中一条衍射光是亮(暗)的,那么其他条也都是亮(暗)的. 如果各条衍射光在 P 点是暗的,那么它们叠加后在 P 点自然是暗的. 但如果每条衍射光在 P 点是亮的,那么叠加后 P 点也不一定是亮的,因为各条之间还要考虑干涉效应,可能出现加强和减弱的情况.

发自各缝、具有相同衍射角 θ 的平行衍射光会聚于观察屏上的同一 P 点时发生的干涉称为**多光束干涉**. 任意相邻的两缝发出的两条衍射光到达 P 点时的光程差均为 $d\sin\theta$. 若

$$d\sin\theta=k\lambda,\quad (k=0,\pm1,\pm2,\cdots) \tag{7.6}$$

则不仅相邻两衍射光束会干涉加强,而且所有衍射光也是相互**完全**加强. 此时,P 点处的光合振幅为各缝在 P 的光振幅之和,即为单缝在 P 点的光振幅的 N 倍(N 为光栅狭缝的总数),而光强则增大为单缝时的 N 倍,因此光栅衍射明条纹亮多了. (7.6)式称为**光栅方程**,满足该方程的明纹称为**主极大**明纹. $k=0$ 时为零级主极大,$k=1$ 时为第一级主极大……由(7.6)式,d 越小,各级主极大明纹的对应的 θ 角越大,相邻明纹也就分得越开.

如果各衍射光不满足光栅方程(7.6)式,也有可能出现极大的情况,只是此时属于**非完全**加强情况,故而称为**次极大**,其光强比主极大要小很多. 而在两相邻次极大之间一定会出现暗纹,这是由于各条衍射光因干涉完全相消而形成的. 因此,可以预期,在相邻两个主极大之间,会有多个次极大明纹和暗纹. 实际上,在两相邻主极大之间分布有 $N-1$ 条暗纹和 $N-2$ 条次极大明纹. 当 N 足够大时,这些次极大明纹的光强很弱,难以分辨. 因此,实际上在两主极大明纹之间为一片“暗区”,见图 7－10(a).

以上是对多光束干涉的分析,其前提是每条光束都是亮的. 正如前面所说,每条光束的明暗或强弱又是由单缝衍射效应决定的(见图 7－10(b)). 光栅衍射既然是二者的总效果,那么实际上在观察屏上所看到的衍射图样为受单缝衍射调制的多光束干涉图样,如图 7－10(c)所示,其中光栅衍射各级主极大明纹强度的包络线与单缝衍射的强度曲线相同.

从图 7－10 中可以看出,有时主极大并不出现,称为**缺级现象**. 这很容易理解. 光栅方程(7.6)式 $d\sin\theta=k\lambda$ 只是出现主极大的必要条件,它只考虑了各条衍射光相互完全加强而已. 如果每条衍射光同时又满足单缝衍射的暗纹条件

$$b\sin\theta=k'\lambda \tag{7.7}$$

(见(7.2)式)时,此时的实际情况就是,所有这些相互加强的光束的每一束,其振幅和光强都为 0. 其结果必然是总光强为 0,即在该主极大位置不出现明纹. 根据以上分析可知,产生缺级现象的条件为(7.6)式和(7.7)式同时满足,此时必有

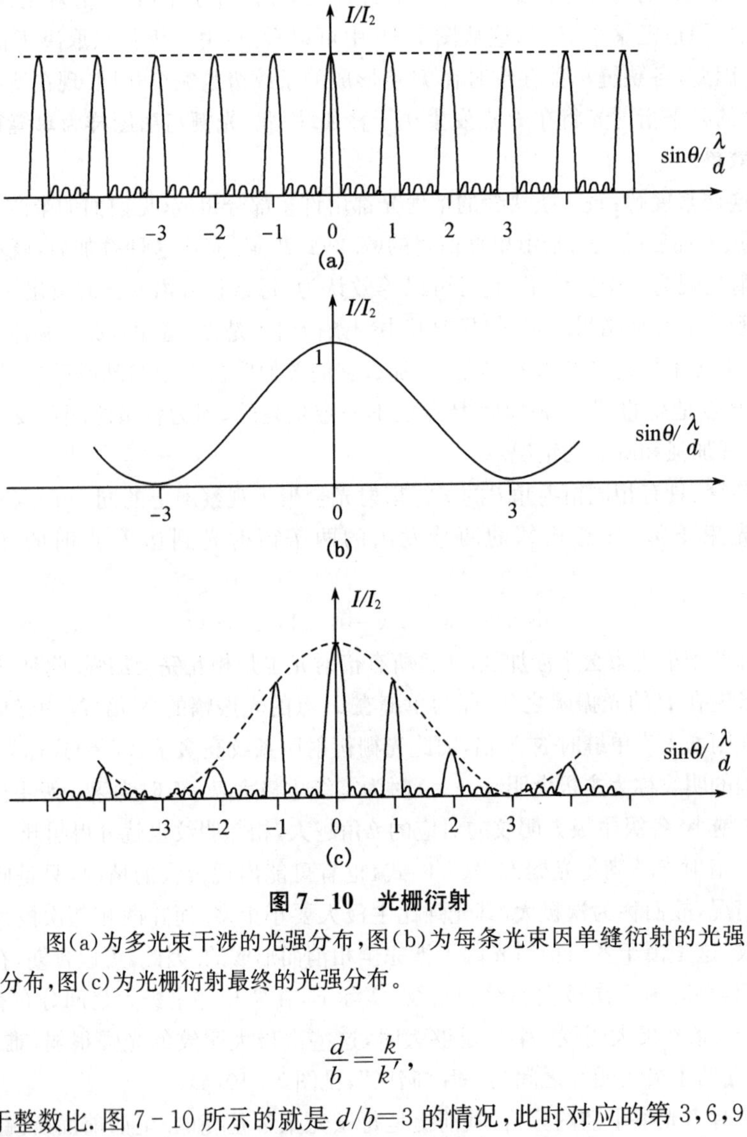

图 7-10　光栅衍射

图(a)为多光束干涉的光强分布，图(b)为每条光束因单缝衍射的光强分布，图(c)为光栅衍射最终的光强分布。

$$\frac{d}{b}=\frac{k}{k'},\tag{7.8}$$

即 d/b 等于整数比. 图 7-10 所示的就是 $d/b=3$ 的情况，此时对应的第 3,6,9,…级主极大明纹缺级.

7.3.3　光栅光谱

当用白光照射光栅进行衍射时，各种不同波长的光将产生各自的一套光栅衍射条纹. 在观察屏上可以看到各种波长光的衍射图样叠加，但除零级主极大因衍射角均为零而重合呈现白色外，其他级的主极大是不重合的. 对于第 k 级主极大明纹，由光栅方程(7.6)式可知，波长 λ 越大，衍射角 θ 就越大，该主极大就越偏离观察屏的中心. 因此，第 k 级主极大明条纹由内向外对应的光由紫到红. 于是在光栅对白光衍射时，观察屏上在中心主极大两侧将形成各级由紫到红对称排列的彩色光带，称为**衍射光谱**，如图 7-11 所示. 图中 V_1、V_2、V_3 分别表示紫光的第一、二、三级主极大明纹的位置，R_1、R_2、R_3 分别表示红光的第一、二、三级主极大明纹的位置. 可以看出，第二级与第三级光谱之间存在重叠，而且级数越高重叠越复杂而越难区分.

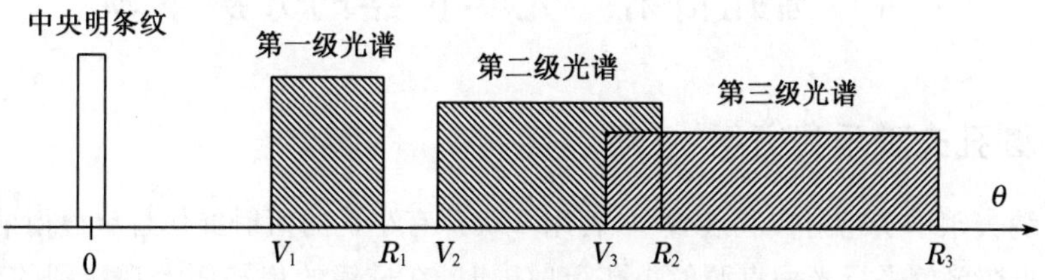

图 7－11　光栅光谱

由于光栅可以把不同波长的光分开,而且光栅衍射条纹宽度窄而明锐,所以光栅常用做光谱仪的分光元件,其分光性能要比三棱镜优越.

例 7.2　在分光计上用每 1 cm 有 800 条缝的衍射光栅来测量某单色光波的波长,测得第 3 级主极大明纹的衍射角为 8°8′. 试计算该单色光的波长.

解:由题意可知,光栅常数为 $d=1\text{ cm}/800$. 根据光栅方程(7.6)式,第 3 级明纹满足的条件

$$d\sin\theta=3\lambda,$$

故

$$\lambda=\frac{1}{3}d\sin\theta=\frac{1}{3}\times\frac{\sin 8°8'}{800}\text{ cm}\approx 590\text{ nm}.$$

例 7.3　用波长 $\lambda=590$ nm 的钠光垂直照射到每厘米刻有 5 000 条缝的光栅上,在光栅后放置一个焦距 $f'=20$ cm 的会聚透镜,试求:(1) 最多能看到几级主极大明纹?(2) 第一级与第三级主极大明纹的距离.

解:(1) 光栅常数为

$$d=\frac{1}{5\,000}\text{ cm}=2\,000\text{ nm}.$$

由光栅方程 $d\sin\theta=k\lambda$,取 $\sin\theta=1$,得

$$k_{\max}=\frac{d\sin\theta}{\lambda}=\frac{d}{\lambda}=\frac{2\,000}{590}\approx 3.4,$$

故可以看到 7 条明纹,分别为第 0,±1,±2,±3 级.

(2) 根据光栅方程和主极大位置坐标 $y=f'\tan\theta$,有①

$$y_k=f'\frac{k\lambda}{\sqrt{d^2-(k\lambda)^2}}.$$

由此得

$$y_1=f'\frac{\lambda}{\sqrt{d^2-\lambda^2}}\approx 6.2\text{ cm},\ y_3=f'\frac{3\lambda}{\sqrt{d^2-(3\lambda)^2}}\approx 38\text{ cm}.$$

故第一级与第三级明纹之间的距离为 $\Delta y=y_3-y_1=32$ cm.

① 由于 $k_{\max}=3$,第三级主极大明纹对应的 θ 较大,此时不能使用近似关系 $\theta\approx\sin\theta\approx\tan\theta$.

7.4 圆孔衍射 光学仪器的分辨本领

7.4.1 圆孔夫琅禾费衍射

在单缝夫琅禾费衍射实验装置中，若用一块开有小孔的衍射屏代替单缝衍射屏（见图7-12(a)），在单色平行光垂直照射小孔衍射屏时，在透镜的焦平面上观察到的就是**圆孔夫琅禾费衍射**图样. 这是一组明暗相间的同心圆环条纹，其中央是一明亮的圆斑，称为**爱里斑**. 它相当于中央主极大.

圆孔夫琅禾费衍射图样的光强分布如图7-12(b)所示. 爱里斑的半径对透镜光心的张角 θ_0 称为**角半径**. 可以计算出，爱里斑的半角宽度 θ_0 和线半径都与圆孔直径 D 及入射光波长 λ 有关：

$$\theta_0 = 1.22\frac{\lambda}{D},\ r_0 = 1.22\frac{\lambda}{D}f', \tag{7.9}$$

其中 f' 为透镜的焦距. 由上式可知，圆孔直径 D 越小，则 θ_0 和 r_0 越大，衍射现象越明显. 若圆孔直径 D 足够大，则 θ_0 和 r_0 十分的小，爱里斑成为一点，该点即为平行入射光的会聚点，位于透镜的焦点处. 这种情况下，衍射现象消失.

注意(7.9)式和(7.3)式的比较. 二者在定性方面是一致的，都正比于波长与特征几何宽度（缝宽 b 或直径 D）的比值. 这反映着衍射现象的共性.

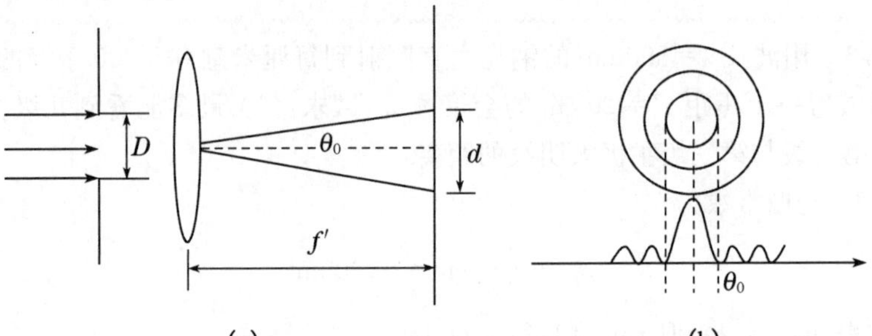

(a) (b)

图 7-12 圆孔夫琅禾费衍射

图(a)为装置图，图(b)为衍射图样.

7.4.2 光学仪器的分辨率

组成各种光学仪器的透镜等部件的孔径都相当于一个透光孔. 但由于透镜孔径不可能总是足够大，因此，一般都会存在一定程度的衍射. 由几何光学知道，在近轴物近轴光线成像的条件下，一物点对应一个像点. 任一物体可以看成由许多个物点构成，因此都可在像平面上成清晰的图像. 但由上面的分析可知，由于衍射作用的存在，一个物点在像面上对应的不是一个几何点，而是一个有一定大小的爱里斑. 如果两个物点距离很近，则其相应的两个爱里斑很可能部分重叠而不易被分辨为两个物点对应的像. 由此可见，光的衍射现象限制了光学仪器的分辨能力.

例如，用显微镜观察一个物体上的 a，b 两点时，经显微镜物镜在其像平面上形成两个对应的爱里斑.如果这两个爱里斑分得较开,相互间没有重叠,或只有小部分重叠时,我们能够分辨出两物点的像;如果物点 a,b 靠得很近,以至两个爱里斑相互大部分重叠,这时就不能分出为两个物点的像,即原物点 a,b 不能被分辨.根据**瑞利判据**,对于任一个光学仪器,如果一个物点的衍射图样的爱里斑中央恰好与另一个物点的衍射图样的第一个暗纹处相重合,则认为这两个物点恰好可以被光学仪器分辨.这时的两物点对透镜光心的张角称为光学仪器的**最小分辨角 θ_0**,它正好等于每个爱里斑的半角宽度,即

$$\theta_0=1.22\frac{\lambda}{D}. \qquad (7.10)$$

图 7-13 给出了张角 θ 与最小分辨角 θ_0 相比较的三种情况.

最小分辨角的倒数称为光学仪器的**分辨率**.由上式可知,光学仪器的分辨率与仪器的孔径 D 成正比,与光波长 λ 成反比.为了提高分辨率,尽量采用波长短的光.在第 17 章会谈到微观电子具有波动性,其波长为 1 nm 的数量级,因此电子显微镜的分辨率要比普通光学显微镜的分辨率高数千倍.

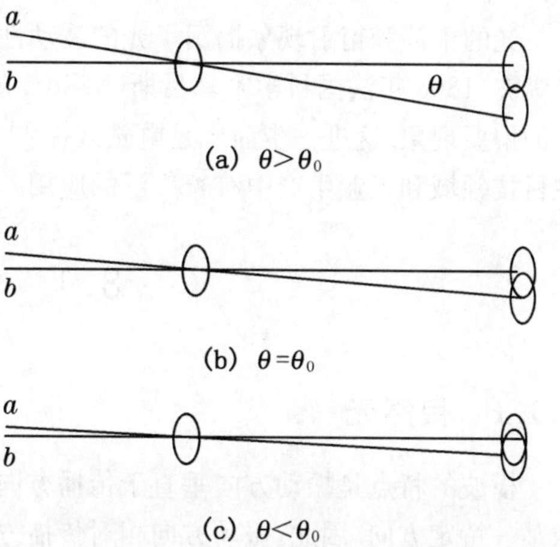

(a) $\theta>\theta_0$

(b) $\theta=\theta_0$

(c) $\theta<\theta_0$

图 7-13　光学仪器的分辨能力

例 7.4　在正常亮度下,人眼瞳孔的直径约为 3 mm,对在可见光中人眼感觉最灵敏的 $\lambda=550$ nm 的黄绿光,问:(1) 人眼的最小分辨角是多大?(2) 如果在黑板上画两条平行直线,相距 2 mm,则坐在距黑板多远处的同学恰能分辨?

解:(1) 人眼的最小分辨角为

$$\theta_0=1.22\frac{\lambda}{D}=1.22\times\frac{550\times10^{-9}}{3\times10^{-3}}\approx2.2\times10^{-4}\ \text{rad}.$$

(2) 要使人眼能分辨出这两条平行直线,则要求这两线对眼睛的张角 $\theta\geqslant\theta_0$.设人距离黑板 s 远,两直线的间距为 d,则

$$\theta=\frac{d}{s}.$$

于是

$$s\leqslant\frac{d}{\theta_0}=\frac{2\times10^{-3}}{2.2\times10^{-4}}\ \text{m}\approx9.1\ \text{m}.$$

习题

线上阅览

第 8 章　光的偏振

光的干涉和衍射现象揭示了光的波动性，但通过这两类现象并不能确定光是横波还是纵波. 1808 年法国科学家马吕斯(Malus)在观察从某一特定角反射的反射光时，发现了光的偏振现象. 这进一步为光是电磁波提供了证据. 光的偏振现象在自然界中普遍存在，在科技领域和工业生产中有着广泛的应用.

8.1　自然光

8.1.1　自然光

横波的特点是振动方向垂直于传播方向. 在垂直于传播方向的平面上，振动方向只能取某一特定方向. 因此，振动方向相对传播方向是不对称的. 这种不对称性称为**偏振**. 只有横波才有偏振现象. 波的传播方向与振动矢量构成的平面称为**振动面**.

光是一定波长范围的电磁波. 光波中光振动矢量 $\boldsymbol{E}$ 的振动方向总是和光的传播方向 $\boldsymbol{k}$ 垂直，即在垂直于光传播方向的横截面内①. 但光矢量 $\boldsymbol{E}$ 可能有各种不同的振动状态，通常称为光的**偏振态**. 按光偏振态的不同，可以把光分为五类：自然光、线偏振光(也称为平面偏振光)、部分偏振光、椭圆偏振光和圆偏振光.

普通光源发出的光一般为自然光，自然光不能直接显示偏振现象. 任何一个普通发光体(即普通光源)，从微观上看由大量的发光原子或分子组成，每一个发光原子每次所发射的是一个特定方向振动的波列. 但各个原子或分子的发光是一个随机过程，彼此没有关联. 因此，在同一时刻由大量发光原子或分子发出的大量波列，其振动方向和相位都互不相关，这些波列之间是非相干的. 从宏观上看，普通光源发出的光中包含了所有方向的光振动，即在垂直于传播方向的横截面内，沿各个方向振动的光矢量都有. 平均来说，光振动对光的传播方向是轴对称均匀分布的. 另一方面，由于一般观察时间总是比微观发光的持续时间(10^{-6} s)长得多，因此各方向上光振动对时间的平均值是相等的. 这种由普通光源发出的光波，在光的传播方向上的任意一个场点，光矢量既有空间轴对称分布的均匀性，又有时间分布的均匀性，具有这种特点的光叫作**自然光**，如图 8-1 所示.

在自然光中，任意取向的一个电矢量 $\boldsymbol{E}$ 都可以分解为两个相互垂直方向上的分量(例如在反射和折射时将光矢量分解为平行和垂直于入射面的分量)，则所有电矢量的振幅在两个相互垂直的方向上的总分量为在该方向的投影的代数和. 由于大量振动方向轴对称的波列，自然光在这两个垂直分量的振幅相同. 但应注意，由于自然光光振动的随机性，这两个相互垂直的光矢量之间没有恒定的位相差，因而它们是不相干的，不能合成为

① 光的横波性质详见 12.6 节.

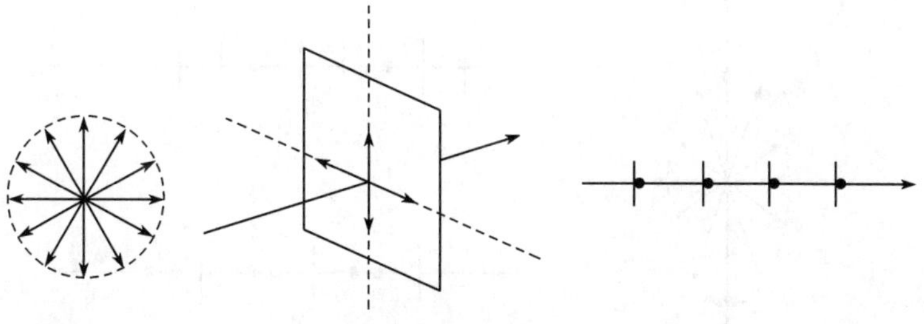

(a)　(b)　(c)

图 8-1　自然光

一个单独的矢量. 换句话说,自然光可以看成由两个振幅相同、振动方向垂直的**非相干**的分量组成,如图 8-1(b)所示. 图 8-1(c)是自然光的表示法,图中短线和点分别表示在纸面内和垂直纸面的两个光振动分量.

8.2　偏振光

8.2.1　线偏振光

如果光在沿一个固定方向传播过程中光矢量 $\boldsymbol{E}$ 的振动方向和光的传播方向所构成的振动面是确定的,则这种光称为**平面偏振光**,又称**线偏振光**,因为此时光矢量 $\boldsymbol{E}$ 的振动在垂直于传播方向的平面上的投影为一条直线. 为简单起见,常用图 8-2 所示的标志表示线偏振光在传播方向上各个场点的光矢量分布,其中图(a)和图(b)分别表示光矢量在图面内和垂直于图面. 在光学实验中,采用某些装置可以将自然光中相互垂直的两个分振动之一移去,就可获得线偏振光.

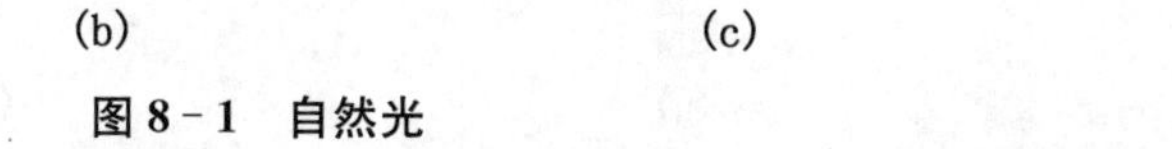

(a)　(b)

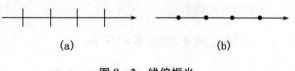

图 8-2　线偏振光

8.2.2　部分偏振光

除了上述讨论的自然光和线偏振光之外,还有一种介于两者之间的偏振光,它在垂直于传播方向的平面内,各方向的光振动都有,但振幅不等,这种光称为**部分偏振光**. 部分偏振光可以看成为线偏振光与自然光的混合. 常将部分偏振光表示成某一方向的光振动较强,另一个与之垂直方向的光振动较弱,如图 8-3 所示. 图(a)表示在垂直于传播方向上的平面内光振动矢量的分布. 图(b)、(c)是部分偏振光的表示法. 图(b)表示在纸面内的光振动较强,图(c)表示垂直纸面的光振动较强.

设 I_{max} 为部分偏振光沿某一方向上所具有的光强最大值,I_{min} 为在其垂直方向上所具有的光强最小值,则通常用

$$P=\frac{I_{max}-I_{min}}{I_{max}+I_{min}} \tag{8.1}$$

来表示光的偏振程度,称 P 为**偏振度**. 对于自然光,$P=0$;对于线偏振光,$P=1$.

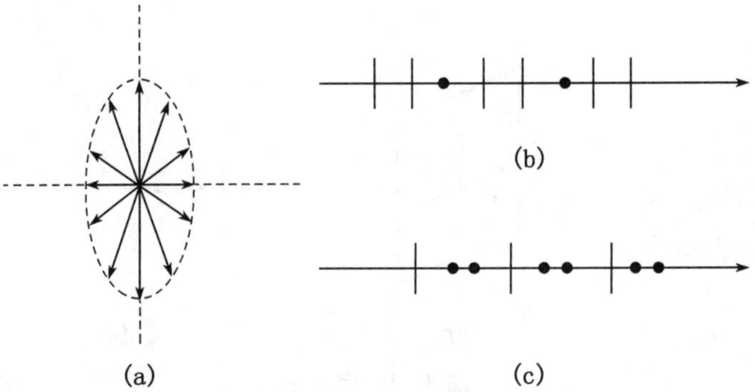

图 8-3　部分偏振光

8.2.3　椭圆偏振光和圆偏振光

椭圆偏振光的特征是，在光的传播方向上的任意一个场点，光矢量在垂直于传播方向的平面内大小和方向都随时间做有规律的变化，使得光矢量的端点在该平面内描绘出一个椭圆. 椭圆偏振光可以视为沿同一方向上传播的频率相同、偏振面垂直的两列线偏振光的合成(详见 4.3 节)，但有一个重要前提是这两列线偏振光必须具有稳定的相位差. 当相位差 $\Delta\varphi \neq k\pi(k \in \mathbf{Z})$ 时，两列线偏振光将合成为椭圆偏振光. **圆偏振光**是椭圆偏振光的一个特例，其两个相互垂直成分的振幅相等，且 $\Delta\varphi = \pm\pi/2$. 此时，光振幅大小不变，光矢量在波面上画出的轨迹是圆，而且光矢量的方向随时间匀速转动.

线偏振光、椭圆偏振光和圆偏振光统称为**完全偏振光**，它们的振动面随时间的关系都是有规律的，或者不动，或者呈稳定的周期性变化. 它们的偏振度都是 1. 定义(8.1)式只针对振动面随时间随机变化的情况而言，不能用于椭圆偏振光和圆偏振光.

8.2.4　各种偏振光的联系和区别*

阅读 各种偏振光的联系和区别*

8.3　起偏和检偏*

8.4　反射与折射时光的偏振*

8.5　光的双折射*

8.6　波片　偏振光的干涉*

线上阅览

习题

线上阅览

第 9 章　真空中的静电场

导　论

对电磁学的研究可以追溯到我国春秋战国时期，当时人们已经知道琥珀经过摩擦后会吸引轻微物体，天然磁石会吸铁. 河北省的磁县就是因为附近盛产天然磁石而得名. 在国外，古希腊哲学家塞利斯曾记载了琥珀经过摩擦会吸引草屑，而对磁现象的研究要追溯到对天然磁石会吸引铁块. 这两门学科，直到 1820 年以前，还是彼此独立地发展的. 1820 年，奥斯特观察到导线中的电流可以影响罗盘中的磁针，这才发现这两门学科之间的联系.

电磁学这一门学科是经过许多科学家的工作逐步发展起来的. 奥斯特发现电流的磁效应引起了相反方向的探索，即寻找通过磁场产生电流的方法. 法拉第在这方面进行了系统的探索，直到 1831 年，成功地发现了电磁感应定律. 在这样的基础上，麦克斯韦集前人之大全，把电磁学定律归结为麦克斯韦方程组. 麦克斯韦方程组在电磁学中所处的地位，与牛顿运动定律及万有引力定律在力学中所处的地位一样重要.

电磁运动是自然界所存在的普遍运动形态之一，自然界里的所有变化，几乎都与电和磁联系. 所以，研究电磁运动对于人们深入认识物质世界是十分重要的. 同时，由于电磁学已经渗透到现代科学技术的各个领域，并已成为许多学科和技术的理论基础，因而学习电磁学，掌握电磁运动的基本规律，具有极其重要的意义.

9.1　电荷和库仑定律

9.1.1　电荷　电荷守恒定律

自然界只存在两种电荷. 美国物理学家富兰克林首先以正电荷、负电荷的名称来区分两种电荷，这种做法一直沿用至今. 实验发现，电荷之间存在相互作用力，**同种电荷互相排斥，异种电荷互相吸引**.

宏观带电体所带电荷①种类的不同的根源在于组成它们的微观粒子所带电荷种类的不同：电子带负电荷，质子带正电荷，中子不带电荷. 因此，原子的电性是由它所包含的质子数和电子数所决定的. 在正常的情况下，原子的质子数和电子数相等，整个原子呈电中性. 但在最外层，电子容易离去，也容易有外界电子被俘获. 如果原子有一个或多个电子离去，原子就表现为带正电，称为**正离子**；如果原子获得了一个或多个电子，原子就表现为带

---

①　带电体是指处于带电状态的物体，电是物体（包括带电粒子）的一种属性，在习惯上常常把带电体称为电荷. 类似的情况很多，例如把电容器称为电容，今后不再一一指出.

负电，称为**负离子**. 原子失去或获得电子的过程，称为**电离**. 在正常情况下，物质是由电中性的原子组成，整体不呈电性. 通过摩擦或其他方法使物体带电的过程，就是使原子电离而转变为离子的过程. 当一个物体失去一些电子而带正电时，必然有另外的物体获得这些电子而带负电. 摩擦而使物体带电的方法，并没有也不可能制造电荷，只是使电子由一个物体迁移到另一个物体，从而改变电子的空间分布情况. 因此，一个与外界没有任何相互作用的孤立系统，无论发生什么变化，整个系统的电荷总量（正、负电荷的代数和）必定保持不变. 这个结论称为**电荷守恒定律**.

电荷是什么？有人说，电荷就是质子和电子这些粒子. 这是不对的. 电子、质子带有电荷，但是它们本身并不是"电荷". 和物体的惯性质量和引力质量一样，电荷也是物质的一种属性. 就像为表示物体之间引力的强度而对每个物体指定一个引力质量一样，为表示物体之间电力的强度，我们引入电荷这个量，电荷即电荷的量或电荷的大小. 电子、质子等粒子带有电荷，同时又有质量. 此外它们还具有其他的性质，例如，当两个质子靠得很近时，它们之间还有很强的核力相互作用.

现代物理研究表明，在粒子的相互作用过程中，电荷是可以产生和消失的，但是电荷守恒定律并没有因此而遭到破坏. 例如，一个高能光子和一个重原子核作用时，该光子可以转化为一个正电子和一个负电子（称为**电子对的产生**）；而一个正电子和一个负电子在一定条件下相遇，又会同时消失而产生两个或三个光子（称为**电子对的湮灭**）. 在已经观察到的各种过程中，正、负电荷总是成对产生或成对消失. 由于光子不带电，正、负电子又各带有等量异号电荷，所以这种电荷对的产生和消失并不改变系统中电荷的代数和. 所以，电荷守恒定律不仅适用于宏观过程，也适用于微观过程. 它是物理学中具有普遍意义的定律之一，也是自然界所遵从的基本定律之一.

9.1.2 电荷的量子性

带电物体所带电荷的总量称为电量. 由上面关于物质电结构的讨论可知，任何带电物体所带的电量都只能是某一基本单元（称为**元电荷**）的整数倍，电荷的这个特性称为电荷的**量子性**. 电荷的基本单元就是一个电子所带电量的绝对值，常以 e 表示. 实验测定，

$$e=1.602\,189\,2\times10^{-19}\ \text{C}.$$

近代物理从理论上预言基本粒子由若干种**夸克**和**反夸克**组成，每一个夸克或反夸克可能带有 $\pm\frac{1}{3}e$ 或 $\pm\frac{2}{3}e$ 的电量. 然而至今单独存在的夸克尚未在实验中发现，即使今后发现了，也只不过把元电荷的大小缩小为目前的 1/3，电荷的量子性依然不变.

在讨论电磁现象的宏观规律时，所涉及的电荷与元电荷相比往往是一个很大的数. 在这种情况下，我们只从平均效果上考虑，认为电荷连续地分布在带电体上，电荷的量子性所引起的微观起伏可以忽略. 尽管如此，在说明某些宏观现象的微观本质时，还是要从电荷的量子性出发.

9.1.3 库仑定律

电荷最基本的性质是电荷之间的相互作用. 实验表明，带电体之间的相互作用不仅与带电体之间的距离和所带电量有关，还与带电体的大小、形状以及电荷在带电体上的分布

情况有关. 所以，在通常情况下，两个带电体之间的相互作用与多种因素有关，非常复杂. 但是当两个带电体相距足够远，以至带电体本身的线度比起它们之间的距离来可以忽略不计时，我们可以把带电体当作一个几何点，即将其看作一个**点电荷**. 这时，带电体的形状、大小和电荷分布情况等因素已无关紧要，而且两者之间的距离就有了完全确定的意义，从而使问题的研究大为简化.

显然，点电荷的概念与质点、刚体和平面波等概念一样，是对实际情况的抽象，是一种理想模型. 一个带电体能否看成一个点电荷，必须根据具体情况来决定. 有时虽然不能把一个带电体看成一个点电荷，但是总可以把它看成许多点电荷的集合，从而能够从点电荷所遵循的规律出发，得出结论.

法国科学家库仑在 1785 年通过对实验结果的分析，总结出如下的规律，称为**库仑定律**：真空中两个静止的点电荷之间相互作用的静电力 F 的大小与它们的带电量的乘积成正比，与它们之间的距离的平方成反比，作用力的方向沿着两个点电荷的连线. 在国际单位制中，它的数学表达式为

$$F=\frac{1}{4\pi\varepsilon_0}\frac{q_1q_2}{r^2}. \tag{9.1}$$

由于式中所有物理量的单位都已指定，所以比例系数只能由实验测出. 其中 ε_0 叫作**真空电容率**（又称**真空介电常数**或**真空介电系数**），是自然界基本常数之一，其值为 $\varepsilon_0=8.85\times10^{-12}\ \mathrm{C^2\cdot N^{-1}\cdot m^{-2}}$.

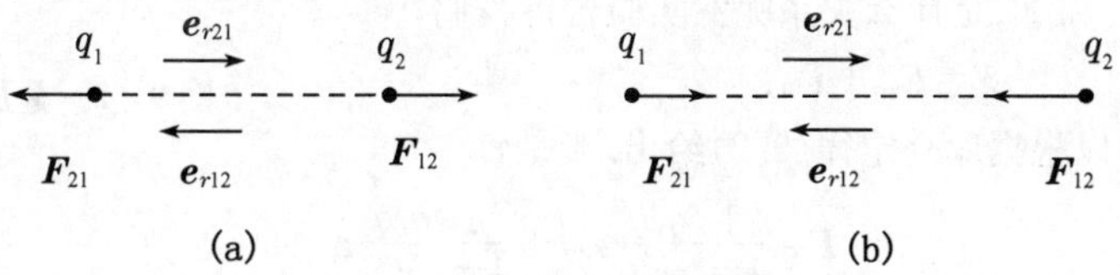

图 9-1　库仑定律的矢量形式

图(a)表示 q_1、q_2 同号时为斥力，图(b)表示 q_1、q_2 异号时为引力。

(9.1)式只反映了静电力的大小，没有涉及方向，需要把它改写为矢量形式. 在图 9-1 中，我们规定 $\boldsymbol{e}_{r21}$ 代表由 q_1 指向 q_2 的单位矢量，即 q_2 相对于 q_1 的位矢的单位矢量，$\boldsymbol{e}_{r12}$ 代表由 q_2 指向 q_1 的单位矢量：

$$\boldsymbol{e}_{r12}=\frac{\boldsymbol{r}_{21}}{r_{21}}=\frac{\boldsymbol{r}_2-\boldsymbol{r}_1}{|\boldsymbol{r}_2-\boldsymbol{r}_1|},\boldsymbol{e}_{r12}=\frac{\boldsymbol{r}_{12}}{r_{12}}=\frac{\boldsymbol{r}_1-\boldsymbol{r}_2}{|\boldsymbol{r}_2-\boldsymbol{r}_1|}=-\boldsymbol{e}_{r21},$$

则库仑定律的矢量形式可以表示为

$$\boldsymbol{F}_{12}=\frac{1}{4\pi\varepsilon_0}\frac{q_1q_2}{r_{12}^2}\boldsymbol{e}_{r21},\boldsymbol{F}_{21}=\frac{1}{4\pi\varepsilon_0}\frac{q_1q_2}{r_{12}^2}\boldsymbol{e}_{r12}=-\boldsymbol{F}_{12}. \tag{9.2}$$

今后，在涉及矢量问题时，我们将经常使用矢量表达式，请读者注意它们所表达的全部内容，不要与标量表达式等同看待.

例 9.1　氢原子中电子和质子的距离为 5.3×10^{-11} m. 这两个粒子间的静电力和万有引力各为多大？

解：电子的电荷为 $-e$，质子的电荷为 $+e$，电子的质量 $m_e=9.1\times10^{-31}$ kg，质子的

质量为 $m_p=1.7\times10^{-27}$ kg. 由库仑定律，两粒子间的静电力的大小为

$$F_e=\frac{e^2}{4\pi\varepsilon_0 r^2}=\frac{(1.6\times10^{-19})^2}{4\times3.14\times8.85\times10^{-12}\times(5.3\times10^{-11})^2}\ \mathrm{N}\approx8.1\times10^{-8}\ \mathrm{N}.$$

而两粒子间的万有引力的大小为

$$F_g=G\frac{m_e m_p}{r^2}=6.7\times10^{-11}\times\frac{9.1\times10^{-31}\times1.7\times10^{-27}}{(5.3\times10^{-11})^2}\ \mathrm{N}\approx3.7\times10^{-47}\ \mathrm{N}.$$

由计算结果可以看出，氢原子中电子与质子的静电力远比万有引力大，前者约为后者的 10^{39} 倍.

9.1.4 叠加原理

库仑定律讨论的是两个点电荷之间的静电力. 当空间中有多个点电荷存在时，就需要补充另外一个实验事实：作用于某个点电荷上的静电力等于其他点电荷中的每个**单独存在**时对该点电荷的静电力的矢量和. 这个结论称为**叠加原理**.

如图 9-2 所示，有 q_1、q_2、q_3 三个点电荷. 我们可以把 q_3 拿掉，测量出 q_2 施加在 q_1 上的力 $\boldsymbol{F}_{21}$；或者将 q_2 拿掉，测量出 q_3 施加在 q_1 上的力 $\boldsymbol{F}_{31}$. 而当 q_2、q_3 同时存在时，也可以测出 q_1 所受的静电力 $\boldsymbol{F}$. 那么，最后的 $\boldsymbol{F}$ 跟前面的 $\boldsymbol{F}_{21}$ 和 $\boldsymbol{F}_{31}$ 是什么关系呢？实验告诉我们，

$$\boldsymbol{F}=\boldsymbol{F}_{21}+\boldsymbol{F}_{21}.$$

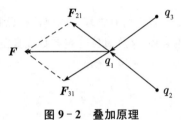

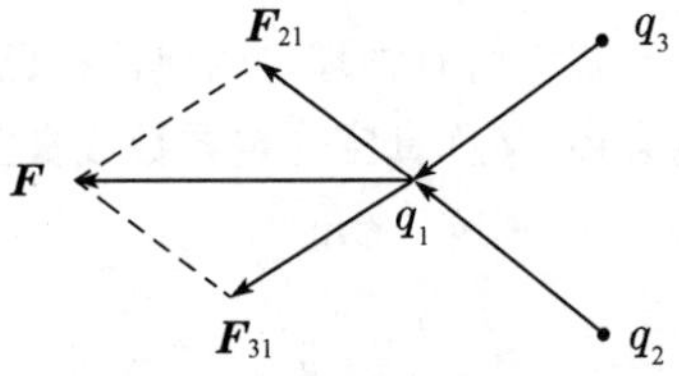

图 9-2 叠加原理

而 $\boldsymbol{F}_{21}$ 和 $\boldsymbol{F}_{31}$ 可以根据库仑定律(9.2)给出. 于是，

$$\boldsymbol{F}=\frac{1}{4\pi\varepsilon_0}\frac{q_1q_2}{r_{12}^2}\boldsymbol{e}_{r21}+\frac{1}{4\pi\varepsilon_0}\frac{q_1q_3}{r_{13}^2}\boldsymbol{e}_{r31}.$$

以上事实说明，**两个电荷间的作用力不因第三个电荷的存在而改变**. 对于 n 个点电荷 $q_1,q_2,\cdots,q_n$ 组成的电荷系，以 $\boldsymbol{F}_1,\boldsymbol{F}_2,\cdots,\boldsymbol{F}_n$ 分别表示它们单独存在时对另一点电荷 q_0 的静电力，则 q_0 受到的静电力为

$$\boldsymbol{F}=\boldsymbol{F}_1+\boldsymbol{F}_2+\cdots+\boldsymbol{F}_n=\sum_i\boldsymbol{F}_i. \tag{9.3}$$

这就是叠加原理.

叠加原理是由实验事实得到的. 绝对不可认为叠加原理是理所当然的. 可能有一些涉及极小距离和极强作用力的现象，在那里叠加原理不再成立. 我们应当有这样的认识，很多事情看上去是理所当然的，其实不一定.

9.2 电场和电场强度

空间中点电荷 Q 对 q 的静电力由库仑定律给出. 对于静电力的性质，历史上有两种对立的观点. 一种认为静电力是**超距作用**，它的传递不需要时间. Q 发生变化，q 所受的力也会在瞬间发生变化. 另一种观点认为静电力是**近距作用**，Q 对 q 的作用是 Q 先在其周围各处产生一种特殊的物质，q 处的该种物质再对 q 产生作用. 这就是静电力的由来. 这种特殊的物质称为**电场**，因此近距作用观点又称为**场的观点**.

如果两电荷静止，两种观点给出的结果相同，从而无法区分孰是孰非. 但如果电荷运动或变化时，两种观点将给出不同的结果，此时可以由实验来检验. 实验证明，场的观点是正确的. 场也是一种物质，跟实物一样具有能量、动量等力学性质. **场和实物是物质的两种形式.**

由静止电荷激发的电场称为**静电场**，本章主要研究静电场的性质.

9.2.1　电场强度

既然电场对电荷有作用力，那么这种力就应该既跟该点的电场有关，又跟受力电荷有关. 我们把在电场中需要研究的点称为**场点**，而产生电场的电荷所在的点称为**源点**. 为了确定电场的性质，我们可以利用试探电荷. 试探电荷必须满足两个条件：(1) 其线度必须小到可以被看作点电荷，这样才可以确定电场中每个场点的性质；(2) 其电量必须足够小，这样才能保证当它引入电场时，在实验精度内，原有的电荷分布不会改变，从而对原来的电场没有影响.

实验发现，把试探电荷 q_0 放入电场中时，在不同的场点，q_0 所受的力 F 的大小和方向一般是不同的，但是在给定的场点，q_0 所受的力的大小和方向却是一定的. 在给定的场点，改变 q_0 的大小，力的大小改变但方向不变；如果改变 q_0 的符号，力将反向. 实验给出，当 q_0 取各种不同的量值时，其所受的力与其电量的比值 F/q_0 是确定的. 该比值既然与试探电荷无关，那么就只可能反映着电场在该点的性质. 因此，我们就把 F/q_0 作为表示静电场中给定点的电场性质的一个物理量，称为**电场强度**，简称**场强**，记作 $\boldsymbol{E}$：

$$\boldsymbol{E}=\frac{\boldsymbol{F}}{q_0}. \tag{9.4}$$

因此，场强的大小等于单位试探电荷在该点所受到的电场力的大小，其方向和正试探电荷在该点所受电场力的方向相同. 电场中的任意一点都有一个确定的场强 $\boldsymbol{E}$，而不同的点 $\boldsymbol{E}$ 一般可以不同. 各点场强的大小和方向相同的电场叫作**匀强电场**.

场强的单位为 N/C，以后会看到场强的单位还可写成 V/m，这是实际中更常见的写法.

有了电场的定义，就可以讨论静止点电荷 Q 激发的电场. 在某场点放置一个静止的试探电荷 q_0. 由库仑定律，q_0 所受的电场力为

$$\boldsymbol{F}=\frac{1}{4\pi\varepsilon_0}\frac{q_0 Q}{r^2}\boldsymbol{e}_r,$$

式中 $\boldsymbol{e}_r$ 是从 Q 所在的源点到 q_0 所在的场点的单位矢量. 根据场强的定义(9.4)式，静止点电荷 Q 激发的电场为

$$\boldsymbol{E}=\frac{Q}{4\pi\varepsilon_0 r^2}\boldsymbol{e}_r. \tag{9.5}$$

(9.5)式表明，点电荷 Q 产生的场强方向沿 Q 与场点的连线. 当 $Q>0$ 时，$\boldsymbol{E}$ 与 $\boldsymbol{e}_r$ 同向，场强背离 Q 点；当 $Q<0$ 时，$\boldsymbol{E}$ 与 $\boldsymbol{e}_r$ 反向，场强指向 Q 点. 场强的数值随场点与 Q 的距离依平方反比律减少，在 Q 为中心的球面上，场强的大小相等，且方向沿径向. 通常说，这样的电场是**球对称**的.

9.2.2　电场叠加原理

由静电力的叠加原理很容易得到电场的叠加原理. 当电场由 n 个静止点电荷 Q_1，

$Q_2,\cdots,Q_n$ 激发时，某场点处的场强由定义(9.4)式和叠加原理(9.3)式可得

$$\boldsymbol{E}=\frac{\boldsymbol{F}}{q_0}=\frac{\sum_i \boldsymbol{F}_i}{q_0}=\sum_i \frac{\boldsymbol{F}_i}{q_0}=\sum_i \boldsymbol{E}_i, \tag{9.6}$$

其中 $\boldsymbol{E}_i$ 表示第 i 个点电荷单独存在时在 q_0 所在场点处激发的场强. 可见多个点电荷所激发的电场在某点的场强等于各个点电荷单独存在时在该点的场强的矢量和，这叫作**场强的叠加原理**.

9.2.3 电场的计算

有了单个点电荷的场强公式(9.5)式和叠加原理(9.6)式，原则上就可以确定任意静止带电体系所产生的电场分布.

例 9.2 一对等量异号的点电荷 $+q$ 和 $-q$，相距 l，P 点为两电荷连线中垂线上任意一点，到两电荷连线中点距离为 r. 当 $r\gg l$ 时，这两个点电荷组成的电荷系称为**电偶极子**. l 的方向由负电荷指向正电荷(如图 9-3). $\boldsymbol{p}=q\boldsymbol{l}$ 称为**电偶极矩**，简称**电矩**，是表征电偶极子特性的特征量. 求 P 点处的场强.

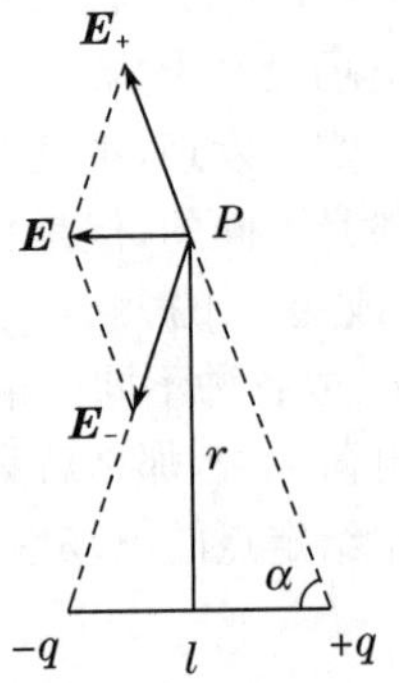

图 9-3 电偶极子

解：先求 $+q$ 和 $-q$ 单独存在时在 P 点激发的场强的大小：

$$E_+=E_-=\frac{1}{4\pi\varepsilon_0}\frac{q}{r^2+(l/2)^2},$$

方向如图所示. 根据场强叠加原理，合场强为

$$\boldsymbol{E}=\boldsymbol{E}_+ + \boldsymbol{E}_-.$$

由矢量合成的平行四边形法则可得

$$E=2E_+\cos\alpha=2\cdot\frac{1}{4\pi\varepsilon_0}\frac{q}{r^2+(l/2)^2}\cos\alpha.$$

由图中几何关系可得

$$\cos\alpha=\frac{l/2}{\sqrt{r^2+(l/2)^2}},$$

因此合场强的大小为

$$E=\frac{1}{4\pi\varepsilon_0}\frac{ql}{[r^2+(l/2)^2]^{3/2}}\approx\frac{1}{4\pi\varepsilon_0}\frac{ql}{r^3}=\frac{p}{4\pi\varepsilon_0 r^3},$$

其中已经考虑到了 $r\gg l$. 由于 $\boldsymbol{E}$ 的方向与电矩 $\boldsymbol{p}$ 反向，故

$$\boldsymbol{E}=-\frac{\boldsymbol{p}}{4\pi\varepsilon_0 r^3}. \tag{9.7}$$

可以看到，P 点场强只与乘积 ql 和 r 有关. 只要保持乘积 ql 即 p 不变，增大 q 减少 l，或减少 q 增大 l，场强都不变. 正是由于有这个性质，定义电矩 $\boldsymbol{p}=q\boldsymbol{l}$ 是有意义的. 还应注意，电偶极子的场强按 $1/r^3$ 变化，而点电荷的场强按 $1/r^2$ 变化.

对于电荷连续分布的任意带电体，我们可以想象把带电体分割成许多足够小的电荷元 $\mathrm{d}q$，每一个电荷元都可以看作点电荷，于是电荷元 $\mathrm{d}q$ 单独存在时在空间某一点 P 点激发的场强由(9.5)式为

$$\mathrm{d}\boldsymbol{E}=\frac{\mathrm{d}q}{4\pi\varepsilon_0 r^2}\boldsymbol{e}_r,$$

如图 9－4 所示. 根据场强叠加原理，合场强应对各分场强求和. 在电荷连续分布的情况下，即对 $\mathrm{d}\boldsymbol{E}$ 积分. 所以 P 点的合场强为

$$\boldsymbol{E}=\int \mathrm{d}\boldsymbol{E}=\int \frac{\mathrm{d}q}{4\pi\varepsilon_0 r^2}\boldsymbol{e}_r. \qquad (9.8)$$

这种把连续体分割为许多微元的方法称为**微元法**.

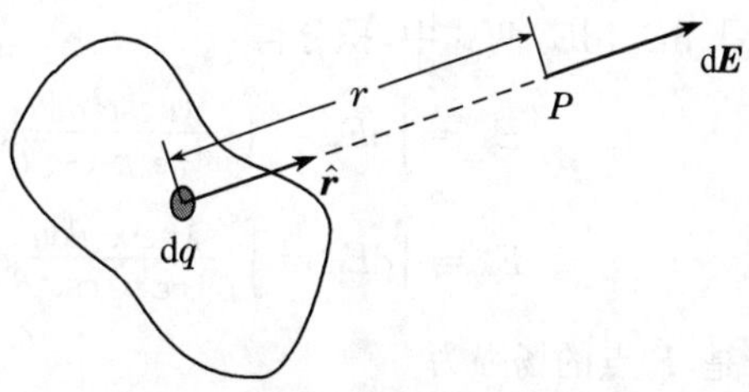

图 9－4　电荷元产生的电场

例 9.3　有一根电荷均匀分布的带电细直棒，单位长度上的带电量为 λ(称为**线电荷密度**，单位为 C/m). P 点为棒外一点，到棒的垂直距离为 r，P 点到棒的两端的连线与直棒之间的夹角分别为 α 和 β，如图 9－5 所示. 求 P 点的场强.

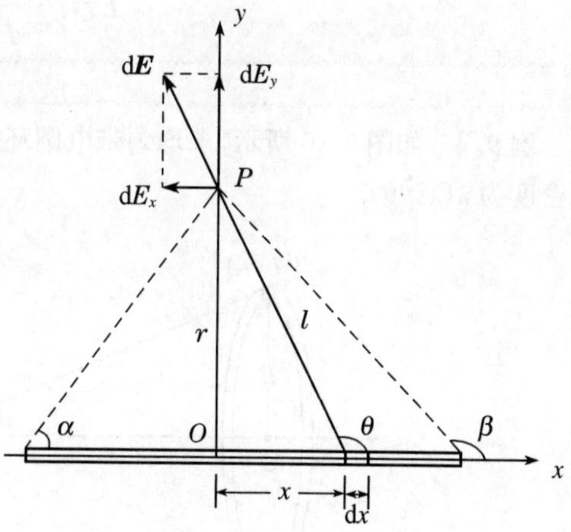

图 9－5　均匀带电细棒

解：本题的思路是微元法. 以 P 点到棒的垂线的垂足为坐标原点建立如图所示的直角坐标系. 将细棒分成许多带电线元，在棒上距原点为 x 处取电荷元 $\mathrm{d}q$，其长度为 $\mathrm{d}x$，故 $\mathrm{d}q=\lambda\mathrm{d}x$. 电荷元 $\mathrm{d}q$ 在 P 点激发的场强的大小为

$$\mathrm{d}E=\frac{\mathrm{d}q}{4\pi\varepsilon_0 l^2}=\frac{\lambda\mathrm{d}x}{4\pi\varepsilon_0 l^2},$$

式中 l 为 $\mathrm{d}q$ 到 P 点的距离，$\mathrm{d}\boldsymbol{E}$ 的方向如图所示.

然后再按照场强叠加原理进行积分. 由于(9.8)式是矢量积分式，具体运算时，一般应写出 $\mathrm{d}\boldsymbol{E}$ 的分量式，然后分别对各个分量式进行积分，求出合场强的分量，再求合场强. 本题中只需对场强的 x、y 两个分量积分. 设 $\mathrm{d}\boldsymbol{E}$ 与 x 轴正向的夹角为 θ，则

$$\mathrm{d}E_x=\mathrm{d}E\cos\theta=\frac{\lambda\mathrm{d}x}{4\pi\varepsilon_0 l^2}\cos\theta,$$

$$\mathrm{d}E_y=\mathrm{d}E\sin\theta=\frac{\lambda\mathrm{d}x}{4\pi\varepsilon_0 l^2}\sin\theta.$$

上式中包含三个变量 x, l, θ，但是这三个变量是彼此关联的，可以用一个变量来表示. 由图中几何关系可知

$$l^2 = r^2 + x^2 = r^2 \csc^2\theta,\ x = -r\cot\theta.$$

因而

$$\mathrm{d}x = \mathrm{d}(-r\cot\theta) = r\csc^2\theta\mathrm{d}\theta.$$

代入 $\mathrm{d}E_x$，$\mathrm{d}E_y$ 两式中，积分得

$$E_x = \int \mathrm{d}E_x = \int_\alpha^\beta \frac{\lambda r\csc^2\theta\mathrm{d}\theta}{4\pi\varepsilon_0 r^2\csc^2\theta}\cos\theta = \frac{\lambda}{4\pi\varepsilon_0 r}(\sin\beta - \sin\alpha),$$

$$E_y = \int \mathrm{d}E_y = \int_\alpha^\beta \frac{\lambda r\csc^2\theta\mathrm{d}\theta}{4\pi\varepsilon_0 r^2\csc^2\theta}\sin\theta = \frac{\lambda}{4\pi\varepsilon_0 r}(\cos\alpha - \cos\beta).$$

于是，P 点的场强为

$$\boldsymbol{E} = \frac{\lambda}{4\pi\varepsilon_0 r}[(\sin\beta - \sin\alpha)\boldsymbol{i} + (\cos\alpha - \cos\beta)\boldsymbol{j}].$$

如果此均匀带电细直棒无限长，则 $\alpha = 0$，$\beta = \pi$，代入上式可得

$$\boldsymbol{E} = \frac{\lambda}{2\pi\varepsilon_0 r}\boldsymbol{j}. \tag{9.9}$$

例 9.4 如图 9-6 所示，求均匀带电圆环轴线上的场强. 已知圆环半径为 R，电荷线密度为 $\lambda(\lambda>0)$.

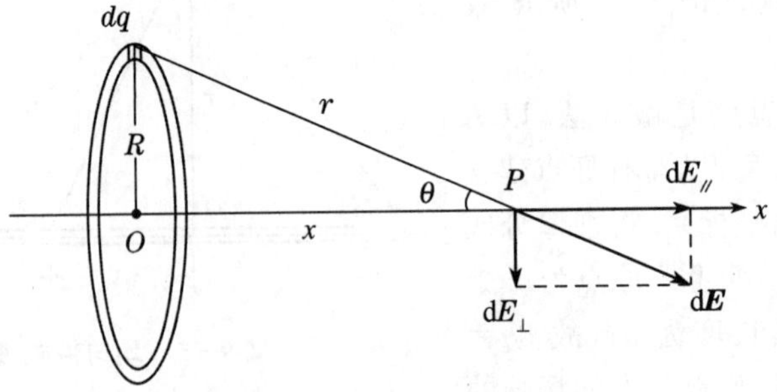

图 9-6 均匀带电圆环

解：将圆环分割成许多小线元 $\mathrm{d}l$，每个线元所带电量 $\mathrm{d}q = \lambda\mathrm{d}l$，可以看成是一个电荷元. $\mathrm{d}q$ 在轴任一点 P 点激发的场强的大小为

$$\mathrm{d}E = \frac{\lambda\mathrm{d}l}{4\pi\varepsilon_0 r^2},$$

式中 r 为 $\mathrm{d}q$ 到 P 点的距离.

根据对称性，在圆环任一直径两端取两个长度相等的电荷元，它们在垂直轴线方向上的分量彼此抵消，它们在 P 点激发的场强必定沿着圆环的轴线. 将整个圆环这样分成一对对电荷元，它们在 P 点激发的合场强也必定沿着圆环的轴线. 所以总场强只有轴线分量. $\mathrm{d}\boldsymbol{E}$ 平行于轴线的分量为

$$dE_{/\!/}=dE\cos\alpha=\frac{\lambda dl}{4\pi\varepsilon_0 r^2}\cos\theta.$$

将 $\cos\theta$ 和 r 都用 x 表示，有

$$dE_{/\!/}=\frac{\lambda x dl}{4\pi\varepsilon_0(R^2+x^2)^{3/2}}.$$

注意积分时只有 l 是变量，而 z 是常数. 因此，合场强为

$$E=\int dE_{/\!/}=\frac{\lambda x}{4\pi\varepsilon_0(R^2+x^2)^{3/2}}\int dl=\frac{\lambda x}{4\pi\varepsilon_0(R^2+x^2)^{3/2}}2\pi R,$$

最后得到

$$E=\frac{\lambda x R}{2\varepsilon_0(R^2+x^2)^{3/2}}. \tag{9.10}$$

因此，对于均匀带电圆环，在它的轴线上任一点场强的方向沿着轴线方向. 如果 $\lambda>0$，场强由圆环的中心指向两侧；如果 $\lambda<0$，场强由两侧指向圆环的中心.

由计算结果(9.10)式可以进行两点讨论. (1) 在圆环中心($x=0$)处，$E=0$. 这正是预期的结果，因为在圆环的中心，圆环上任一电荷元所激发的场强被圆环直径另一端的电荷元所激发的场强抵消. (2) 当 $x\gg R$ 时，$(x^2+R^2)^{\frac{3}{2}}\approx x^3$

$$E\approx\frac{\lambda R}{2\varepsilon_0 x^2}\approx\frac{q}{4\pi\varepsilon_0 x^2},$$

式中 $q=2\pi R\lambda$ 为圆环上所带的总电量. 这个结果也是可以预料的，因为在足够远处带电圆环就如同一个点电荷的行为一样.

例 9.5　求均匀带电圆盘轴线上的场强. 如图 9－7 所示，圆盘半径为 R，电荷面密度为 σ.

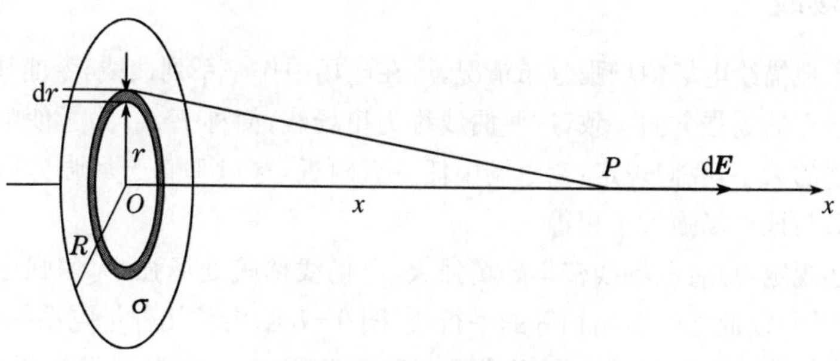

图 9－7　均匀带电圆盘

解: 设 P 点为圆盘轴线上任一点，它距圆盘中心距离为 x. 以圆盘中心 O 点为圆心，将整个带电圆盘分割成许多细圆环. P 的合场强是所有带电圆环在这一点激发的场强的矢量和. 对于半径为 r、宽度为 dr 的细圆环，其面积为 $2\pi r dr$，电量为 $\sigma 2\pi r dr$，电荷线密度为 $d\lambda=\sigma dr$. 利用例 9.4 的结果(9.10)式，这个细圆环在轴线上 P 点的场强方向沿着轴线，其大小为

$$dE=\frac{d\lambda x r}{2\varepsilon_0(r^2+x^2)^{3/2}}=\frac{\sigma x r dr}{2\varepsilon_0(r^2+x^2)^{3/2}}.$$

由于所有的圆环在 P 点激发的场强同方向，所以总场强沿着轴线方向，其大小为

$$E=\int\frac{\sigma x r\mathrm{d}r}{2\varepsilon_0(r^2+x^2)^{3/2}}=\frac{\sigma x}{2\varepsilon_0}\int_0^R\frac{r\mathrm{d}r}{(r^2+x^2)^{3/2}}=\frac{\sigma}{2\varepsilon_0}\left(1-\frac{1}{\sqrt{1+R^2/x^2}}\right)\tag{9.11}$$

由此题的解法可知，计算时应尽可能将带电体分割成已有现成结果，或便于计算的若干电荷元，最后应用叠加原理求出总场强.

对结果(9.11)式进行两点讨论.

(1) $R\gg x$ 时，对结果取极限，得

$$E=\frac{\sigma}{2\varepsilon_0}\tag{9.12}$$

这意味着无限大的带电圆盘在其周围产生的电场是匀强电场.

(2) $x\gg R$ 时，

$$\frac{1}{\sqrt{1+R^2/x^2}}\approx1-\frac{1}{2}\frac{R^2}{x^2},$$

所以

$$E\approx\frac{\sigma R^2}{4\varepsilon_0 x^2}=\frac{\pi R^2\sigma}{4\pi\varepsilon_0 x^2}=\frac{q}{4\pi\varepsilon_0 x^2},$$

式中 q 是整个圆盘的电量. 这又是顺理成章的，因为此时带电体的线度与它到场点的距离相比足够小，可以看成点电荷.

9.3 高斯定理

9.3.1 电场线

为了形象地描绘电场中场强分布情况，可在电场中作一系列曲线，令曲线上每一点的切线方向与该点的场强方向一致，这些曲线称为**电场线**，简称 ***E* 线**. 为了使电场线还能表示出各点场强的大小，我们规定：在电场中任一点附近，穿过垂直于场强方向的单位面积的电场线根数与该点场强大小相等.

根据上述规定可知：电场线密集处场强大，电场线稀疏处场强小，匀强电场的电场线是一些方向相同，彼此之间距离相等的平行线. 图 9－8 给出了几种带电系统的电场线图.

从大量电场线图中可归纳出电场线具有以下性质：(1) 电场线发自正电荷(或无限远)，止于负电荷(或无限远)，在无电荷处不中断. (2) 电场线不构成闭合曲线. 然而，**这些性质都不是理所当然的**，它们分别是下文中静电场的高斯定理和环路定理的推论，且分别直接取决于库仑定律中的平方反比性质和有心力性质.

要注意电场线是虚构的，但是利用电场线来思考电场，往往带来许多好处.

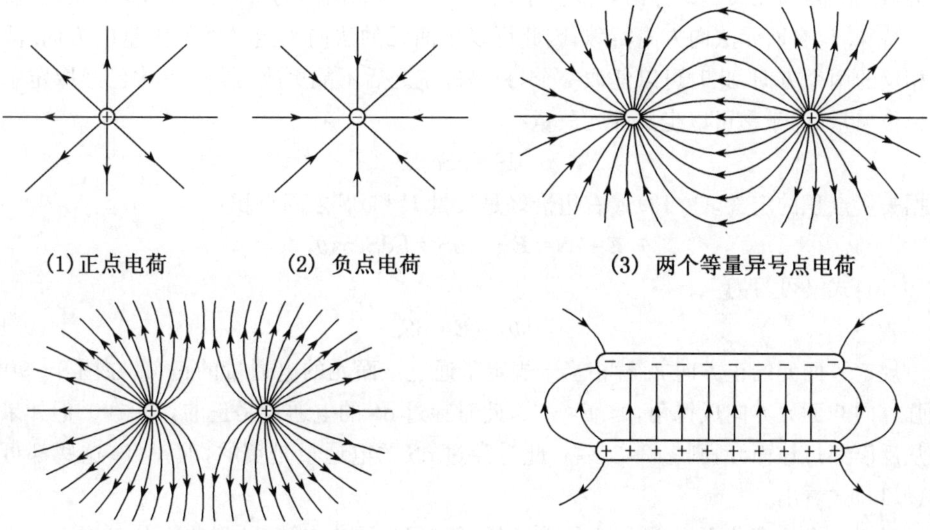

(1) 正点电荷　(2) 负点电荷　(3) 两个等量异号点电荷

(4) 两个等量同号点电荷　(5) 两块带等量异号电荷的平行金属板

图 9-8　各种带电系统的电场线

9.3.2　电通量

如图 9-9 所示，dS 为电场中的某个面元. 由于我们考虑的是局部，该面元附近的电场可视为匀强电场. 作该面元在垂直于场强方向的投影 $dS_{\perp}$.

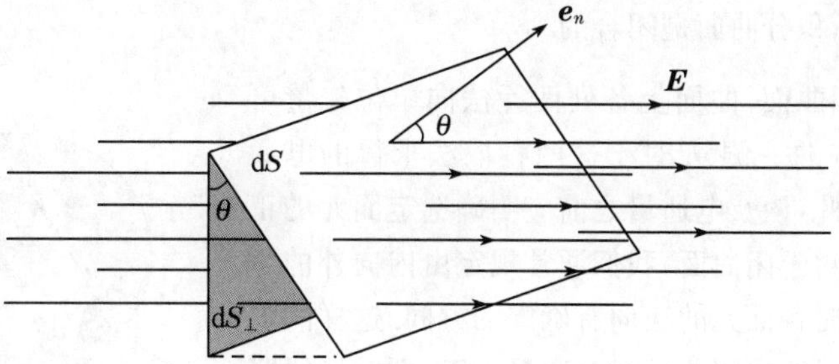

图 9-9　通过面元的电通量

显然，通过 $dS_{\perp}$ 的那部分电场全部通过了 dS. 或者说，通过 dS 和 $dS_{\perp}$ 的电场线的条数是一样多的. 为了表明这样一种性质，定义通过面元 dS 的**电通量**为场强与其垂直投影面积的乘积：

$$d\Phi_E = E dS_{\perp} = E dS \cos\theta, \tag{9.13}$$

其中 θ 是场强方向与面元 dS 的法向的夹角.

显然，对于确定的面元而言，如果场强只是增大为原来的两倍，那么电通量将增大为两倍，与此同时，通过面元的电场线根数根据绘制规则也会增大为两倍. 也就是说，**电通量与电场线根数在本质上是一回事**，二者只相差一个绘制电场线时人为规定的比例系数而已.

可以把(9.13)式用矢量形式更简捷地表示出来，场强是矢量，而面元也可以定义成一个矢量.显然,面元矢量的方向不能位于该面内,因为该面内的所有方向都是等价的,没有哪个特殊.只有面元法向方向特殊,因此可以用面元的法向来定义面元矢量的方向.法向有相反的两个方向,此时可以任取一个,只是确定之后不能更改.图 9-9 中已经取定了法向单位矢量 $\boldsymbol{e}_n$,于是可以定义面元矢量

$$\mathrm{d}\boldsymbol{S}=\mathrm{d}S\boldsymbol{e}_n.$$

根据矢量点积的定义,(9.13)式右边恰好是矢量 $\boldsymbol{E}$ 和 $\mathrm{d}\boldsymbol{S}$ 之间点积:

$$\boldsymbol{E}\cdot\mathrm{d}\boldsymbol{S}=\boldsymbol{E}\cdot\boldsymbol{e}_n\mathrm{d}S=E\mathrm{d}S\cos\theta,$$

故(9.13)式又可写为

$$\mathrm{d}\Phi_E=\boldsymbol{E}\cdot\mathrm{d}\boldsymbol{S}. \tag{9.14}$$

规定了面元的正方向 $\boldsymbol{e}_n$ 就相当于规定了通过该面元的电通量的正负.在图 9-9 中,场强方向与面元方向成锐角,$0\leqslant\theta<\pi/2$,此时穿过 $\mathrm{d}\boldsymbol{S}$ 的电通量是正的,$\mathrm{d}\Phi_E>0$.但如果电场从反面穿过该面元,则 $\pi/2<\theta\leqslant\pi$,此时穿过 $\mathrm{d}\boldsymbol{S}$ 的电通量是负的,$\mathrm{d}\Phi_E<0$.这些都可以由(9.14)式看出.

对于一个任意曲面 S,通过它的电通量可以用微元法来计算.将曲面分割成许多小面元 $\mathrm{d}\boldsymbol{S}$,每个面元的电通量由(9.14)式表示.曲面 S 的电通量就是这些可正可负的 $\mathrm{d}\Phi_E$ 的代数和.数学上该和表示为积分,称为面积分:

$$\boldsymbol{\Phi}_E=\int\mathrm{d}\Phi_E=\int_S\boldsymbol{E}\cdot\mathrm{d}\boldsymbol{S}, \tag{9.15}$$

其中下标 S 表示积分区域.如果是封闭曲面 S(见图 9-10),则通过它的电通量可表示为

$$\boldsymbol{\Phi}_E=\oint_S\boldsymbol{E}\cdot\mathrm{d}\boldsymbol{S}, \tag{9.16}$$

其中符号 $\oint$ 表示积分曲面是闭合的.

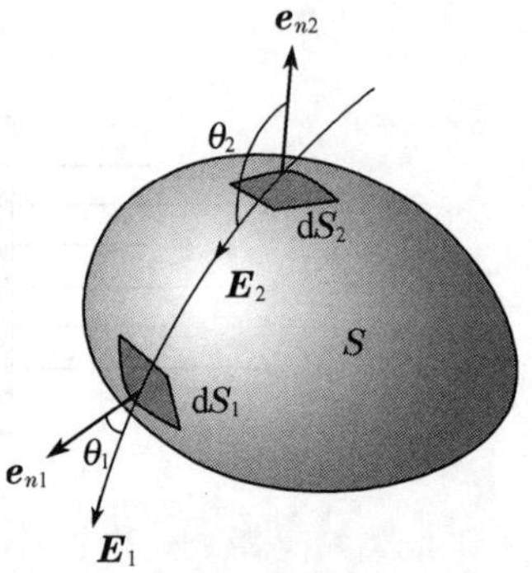

图 9-10 通过闭曲面的电通量

对于不封闭曲面,曲面上各处面元法向单位矢量可以任意取两侧中的一侧[①].对于这两种取法求得的电通量等值异号.因此,谈及电通量之前应明确选定面元的正方向(法向).但**对于闭曲面,我们通常规定由内向外的方向为正方向**,此时各面元的法向有确定的方向.这样的规定意味着,电场线穿出闭曲面时电通量为正,而电场线穿入闭曲面时电通量为负.在图 9-10 中,一根电场线从面元 $\mathrm{d}S_2$ 处穿入,从面元 $\mathrm{d}S_1$ 处穿出,即 $\theta_1<\pi/2,\theta_2>\pi/2$,于是对于穿过两面元的电通量,分别有 $\mathrm{d}\Phi_{E1}>0,\mathrm{d}\Phi_{E2}<0$.(9.16)式表示的是穿出闭曲面 S 的净通量,它等于穿出与穿入闭曲面的电通量之差.用电场线根数来说,Φ_E 就是净穿出封闭面的电场线的总根数(以穿出的根数为正,穿入的根数为负).

9.3.3 高斯定理

高斯定理是用电通量表示的电场与场源电荷关系的重要规律.根据库仑定律和场强

---

① 当然,所有面元的法向必须取为同一侧.

叠加原理可以导出这一关系.

我们先讨论一个静止的点电荷 q 的电场. 以 q 所在点为球心，取长度 r 为半径作一球面 S 包围这一点电荷(见图 9-11).

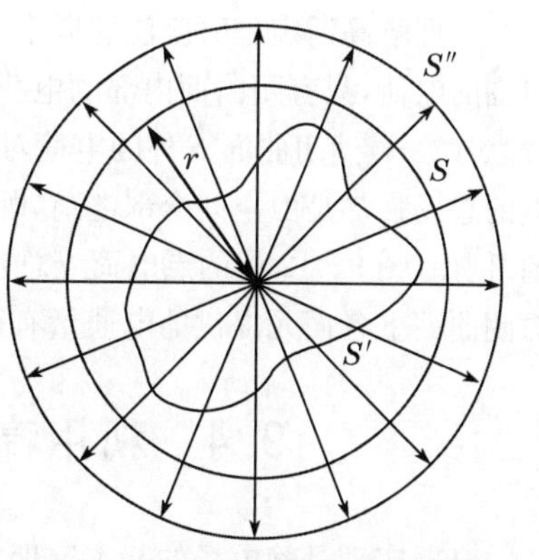

图 9-11　包围点电荷的高斯面

球面上任一点的场强的大小都是$\frac{q}{4\pi\varepsilon_0 r^2}$，方向都沿着半径向外，即与球面的外法线方向同向. 于是通过这一球面的电通量为

$$\Phi_E = \oint_S \boldsymbol{E} \cdot \mathrm{d}\boldsymbol{S} = \oint_S \frac{q}{4\pi\varepsilon_0 r^2}\mathrm{d}S = \frac{q}{4\pi\varepsilon_0 r^2}\oint_S \mathrm{d}S$$
$$= \frac{q}{4\pi\varepsilon_0 r^2}4\pi r^2 = \frac{q}{\varepsilon_0}. \tag{9.17}$$

此结果与球面半径 r 无关！这意味着，对于半径不同的同心球面 S 和 S'' 而言，通过它们的通量都是 q/ε_0，或者说，通过 S 的电场线一点不多、一点不少地全部通过了 S''. 也就是说，在 S 和 S'' 之间，电场线不可能产生，也不可能消失. 正因如此，电场线才有下述性质：电场线发自正电荷(或无限远)，止于负电荷(或无限远)，在无电荷处不中断，是连续的.

注意(9.17)式的结论直接来自平方反比关系. 设想如果是立方反比或其他关系，则(9.17)式右边的结果必然会跟半径有关. 于是，通过球面 S 和 S'' 的通量是不等的，电场线可以在 S 和 S'' 之间产生或消失，电场线的上述性质也就不存在了.

(9.17)式的结果是针对球面而证明的. 对于图 9-11 中包围同一个点电荷 q 的一般封闭曲面 S'，曲面积分的计算比较复杂，但结果仍为 q/ε_0. 实际上，根据电场线的连续性即可知道，通过 S 和 S' 的电场线条数是一样多的，即通过任意形状的包围点电荷的封闭曲面的电通量都是 q/ε_0.

如果封闭曲面 S' 不包围点电荷 q(图 9-12)，由于电场线是连续的，在无电荷处电场线不中断，由某点穿入 S' 的任意一条电场线必定在另一点穿出，所以穿过 S' 的电场线总条数为零，即通过 S' 面的电通量为零，即

$$\Phi_E = \oint_S \boldsymbol{E} \cdot \mathrm{d}\boldsymbol{S} = 0.$$

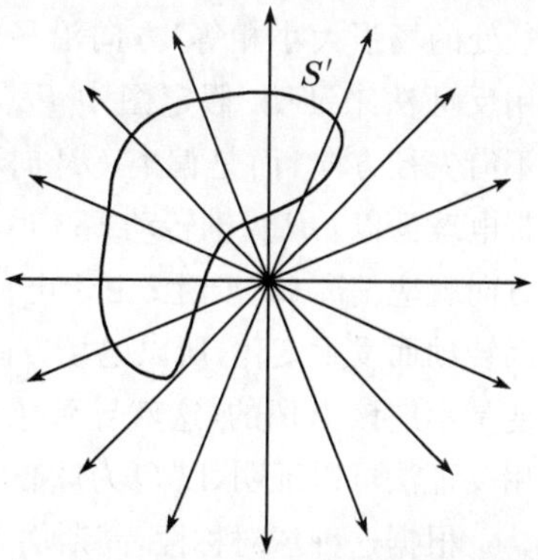

图 9-12　不包围电荷的闭曲面

以上结果可以简单地总结为：只有闭曲面内的电荷对电通量有贡献；闭曲面外对通过该面的电通量的贡献为 0. 由此推广到由多个点电荷激发的电场，即可得到，

$$\Phi_E = \oint_S \boldsymbol{E} \cdot \mathrm{d}\boldsymbol{S} = \frac{q_{\mathrm{in}}}{\varepsilon_0}, \tag{9.18}$$

式中 q_{in} 为封闭曲面 S 内所有电荷的代数和. 该式的证明可以根据由一个点电荷得出的结论和场强叠加原理证明. 上式表明，对于静电场，通过任意封闭曲面的电通量等于该封闭曲面所包围的电荷代数和的 $1/\varepsilon_0$. 这一结论称为**高斯定理**.

在理解高斯定理时应注意以下几点:(1) 通过闭曲面 S 的总电通量只取决于曲面所包围的电荷,只有闭曲面内部的电荷才对总电通量有贡献,闭曲面外的电荷对总电通量无贡献.(2) 虽然闭曲面 S 外的电荷对通过 S 的电通量无贡献,但通量积分式中的 S 面上各点的总场强却是由空间全部电荷(既包括封闭曲面内又包括封闭曲面外的电荷)共同激发的. 例如,图 9-12 中的点电荷 q 总要在周围(包括闭曲面上的点)激发场强,只是由于它对闭曲面上各面元提供的电通量有正有负,才导致 q 对整个闭曲面的电通量贡献为零.

9.4 利用高斯定理求静电场的分布

高斯定理是静电场的基本定理之一,它是根据库仑定律和场强叠加原理推出的. 当电荷分布具有较高的对称性时,可以利用高斯定理求解电场的分布,在数学处理上比用库仑定律和场强叠加原理简便. 这种方法一般包括三步:(1) **对称性分析**,即根据电荷分布的对称性分析场强分布的对称性;(2) 根据场强分布的对称性,选取合适的封闭曲面(亦称**高斯面**),使得积分 $\oint \boldsymbol{E}\cdot \mathrm{d}\boldsymbol{S}$ 中的场强能够从积分号里提出来;(3) 应用高斯定理求解. 下面我们举几个例子,来说明如何应用高斯定理求静电场的分布.

例 9.6 如图 9-13 所示,均匀带电球面的半径为 R,所带电量为 Q,求球面内外的电场分布.

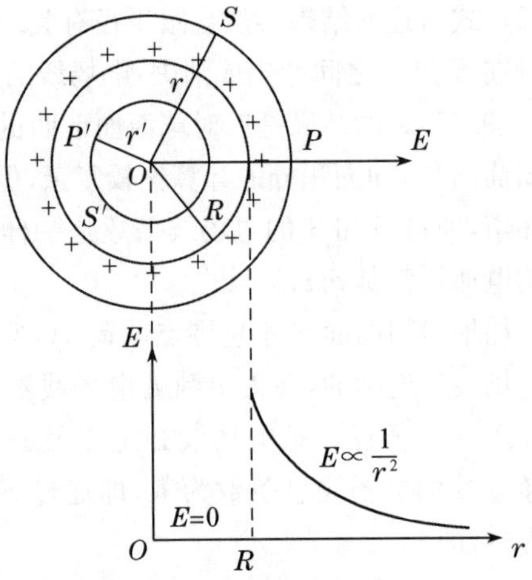

图 9-13 均匀带电球面的电场

解:设场点 P 距球心距离为 r. 首先进行对称性分析. 显然,电荷分布具有球对称性,因此场强必然也是球对称的,即相同半径处的场强大小相等,方向沿径向. 这可以用反证法来证明. 假定图中 P 点的场强 $\boldsymbol{E}$ 不沿矢径方向,而是偏离 OP 向下,那么将带电球面以 OP 为轴转动 180°后,场强 $\boldsymbol{E}$ 的方向就应偏离 OP 向上. 由于电荷分布并不因转动而发生变化,所以电场方向的这种改变是不应该出现的,这就导致了矛盾. 同样用反证法可以证明,以 O 为球心的球面上各点场强的大小都应该相等.

根据这种球对称性,高斯面 S 应该取为通过场点 P 的同心球面. 由于在该球面上场强与面元方向相同,而且场强大小是不变的,故通过它的电通量为

$$\oint \boldsymbol{E}\cdot \mathrm{d}\boldsymbol{S}=\oint_S E\mathrm{d}S=E\oint_S \mathrm{d}S=4\pi r^2 E.$$

最后,根据高斯定理

$$E\cdot 4\pi r^2=\frac{q_{\text{in}}}{\varepsilon_0},$$

其中 S 面内所包围的电量 q_{in} 根据 r 的不同而不同:

$$q=\begin{cases}Q, & (r>R)\\ 0, & (r<R)\end{cases}$$

故

$$\boldsymbol{E}=\begin{cases}\dfrac{Q}{4\pi\varepsilon_0 r^2}\boldsymbol{e}_r, & (r>R)\\ 0, & (r<R)\end{cases}$$

其中电场 $\boldsymbol{E}$ 已经写成了矢量形式.

上面结果说明,对于均匀带电球面,球面外的电场就像球面上的电荷都集中在球心后在球面外激发的电场一样,而面内的场强处处为零.将本题结果画成 $E-r$ 曲线(图 9-13),可以看出,在球壳内外,场强的值是不连续的.

例 9.7　求无限长均匀带电直线的场强分布.已知细直线上电荷线密度为 λ.

解:无限长带电细直线的电场分布应具有轴对称性.在离直线距离为 r 处取一点 P(图 9-14),由于带电细直线无限长,且均匀带电,仿照例 9.6 的对称性分析方法,可知 P 点场强垂直于直线沿径向向外.再由电荷分布的对称性,在以带电直线为轴的圆柱面上,场强的大小相等.

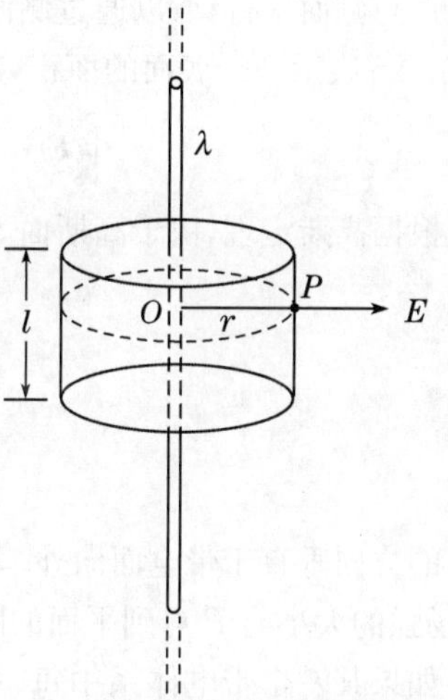

图 9-14　无限长均匀带电直线的场强

如图 9-14 所示,作一个通过 P 点,以带电直线为轴,高为 l 的圆柱形高斯面 S,则通过 S 面的电通量为

$$\oint_S \boldsymbol{E}\cdot d\boldsymbol{S}=\int_{S1}\boldsymbol{E}\cdot d\boldsymbol{S}+\int_{S2}\boldsymbol{E}\cdot d\boldsymbol{S}+\int_{S3}\boldsymbol{E}\cdot d\boldsymbol{S}.$$

在 S 面的上底面 S_2、下底面 S_3 上,场强与底面平行,因此上式右边后两项中的点积为 0.而在侧面 S_1 上各点 $\boldsymbol{E}$ 的方向都与面元法线方向相同,所以

$$\oint_S \boldsymbol{E}\cdot d\boldsymbol{S}=\int_{S1}\boldsymbol{E}\cdot d\boldsymbol{S}=\int_{S1}E dS=E\int_{S1}dS=2\pi rlE.$$

由高斯定理,S 面内所包围的电荷的电量为 λl,故有

$$2\pi rlE=\frac{\lambda l}{\varepsilon_0}.$$

由此得

$$\boldsymbol{E}=\frac{\lambda}{2\pi\varepsilon_0 r}\boldsymbol{e}_r.$$

这里已写成了矢量式,其中 $\boldsymbol{e}_r$ 为垂直于带电直线的单位矢量.这一结果与 9.2 节中例 9.3 的结果(9.9)式相同.可见,当条件许可时,利用高斯定理计算场强分布要简便的多.

例 9.8 求无限大均匀带电平面的场强分布，已知带电平面上的电荷面密度为 σ.

解：如图 9-15 所示，在空间任取一点 P，它距带电平面距离为 r. 仿照前面的对称性分析的方法，可以知道离开平面距离相等处场强大小相等，方向都垂直于平面，且指向平面两侧.

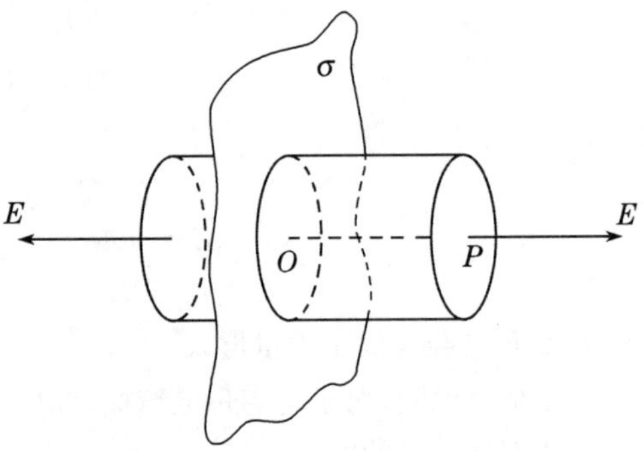

图 9-15　无限大均匀带电平面的场强

选取如图所示的高斯面 S，它是一个圆柱面，其侧面与带电面垂直，两底面与带电面平行，并对带电面对称，P 点位于它的一个底面上. 由于 S 的侧面上各点的场强与侧面平行，所以通过侧面的电通量为零. 因而只需要计算通过两底面的电通量. 以 ΔS 表示一个底面的面积，则

$$\oint_S \boldsymbol{E}\cdot \mathrm{d}\boldsymbol{S} = 2\int_{\Delta S} \boldsymbol{E}\cdot \mathrm{d}\boldsymbol{S} = 2E\Delta S.$$

根据高斯定理，由于高斯面 S 内所包围的电荷的电量为 $\sigma\Delta S$，故

$$2E\Delta S=\frac{1}{\varepsilon_0}\sigma\Delta S.$$

所以

$$E=\frac{\sigma}{2\varepsilon_0},$$

场强的方向垂直于带电面向外. 上式表明，无限大均匀带电平面两侧的电场是匀强电场，场强的大小与 P 点到平面的距离无关. 这个结果还与例 9.5 中的(9.12)式一致.

如果某一个带电体系中每一个带电体上的电荷分布都具有某种对称性，那么可以利用高斯定理求出每一个带电体激发的场强，然后再利用场强叠加原理求出带电体系激发的总电场.

利用例 9.8 的结果和场强叠加原理，可以求得两个无限大均匀带电平面所产生的电场分布. 为简单计，这里只考虑两面电荷密度等量异号的情形：$\sigma_1=-\sigma_2=\sigma$. 设两个带电平面在各自的两侧激发的场强分别为 $\boldsymbol{E}_1$、$\boldsymbol{E}_2$，两个面在各自的两侧激发的场强的方向如图 9-16 所示，其大小都是 $\sigma/2\varepsilon_0$. 因此，在Ⅰ、Ⅱ、Ⅲ区内的合场强分别为

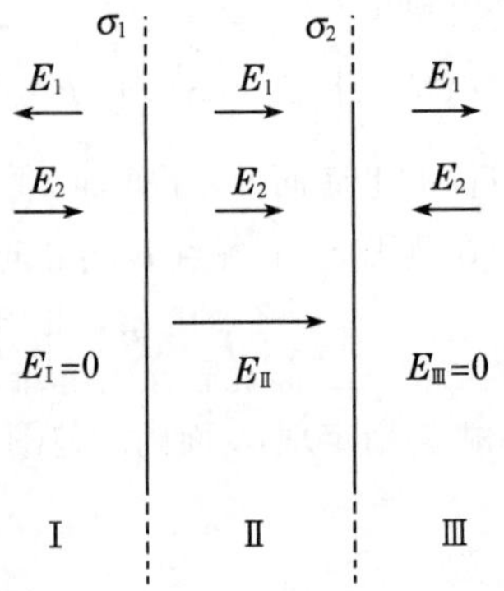

图 9-16　两无限大均匀带电平面

$$E_{\text{Ⅰ}}=E_1-E_2=0,E_{\text{Ⅱ}}=E_1+E_2=\frac{\sigma}{\varepsilon_0},E_{\text{Ⅲ}}=E_1-E_2=0.$$

这一结果说明，两个无限大均匀带电平面带有等量异号电荷时，电场只分布在两平面之间的区域，且为匀强电场. 在两平面的外侧，场强为零.

从以上几个例题可以看出，利用高斯定理求场强的关键在于对称性分析. 只有当带电体系具有较高的对称性，可以使积分 $\oint \boldsymbol{E} \cdot \mathrm{d}\boldsymbol{S}$ 中的场强从积分号里提出来时，我们才可能利用高斯定理求场强. 虽然这样的带电体系并不多，但这几个特例都很重要. 而在许多实际场合，我们都可以利用这些结果来作近似的估算. 例如，对于有限大的带电板附近，只要不太靠近边缘，例 9.8 的结果还是很好的近似.

9.5 电　势

9.5.1 静电场的环路定理

电荷在电场中运动时电场力要做功. 研究静电力做功的规律，从功和能这方面来研究静电场，对了解静电场的性质有重要意义.

在 2.3 节我们已经详细了解了保守力的概念和特征，其中的一个例子就是万有引力. 库仑力跟万有引力非常类似，也是保守力.

先讨论点电荷 Q 的静电场. 如图 9－17 所示，设电荷 q 从电场中一点 P_1 沿某一路径 L 移动到另一点 P_2. 在路径上某点 C 处的场强为

$$\boldsymbol{E}=\frac{Q}{4\pi\varepsilon_0 r^2}\boldsymbol{e}_r.$$

当 q 由 C 点移动 $\mathrm{d}\boldsymbol{l}$ 时，电场力做功为

$$\mathrm{đ}A=\boldsymbol{F}\cdot\mathrm{d}\boldsymbol{l}=q\boldsymbol{E}\cdot\mathrm{d}\boldsymbol{l}=\frac{qQ}{4\pi\varepsilon_0 r^2}\boldsymbol{e}_r\cdot\mathrm{d}\boldsymbol{l}$$
$$=\frac{qQ}{4\pi\varepsilon_0 r^2}\mathrm{d}l\cos\alpha=\frac{qQ}{4\pi\varepsilon_0 r^2}\mathrm{d}r,$$

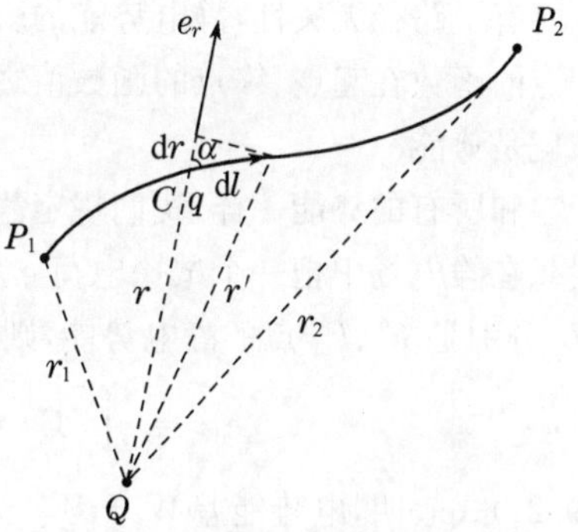

图 9－17　点电荷的静电力做功

式中 α 是 $\mathrm{d}\boldsymbol{l}$ 与径向单位矢量 $\boldsymbol{e}_r$ 的夹角，$\mathrm{d}l=|\mathrm{d}\boldsymbol{l}|$，$\mathrm{d}r=r'-r$. 上式表明，电场力做功只取决于半径的变化. 于是，在 q 由 P_1 沿路径 L 移动到 P_2 过程中，电场力做的总功为

$$A=\int_{P_1}^{P_2}\mathrm{đ}A=\int_{r_1}^{r_2}\frac{qQ}{4\pi\varepsilon_0 r^2}\mathrm{d}r=\frac{qQ}{4\pi\varepsilon_0}\left(\frac{1}{r_1}-\frac{1}{r_2}\right). \tag{9.19}$$

上式说明，电荷 q 在点电荷 Q 的静电场中运动时电场力的功只取决于运动电荷的始末位置，与路径无关. 此外它还与电荷 q 的大小成正比.

在多个点电荷共同产生电场的情况下，根据场强叠加原理，总电场对电荷 q 做的功等于每个点电荷单独存在时对 q 做的功之和. 而后面这些单独的功都与路径无关，所以总电场的功也与路径无关.

综上所述，可以得出如下结论：电荷在任何静电场中运动时，电场力所做的功只与电荷的电量和所经过的路径的起点、终点的位置有关，与所经过的路径无关. 所以，静电力是保守力，或者说静电场是保守力场.

2.3 节的讨论告诉我们，静电场的保守性还可表示成另一种形式. 如图 9－18，

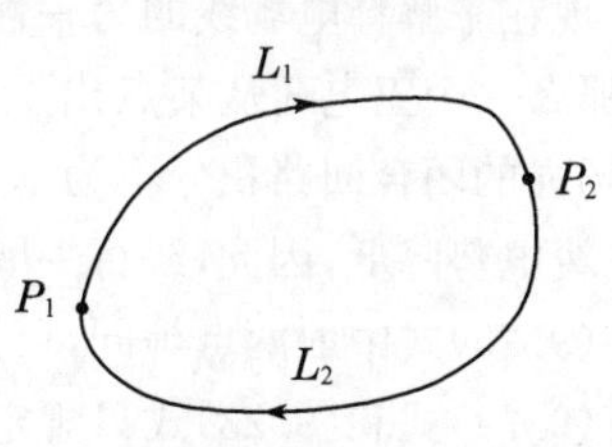

图 9－18　闭合路径时电场力做的功

在静电场中取一个任意闭合环路 L，考虑点电荷沿此环路绕行时电场力做的功，即场强 $\boldsymbol{E}$ 沿着此环路的线积分. 在 L 上取任意两点 P_1 和 P_2，它们把 L 分割成 L_1、L_2 两段. 因此

$$\oint_L \boldsymbol{E}\cdot \mathrm{d}\boldsymbol{l} = \int_{P_1(L_1)}^{P_2} \boldsymbol{E}\cdot \mathrm{d}\boldsymbol{l} + \int_{P_2(L_2)}^{P_1} \boldsymbol{E}\cdot \mathrm{d}\boldsymbol{l} = \int_{P_1(L_1)}^{P_2} \boldsymbol{E}\cdot \mathrm{d}\boldsymbol{l} - \int_{P_1(L_2)}^{P_2} \boldsymbol{E}\cdot \mathrm{d}\boldsymbol{l}.$$

由于静电场力做功与路径无关，所以

$$\int_{P_1(L_1)}^{P_2} \boldsymbol{E}\cdot \mathrm{d}\boldsymbol{l} = \int_{P_1(L_2)}^{P_2} \boldsymbol{E}\cdot \mathrm{d}\boldsymbol{l},$$

故

$$\oint_L \boldsymbol{E}\cdot \mathrm{d}\boldsymbol{l} = 0. \tag{9.20}$$

上式表明，**在静电场中，场强沿任何闭合路径的线积分等于零**. 这就是**静电场的环路定理**，它与“静电力做功与路径无关”的说法完全等价. 就像面积分称为通量一样，线积分也称为**环流**. 因此，上述定理也可表述为：静电场沿任意闭合路径的环流为 0.

9.5.2 电势差与电势

有了路径无关性，静电势能的引入就水到渠成了. 当且仅当力做的功可以写为一个空间点的函数在起点、终点的函数值之差时，这种功才具有路径无关性，而那个空间点的函数就是势能.

和所有的势能一样，我们规定静电场力所做的功等于静电势能增量的负值. 具体地，设想在静电场中把一个试探电荷 q 从 P_1 点移动到 P_2 点时静电场力所做的功为 A_{12}，W_1、W_2 分别是 P_1、P_2 点的静电势能，则

$$A_{12} = q\int_{P_1}^{P_2} \boldsymbol{E}\cdot \mathrm{d}\boldsymbol{l} = -(W_2 - W_1) = W_1 - W_2. \tag{9.21}$$

(9.21)式表明，电势能差 $W_1 - W_2$ 与试探电荷 q 的电量成正比，即 $(W_1 - W_2)/q$ 与试探电荷无关，它反映了电场本身在 P_1、P_2 两点的性质. 我们可以定义某点的**电势**为电荷在该点的电势能与电量的比值：

$$U = \frac{W}{q}, \tag{9.22}$$

这样 $(W_1 - W_2)/q$ 就成为 P_1、P_2 两点之间的**电势差**：

$$U_{12} = U_1 - U_2 = \frac{W_1 - W_2}{q} = \frac{A_{12}}{q} = \int_{P_1}^{P_2} \boldsymbol{E}\cdot \mathrm{d}\boldsymbol{l}. \tag{9.23}$$

上式表明，电场中 P_1、P_2 两点的电势差为从 P_1 点到 P_2 点移动单位正电荷时静电场力所做的功，或者说是单位正电荷的静电势能差. 如果沿着电场的方向移动，则(9.23)式右边的积分为正，这意味着 $U_1 > U_2$. 也就是说，沿着电场线的方向，电势降低.

现在来解释电场线的另一性质——电场线不构成闭合回路. 假设电场线构成闭合回路，那么一个正电荷从某点出发沿着电场线绕行一圈回到出发点后，电场力做功总是正的，场强的闭合回路积分不为 0. 这直接违反(9.20)式. 或者，从电势的角度看，由于沿着电场线电势降低，因此，绕行一圈后电势将减小. 这意味着同一点有一大一小两个的电势. 但在(9.23)式中取两点等同，可知同一点是不会有电势差的，不会同时存在两个电势值.

(9.21)式和(9.23)式只规定了电场中两点的电势能差和电势差，如果要知道它们的绝对数值，则需要选定参考点，即**势能零点**（或**电势零点**）. 则其他各点与电势零点的电势

差定义为该点的电势值. 在理论计算中，如果带电体局限在有限大小的空间内，通常选择无限远点为电势零点. 这样，空间任意一点 P 的电势 U_P 等于电势差 $U_{P\infty}$，即

$$U_P = U_{P\infty} = \frac{A_{P\infty}}{q} = \int_P^\infty \boldsymbol{E} \cdot \mathrm{d}\boldsymbol{l}. \tag{9.24}$$

从(9.23)式和(9.24)式可以看出，只要电场分布确定，静电场中任意两点的电势差就完全确定了，与试探电荷 q 无关，与电势零点的选择无关. 如果选定了电势零点，电场中任一点的电势值也就唯一确定了. 可见电势反映了电场本身的属性，它是由电场中各点的位置决定的标量函数.

电势差和电势的单位为 J/C，这个单位有一个专门名称，叫作伏特，简称伏，用 V 表示. 从(9.24)式还可看出，场强的单位还可写成 V/m.

当电场中电势分布已知时，可以很方便地计算出点电荷在静电场中移动时电场力所做的功. 由(9.23)式可知，将电荷 q 从 P_1 点移动到 P_2 点时，静电场力所做的功为

$$A_{12} = qU_{12} = q(U_1 - U_2). \tag{9.25}$$

在实际工作中，出于安全考虑，电工和电子仪器常常需要接地. 因此，在计算电势时选择大地作为电势零点比较方便. 地球可以看作一个大导体球，它的电势可以认为是一恒量，据测定其数值为 -8.2×10^8 V. 这个数值虽然很大，但完全不会影响一切有实际意义的计算结果. 因为电势本身只具有相对的意义，重要的是电势差而不是电势. 为此在电子技术中，常常令仪器的外壳电势为零.

例 9.9　以无穷远处作为电势零点，求点电荷 Q 激发的电场中的电势分布.

解：前面已经得到点电荷激发的电场中场强的分布为

$$\boldsymbol{E} = \frac{Q}{4\pi\varepsilon_0 r^2}\boldsymbol{e}_r.$$

可利用(9.23)式进行计算. 因为静电场力做功与路径无关，我们就选择一条便于计算的积分路径，即沿矢径向外的直线，于是

$$U_P = \int_P^\infty \boldsymbol{E} \cdot \mathrm{d}\boldsymbol{l} = \int_r^\infty E\,\mathrm{d}r = \frac{Q}{4\pi\varepsilon_0}\int_r^\infty \frac{\mathrm{d}r}{r^2} = \frac{Q}{4\pi\varepsilon_0 r}. \tag{9.26}$$

例 9.10　均匀带电球面的半径为 R，所带电量为 Q，求球面内外的电势分布.

解：例 9.6 中我们已经得到均匀带电球面的场强分布为

$$\boldsymbol{E} = \begin{cases} \dfrac{Q}{4\pi\varepsilon_0 r^2}\boldsymbol{e}_r, & (r>R) \\ 0. & (r<R) \end{cases}$$

在球面外($r>R$)，结果与点电荷情况一样：

$$U = \frac{Q}{4\pi\varepsilon_0 r}.$$

在球面内($r<R$)，由于球面内外场强的分布不同，所以(9.24)式中的积分要分成两段，即

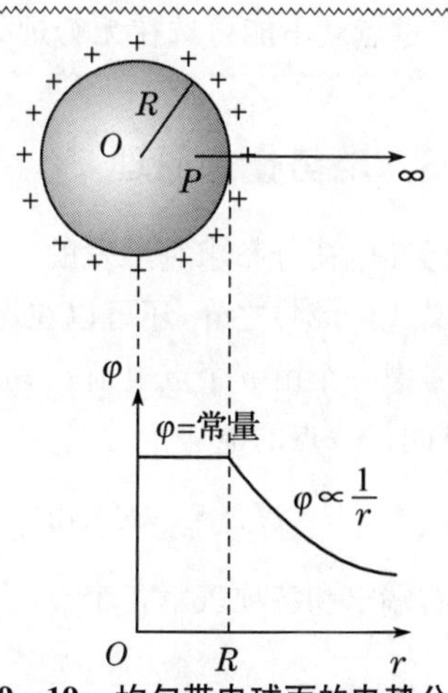

图 9-19　均匀带电球面的电势分布

$$U=\int_P^{\infty}\boldsymbol{E}\cdot d\boldsymbol{l}=\int_r^R E dr+\int_R^{\infty}E dr=0+\frac{Q}{4\pi\varepsilon_0}\int_R^{\infty}\frac{dr}{r^2}=\frac{Q}{4\pi\varepsilon_0 R}.$$

它说明均匀带电球面内各点电势相等，都等于球面上各点的电势. 电势随 r 变化的曲线见图 9－19. 与场强随 r 变化的曲线(图 9－13)比较，可以看出，在球面处($r=R$)，场强不连续，而电势是连续的.

在求电势时，初学者常常因为粗心，忘记了积分路径各段上场强表示式可能不同，没有分段积分，从而引起错误，读者务必引起注意.

例 9.11 求均匀带电无限长带电直线激发的电势分布，设电荷线密度为 λ.

解：由例 9.7 可知，场强分布为

$$\boldsymbol{E}=\frac{\lambda}{2\pi\varepsilon_0 r}\boldsymbol{e}_r.$$

如果仍然选取无穷远处作为电势零点，则由 $\int_P^{\infty}\boldsymbol{E}\cdot d\boldsymbol{r}$ 积分的结果可知各点电势都为无穷大而失去意义. 这是因为带电体系本身不在有限范围内. 这时我们可以选取离带电直线为 r_0 的 P_0 点作为电势零点(见图 9－20)，则空间任一点处的电势为

$$U=\int_P^{P_0}\boldsymbol{E}\cdot d\boldsymbol{r}=\int_P^{P'}\boldsymbol{E}\cdot d\boldsymbol{r}+\int_{P'}^{P_0}\boldsymbol{E}\cdot d\boldsymbol{r}.$$

式中积分路径 PP' 与带电直线平行，即与场强方向垂直，所以上式中第二个等号右边第一个积分为零；而 PP' 段与带电直线垂直，即与场强方向平行. 于是

$$U=\int_{P'}^{P_0}\boldsymbol{E}\cdot d\boldsymbol{r}=\int_r^{r_0}\frac{\lambda}{2\pi\varepsilon_0 r}dr=-\frac{\lambda}{2\pi\varepsilon}\ln\frac{r}{r_0}.$$

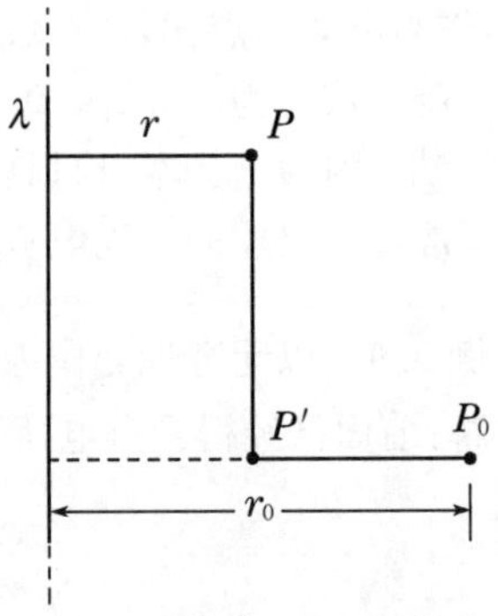

图 9－20 无限长均匀带电直线的电势分布计算

由此例结果可知，当电荷的分布并不局限在有限区域内而是延伸到无穷远处时，电势零点就不能再选在无穷远处，而只能选在离带电体有限远处.

9.5.3 电势叠加原理

已知电荷分布求它激发的电场中的电势分布，除了在已知场强分布时直接利用电势的定义式(9.24)之外，还可以在点电荷电势公式(9.26)式的基础上应用叠加原理来求解.

考虑一个由 n 个点电荷 $q_1,q_2,\cdots,q_n$ 组成的点电荷系. 由(9.24)式及场强叠加原理可知，空间任一点的电势

$$U_P=\int_P^{\infty}\boldsymbol{E}\cdot d\boldsymbol{l}=\int_P^{\infty}\sum_i\boldsymbol{E}_i\cdot d\boldsymbol{l}=\sum_i\int_P^{\infty}\boldsymbol{E}_i\cdot d\boldsymbol{l}=\sum_i U_i.$$

上式右端求和各项表示各个点电荷单独存在时 P 点的电势，它们都由(9.26)式给出. 故

$$U_P=\sum_{i=1}^{n}\frac{q_i}{4\pi\varepsilon_0 r_i}. \tag{9.27}$$

上式表明：点电荷系激发的电场中某点的电势，是各个点电荷单独存在时在该点电势的代

数和.

对于电荷连续分布的带电体，可以将带电体看成许多电荷元 dq 组成，每个电荷元可看作点电荷，根据电势叠加原理，(9.27)式应该改写为

$$U_P=\int\frac{dq}{4\pi\varepsilon_0 r}. \tag{9.28}$$

式中 r 为 P 点到各电荷元的距离，积分遍及整个带电体. 由于电势是标量，所以用电势叠加原理求电势是求代数和，比用场强叠加原理求矢量和要简便多了.

例 9.12　求电偶极子电场中的电势分布. 已知电偶极子中的两个点电荷 $+q$、$-q$ 之间距离为 l.

解：设电场中任一点 P 到电偶极子中心 O 的距离为 r，OP 连线与电偶极子轴线 $\boldsymbol{l}$ 的夹角为 θ，如图 9-21 所示.

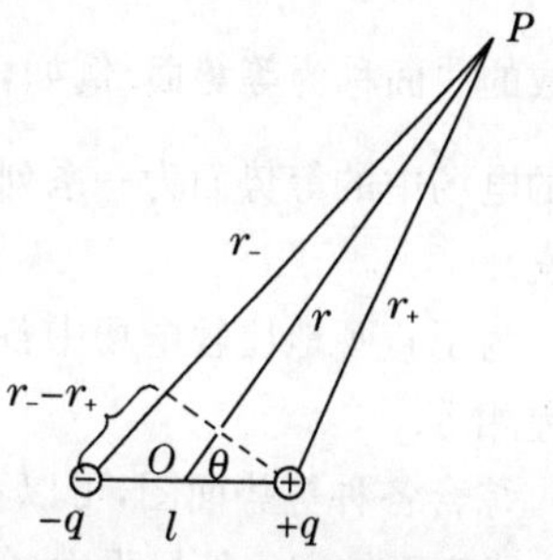

图 9-21　电偶极子的电势

根据电势叠加原理，P 点电势为

$$U=U_++U_-=\frac{q}{4\pi\varepsilon_0 r_+}+\frac{-q}{4\pi\varepsilon_0 r_-}=\frac{q(r_--r_+)}{4\pi\varepsilon_0 r_+r_-}.$$

对于离电偶极子相当远的点，即 $r\gg l$ 时，

$$r_+r_-\approx r^2,\ r_--r_+\approx l\cos\theta.$$

代入上式，得

$$U=\frac{ql\cos\theta}{4\pi\varepsilon_0 r^2}=\frac{p\cos\theta}{4\pi\varepsilon_0 r^2}=\frac{\boldsymbol{p}\cdot\boldsymbol{r}}{4\pi\varepsilon_0 r^3}. \tag{9.29}$$

式中 $\boldsymbol{p}=q\boldsymbol{l}$ 为电偶极矩，$\boldsymbol{r}$ 为由电偶极子到 P 点的位矢.

例 9.13　半径为 R 的均匀带电细圆环，所带总电量为 Q，求圆环轴线上的电势分布.

解：如图 9-22 所示，在圆环上任取一个电荷元 dq，轴线上任一点 P 到圆环中心 O 的距离为 x，由点电荷的电势表示式(9.26)式得

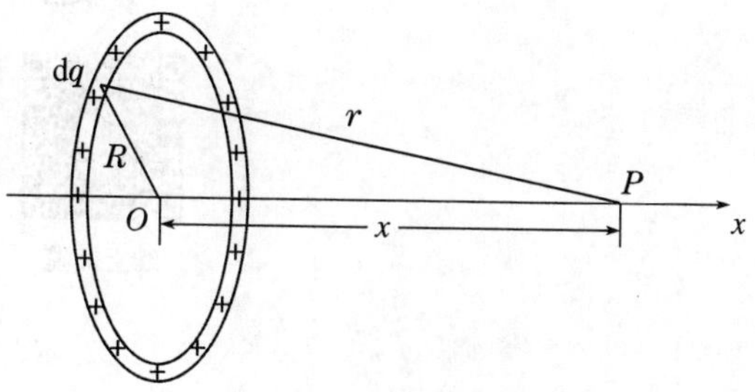

图 9-22　均匀带电圆环的电势

$$dU=\frac{dq}{4\pi\varepsilon_0 r}=\frac{dq}{4\pi\varepsilon_0(R^2+x^2)^{1/2}}.$$

对整个带电体进行积分，注意 x 是常数，得圆环轴线上的电势分布为

$$U=\int\frac{dq}{4\pi\varepsilon_0(r^2+x^2)^{1/2}}=\frac{1}{4\pi\varepsilon_0(R^2+x^2)^{1/2}}\int dq$$

$$=\frac{Q}{4\pi\varepsilon_0(R^2+x^2)^{1/2}}.$$

当 P 点位于圆环中心 $(x=0)$ 时，$U=\dfrac{Q}{4\pi\varepsilon_0 R}$；当 P 点远离圆环 $(x\gg R)$ 时，则 $U=$

$\frac{Q}{4\pi\varepsilon_0 x}$. 后一结果说明，在离开圆环很远处，可以把圆环整体看成一个点电荷，此时圆环的大小和形状已经无关紧要.

9.5.4 等势面

电场中场强的分布可以借助电场线图来形象地描绘，同样电势的分布也可以借助等势面来形象地描绘.

一般说来，静电场中的电势是逐点变化的. 但电场中总是有许多电势相等的点，它们组成的曲面称为**等势面**. 例如，在点电荷 q 激发的电场中，电势 $U=\frac{q}{4\pi\varepsilon_0 r}$，因此点电荷激发的电场中的等势面为一系列以 q 为心的同心球面，并且电场线沿着球面的径向与球面正交.

为了直观地比较电场中各点的电势，我们规定：在画等势面时，相邻等势面之间的电势差相等.

综合各种等势面图，可以看出等势面具有如下性质：(1) 等势面与电场线处处正交；(2) 等势面较密集处场强大，等势面较稀疏处场强小.

实际工作中，在许多情况下，由于用外部条件来控制的是电场中某些等势面的形状及其电势的数值，并且用实验的方法精确地测量电势比测量场强方便得多，我们往往先测绘出等势面图，再由电场线与等势面的关系了解整个电场的分布和特性.

习 题

线上阅览

第 10 章　有导体和介质时的静电场

第 9 章讨论了真空中的静电场的基本概念和一般规律. 在实际使用上，常常用导体带电形成电场，而且还使用导体和介质来改变电场和电荷分布. 本章讨论有导体和介质存在时静电场的规律.

介质在电场和磁场中都会发生某种变化，因而具有某种电性质和磁性质. 当我们只研究介质的电性质时，常常就称之为电介质. 同样，只研究介质的磁性质时，就称之为磁介质. 电介质和磁介质并不是对介质种类的划分，而只是研究其性质时的通俗说法. 本章只讨论均匀且各向同性的线性介质.

10.1　静电场中的导体

本节研究有金属导体存在时的静电现象. 为了绝缘，导体总是装在绝缘支架上. 假定绝缘支架的材料既不受电场影响也不影响电场. 关于绝缘电介质，我们在 10.3 节再讨论.

10.1.1　导体的静电平衡条件

当导体不带电也远离带电体时，导体中的自由电子在导体内部均匀分布①，整个导体不显电性.

如图 10 - 1 所示，把一个正点电荷 q 移近不带电的导体 A 附近，我们用 $\boldsymbol{E}_0$ 表示 q 在导体内部激发的场强，在 $\boldsymbol{E}_0$ 作用下导体内部的自由电子将逆着 $\boldsymbol{E}_0$ 方向发生移动，使导体的一端带上负电荷，另一端带上正电荷，这种现象称为**静电感应**. 这种过程不会持续进行下去，因为导体两端积累的正负电荷将激发另一电场 $\boldsymbol{E}'$，它与外电场叠加的结果使得导体内部的场强为 $\boldsymbol{E}=\boldsymbol{E}_0+\boldsymbol{E}'$. 由于 $\boldsymbol{E}'$ 与 $\boldsymbol{E}_0$ 方向相反，所以导体内部的场强将减弱. 但只要合场强 $\boldsymbol{E}$ 不为零，导体内部电荷就会继续定向运动，两端电荷累积继续增加，场强 $\boldsymbol{E}'$ 也随之增大. 直到最后，$\boldsymbol{E}'$ 抵消外电场 $\boldsymbol{E}_0$，使得 $\boldsymbol{E}=\boldsymbol{0}$，这时导体内部无电场，自由电子的定向运动停止，导体达到**静电平衡状态**. 这一过程进行得十分迅速，实验表明，这一过程经历的时间约为 10^{-14} s.

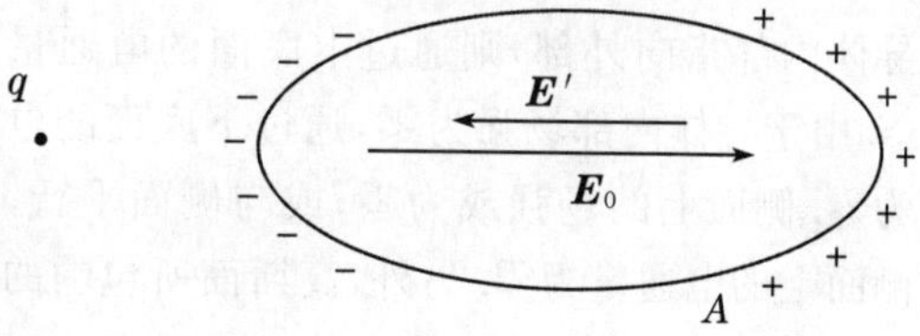

图 10 - 1　导体的静电感应

而且，导体静电平衡时，表面的自由电子也将不会有定向运动. 但这并不意味着导体表面附近无电场. 表面电场的法向分量是允许的，但切向分量不能存在，否则电子将在这

① 导体中的自由电子总会存在杂乱无章的热运动，此外还可能有某种集体的定向运动，正是这种定向运动形成电流. 电磁学中谈论的电子运动一般都是这种定向运动.

种分量的作用下沿导体表面运动.

综上所述,导体达到静电平衡的条件是:(1) 导体内部场强处处为零;(2) 导体表面附近的场强处处垂直于导体表面. 由于内部无电场,那么就必然没有电势的降落(改变),因此,导体内部(包括表面)任意两点等电势①. 也就是说,**处在静电平衡状态下的导体是等势体,其表面是等势面**. 这是静电平衡条件的另一种等价说法. 实际上,在上一章谈到,场强方向必然垂直于等势面. 由于导体表面等势,所以导体表面附近的场强必然垂直于导体表面.

初学者往往误认为外部电荷 q 在导体内部激发的场强为零. 这是不对的. 如果如此,那么就根本没有静电感应现象产生了. 事实上,即使导体处在静电平衡状态,外部电荷 q 在导体内部激发的场强仍然不为零. 例如在图 10-1 中,外部电荷 q 在导体内部激发的场强为 $\boldsymbol{E}_0=\frac{q}{4\pi\varepsilon_0 r^2}\boldsymbol{e}_r$. 静电平衡条件中所指的场强是空间所有电荷(包括感应电荷)在导体内部的合场强.

10.1.2 静电平衡状态下导体的性质

导体处在静电平衡状态下具有如下性质.

(1) **导体表面附近任一点的场强的大小与导体表面该处的电荷面密度成正比.**

这一点可证明如下:如图 10-2 所示,在导体表面上任取一个面元 ΔS,这个面元取得足够小,以至于可以认为其上电荷面密度及其外部附近的场强是均匀的. 作一个紧靠导体表面的圆柱形高斯面包围 ΔS. 这个高斯面高度极小,其两底面分别位于导体内部和外部,面积均为 ΔS. 设场强 $\boldsymbol{E}$ 由导体内部指向外部,则通过上底面的电通量为 $E\Delta S$. 由于导体内部场强为零,通过下底面的电通量为零. 侧面上的场强或为零,或与侧面平行,所以侧面上的电通量为零. 另外,高斯面所包围的电量为 $\sigma\Delta S$. 根据高斯定理,有

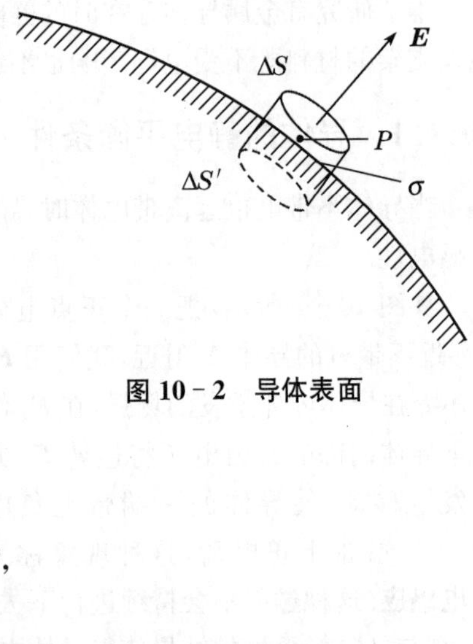

图 10-2 导体表面

$$E\Delta S=\frac{1}{\varepsilon_0}\sigma\Delta S,$$

故

$$E=\frac{\sigma}{\varepsilon_0}.$$

写成矢量形式有

$$\boldsymbol{E}=\frac{\sigma}{\varepsilon_0}\boldsymbol{e}_n, \tag{10.1}$$

式中 $\boldsymbol{e}_n$ 表示导体表面外法线单位矢量. 上式表明,无论导体表面形状如何,导体表面外侧附近的场强一定与导体表面的电荷面密度成正比. 导体表面带正电荷的地方场强方向指

① 这里讲的导体是均匀导体,整块导体性质各处一样. 对于不均匀导体,例如铜棒和铝棒焊接而成的导体,由于存在接触电势差,在静电平衡下,铜棒和铝棒的电势并不相等.

向表面外侧，而带负电荷的地方场强方向指向表面内侧.

注意(10.1)式中的场强是空间所有电荷(包括导体上的全部电荷以及导体外所有的其他电荷)共同激发的合场强，σ 是此时达到静电平衡后导体表面面元 ΔS 处的电荷面密度. 当其他场源发生变化时，电场分布必定要发生变化，导体表面上的电荷分布要发生相应的调整，直到达到新的静电平衡. 此时(10.1)式仍然成立，只不过式中的 $\boldsymbol{E}$ 和 σ 是重新调整后的量.

(2) **导体处在静电平衡时，电荷只能分布在导体表面，导体内部各处净电荷为零.** 这也可以由高斯定理和导体静电平衡条件得到证明.

如图 10-3 所示，在导体内部任取一点，围绕该点作一个很小的高斯面 S，高斯面 S 可以位于导体内部任意地方，并且可以趋缩于一点. 由于在静电平衡情况下，导体内部场强处处为零，故通过该闭合面 S 的电通量为 0. 根据高斯定理，高斯面 S 内的电量必然为 0，也就是导体内部无电荷. 因此，如果导体带电，那么电荷只能分布在导体表面上.

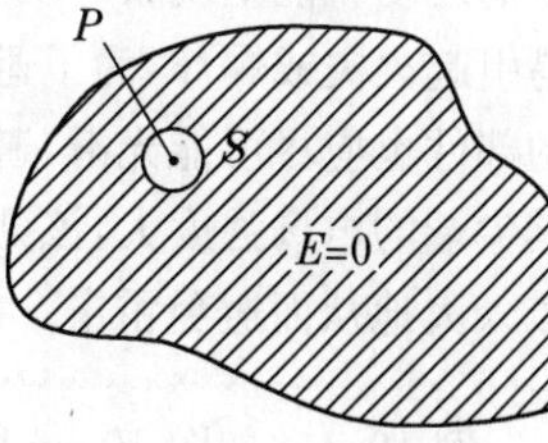

图 10-3　导体内部

根据高斯定理也可以判断空心导体内表面的电荷分布情况.

如图 10-4 所示，对于空腔内无电荷的空心导体，作一高斯面包围空腔. 由于该高斯面处于无电场的导体内部，故电通量为 0，由高斯定理知高斯面内电荷的代数和为零. 那么是否可以出现导体内表面一部分带正电一部分带负电的情况呢？如果出现这种情况，由于导体内部场强处处为零，从带正电的部分发出的电场线不能穿过导体，也不能在空腔内形成闭合曲线，所以这些电场线一定终止于导体内表面带负电的部分. 沿着电场线求积分，则 $\int \boldsymbol{E} \cdot d\boldsymbol{l} \neq 0$，这与导体是一个等势体相矛盾. 所以电荷只能分布在导体的外表面上.

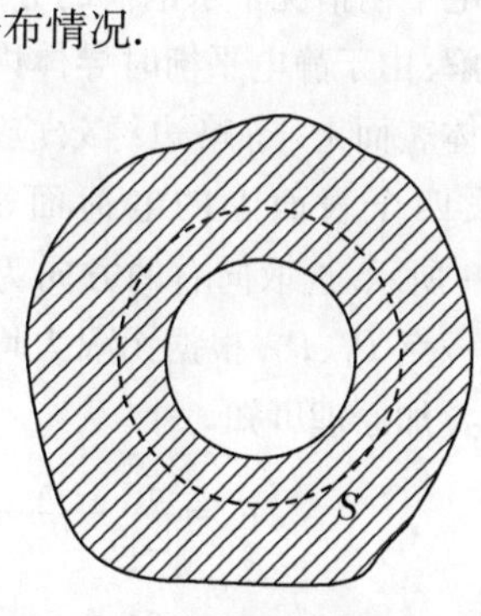

图 10-4　空腔内无电荷的空心导体

如果是空腔内有电荷 q 的空心导体，如图 10-5 所示，那么跟上面一样作同样的高斯面，可知高斯面内电荷的代数和为零. 既然已有电荷 q，那么内表面上必然出现感应电荷 $-q$. 而且，如果导体原来是电中性的，则外表面将出现感应电荷 q.

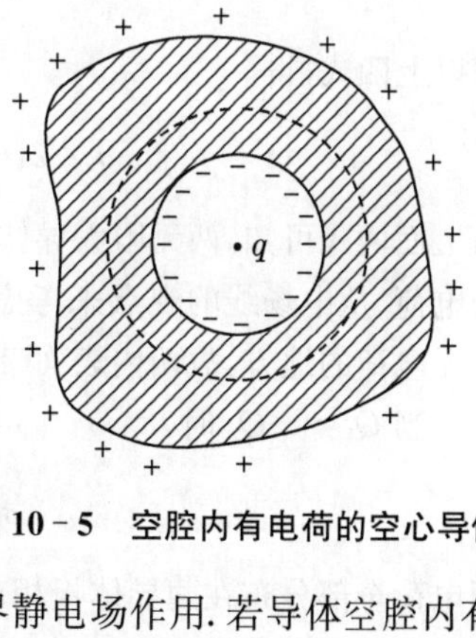

图 10-5　空腔内有电荷的空心导体

从上面的讨论可知，处在外电场中的导体空腔，若空腔内无带电体，则由于外电场和导体空腔外表面感应电荷产生的电场在导体内部和空腔内恰好相互抵消，空腔内场强为零. 因此，放在空腔内的物体，将不受外电场作用，这个现象称为**静电屏蔽**. 利用这一性质，我们可以把仪器放在金属外壳中，使之不受外界静电场作用. 若导体空腔内有带电体，由于静电感应会使导体内外表面分别感应出等量异号电荷. 导体外表面上的感应电荷必然对导体外部产生影响. 但如果此时将导体接地,则导体外表面上的感应电荷会由于接地而中和,其对外界的影响也随之消失. 所以,接地导体空腔可以屏蔽腔内部带电体对外界的影响.

孤立的导体处于静电平衡时,它的表面各处的电荷面密度与表面各处的曲率有关. 大致说来,曲率大的地方,电荷面密度也大. 例如,在导体的尖端部分曲率很大,电荷面密度也很大,从而导体尖端附近场强很强. 在强电场作用下,空气中的残留离子会发生剧烈的运动. 能量很高的离子与空气分子碰撞时,会使空气分子电离,从而产生大量新离子,这些离子的运动就能呈现放电现象产生火花,这种效应称为**尖端放电**现象. 尖端放电的电火花容易引起火灾或爆炸,为了避免这种情况,高压输电线表面应尽可能光滑,支架高压输电线的部件也应尽可能光滑,避免出现棱角. 尖端放电并不总是有害的,例如避雷针就是利用其尖端的电场强度大,该处的空气被电离,形成放电通道,使云和地之间的电流通过导线流入大地从而避免雷击.

例 10.1 如图 10-6 所示,两块大金属平面板,面积为 S,第一块板带电 Q_1,第二块板带电 Q_2. 忽略金属板的边缘效应,在静电平衡情况下求电荷的分布情况.

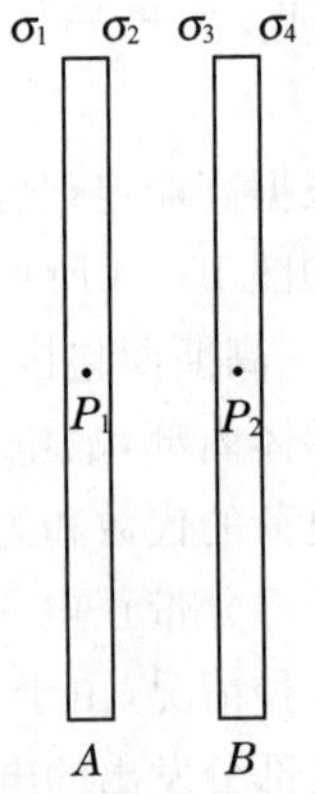

图 10-6 例 10.1 题图

解:由于静电平衡时导体内部没有净电荷,电荷只能分布在导体表面上. 忽略边缘效应,这些电荷可看成是均匀分布的. 设四个表面上的电荷面密度分别为 $\sigma_1,\sigma_2,\sigma_3,\sigma_4$,如图 10-6 所示. 选取向右的方向为正方向,在两块金属板中分别任选一点 P_1、P_2. 根据无限大均匀带电平面的场强公式,并由场强叠加原理可知,

$$E_1=\frac{\sigma_1}{2\varepsilon_0}-\frac{\sigma_2}{2\varepsilon_0}-\frac{\sigma_3}{2\varepsilon_0}-\frac{\sigma_4}{2\varepsilon_0}=0,$$

$$E_2=\frac{\sigma_1}{2\varepsilon_0}+\frac{\sigma_2}{2\varepsilon_0}+\frac{\sigma_3}{2\varepsilon_0}-\frac{\sigma_4}{2\varepsilon_0}=0.$$

由电荷守恒定律可知,

$$\sigma_1+\sigma_2=\frac{Q_1}{S},\sigma_3+\sigma_4=\frac{Q_2}{S}.$$

解以上四式,得

$$\sigma_1=\sigma_4=\frac{Q_1+Q_2}{2S},\sigma_2=-\sigma_3=\frac{Q_1-Q_2}{2S}.$$

由上面两式可知,两无限大导体平板相对的两内面带等量异号电荷,而外表面带同样的电荷. 从电场线的观点来考虑,由于静电场的电场线既不能穿过导体,又不能终止于无电荷的地方,故两内表面带等量异号电荷.

当 $Q_1=-Q_2$ 时,

$$\sigma_1=\sigma_4=0,\sigma_2=-\sigma_3=\frac{Q_1}{S},$$

即电荷全部分布在两导体板相对的内表面上. 这是一种重要的特殊情况,对平行板电容器充电就是这种情况.

例 10.2　如图 10－7 所示，半径为 R_1，的金属球被另一个同心放置的、内外半径分别为 R_2、R_3 的金属球壳所包围，两者带电后电势分别为 U_1、U_2. 求：(1) 金属球壳内外表面的电量；(2) 空间的场强分布；(3) 如果用导线把球与球壳连接起来，达到静电平衡后，情况如何？

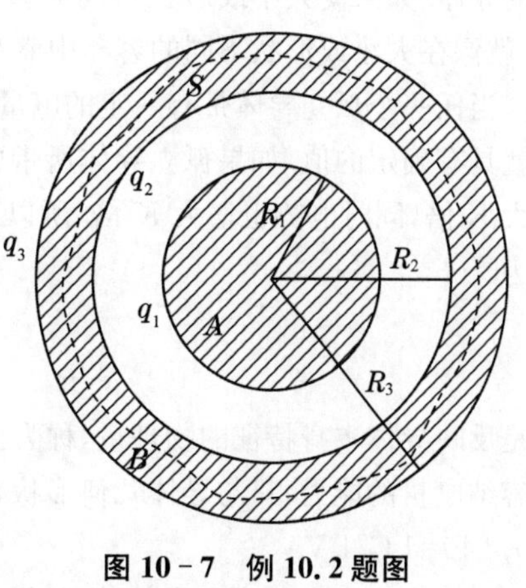

图 10－7　例 10.2 题图

解：(1) 静电平衡条件下，导体球和导体球壳内的场强为零，电荷均匀地分布在它们的表面上，如图 10－7 所示，设 q_1，q_2，q_3 分别表示半径为 R_1，R_2，R_3 的球面上所带的电量，由例 9.10 的结果和电势叠加原理，并且考虑导体是等势体，可得

$$U_1=\frac{q_1}{4\pi\varepsilon_0 R_1}+\frac{q_2}{4\pi\varepsilon_0 R_2}+\frac{q_3}{4\pi\varepsilon_0 R_3},U_2=\frac{q_1+q_2+q_3}{4\pi\varepsilon_0 R_3}.$$

在金属球壳内作一个包围内壳的高斯面 S，由高斯定理可得

$$q_1+q_2=0.$$

由上面三个方程，得

$$q_1=\frac{4\pi\varepsilon_0(U_1-U_2)R_1R_2}{R_2-R_1},q_2=\frac{4\pi\varepsilon_0(U_2-U_1)R_1R_2}{R_2-R_1},q_3=4\pi\varepsilon_0 U_2R_3.$$

(2) 由上面求出的电荷分布，根据高斯定理易得场强分布：

$$E=\begin{cases}0, & (r<R_1)\\ \dfrac{(U_1-U_2)R_1R_2}{(R_2-R_1)r^2}, & (R_1<r<R_2)\\ 0, & (R_2<r<R_3)\\ \dfrac{U_2R_3}{r^2}. & (r>R_3)\end{cases}$$

(3) 如果用导线把球与球壳连接起来，壳的内表面和内球表面电荷完全中和，在静电平衡情况下，球与球壳作为同一个导体，球与球壳之间电势差为零，电荷只能分布在导体的外表面上，外表面电量为 q_3. 电场分布为

$$E=\begin{cases}0, & (r<R_3)\\ \dfrac{U_2R_3}{r^2}. & (r>R_3)\end{cases}$$

10.2　电容器

10.2.1　孤立导体的电容

孤立导体是指与其他导体或带电体都足够远，其他物体所带电荷对它的影响可以忽

略的导体.如果使大小或形状不同的孤立导体带一定的电量时,它们的电势将不一定相同.就像在大小或形状不同的容器中盛有等量的水,水面的高度不一定相同一样.

当任一个孤立导体带有一定的电量时,由它所激发的电场也就确定了,因而它的电势也就具有确定的值.如果孤立导体所带的电量增加 K 倍,那么它所激发的场强的大小也增大 K 倍,同时电势也增大 K 倍.所以孤立导体的电势与它所带的电量成正比.比例系数为

$$C=\frac{Q}{U} \tag{10.2}$$

就是反映导体本身特征的物理量,称为孤立导体的**电容**.它表示电势都为1 V时各孤立导体容纳电量的能力,只与导体几何形状有关.在国际单位制中,电容的单位是法拉,简称法(F).1 F=1 C/1 V.

对于半径为 R 的孤立导体球,如果它所带的电量为 Q,则它的电势为 $U=Q/(4\pi\varepsilon_0 R)$.因此,孤立导体球的电容为

$$C=\frac{Q}{U}=4\pi\varepsilon_0 R. \tag{10.3}$$

如果导体球的半径 $R=1.00$ m,则由(10.3)式求出它的电容为

$$C=4\pi\varepsilon_0 R=4\times3.14\times8.85\times10^{-12}\times1.00\ \text{F}=1.11\times10^{-11}\ \text{F}.$$

可见法拉这个单位是相当大的,常用的单位是微法(μF)或皮法(pF):

$$1\ \mu\text{F}=10^{-6}\ \text{F},1\ \text{pF}=10^{-12}\ \text{F}.$$

10.2.2 电容器的电容

在实际中,导体周围通常有其他导体或带电体,这时电场的分布将与孤立导体的情况不同,带电导体的电势不仅与它的电量有关,还与其他导体或带电体的位置、形状和电量有关.也就是说,周围其他导体或带电体的存在会影响导体的电容.在实际应用中,利用静电屏蔽的特点,可以设计一种导体组合,使其电容量大而体积小,且其电容不受外界的影响.

电容器就是这种导体组合,它由两块称为极板的导体组成.电场集中在两极板之间的空间中,外界对两极板之间的电势差影响很小,以至于可以忽略不计.若电容器的两极板分别带电 $+Q$ 和 $-Q$,这时两极板之间有一定的电势差 $U=U_+-U_-$.实验和理论都证明,对给定的电容器而言,它所带的电量 Q 与两极板间的电压 U 成正比,比值

$$C=\frac{Q}{U} \tag{10.4}$$

称为电容器的**电容** $\boldsymbol{C}$.

电容器的电容取决于电容器本身的结构,即两极板的形状、大小,两极板的相对位置以及其间所充填的绝缘材料等因素,与电容器是否带电或所带电量以及极板间的电压无关.从(10.4)式可以看出,在电压相同的情况下,电容 C 越大的电容器,所储存的电量越多.这说明电容是反映电容器储存电荷本领大小的物理量.

电容器最简单而且最基本的形式是**平行板电容器**,它是由两块相距很近,平行放置并

且相互绝缘的大金属板组成，如图 10－8 所示.

设极板带电为 Q，两极板的面积为 S，极板之间距离为 d $(d\ll\sqrt{S})$，两极板之间为真空. 忽略边缘效应，可认为电荷在两极板上均匀分布，并且两极板之间为匀强电场，由(10.1)式，两极板间电压为

$$U=Ed=\frac{\sigma}{\varepsilon_0}d=\frac{Qd}{\varepsilon_0 S}.$$

代入电容的定义(10.4)式，可得

$$C=\frac{\varepsilon_0 S}{d}. \tag{10.5}$$

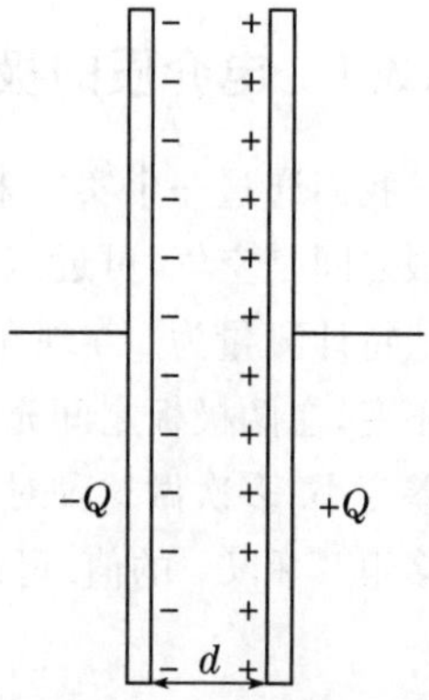

图 10－8　平行板电容器

圆柱形电容器由两个同轴的金属圆筒组成，如图 10－9 所示.

设圆筒长度为 l，两筒的半径分别为 R_1 和 R_2，两筒之间为真空. 设电容器极板带电为 Q，忽略边缘效应，可以求出两筒之间的场强大小为

$$E=\frac{Q}{2\pi\varepsilon_0 rl},$$

场强的方向垂直于轴线沿径向. 于是，两筒之间的电压为

$$U=\int \boldsymbol{E}\cdot \mathrm{d}\boldsymbol{r}=\int_{R_1}^{R_2}\frac{Q}{2\pi\varepsilon_0 rl}\mathrm{d}r=\frac{Q}{2\pi\varepsilon_0 l}\ln\frac{R_2}{R_1}.$$

代入电容器的定义(10.4)式，得

$$C=\frac{2\pi\varepsilon_0 l}{\ln(R_2/R_1)}. \tag{10.6}$$

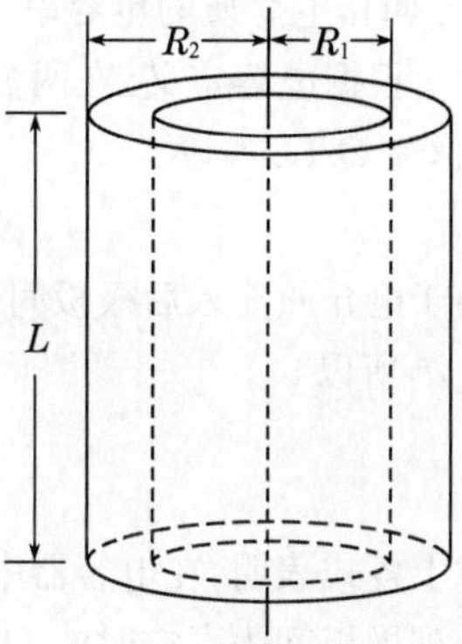

图 10－9　圆柱形电容器

球形电容器由两个同心的金属球壳组成(图 10－10)，如果两球壳之间为真空，用上面同样的方法可以求出球形电容器的电容为

$$C=\frac{4\pi\varepsilon_0 R_1R_2}{R_2-R_1}. \tag{10.7}$$

(10.5)式、(10.6)式和(10.7)式的结果都说明，电容器的电容确实只取决于电容器的几何结构，与电容器极板上面所带电量无关.

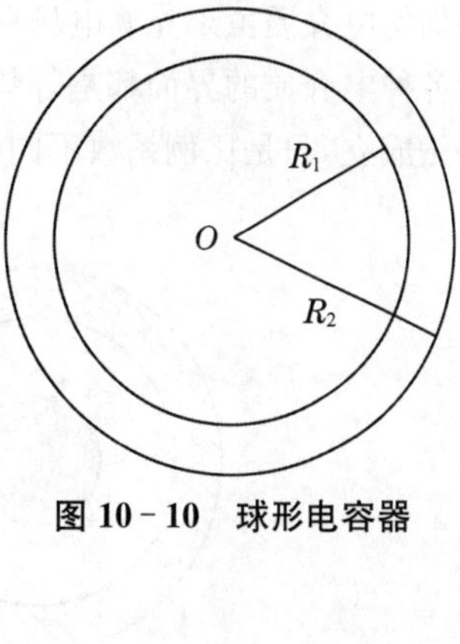

图 10－10　球形电容器

10.3　电介质

电介质是指在通常条件下导电性能极差的物质，即绝缘体，如云母、橡胶、玻璃、陶瓷等. 电介质中正负电荷束缚得很紧，内部可以自由运动的电荷极少，所以导电性能差. 但是把电介质放入电场中，它就会受到电场作用而发生变化，这种变化过程称为**极化**. 极化了的电介质会激发附加电场叠加在由于其他原因激发的电场上，从而改变总电场.

10.3.1　电介质的极化现象

我们通过一个实验来讨论各向同性且均匀的线性介质对电场的影响. 设电容器两块极板之间是空气，可近似看成真空. 对电容器充电，使两极板分别带电 $\pm Q$，设此时电势差用伏特计测量为 U_0. 现在保持电容器的几何结构（如两极板之间的距离等）和极板上的电荷不变，在两极板之间充满某种均匀电介质，再用伏特计测量两极板间电势差 U，此时电势差变小. 多次做这种对比实验，每次只是极板的带电量不同，其他情况完全相同，可以得到多组 U 和 U_0 的值. 可以发现，U 和 U_0 成正比，比例系数

$$\varepsilon_r=\frac{U_0}{U} \tag{10.8}$$

反映着电介质的性质，称为电介质的**相对电容率**（**相对介电常数**）. 可以看出，$\varepsilon_r>1$. 而 $\varepsilon=\varepsilon_0\varepsilon_r$ 叫作电介质的**电容率**（**介电常数**）.

根据电容定义，在两极板之间无电介质时，电容 $C_0=Q/U_0$；在充满电介质后，电容变为 $C=Q/U$. 所以

$$C=\varepsilon_r C_0. \tag{10.9}$$

由于电介质充入后极板间电势差减小，说明极板之间的电场减弱了. 因为 $U=Ed$，$U_0=E_0 d$，所以

$$\boldsymbol{E}=\frac{\boldsymbol{E}_0}{\varepsilon_r}. \tag{10.10}$$

以上各式表明，在电容器中充满均匀的各向同性线性介质后，极板间的电势差和场强都减小到极板间为真空时的 $1/\varepsilon_r$，而电容则增大 ε_r 倍.

需要指出的是(10.8)式～(10.10)式给出的关系原则上只适用于均匀的各向同性线性介质充满电场所在空间的情况. 但如果各向同性均匀电介质虽未充满电场所在空间，但电介质的表面是等势面，或者各种电介质的界面都是等势面，如图 10－11 所示，则上述正比关系仍然成立，只是比例系数不同而已.

阅读　各种电介质的相对介电常数

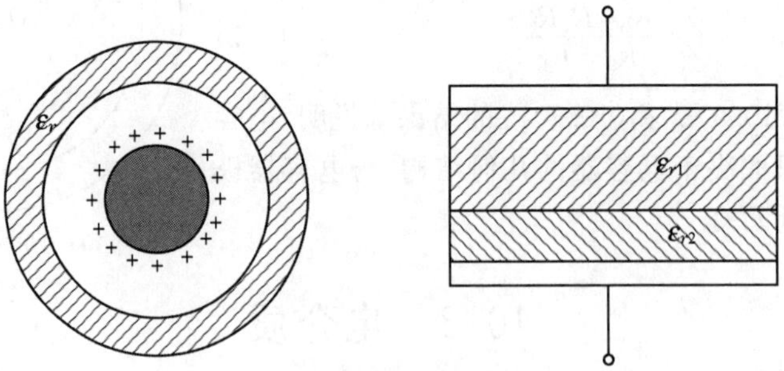

图 10－11　介质界面为等势面的情况

10.3.2　电介质的极化机理

那么，这种电场、电势的改变是如何发生的呢？电介质由分子组成，分子中有正电荷又有负电荷，它们分布在分子内部，而不是集中于一点. 但在考虑一个分子受外电场作用

时，可以等效地认为分子中的正电荷集中于一点，称为正电荷重心. 同样可以认为负电荷集中于负电荷重心. 对于中性分子，正、负电荷等量.

电介质可以分成两类. 在没有外电场时，一类介质的分子的正负电荷重心重合，因而分子电偶极矩为零，称为**无极分子**；另一类介质的分子的正负电荷重心不重合，因而分子电偶极矩不为零，称为**有极分子**. 虽然有极分子呈现电矩，但由于分子热运动，各个分子电矩取向是杂乱无章的，取各方向的概率相等. 因此，不论是无极分子还是有极分子，在没有外电场时，宏观上介质各处对外都呈现电中性.

然而，在外电场作用下，无论是有极分子还是无极分子都要发生极化. 极化分为有极分子的**取向极化**和无极分子的**位移极化**两种，分别介绍如下.

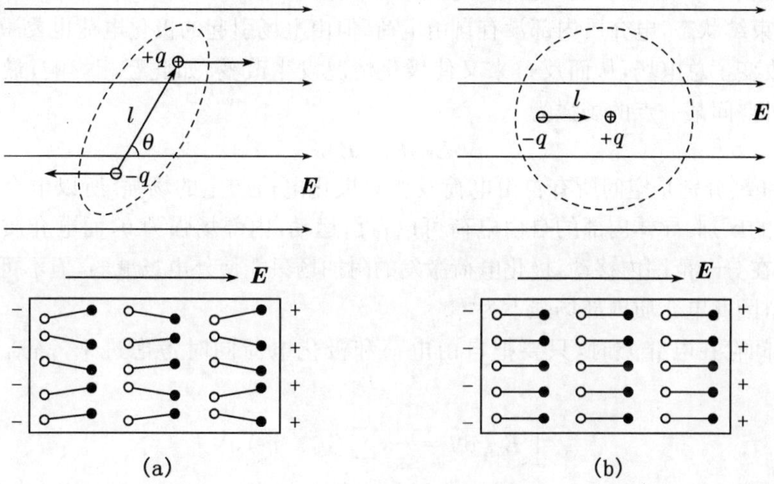

图 10-12　介质的极化机制

如图 10-12(a)所示，将一块由有极分子组成的均匀电介质放入匀强电场，作用在分子等效电偶极子上正、负电荷重心的电场力分别为 $\boldsymbol{F}_+=q\boldsymbol{E}$ 和 $\boldsymbol{F}_-=-q\boldsymbol{E}$，它们的矢量和为零. 但是只要这对力的作用线不重合，电偶极子将受到一个力偶矩作用，其大小为 $M=qEl\sin\theta$，其中 l 是电偶极子两个点电荷连线的长度，θ 是电偶极矩与场强的夹角. 力偶矩的方向垂直于纸面向内，与 $\boldsymbol{p}\times\boldsymbol{E}$ 的方向相同. 写成矢量式为

$$\boldsymbol{M}=\boldsymbol{p}\times\boldsymbol{E}. \tag{10.11}$$

在该力矩作用下，电偶极子将发生转动，其电矩趋向外电场方向排列. 但是由于分子热运动，这种分子电偶极矩的排列不可能是整齐的. 从整体来看，当极化均匀时，在电介质内部由于电偶极子基本上首尾相接，故不会有净的电荷出现，但电介质表面出现电荷：在电场线进入电介质的一端出现负电荷，穿出的一端出现正电荷. 这种电荷被束缚在分子内部，既不能在电介质内部自由运动也不能离开电介质表面，称为**极化电荷**(**束缚电荷**).（当极化不均匀时，介质内部也会出现极化电荷.）这种极化现象称为**有极分子的取向极化**.

另一种情况如图 10-12(b)所示. 将一块由无极分子组成的均匀电介质放入外电场，在电场作用下，无极分子中正负电荷重心向相反的方向做微小位移. 正负电荷重心不再重合，分子电偶极矩不再为零，其方向与场强方向一致，其大小与场强大小成正比，其电偶极矩沿外电场方向排列. 于是，电介质表面出现电荷，情况与上面相同. 这种极化称为**无极分**

子的位移极化.

综上所述,不论是有极分子还是无极分子电介质,尽管它们在微观上有所不同,但是在外电场中都会产生极化,出现极化电荷,宏观上没有差异.一般来说,外电场越强,极化越显著,极化电荷越多.在各向同性均匀电介质内部不会有净极化电荷,极化电荷只能分布在电介质表面.

10.3.3 有电介质时的高斯定理

将电介质与金属导体比较,二者有明显不同.导体内部有自由电荷,在电场作用下自由电荷会重新分布,结果出现宏观面电荷.它又反过来影响电场,从而又影响自由电荷的分布.如此互相影响,最后达到静电平衡,此时导体内部场强处处为零.而在电介质分子中电子处在束缚状态,电介质内部没有自由电荷,但由电场引起的极化电荷也要激发附加电场,这就改变了总电场,从而反过来又使极化情况发生改变.如此互相影响,最后达到平衡,平衡时空间某一点的场强为

$$\boldsymbol{E}=\boldsymbol{E}_0+\boldsymbol{E}', \tag{10.12}$$

其中 $\boldsymbol{E}_0$ 和 $\boldsymbol{E}'$ 分别是空间所有自由电荷及所有极化电荷产生的场强.所以电介质与导体存在根本的区别:导体内部的自由电荷可以自由运动,内部场强为0,而电介质中的束缚电荷只能在分子范围内移动,极化电荷激发的附加场只能使外电场减弱,但不可能完全抵消外电场,因此电介质内部场强不为零.

当空间存在电介质时,只要把自由电荷和极化电荷同时考虑进来,高斯定理仍然成立:

$$\oint_S \boldsymbol{E}\cdot \mathrm{d}\boldsymbol{S}=\frac{1}{\varepsilon_0}\sum(q_0+q'), \tag{10.13}$$

式中 q_0 和 q' 分别为高斯面内所包围的自由电荷和极化电荷.但是直接计算时遇到如下困难:要计算场强必须同时知道自由电荷和极化电荷分布,而极化电荷事先并不知道.极化电荷由电场决定,而电场又与极化电荷的分布有关,因此,电场和极化电荷是相互影响的.一个未知,另一个也未知.因此,直接利用(10.13)式的计算一般都是比较困难的.

前面我们曾经得到(10.10)式.在均匀的各向同性线性介质充满电场所在空间的情况下,有 $\varepsilon_0\varepsilon_r\boldsymbol{E}=\varepsilon_0\boldsymbol{E}_0$.再将等式两端对任意闭合曲面 S 积分,并利用无介质时的高斯定理

$$\oint_S \boldsymbol{E}_0\cdot \mathrm{d}S=\sum q_0/\varepsilon_0,$$

得

$$\oint_S \varepsilon_0\varepsilon_r\boldsymbol{E}\cdot \mathrm{d}\boldsymbol{S}=\varepsilon_0\oint_S \boldsymbol{E}_0\cdot \mathrm{d}\boldsymbol{S}=\sum q_0, \tag{10.14}$$

其中 $\sum q_0$ 是高斯面内所有自由电荷的代数和.我们定义一个辅助矢量,称为**电位移**:

$$\boldsymbol{D}=\varepsilon_0\varepsilon_r\boldsymbol{E}=\varepsilon\boldsymbol{E}, \tag{10.15}$$

即电介质中任一点的电位移矢量 $\boldsymbol{D}$ 与该点场强 $\boldsymbol{E}$ 的方向相同，大小成正比①. 利用电位移矢量，可将(10.14)式改写为

$$\oint_S \boldsymbol{D} \cdot \mathrm{d}\boldsymbol{S} = \sum q_0. \tag{10.16}$$

上式说明，在电场中有电介质存在的情况下，通过任意封闭曲面的电位移通量等于该曲面所包围的自由电荷的代数和. (10.16)式称为**有电介质时的高斯定理**.

引入电位移矢量这一辅助性矢量后，由于电位移通量完全取决于封闭曲面内的自由电荷的代数和，与极化电荷无关，因此在计算电介质中的电场时，如果可以先求出 $\boldsymbol{D}$，就可以通过(10.15)式求出 $\boldsymbol{E}$，从而可以避开对极化电荷分布的讨论，使问题大为简化. 而应用高斯定理求 $\boldsymbol{D}$ 同样需要体系具有较高的对称性.

例 10.3　半径为 R、电荷为 q_0 的金属球放入介电常数为 ε 的均匀无限大电介质中(见图 10-13)，求金属球内外的场强分布. (在金属球内部可取 $\varepsilon_r=1$)

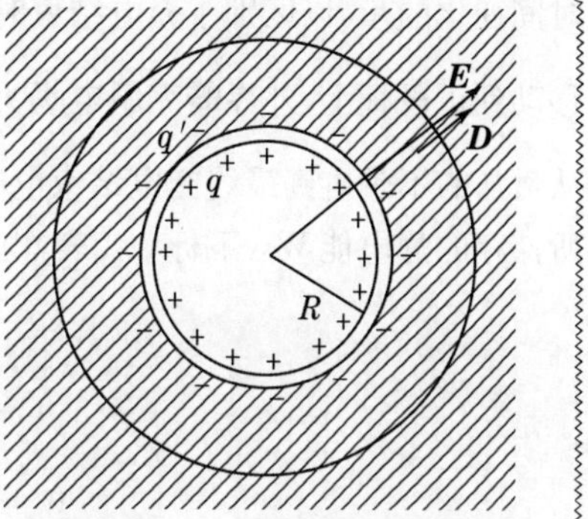

图 10-13　例 10.3 题图

解：本题具有球对称性，仿照例 9.6 的分析方法，可知电位移矢量具有球对称性. 由导体静电平衡条件，金属球内 $E=0$，且所带电荷只能均匀分布在金属球的表面上. 在过电介质中任一点作一个半径为 r 的同心球面，由电介质中的高斯定理，有

$$\oint_S \boldsymbol{D} \cdot \mathrm{d}\boldsymbol{S} = \oint_S D\mathrm{d}S = D\oint_S \mathrm{d}S = D4\pi r^2 = q_0.$$

所以

$$\boldsymbol{D}=\frac{q_0}{4\pi r^2}\boldsymbol{e}_r,$$

其中 $\boldsymbol{e}_r$ 是沿径向向外的单位矢量. 再由(10.15)式可得

$$\boldsymbol{E}=\frac{q_0}{4\pi\varepsilon r^2}\boldsymbol{e}_r. \quad (r>R)$$

由例 9.6 的结果 $\boldsymbol{E}=\dfrac{q}{4\pi\varepsilon_0 r^2}\boldsymbol{e}_r$，可知充满均匀介质时的场强减少到无电介质时的 $1/\varepsilon_r$ 倍.

---

① (10.15)式并不是电位移的普遍定义. 它实际上只是在均匀各向同性线性介质充满电场所在空间的情况下电位移和场强的关系而已. 在一般情况下，介质可以只分布在部分空间，介质也可以不均匀，可以各向异性，甚至也可以是非线性的. 在这些情况下，$\boldsymbol{E}_0=\varepsilon_r\boldsymbol{E}$ 一般并不成立. 对于(10.15)式，如果介质不均匀，它只能逐点成立，各点的比例系数可能不一样. 如果介质各向异性，那么 $\boldsymbol{D}$ 与 $\boldsymbol{E}$ 的方向一般并不相同，(10.15)式不能成立. 至于非线性介质，连线性关系都不存在. 但无论如何，电位移的普遍定义保证下面的(10.16)式总成立. 对于各种复杂情况，木书不做讨论.

10.4 静电场的能量

10.4.1 电容器的静电能

电容器充电后储存了能量,因为充电过程外界需要做功.由于电容器两极板所带电荷等值异号,可以设想电容器充电的过程是电源把电荷元 dq 从一个极板搬到另一个极板的过程.当极板带电后,两极板之间就有电势差,所以电源要克服电场力做功,正是电源所做的功以电能的形式储存在电容器中.放电时,这部分能量又释放出来了.

考虑充电过程的某一瞬间,电容器的电压为 u,极板所带电荷为 q(用小写字母表示随时间变化的量,以区别于充电结束时的电压 U 和电量 Q),这时如果把正电荷 dq 由负极板移动到正极板上,外界需克服电场力做功 $dA=udq=\frac{q}{C}dq$.在充电的整个过程中,电容器从最初的不带电到最终充电结束电容器带电 Q,电源克服电场力所做的功就等于电容器所储存的静电能 W_e(下标 e 代表"电").而电源所做的功为

$$A=\int_0^Q u\mathrm{d}q=\int_0^Q \frac{q}{C}\mathrm{d}q=\frac{Q^2}{2C},$$

于是

$$W_e=\frac{Q^2}{2C}=\frac{1}{2}QU=\frac{1}{2}CU^2, \tag{10.17}$$

其中已利用了关系式 $Q=CU$.

10.4.2 电场的能量

电容器储存的能量储存于什么地方?或者说,静电能的载体是什么?是电荷还是电场?超距作用的观点认为是前者,即有电荷的地方才有能量,而近距作用的观点认为是后者,即有电场的地方才有能量.前面已经说明,虽然静电情况下无法区分两种观点的对错,但在电荷变化和运动的一般情况下,实验已经证明近距作用观点(即场的观点)的正确性.例如,随时间迅速变化的电场和磁场将形成电磁波,在电磁波中,电场可以脱离电荷而单独存在,并以有限的速度在空间传播,电磁波携带能量.所以场的观点意味着静电能储存于静电场中.

电容器内的静电能由(10.17)式给出.以平行板电容器为例,设极板面积为 S,极板距离为 d,电容器内的体积为 $V=Sd$,极板间充满相对电容率为 ε_r 的均匀电介质,由(10.5)式和(10.9)式可知

$$C=\frac{\varepsilon_0\varepsilon_r S}{d},$$

而两极板间的电压可用场强表示为

$$U=Ed,$$

故

$$W_e=\frac{1}{2}CU^2=\frac{1}{2}\frac{\varepsilon_0\varepsilon_r S}{d}(Ed)^2=\frac{1}{2}\varepsilon E^2 Sd.$$

由于平行板电容器内部的电场是均匀的，电场能量也应该是均匀分布的，故**电能密度**（单位体积内的电能）为

$$w_e = \frac{W_e}{V} = \frac{1}{2}\varepsilon E^2 = \frac{1}{2}DE. \tag{10.18}$$

上面能量密度公式虽然是利用平行板电容器这一特例推导出来的，但可以证明它适用于均匀各向同性介质中的非匀强电场. 静电场中任意区域内的电场能量都可用（10.18）式通过积分求出，即

$$W_e = \int w_e \mathrm{d}V = \int \frac{1}{2}\varepsilon E^2 \mathrm{d}V. \tag{10.19}$$

例 10.4　半径为 R、电荷为 q 的金属球放入介电常数为 ε 的均匀无限大电介质中，求总静电能.

解：该题可以用两种方法处理. 根据（10.3）式和（10.9）式，该导体的电容为

$$C = 4\pi\varepsilon R.$$

于是由（10.17）式，有

$$W_e = \frac{q^2}{2C} = \frac{q^2}{8\pi\varepsilon R}.$$

或者，由例 10.3 可知电介质中的电位移和场强的大小分别为

$$D = \frac{q}{4\pi r^2},\ E = \frac{q}{4\pi\varepsilon r^2},$$

而导体中的场强为零. 由（10.19）式可知电场的总能量为

$$W_e = \int w_e \mathrm{d}V = \int_R^{\infty} \frac{q^2}{32\pi^2 \varepsilon r^4} 4\pi r^2 \mathrm{d}r = \frac{q^2}{8\pi\varepsilon R}.$$

习题

线上阅览

第 11 章　稳恒电流的磁场

11.1　稳恒电流

11.1.1　电流密度　稳恒电场

电荷的定向运动形成电流.导体中形成电流的带电粒子称为**载流子**,不同种类的导体有不同类型的载流子.金属中的载流子是自由电子;半导体中的载流子是带负电的电子和带正电的空穴;电解液中的载流子是正、负离子;电离气体中的载流子是正、负离子及电子.

产生电流的条件是:(1) 存在自由电荷;(2) 存在电场.当金属导体内没有电场时,自由电子只做无规则的热运动,不存在沿任一方向的宏观迁移.从宏观角度来看,我们只关心自由电子的定向迁移运动,这就是电流.实验表明,负电荷定向迁移引起的电流与等量正电荷沿反方向定向迁移引起的电流等效①.习惯上把电流等效于正电荷的运动,规定正电荷流动的方向为电流的方向.由于在导体中载流子通常沿着电场线运动,所以,电流的方向由电势高处指向电势低处.

单位时间内通过导体任一横截面的电量称为**电流强度**(简称**电流**):

$$I=\lim_{\Delta t\to 0}\frac{\Delta q}{\Delta t}=\frac{\mathrm{d}q}{\mathrm{d}t}. \tag{11.1}$$

它描绘了电流的强弱.在国际单位制中电流的单位是安培,简称安(A).安培是国际单位制的一个基本单位.

实际问题中经常遇到电流在不均匀导体中流动的问题,这时导体的不同部分电流的强弱和方向都可能不一样,形成一定的电流分布.例如,图 11-1 中为粗细不均匀的导线中的电流分布,在导线粗细不均匀的过渡部分的电流有不同的方向,在导线粗细不均匀的两部分各取横截面 S_1 和 S_2,则各自的单位面积上的电流分别为 I/S_1 和 I/S_2,说明导线细的地方电流比较密集.为了细致描写导体中每一点的电流情况,需要引进一个物理量——**电流密度 $\boldsymbol{j}$**.

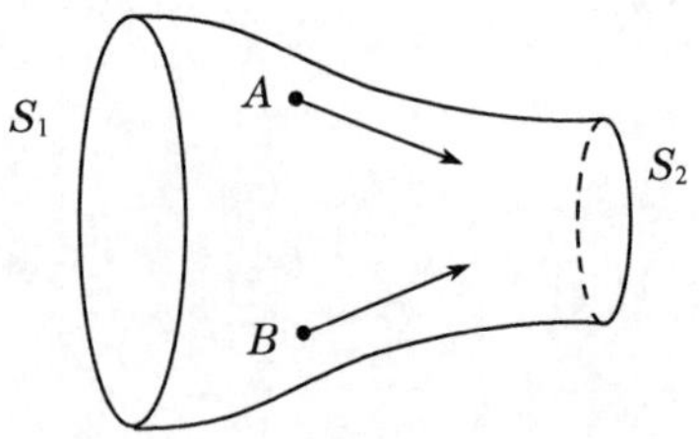

图 11-1　电流的非均匀分布

电流密度是一个矢量,它表示导体内部某一点处电荷流动的情况,但不表示导体整体

---

① 就大部分情况而言,正电荷的流动和负电荷的反向流动是等效的.但对于其他一些现象,例如霍尔效应、电流的化学效应、电子光学等现象则需考虑是何种电荷在做定向运动.

的电荷流动情况. 导体内任意一点电流密度的方向与正的载流子运动方向相同. 在该点处取一个与 $\boldsymbol{j}$ 垂直的面元 $\mathrm{d}S_{\perp}$（图 11-2），设通过该面元的电流为 $\mathrm{d}I$，则该点电流密度的大小定义为

$$j=\frac{\mathrm{d}I}{\mathrm{d}S_{\perp}} \tag{11.2}$$

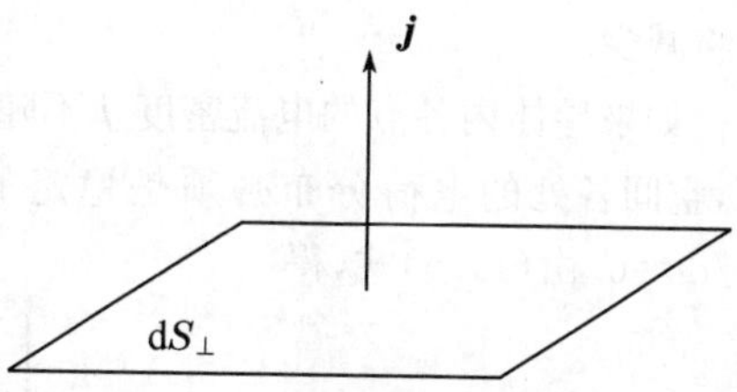

图 11-2　电流密度

这就是说，电流密度 $\boldsymbol{j}$ 的大小等于经过该点并与该点 $\boldsymbol{j}$ 的方向垂直的单位面积上的电流强度，即单位时间内通过单位垂直面积上的电量.

I 和 $\boldsymbol{j}$ 都是描写电流的物理量. I 描写了经过一个面的电流情况，是一个标量；$\boldsymbol{j}$ 描写了导体内某点的电流情况，是一个矢量.（11.2）式反映了在面元与电流垂直这种情况下两者之间的关系. 在一般情况下，某点附近面元 $\mathrm{d}S$ 的法向单位矢量 $\boldsymbol{e}_n$ 与该点 $\boldsymbol{j}$ 的夹角为 θ，$\mathrm{d}S_{\perp}$ 为面元 $\mathrm{d}S$ 在与 $\boldsymbol{j}$ 垂直的平面上的投影（图 11-3）.

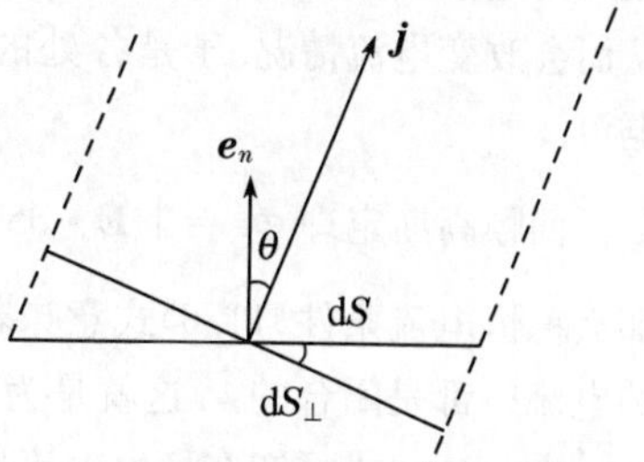

图 11-3　通过面元的电流

以 $\mathrm{d}I$ 表示通过面元 $\mathrm{d}S$（或 $\mathrm{d}S_{\perp}$）的电流，由（11.2）式可得，

$$\mathrm{d}I=j\mathrm{d}S_{\perp}=j\mathrm{d}S\cos\theta=\boldsymbol{j}\cdot\boldsymbol{e}_n\mathrm{d}S,$$

即

$$\mathrm{d}I=\boldsymbol{j}\cdot\mathrm{d}\boldsymbol{S}. \tag{11.3}$$

通过某一曲面 S 的电流就是通过该曲面各个面元的电流的代数和，即

$$I=\int_S\boldsymbol{j}\cdot\mathrm{d}\boldsymbol{S}. \tag{11.4}$$

显然电流的正负与曲面 S 的法向矢量方向的选择有关. 当 S 为封闭曲面时，通常规定法向矢量的方向是指向曲面的外部，情况与讨论电通量时一样.

回顾电通量 Φ_E 与场强 $\boldsymbol{E}$ 的关系 $\Phi_E=\int_S\boldsymbol{E}\cdot\mathrm{d}\boldsymbol{S}$ 可以看出，它跟电流 I 与电流密度 $\boldsymbol{j}$ 的关系一样. 因此，电流强度就是电流密度的通量. 电流 I 通常用来描写导体整体的电流情况，而电流密度 $\boldsymbol{j}$ 则具体描写电流在导体内的分布情况. 同样，电通量描述大范围内电场的整体情况，而场强则描述电场在局部的情况.

设想在导体内部任取一个封闭曲面 S，由于封闭曲面的法线方向总是指向外面，所以 $\boldsymbol{j}$ 的通量 $\oint_S\boldsymbol{j}\cdot\mathrm{d}\boldsymbol{S}$ 就是由面内向面外流出的电流，即单位时间内流出的电量. 根据电荷守恒定律，在某一段时间内由封闭面流出的电量应该等于这段时间内 S 面内电荷的减少量. 设时间 $\mathrm{d}t$ 内 S 面内电荷增量为 $\mathrm{d}q$，则在单位时间内电荷的减少量为 $-\mathrm{d}q/\mathrm{d}t$. 于是根据电荷守恒定律，有

$$\oint_S\boldsymbol{j}\cdot\mathrm{d}\boldsymbol{S}=-\frac{\mathrm{d}q}{\mathrm{d}t}. \tag{11.5}$$

上式称为**连续性方程**，是电荷守恒定律的数学表达式.（11.5）式表示，流出封闭面 S 的电流 I 等于 S 面内总电量变化率的负值. 例如，当 $I>0$ 时，有电量流出 S 面，而 S 面内的电

量将减少.

如果导体内各点的电流密度 $\boldsymbol{j}$ 不随时间变化，这样的电流称为**稳恒电流**. 在稳恒条件下，空间各处的电荷分布必须是稳定的，任意封闭曲面 S 内的电量不随时间变化，即 $\mathrm{d}q/\mathrm{d}t=0$. 由(11.5)式，得

$$\oint_S \boldsymbol{j}\cdot \mathrm{d}\boldsymbol{S}=0. \tag{11.6}$$

上式称为**稳恒电流的连续性方程**，又称为**电流的稳恒条件**. 它表明单位时间内流入封闭曲面 S 的电量等于流出 S 的电量. 如果通过封闭面 S 的净电流不为零，比如说单位时间内流入的电量多，流出的电量少，那么 S 内的电量就会增加. 电量的改变会导致场强的改变，从而会改变电流情况. 于是各处的电流密度将随时间变化，此时的电流就不可能是稳恒电流.

回顾高斯定理 $\Phi_E=\int_S \boldsymbol{E}\cdot \mathrm{d}\boldsymbol{S}=q/\varepsilon_0$，意味着电场线($\boldsymbol{E}$ 线)始于正电荷，止于负电荷，那么稳恒电流条件(11.6)式意味着电流线($\boldsymbol{j}$ 线)无始无终. 通常，局限在一个有限范围内的电流线都是闭合的①. 这就是为什么具有稳恒电流的电路必须构成回路的原因.

由(11.6)式可知在稳恒电流情况下，各处电荷分布不随时间变化，这时的电场也不随时间变化，称为**稳恒电场**. 应当提醒的是，稳恒电场并不是电流激发的什么电场，仍是一组电荷激发的电场. 只不过激发静电场的电荷是静止的，而激发稳恒电场的电荷则有运动的，也有静止的. 当空间某处的电荷移去的同时必然有等量的电荷移来补充，宏观上达到一个动态的稳定，形成不随时间变化的电荷分布. 既然激发稳恒电场的电荷分布是稳定的，它产生的稳恒电场就应该与具有同样分布的静止电荷所产生的静电场完全相同. 尤其是，静电场的高斯定理和环路定理对于稳恒电场也适用，所以在稳恒电场中同样也可以引入电势的概念.

但不能因为稳恒电场和静电场的性质相同，就认为有稳恒电流流过的导体与静电场中的导体情况一样. 这就像动力学规律相同，但初始条件不同，仍将导致质点的运动不同一样. 在静电场中导体内部场强处处为零，导体上面各点电势相同；但在稳恒电场中的导体，由于要保证稳恒电流的存在，内部场强必然不为零，这样才能使导体内的自由电荷定向运动，从而导体两端有恒定的电势差. 另外，维持静电场的存在不需要消耗能量，但是由于电流在导体中流动必然产生焦耳热，所以需要通过电源将其他形式的能量转化为电能，这样才能够维持稳恒电场的存在.

11.1.2 电动势

在导体中维持稳恒电流的条件是导体内存在稳恒电场，或者说在导体两端维持稳定的电势差. 如何才能满足这一条件呢？以电容器放电时产生电流来说明. 用导线把电容器的两极板连接起来(见图 11-4)，正电荷就从 A 板流动到 B 板，形成电流. 但是这一电流只能是暂态电流，不能稳定，因为在放电过程中，随着电容器所带电量逐渐减少，两板间的

---

① “无始无终”和“闭合”有着微妙的不同，即一根线无始无终不一定就闭合(例如始于并止于无穷远)，即使这根线局限在有限范围内也不一定闭合. 后一区别本书不拟涉及. 对后文的磁感应线也可以存在类似的讨论.

电势差将会降低，导线中的电流也随之减弱直到消失. 我们看到，正是由于极板电量不满足 $dq/dt=0$，这种电流不是稳恒电流.

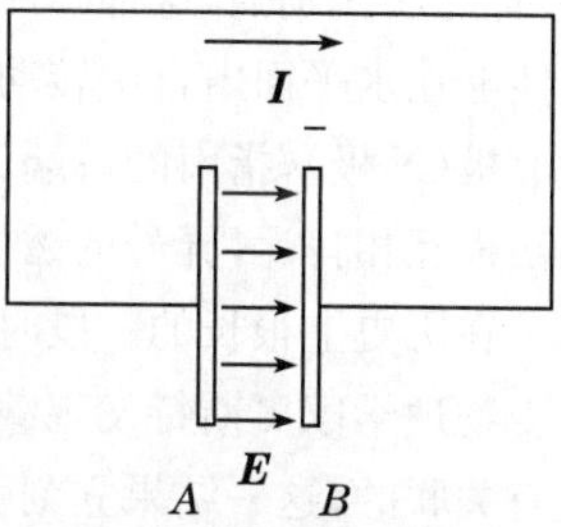

图 11-4　电容器放电

要使电流能够稳定存在，必须使极板电量不变. 因此，正电荷必须由 B 极板返回 A 极板，并且正电荷通过导线的流速与通过电容器内部的流速相等(即两处电流相等). 这样就可以保证极板上所带电量不变，两极板之间的电势差不变，从而导线中的电流稳定存在. 但是电容器内部场强方向由 A 极板指向 B 极板，是阻碍正电荷通过电容器内部回到 A 极板的. 因此必须要有**非静电力**作用，使得正电荷能够从电势低的 B 极板逆着电场方向到达电势高的 A 极板. 提供非静电力的装置称为**电源**. 因此，电源内部存在非静电力，或者有非静电力的地方就可以视为电源. 电源内部称为**内电路**，电源外部的电路称为**外电路**. 电源的作用就是提供非静电力，使得在电源内部正电荷能够逆着电场方向由电势低处移动到电势高处. 非静电力必然做功，以补充电荷在外电路中的能量损失.

电源的类型有很多. 不同类型的电源中形成非静电力的过程不一样. 干电池中非静电力是由于化学作用，在普通的发电机中，非静电力是由于电磁感应作用.

仿照静电场的场强定义，定义非静电场的场强为

$$\boldsymbol{E}_k=\frac{\boldsymbol{F}_k}{q}, \tag{11.7}$$

式中 $\boldsymbol{F}_k$ 为作用于电荷 q 上的非静电力. $\boldsymbol{E}_k$ 在数值上等于单位正电荷受到的非静电力. 各种电源在工作时，非静电力抵抗静电力而移动电荷做功. 将单位正电荷由负极通过电源内部移动到正极时，非静电力所做的功定义为电源的**电动势**①

$$\xi=\int_{-}^{+}\boldsymbol{E}_k\cdot d\boldsymbol{l}. \tag{11.8}$$

电动势表示电源中非静电力的做功本领，即将其他形式的能量转化为电能的能力，它是表征电源本身特性的物理量. 对于给定的电源，电动势有一定的数值，与是否接通电路无关. 通常规定电动势的正方向为自负极经电源内部到正极的方向.

以后，我们还会遇到整个闭合回路上都有非静电力的情况，这时整个回路的电动势为

$$\xi=\oint\boldsymbol{E}_k\cdot d\boldsymbol{l}. \tag{11.9}$$

11.2　磁场和磁感应强度

11.2.1　电流与磁场

人类对磁现象的认识最早是从磁铁开始的. 我国历史上出现的司南和指南针表明我国古代人民很早就对磁学做出了贡献.

如果将条形磁铁放入铁屑中，再取出磁铁可以发现，靠近两端的部分吸引的铁屑特别

① 电动势的符号 ξ 并不是希腊字母 ε(*epsilon*)，而是花体的英文大写字母 $\mathcal{E}$.

多，即磁性特别强，这种磁性特别强的部分称为**磁极**. 如果将条形磁铁的中心悬挂起来，使它能够在水平面内自由转动，则两磁极总是指向南、北极方向的. 因此我们称指北的一端为北极(N 极)，指南的一端为南极(S 极). 如果用另一根磁铁接近悬挂着的磁铁，则同号的磁极互相排斥，异号的磁极互相吸引.

在历史上很长的一段时期，磁学和电学的研究一直是彼此独立发展的. 直到 1820 年，丹麦物理学家奥斯特发现载流导线附近的磁针因为受力而偏转，人们才发现磁学和电学是有关联的，这一结果立刻引起了大家的兴趣. 此后安培发现：两条载流导线当电流同向时互相吸引，当电流反向时互相排斥. 既然电流和永磁体都表现出磁性，并且磁铁与磁铁之间、磁铁与电流之间、电流与电流之间都存在相互作用，可见磁现象的根源是电流. 安培首先提出了分子电流假说：物质的磁性起源于构成物质的分子中的环形电流(称为**分子电流**)，每个分子电流都具有磁性. 对于非磁体，各分子电流排列杂乱无章，磁性相互抵消. 对于永磁体，各分子电流规则排列，磁性相互加强从而对外显示磁性. 近代关于原子结构的理论表明，电子围绕原子核转动，并且电子具有自旋，安培假设的分子电流实际上相当于分子内部电子的绕核运动和自旋运动形成的电流.

由于电流是电荷的运动，所以运动的电荷周围的空间，除了电场之外还同时存在磁场，而磁场又会对运动电荷(电流)产生磁力作用. 因此，带电粒子的运动既要激发磁场，又要受到磁场的作用.

11.2.2 磁感应强度

要定量地研究磁场就要找到一个描写磁场的物理量. 在第 9 章里，我们根据电场对试探电荷的作用力引入电场强度 $\boldsymbol{E}$ 来描写电场在每点的性质. 仿此，因为磁场对运动电荷有力的作用，所以可以用运动电荷作为试探工具来探测磁场.

实验表明，磁场对运动电荷的作用力不仅取决于它的电量 q，而且还取决于它的速度 $\boldsymbol{v}$. 下面的讨论都针对磁场中一个特定的 P 点进行. 在 P 点存在一个特定的方向，当运动电荷沿此方向运动时，所受磁场力为零. 这个方向与运动电荷无关，同时也是自由转动的小磁针静止于 P 点时 N 极所指的方向. 这一方向就定义为 P 点 $\boldsymbol{B}$ 矢量的方向. 如果保持 q、v 的数值不变，而改变速度 $\boldsymbol{v}$ 的方向，会发现运动电荷所受的力跟 $\boldsymbol{v}$ 的方向有关. 当 $\boldsymbol{v}$ 和 $\boldsymbol{B}$ 垂直时，运动电荷受到的磁场力 F 最大. 研究这个最大值 $F_{\max}$ 时发现，改变电荷的电量 q 和速率 v，$F_{\max}$ 也改变，但 $F_{\max} \propto qv$. 既然比值 $F_{\max}/qv$ 与运动电荷的因素无关，那么就必然由磁场本身的性质所决定. 该比值就定义为 P 点 $\boldsymbol{B}$ 矢量的大小：

$$B=\frac{F_{\max}}{qv}. \tag{11.10}$$

于是，$\boldsymbol{B}$ 的大小和方向都得到了定义. 对于速度 $\boldsymbol{v}$ 的其他方向，实验发现运动电荷所受的力垂直于 $\boldsymbol{v}$ 和 $\boldsymbol{B}$ 构成的平面，且大小为 $F_{\max}\sin\theta$ 其中 θ 为 $\boldsymbol{v}$ 和 $\boldsymbol{B}$ 的夹角. 用已经定义好的矢量 $\boldsymbol{B}$ 来表示，则运动电荷所受的力为

$$\boldsymbol{F}=q\boldsymbol{v}\times\boldsymbol{B}. \tag{11.11}$$

这就是**洛伦兹力**公式.

综上所述，可以这样简单地阐述实验现象：在磁场中任意点 P，总可以找到一个唯一的矢量 $\boldsymbol{B}$，当运动电荷的各种因素(电量 q、速度 $\boldsymbol{v}$ 的大小和方向)发生变化时，它所受的

力能够写为(11.11)式的形式. 这样找到的 $\boldsymbol{B}$ 就定义为 P 点的**磁感应强度**①. 它描述了磁场在 P 点的性质. 在其他点,通过相同的方式找到 $\boldsymbol{B}$,就可以得到 $\boldsymbol{B}$ 随空间点的分布情况.

在国际单位制中,磁感应强度的单位是特斯拉,简称特(T). 根据(11.10)式,1 T=1 N/(1 C×1 m/s). 磁感应强度还有另外一种非国际单位制的单位高斯(Gs 或 G),它和特斯拉在数值上的换算关系为

$$1\ \text{T}=10^4\ \text{Gs}.$$

在电磁学中,表示同一规律的数学表示式常随所用单位制不同而不同,(11.11)式的形式只适用于国际单位制.

11.3 毕奥-萨伐尔定律

在静电学中,利用点电荷的场强公式和场强叠加原理,通过求和或者积分就可以在原则上得到各种电荷分布所激发的静电场 $\boldsymbol{E}$. 稳恒磁场是由稳恒电流激发的. 为了确定任意形状的载流回路所激发的磁场,我们可以设想将载流导线分割成许多电流为 I、长度为 $\mathrm{d}l$ 的有向线元,规定 $\mathrm{d}\boldsymbol{l}$ 的方向为该点电流的方向,则该载流线元可以用 $I\mathrm{d}\boldsymbol{l}$ 表示,称为**电流元**. 如果知道每个电流元所激发的磁场,利用叠加原理将它们叠加起来,就可以得到整个载流回路所激发的磁场. 然而,与点电荷不同,由于稳恒电流的闭合性,稳恒电流元不会单独存在,因此不可能直接通过实验来测定各个电流元所激发的磁场,而只能测定整个载流回路所激发的合磁场.

法国物理学家毕奥和萨伐尔两人首先通过实验证实:很长的载流直导线周围任一点 P 的磁场方向与通过该点到导线的垂线及导线本身相垂直,其强度与该点 P 到导线的距离成反比. 此后安培也做了大量研究. 在此基础上,法国数学家拉普拉斯从数学上反推出电流元 $I\mathrm{d}\boldsymbol{l}$ 激发的元磁场由下式表示:

$$\mathrm{d}\boldsymbol{B}=\frac{\mu_0}{4\pi}\frac{I\mathrm{d}\boldsymbol{l}\times\boldsymbol{e}_r}{r^2},\tag{11.12}$$

其中 r 是电流元 $I\mathrm{d}\boldsymbol{l}$ 与场点 P 的距离,$\boldsymbol{e}_r$ 是由 $I\mathrm{d}\boldsymbol{l}$ 指向场点 P 的单位矢量(见图 11-5),$\mu_0=4\pi\times10^{-7}$ T·m/A 为**真空磁导率**,上式通常称为**毕奥-萨伐尔定律**.

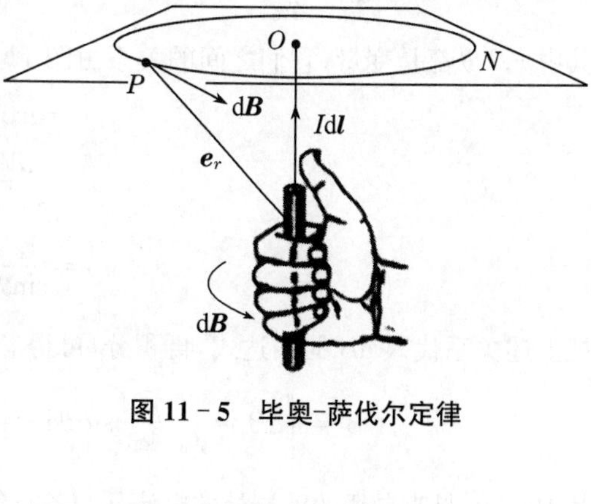

图 11-5　毕奥-萨伐尔定律

与点电荷的电场不同,电流元的磁感应强度没有球对称性. 这是很自然的,因为电流元 $I\mathrm{d}\boldsymbol{l}$ 本身是矢量,它在空间确定了一个特殊的方向. 因此,电流元的磁场应该具有轴对称性,对称轴应

① 由于 $\boldsymbol{B}$ 在磁场中的地位类似于 $\boldsymbol{E}$ 在电场中的地位,本应将其称为磁场强度. 只是由于历史的原因,人们把 $\boldsymbol{B}$ 称为磁感应强度,而把另一个本不该称为磁场强度的量称为磁场强度,即后面将要提到的 $\boldsymbol{H}$.

该是沿着 $Id\boldsymbol{l}$ 的延长线. 按照(11.12)式,电流元 $Id\boldsymbol{l}$ 在空间激发的磁感应强度垂直于 $Id\boldsymbol{l}$ 与 $\boldsymbol{e}_r$ 所决定的平面,并与电流方向成右手螺旋关系(见图 11-5). 所以,$d\boldsymbol{B}$ 沿着以 $Id\boldsymbol{l}$ 为轴线的圆周的切向,或者说磁感应线①是围绕此轴线的同心圆.

实验表明,磁场也遵从叠加原理,所以,整个闭合载流回路在空间某点 P 激发的磁感应强度,等于各个电流元在 P 点激发的磁感应强度的矢量和,即

$$\boldsymbol{B}=\int d\boldsymbol{B}=\oint_L \frac{\mu_0}{4\pi}\frac{Id\boldsymbol{l}\times\boldsymbol{e}_r}{r^2}, \tag{11.13}$$

其中积分区域 L 为载流回路. 由于我们无法得到孤立的稳恒电流元,因而毕奥-萨伐尔定律的正确性只能由它所推出的结果与实验吻合的程度去判断. (11.13)式就提供了验证的基础.

应用毕奥-萨伐尔定律和叠加原理原则上可以求出任何形状的载流导线的磁场分布,基本思路和方法和静电场中由点电荷的场强求任意带电体系的场强分布一样,现举数例如下.

例 11.1 求载流长直导线的磁场分布(图 11-6),已知载流导线中的电流为 I.

解:在导线上任取一个电流元 $Id\boldsymbol{l}$,它离 P 点的距离为 r. 由毕奥-萨伐尔定律可知,导线上所有电流元 $Id\boldsymbol{l}$ 在 P 点激发的磁感应强度的方向都垂直于纸面向内(在图 11-6 中用⊗表示). 所以磁感应线是位于垂直于导线的平面内、中心在导线或它的延长线上的一系列同心圆. 由于所有的 $d\boldsymbol{B}$ 方向相同,所以我们只需要考虑其大小,再积分.

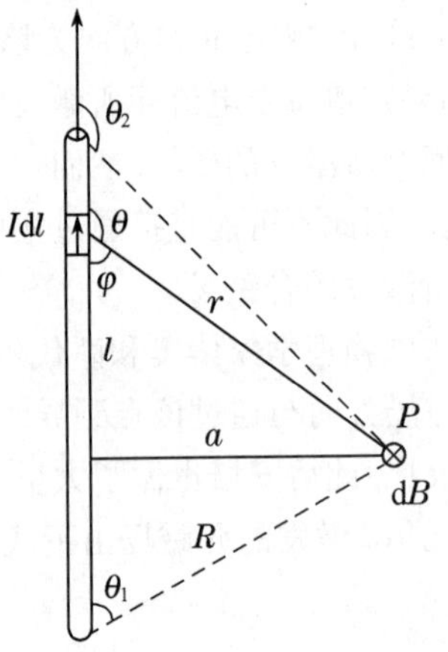

图 11-6 载流长直导线产生的磁场

电流元 $Id\boldsymbol{l}$ 在 P 点激发的磁感应强度的大小为

$$dB=\frac{\mu_0}{4\pi}\frac{Idl\sin\theta}{r^2},$$

其中 r、l、θ 都是变量,它们之间的关系由图 11-6 可以看出:

$$l=-a\cot\theta,$$

$$dl=\frac{a d\theta}{\sin^2\theta},$$

$$r=\frac{a}{\sin\theta},$$

把上述关系代入 dB 的表达式,再积分,可得

$$B=\int dB=\int_{\theta_1}^{\theta_2}\frac{\mu_0 I}{4\pi a}\sin\theta d\theta=\frac{\mu_0 I}{4\pi a}(\cos\theta_1-\cos\theta_2), \tag{11.14}$$

其中 θ_1、θ_2 是直导线的两端处的电流元与各自的 $\boldsymbol{e}_r$ 的夹角,$\boldsymbol{B}$ 的方向垂直于纸面向内.

① 磁感应线的定义类似于电场线的定义,详见 11.4 节.

下面讨论几种特殊情况：(1) 如果 P 点在直导线的延长线上，则 $\theta_1=0,\theta_2=0$，所以 $B=0$. 因此，在直导线的延长线上，磁感应强度为零.(2) 无限长直导线是一个重要的特例，这时 $\theta_1=0,\theta_2=\pi$，可得

$$B=\frac{\mu_0 I}{2\pi a}. \tag{11.15}$$

(3) 如果 P 点在直导线上端的垂线上，下端延伸到无穷远，则 $\theta_1=0,\theta_2=\pi/2$，可得

$$B=\frac{\mu_0 I}{4\pi a}.$$

它刚好是(11.15)式的一半.

(11.15)式说明，无限长直导线的磁场与场点到导线的距离 a 成反比，它的磁感应线是在垂直于导线的平面内以导线为圆心的一组同心圆(见图 11－7). 如果将右手拇指的方向代表电流的方向，则右手弯曲的四指的方向就代表磁感应线的方向，这正是毕奥和萨伐尔从实验中得到的结果.

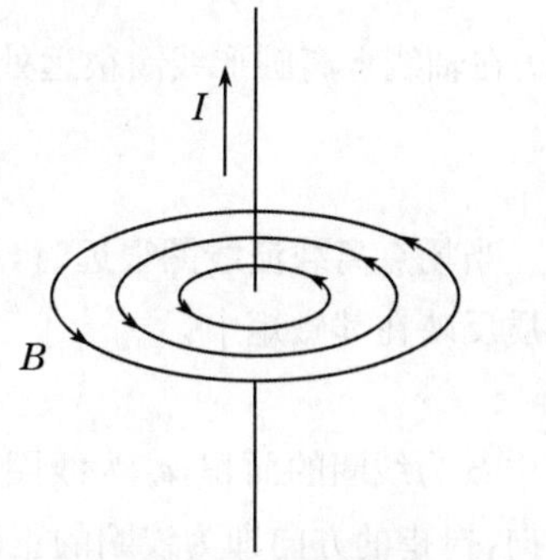

图 11－7　无限长直电流产生的磁场

例 11.2　如图 11－8 所示，一个圆形载流线圈，半径为 R，电流为 I. 求线圈轴线上的磁场分布.

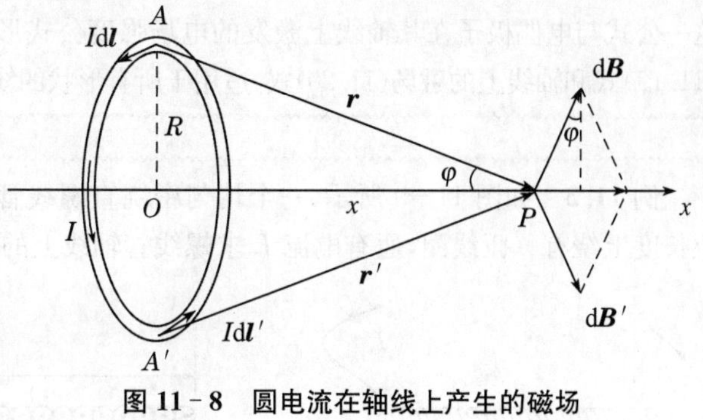

图 11－8　圆电流在轴线上产生的磁场

解：在线圈轴线上任取一点 P，它到圆心 O 的距离为 x. 在线圈上面任意点 A 的电流元在 P 点激发的磁场为 $\mathrm{d}\boldsymbol{B}$，它位于 POA 平面内且与 PA 连线垂直. 根据毕奥-萨伐尔定律，有

$$\mathrm{d}B=\frac{\mu_0}{4\pi}\frac{I\mathrm{d}l}{r^2}.$$

由于电流分布的轴对称性，在通过 A 的直径的另一端 A' 处的电流元激发的磁场 $\mathrm{d}\boldsymbol{B}'$ 与 $\mathrm{d}\boldsymbol{B}$ 关于轴线对称，叠加后垂直于轴线的分量彼此抵消，因此只需计算平行于轴线的分量. 对于整个线圈，由于每一条半径两端的电流元激发的磁场在垂直于轴线方向的分量一对对抵消，总磁感应强度 $\boldsymbol{B}$ 将沿着轴线方向，所以它的大小为

$$B_{/\!/}=\int \mathrm{d}B_{/\!/}=\int \mathrm{d}B\sin\varphi=\oint \frac{\mu_0}{4\pi}\frac{I\mathrm{d}l}{r^2}\sin\varphi.$$

积分时注意 r 和 φ 都是常数，并考虑到几何关系

$$r=\sqrt{R^2+x^2},\ \sin\varphi=\frac{R}{\sqrt{R^2+x^2}},$$

得

$$B=B_{/\!/}=\frac{\mu_0}{4\pi}\frac{I}{r^2}\sin\varphi\oint \mathrm{d}l=\frac{\mu_0}{2}\frac{R^2 I}{(R^2+x^2)^{\frac{3}{2}}}. \tag{11.16}$$

$\boldsymbol{B}$ 的方向与圆电流的方向符合右手螺旋法则，沿 x 轴正方向.

下面讨论几种特殊情况：(1) 在线圈的圆心处，$x=0$，故

$$B=\frac{\mu_0 I}{2R}. \tag{11.17}$$

(2) 在轴线上离圆形线圈很远处，$x\gg R$，

$$B=\frac{\mu_0}{2}\frac{R^2 I}{x^3}. \tag{11.18}$$

当场点离载流线圈很远时，可以一般地定义线圈的**磁矩** $\boldsymbol{p}_m$. 线圈产生磁场的全部性质反映在其磁矩中：

$$\boldsymbol{p}_m=IS\boldsymbol{e}_n=I\boldsymbol{S}. \tag{11.19}$$

式中 S 为线圈的面积，$\boldsymbol{e}_n$ 为线圈平面的正法线方向单位矢量：将右手四指弯向电流的方向，拇指的方向即为线圈的正法线方向. 于是 $\boldsymbol{S}$ 就是线圈的面积矢量①. 把远处轴线上的磁场(11.18)式用磁矩写为矢量式：

$$\boldsymbol{B}=\frac{\mu_0}{2\pi}\frac{\boldsymbol{p}_m}{x^3}. \tag{11.20}$$

这一公式与电偶极子在其轴线上激发的电场强度公式形式类似. 这里关于磁矩的定义(11.19)式和轴线上的磁场(11.20)式，适用于所有形状的线圈，只要满足场点很远即可.

例 11.3 如图 11-9 所示，一个均匀密绕直螺线管，管的长度为 L，半径为 R，单位长度上绕有 n 匝线圈，通有电流 I. 求螺线管轴线上的磁感应强度.

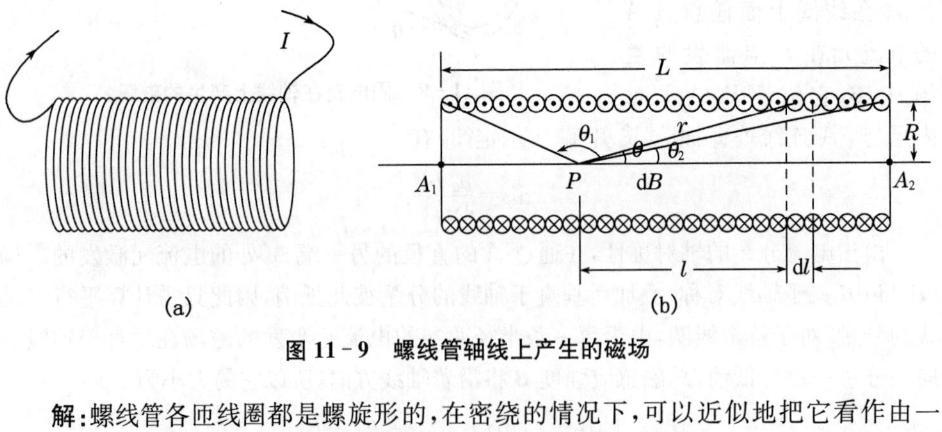

图 11-9 螺线管轴线上产生的磁场

解：螺线管各匝线圈都是螺旋形的，在密绕的情况下，可以近似地把它看作由一

① 当线圈回路不在同一个平面上时，面积矢量 $\boldsymbol{S}$ 仍可定义：把回路分割，每一小份与线圈中心某处定点构成面元矢量 $\mathrm{d}\boldsymbol{S}$，则 $\boldsymbol{S}=\oint \mathrm{d}\boldsymbol{S}$.

系列并排的圆线圈组成的. 如图 11-9(b)所示,取螺线管的轴线上任一点 P 为坐标原点,考虑 l 处 $\mathrm{d}l$ 长度内的 $n\mathrm{d}l$ 匝线圈在 P 点激发的磁场. 由圆形线圈的磁场公式(11.16)式可知,P 点磁感应强度的大小为

$$\mathrm{d}B=\frac{\mu_0}{2}\frac{R^2 I}{(R^2+l^2)^{3/2}}n\mathrm{d}l,$$

其方向是确定的:沿着轴线且与电流成右手螺旋关系. 可以把积分变量用 θ 表示:

$$l=R\cot\theta, \mathrm{d}l=-\frac{R}{\sin^2\theta}\mathrm{d}\theta,$$

于是

$$\mathrm{d}B=-\frac{\mu_0 nI\sin\theta}{2}\mathrm{d}\theta.$$

由于各圆电流元在 O 点激发的磁场同向,故整个螺线管在 P 点的磁感应强度的大小为

$$B=\int\mathrm{d}B=-\frac{\mu_0 nI}{2}\int_{\theta_1}^{\theta_2}\sin\theta\mathrm{d}\theta=\frac{1}{2}\mu_0 nI(\cos\theta_2-\cos\theta_1). \tag{11.21}$$

式中 θ_1、θ_2 分别为 θ 角在螺线管两端处的数值.

下面讨论几种特殊情况:(1) $L\gg R$ 的螺线管可以称为细长螺线管,细长螺线管轴线上各点,只要不太靠近两端,有 $\theta_1\approx\pi, \theta_2\approx 0$,所以

$$B=\mu_0 nI. \tag{11.22}$$

这表明细长螺线管轴线上的磁场是均匀的. 实际上,在整个细长螺线管内部的空间内(只要不太靠近两端)磁场都是均匀的,大小都由(11.22)式给出(见例 11.7). (2) 在细长螺线管的一端,$\theta_1=0, \theta_2=\frac{\pi}{2}$ 或 $\theta_1=\frac{\pi}{2}, \theta_2=0$,无论哪种情况都有

$$B=\frac{1}{2}\mu_0 nI. \tag{11.23}$$

这个结果是可以理解的,因为我们可以想象将一个细长螺线管切成两半,这两半在这里激发的磁场方向相同,根据对称性,它们对总磁感应强度 $\mu_0 nI$ 的贡献应该是一样的,即每一半的贡献是 $\mu_0 nI/2$.

11.4　稳恒电流磁场的基本方程

11.4.1　磁场的高斯定理

仿照第 9 章中引入电通量的方法,在磁场中穿过任一面元 $\mathrm{d}S$ 的**磁通量**定义为

$$\mathrm{d}\Phi_\mathrm{m}=B\cos\theta\mathrm{d}S=\boldsymbol{B}\cdot\mathrm{d}\boldsymbol{S}, \tag{11.24}$$

式中 θ 为磁感应强度 $\boldsymbol{B}$ 与面元法向单位矢量 $\boldsymbol{e}_r$ 之间的夹角,$\mathrm{d}\boldsymbol{S}=\boldsymbol{e}_r\mathrm{d}S$ 为面元矢量. 因此,通过任一曲面的磁通量为

$$\Phi_\mathrm{m}=\int_S\boldsymbol{B}\cdot\mathrm{d}\boldsymbol{S}. \tag{11.25}$$

在国际单位制中,磁通量的单位是韦伯(Wb):1 Wb=1 T·m^2.反过来,我们也可以把磁感应强度 $\boldsymbol{B}$ 看成是通过单位面积的磁通量,即**磁通密度**.所以,在国际单位制中,磁感应强度 $\boldsymbol{B}$ 的单位常写成 Wb/m^2.

如同电通量 Φ_e 代表电场线的数目一样,磁通量 Φ_m 也代表磁感应线的数目.这样,$\boldsymbol{B}$ 的大小就是通过单位垂直面积的磁感应线的数目.因而在磁场强的地方磁感应线密集,在磁场弱的地方磁感应线稀疏.

下面讨论通过一个封闭曲面的磁通量 $\Phi_m=\oint_S \boldsymbol{B}\cdot d\boldsymbol{S}$,它表示穿出该曲面的磁感应线数目减去穿入该曲面的磁感应线数目之差.根据毕奥-萨伐尔定律,电流元 $Id\boldsymbol{l}$ 激发的元磁场是以 $Id\boldsymbol{l}$ 为对称轴轴对称分布的,见图 10-5 所示.磁感应线是一组同心圆,每条磁感应线都是闭合曲线,没有中断点.在这样的磁场中任作一个闭合曲面 S,那么有多少数目的磁感应线穿入 S,就必然有同样数目的磁感应线穿出 S,所以通过闭合曲面 S 上的磁通量总和等于零,即

$$\oint_S \boldsymbol{B}\cdot d\boldsymbol{S}=0. \tag{11.26}$$

对于稳恒电流的磁场,将稳恒电流分割成许多电流元,对每一个电流元(11.26)式都成立.根据叠加原理,对于整个闭合回路的磁场,(11.26)式也应该成立.这一结论称为**磁场的高斯定理**.

我们将磁场的高斯定理和电场的高斯定理做一比较.电场线的一个重要性质是起自正电荷、终止于负电荷,在没有电荷的地方不中断,这是电场的高斯定理的推论.磁场的高斯定理说明与电荷对应的磁荷不存在,磁感应线既无源(起点)又无汇(终点),都是无头无尾的曲线,或者起自无穷远,止于无穷远.

由磁场的高斯定理可以得到一个重要推论:以任一闭合曲线 L 为边线的所有曲面都有相同的磁通量.兹证明如下:设 S_1、S_2 是以曲线 L 为边线的两个曲面,两者合起来组成一个闭合曲面 S.由磁场的高斯定理,有

$$0=\oint_S \boldsymbol{B}\cdot d\boldsymbol{S}=\int_{S_1}\boldsymbol{B}\cdot d\boldsymbol{S}+\int_{S_2}\boldsymbol{B}\cdot d\boldsymbol{S}.$$

所以,

$$\int_{S_1}\boldsymbol{B}\cdot d\boldsymbol{S}=-\int_{S_2}\boldsymbol{B}\cdot d\boldsymbol{S}.$$

上式是因为我们规定闭合曲面的法线取外法线方向而得到的,从而 S_1 与 S_2 的法线方向相反.现在按图 11-10 重新选择 S_1 的法向与原方向相反,即与 S_2 的法线方向相同,则有

$$\int_{S_1}\boldsymbol{B}\cdot d\boldsymbol{S}=\int_{S_2}\boldsymbol{B}\cdot d\boldsymbol{S}.$$

所以,任意两个以同一闭合曲线为边界的曲面有相同的磁通量.这一点在电磁感应问题中经常使用.

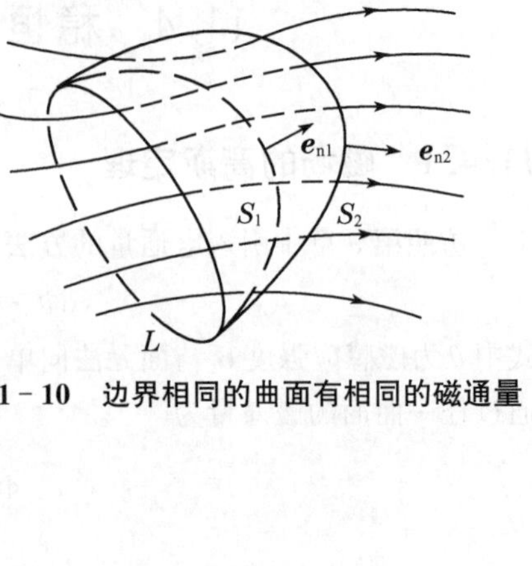

图 11-10　边界相同的曲面有相同的磁通量

11.4.2　安培环路定理

静电学中曾经提到过，对于任意静电场，其沿任意环路的环流（路径积分）为 0：

$$\oint_L \boldsymbol{E}\cdot \mathrm{d}\boldsymbol{l}=0.$$

现在考虑稳恒电流磁场中磁感应强度沿任意闭合路径的环流.

先考虑一个特殊情况，磁场 $\boldsymbol{B}$ 由无限长直载流导线所激发. 由(11.15)式，与导线距离为 a 处的磁感应强度为 $\boldsymbol{B}=\frac{\mu_0 I}{2\pi r}\boldsymbol{e}_t$，其中 $\boldsymbol{e}_t$ 是沿着 $\boldsymbol{B}$ 方向的单位矢量. 在与导线正交的平面上取闭合回路 L 包围导线(见图 11－11)，并计算 $\boldsymbol{B}$ 沿闭合回路 L 的积分. 在闭合回路 L 上任取一线元 $\mathrm{d}\boldsymbol{l}$，它对积分的贡献为

$$\boldsymbol{B}\cdot \mathrm{d}\boldsymbol{l}=\frac{\mu_0 I}{2\pi r}\boldsymbol{e}_t\cdot \mathrm{d}\boldsymbol{l}=\frac{\mu_0 I}{2\pi r}\mathrm{d}l\cos\theta,$$

式中 θ 是 $\boldsymbol{e}_t$ 和 $\mathrm{d}\boldsymbol{l}$ 的夹角. 以导线与平面的交点为圆心，$\mathrm{d}\boldsymbol{l}$ 对应的圆心角为 $\mathrm{d}\alpha$，由图中几何关系可知 $\mathrm{d}l\cos\theta=r\mathrm{d}\alpha$，所以 $\boldsymbol{B}\cdot \mathrm{d}\boldsymbol{l}=\frac{\mu_0 I}{2\pi r}r\mathrm{d}\alpha=\frac{\mu_0 I}{2\pi}\mathrm{d}\alpha$.

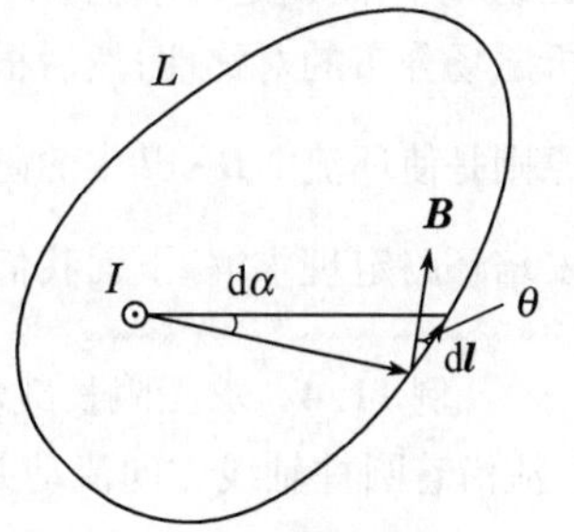

图 11－11　安培环路定理

把该式沿整个路径一周积分，$\oint_L \mathrm{d}\alpha=2\pi$，故

$$\oint_L \boldsymbol{B}\cdot \mathrm{d}\boldsymbol{l}=\mu_0 I. \tag{11.27}$$

上式在电流正方向与积分方向成右手螺旋关系时成立，其中 I 是代数量. 当电流实际方向与正方向一致时 $I>0$，反之 $I<0$.

如果闭合路径不包围电流(见图 11－12)，从平面与导线的交点作闭合回路 L 的切线，将闭合回路 L 分成两部分 L_1、L_2，这时

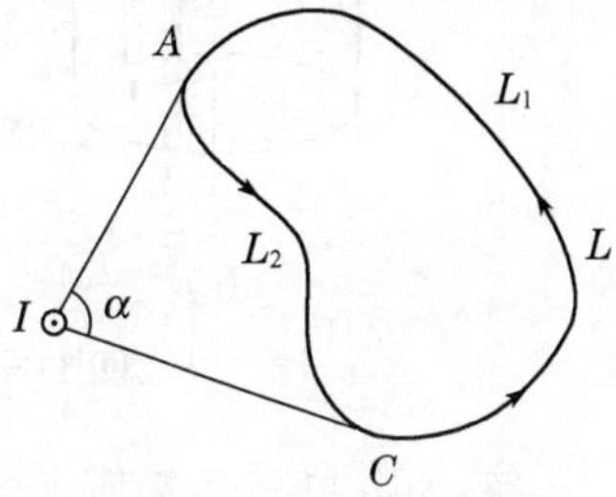

图 11－12　闭合路径不包围电流

$$\begin{aligned}\oint_L \boldsymbol{B}\cdot \mathrm{d}\boldsymbol{l}&=\int_{L_1}\boldsymbol{B}\cdot \mathrm{d}\boldsymbol{l}+\int_{L_2}\boldsymbol{B}\cdot \mathrm{d}\boldsymbol{l}\\&=\frac{\mu_0 I}{2\pi}\left(\int_{L_1}\mathrm{d}\alpha+\int_{L_2}\mathrm{d}\alpha\right)=\frac{\mu_0 I}{2\pi}(\alpha-\alpha)=0.\end{aligned}$$

可见闭合回路不包围电流时，该电流对沿闭合回路 L 的环流无贡献.

上面的讨论只涉及在垂直于无限长直电流的平面内的闭合路径，但可以证明，对于任意的稳恒电流的任意闭合路径，上述关系依然成立.

利用叠加原理，我们可以把上述关系推广到由多个电流回路或广延导体中的电流激发的磁场中去. 这一推广过程与上一章中把单个点电荷的静电场中的高斯定理推广到一般的带电体系的静电场中的高斯定理的过程类似. 由此，我们得到稳恒电流磁场的**安培环路定理**：

$$\oint_L \boldsymbol{B}\cdot \mathrm{d}\boldsymbol{l}=\mu_0 I_{\mathrm{in}}. \tag{11.28}$$

式中 I_{in} 是环路 L 所包围的电流的代数和. 跟高斯定理中高斯面外的电荷对通过该高斯面的电通量没有贡献一样，环路 L 外的电流虽然对 L 上各点的磁场有贡献，但对环流 $\oint_L \boldsymbol{B}\cdot \mathrm{d}\boldsymbol{l}$ 没有贡献.

11.4.3 利用安培环路定理计算磁场分布

利用安培环路定理可以比较方便地计算某些电流分布具有较高对称性的载流导体的磁场. 跟用高斯定理求电场一样，这种方法一般分成三步：首先根据电流分布的对称性分析磁场分布的对称性；然后根据这种对称性选取合适的闭合路径(称为**安培环路**)，选取的原则是使环流 $\oint_L \boldsymbol{B}\cdot \mathrm{d}\boldsymbol{l}$ 中的磁感应强度能够以标量的形式从积分号中提取出来；最后利用安培环路定理求解. 下面我们举几个例子来说明安培环路定理的应用.

例 11.4 求无限长载流圆柱面产生的磁场. 已知圆柱面半径为 R，通有电流 I，电流沿着圆柱轴线方向流动并且均匀分布在圆柱面上.

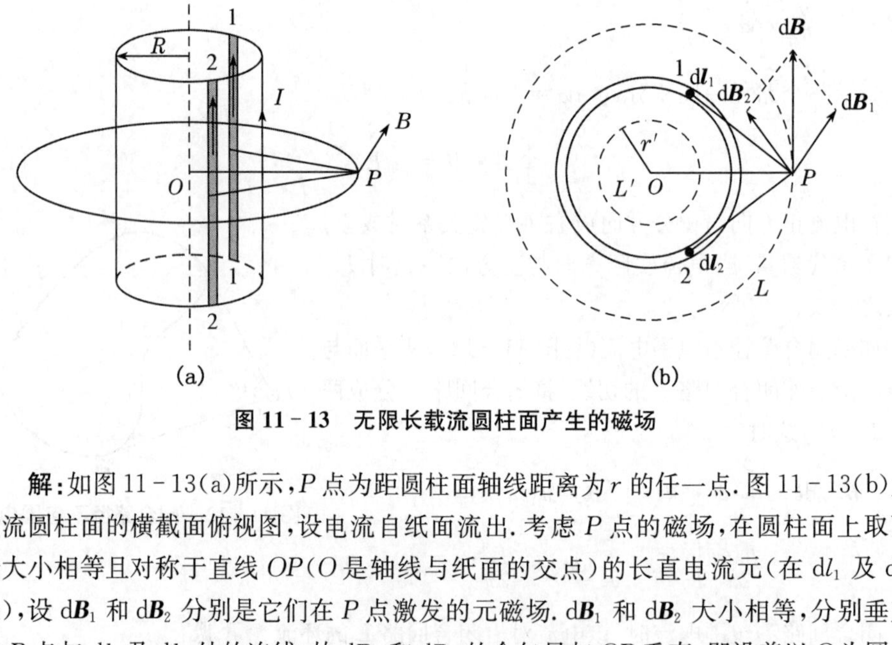

图 11-13 无限长载流圆柱面产生的磁场

解：如图 11-13(a)所示，P 点为距圆柱面轴线距离为 r 的任一点. 图 11-13(b)为载流圆柱面的横截面俯视图，设电流自纸面流出. 考虑 P 点的磁场，在圆柱面上取两个大小相等且对称于直线 OP(O 是轴线与纸面的交点)的长直电流元(在 $\mathrm{d}l_1$ 及 $\mathrm{d}l_2$ 处)，设 $\mathrm{d}\boldsymbol{B}_1$ 和 $\mathrm{d}\boldsymbol{B}_2$ 分别是它们在 P 点激发的元磁场. $\mathrm{d}\boldsymbol{B}_1$ 和 $\mathrm{d}\boldsymbol{B}_2$ 大小相等，分别垂直于 P 点与 $\mathrm{d}l_1$ 及 $\mathrm{d}l_2$ 处的连线，故 $\mathrm{d}\boldsymbol{B}_1$ 和 $\mathrm{d}\boldsymbol{B}_2$ 的合矢量与 OP 垂直，即沿着以 O 为圆心且通过 P 点的圆周的切向. 由于整个圆柱面的截面都可以这样一对对地分成许多对称的长直电流元，故整个圆柱面在 P 点激发的磁场必定沿着圆周的切向. 又由于电流分布的轴对称性，同一圆周上各点磁感应强度的大小相等. 无论 P 点在圆柱面外还是圆柱面内，以上分析都成立.

为此，过 P 点取安培环路为圆心在 O 点的圆，则环流可计算为

$$\oint_L \boldsymbol{B}\cdot \mathrm{d}\boldsymbol{l} = \oint_L B\mathrm{d}l = B\oint_L \mathrm{d}l = 2\pi r B.$$

根据安培环路定理，由于环路 L 所包围的电流为 $I_{内}=\begin{cases}0, & (r<R)\\ I, & (r>R)\end{cases}$

故

$$\boldsymbol{B}=\begin{cases}0, & (r<R)\\ \dfrac{\mu_0 I}{2\pi r}\boldsymbol{e}_t, & (r>R)\end{cases} \tag{11.29}$$

式中 $\boldsymbol{e}_t$ 是沿着 $\boldsymbol{B}$ 方向的单位矢量. 上式说明，对于无限长圆柱面电流，其内的磁场为 0，其外的磁场分布与电流都集中在轴线的无限长直电流所激发的磁场相同.

例 11.5　在一个环形管上均匀密绕 N 匝线圈就形成螺绕环(图 11 - 14). 设环的轴线半径为 R，线圈中通有稳恒电流 I.

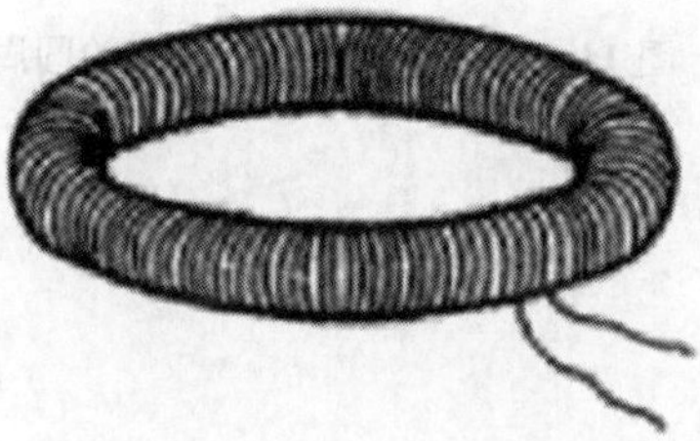

图 11 - 14　螺绕环

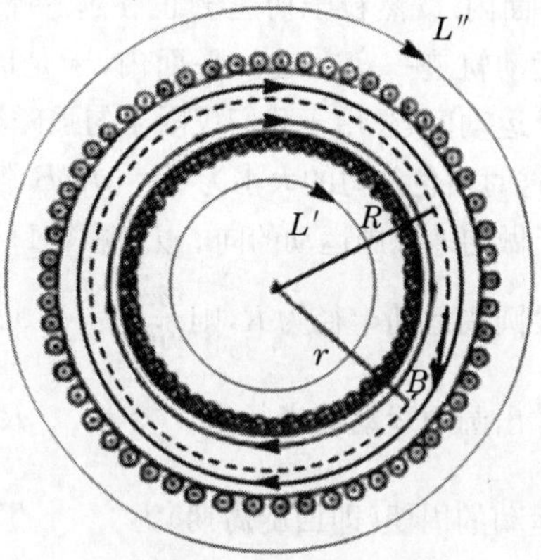

图 11 - 15　螺绕环剖面图

解：如图 11 - 15 所示，根据电流分布的对称性，螺绕环的磁场分布应以过 O 点垂直于纸面的直线为对称轴. 在与轴垂直的平面上，以 O 点为圆心的圆周上各点，磁感应强度的大小相等，方向沿圆周的切向. 在环形管内取以 O 点为圆心、半径为 r 的圆周为安培环路 L，则

$$\oint_L \boldsymbol{B}\cdot d\boldsymbol{l}=\oint_L B\,dl=B\oint_L dl=2\pi rB.$$

该环路 L 包围的电流为 NI，安培环路定理给出 $2\pi rB=\mu_0 NI$.

所以，在螺绕环管内，

$$B=\frac{\mu_0 NI}{2\pi r}. \tag{11.30}$$

在环管横截面的半径远小于环的轴线半径 R 的情况下，可以忽略从环心 O 到管内各点的距离 r 的区别，取 $r=R$，这样就有

$$B=\frac{\mu_0 NI}{2\pi R}=\mu_0 nI. \tag{11.31}$$

式中 $n=N/2\pi R$ 是螺绕环单位长度上的匝数.

对于管外任意一点，过该点作一个以环心 O 为圆心的任意圆周为安培环路 L' 或 L''，由于此时环路包围的电流 $\sum I=0$，所以 $B=0$. 可见，密绕螺绕环的磁场集中在管内，管外没有磁场.

11.5 磁场对带电粒子和载流导线的作用

11.5.1 带电粒子在匀强磁场中的运动

一个质量为 m、电量为 q 的带电粒子以速度 $\boldsymbol{v}$ 进入磁场后，则粒子受到的洛伦兹力作用由(11.11)式给出：
$$\boldsymbol{F}=q\boldsymbol{v}\times\boldsymbol{B}.$$
该式表明 $\boldsymbol{F}$ 恒与 $\boldsymbol{v}$ 垂直，因此洛伦兹力不做功，所以粒子的速率 v 不随时间改变，洛伦兹力的唯一效果就是改变粒子的运动方向.

先讨论粒子初速度 $\boldsymbol{v}$ 与磁场 $\boldsymbol{B}$ 垂直的情况. 由洛伦兹力公式可知，洛伦兹力 $\boldsymbol{F}$ 恒在垂直磁场 $\boldsymbol{B}$ 的平面内. 既然粒子初速 $\boldsymbol{v}$ 也在这一平面内，故粒子运动轨迹一定在这一平面内，于是问题简化为二维运动问题. 由于我们仅限于匀强磁场情况来讨论，这时洛伦兹力的大小为 $F=|q|vB$ 常量，它提供粒子做匀速圆周运动的向心力，见图 11－16.

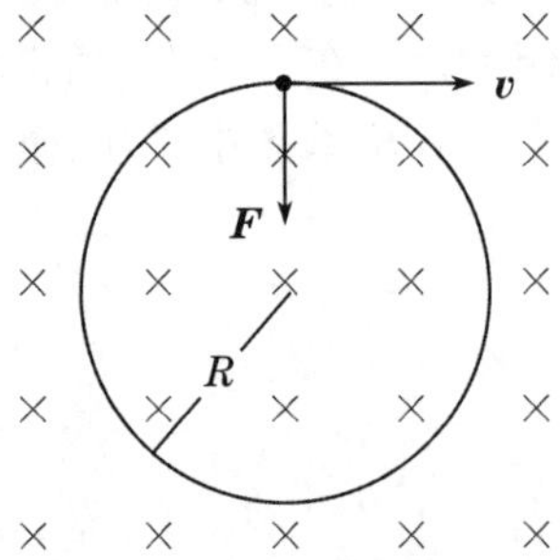

图 11－16 匀强磁场中电荷的圆周运动

设圆周运动半径为 R，则 $\dfrac{mv^2}{R}=|q|vB$.

可以求出圆周运动的半径为
$$R=\frac{mv}{|q|B},\tag{11.32}$$

圆周运动的周期(即**回旋周期**)为
$$T=\frac{2\pi m}{|q|B}.\tag{11.33}$$

由上面两式可知，回旋半径与粒子速度 $\boldsymbol{v}$ 成正比，回旋周期与粒子速度无关，这一点被人们利用在回旋加速器中用来加速带电粒子.

再讨论粒子初速 $\boldsymbol{v}$ 与磁场 $\boldsymbol{B}$ 成任意角的一般情况. 这种情况下可将速度 $\boldsymbol{v}$ 分解为垂直于磁场的分量 $\boldsymbol{v}_\perp$ 和平行于磁场的分量 $\boldsymbol{v}_{/\!/}$(见图 11－17)，大小分别为
$$v_\perp=v\sin\theta,v_{/\!/}=v\cos\theta.$$

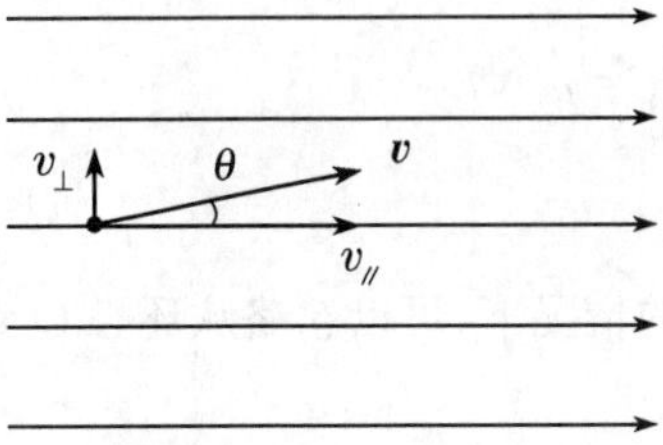

图 11－17 一般情况

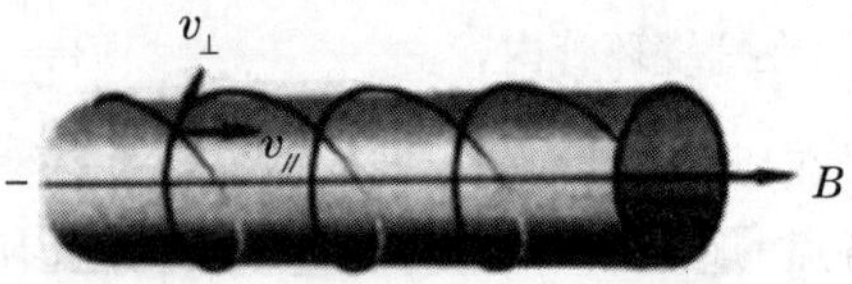

图 11－18 匀强磁场中带电粒子的轨迹

若 $v_{/\!/}=0$，则粒子在垂直于磁场 $\boldsymbol{B}$ 的平面内做匀速圆周运动；若 $v_\perp=0$，则粒子不受力，从而粒子做与磁场 $\boldsymbol{B}$ 平行或反平行的匀速直线运动. 在 $v_\perp$、$v_{/\!/}$ 都不为零的情况下，粒子的运动是上述两个运动的合运动，运动轨迹是一条轴线平行于磁场的螺旋线(见图 11－18).

螺旋线的半径和螺距分别为
$$R=\frac{mv_\perp}{|q|B},l=v_{/\!/}T=\frac{2\pi m}{|q|B}v_{/\!/}.\tag{11.34}$$

可见仅就和粒子初速 $\boldsymbol{v}$ 的关系而言，半径 R 仅与 $\boldsymbol{v}$ 的垂直分量有关，螺距 l 仅与 $\boldsymbol{v}$ 的平行分量有关.

带电粒子在磁场中的螺旋线运动被广泛地应用于**磁聚焦**技术. 如果在匀强磁场中某点 A 引入一束初速度 $\boldsymbol{v}$ 的大小大致相同且其与磁场方向的夹角足够小的带电粒子束(图 11－19)，则 $v_{/\!/}=v\cos\theta\approx v$，$v_{\perp}=v\sin\theta\approx v\theta$，这样每个带电粒子都做螺旋线运动.

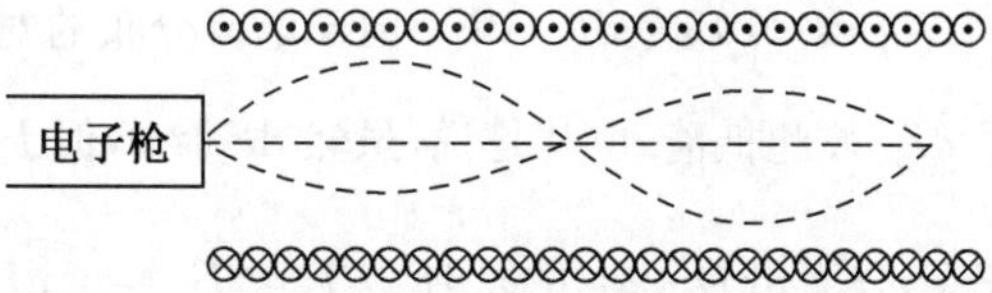

图 11－19　磁聚焦

由于它们的 $v_{\perp}$ 各不相同，它们所做螺旋线运动的半径 R 也各不相同. 但是由于它们的 $v_{/\!/}$ 近似相等，因而它们的螺距相同. 这样，经过一个回旋周期后，这些粒子将重新会聚于另一点 B. 这种现象称为磁聚焦，它广泛地应用于电真空系统(例如电子显微镜)中.

11.5.2　安培力

前面曾经提到，载流导线在磁场中要受到磁力作用. 由于导线中的电流是导线中的载流子定向运动形成的，当把载流导线放入磁场中时，这些运动的电荷就要受到洛伦兹力的作用. 这些微观洛伦兹力的宏观表现就是载流导线受到的**安培力**.

下面从洛伦兹力公式出发推导出安培力公式. 考虑细长导线的一个元段，它是一个长度为 $\mathrm{d}l$、横截面积为 S 的小柱体. 设 I 为通过横截面 S 的电流，取与电流同方向的矢量元 $\mathrm{d}\boldsymbol{l}$，则小柱体可以看成一个电流元 $I\mathrm{d}\boldsymbol{l}$. 设柱体内载流子浓度为 n，每个载流子带有电荷 q(设为正电荷)，其定向漂移速度为 $\boldsymbol{u}$，则电流的大小为 $I=nqSu$. 由于每一个载流子受到的洛伦兹力都是 $q\boldsymbol{u}\times\boldsymbol{B}$，而柱体内的载流子总数为 $nS\mathrm{d}l$，所以柱体内所有载流子受到的洛伦兹力的总和为 $\mathrm{d}\boldsymbol{F}=nS\mathrm{d}lq\boldsymbol{u}\times\boldsymbol{B}$. 由于 $\boldsymbol{u}$ 的方向与 $\mathrm{d}\boldsymbol{l}$ 相同，故 $\mathrm{d}\boldsymbol{F}=nS\mathrm{d}\boldsymbol{l}qu\times\boldsymbol{B}$，即

$$\mathrm{d}\boldsymbol{F}=I\mathrm{d}\boldsymbol{l}\times\boldsymbol{B}. \tag{11.35}$$

上式即为安培力公式. 对于任意载流导线所受的安培力，原则上可以通过对上式积分得到：

$$\boldsymbol{F}=\int I\mathrm{d}\boldsymbol{l}\times\boldsymbol{B}. \tag{11.36}$$

例 11.6　如图 11－20 所示，在匀强磁场 $\boldsymbol{B}$ 中有一段弯成半径为 R 半圆形、通有电流 I 的细导线，求这根导线受到的安培力.

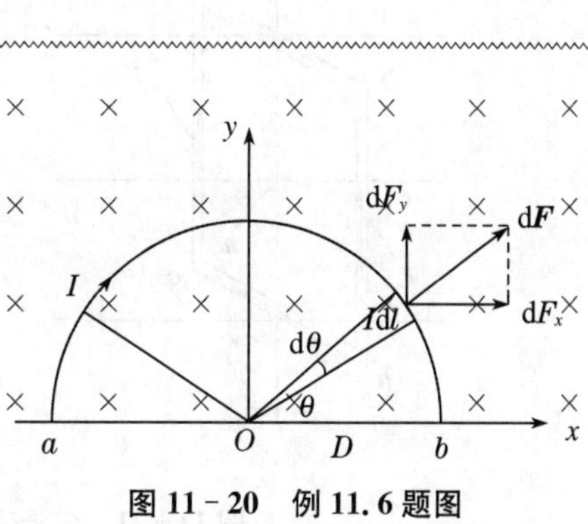

图 11－20　例 11.6 题图

解：在导线上任取一电流元 $I\mathrm{d}\boldsymbol{l}$，由(11.35)式可知其所受的安培力为

$$\mathrm{d}\boldsymbol{F}=I\mathrm{d}\boldsymbol{l}\times\boldsymbol{B}.$$

由于 $I\mathrm{d}\boldsymbol{l}$ 垂直于 $\boldsymbol{B}$，所以安培力的大小为 $\mathrm{d}F=IB\mathrm{d}l$，其方向沿半径向外. 由于各电流

元所受的安培力方向各不相同，故需先分解，再对分量积分. 选取如图 11－20 所示的坐标系，

将 d$\boldsymbol{F}$ 分解为 dF_x、dF_y. 由于电流分布的对称性，所以对整个半圆形导线来说，分量 dF_x 彼此抵消. 也就是说，虽然 d$F_x \neq 0$，但 $F_x = \int \mathrm{d}F_x = 0$.

于是，合力沿着 y 轴方向. 所以 $F = F_y = \int_a^b \mathrm{d}F_y = \int_a^b IB\sin\theta \mathrm{d}l$.

由于 $\mathrm{d}l = R\mathrm{d}\theta$，故 $F = \int_0^\pi IBR\sin\theta\mathrm{d}\theta = 2IBR = IBD$.

式中 D 为圆的直径. 方向沿 y 轴正方向.

此题还有另外一种解法. 由(11.36)式，因为 $\boldsymbol{B}$ 是常矢量，故导线所受安培力为

$$\boldsymbol{F} = \int_a^b I\mathrm{d}\boldsymbol{l} \times \boldsymbol{B} = I\left(\int_a^b \mathrm{d}\boldsymbol{l}\right) \times \boldsymbol{B}.$$

由于 $\int_a^b \mathrm{d}\boldsymbol{l}$ 是各段矢量元 d$\boldsymbol{l}$ 的矢量和，根据矢量叠加的多边形法则，它等于从 a 到 b 的矢量直线段 $\boldsymbol{D}$. 所以

$$\boldsymbol{F} = I\boldsymbol{D} \times \boldsymbol{B}. \tag{11.37}$$

这表明半圆形导线所受的安培力等于从起点到终点所连的直导线通以相同的电流 I 时所受到的安培力.

(11.37)式对于匀强磁场中任意形状的载流弯曲导线都适用，因为其证明过程只用到了匀强磁场这一条件. 如果 a、b 两点重合，则 $D = 0$，(11.37)式给出 $F = 0$. 这表明，在匀强磁场中的闭合载流线圈整体上不受安培力作用.

11.5.3　平面载流线圈在匀强磁场中所受的安培力矩

匀强磁场中的平面载流线圈是闭合的，根据例 11.6 的讨论，其所受合力一定为 0. 但它仍会受到力矩的作用.

如图 11－21(a)所示，磁感应强度 $\boldsymbol{B}$ 的方向水平向右.

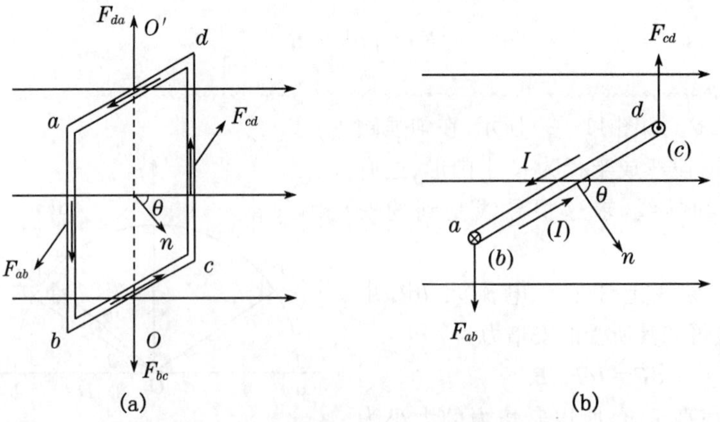

图 11－21　匀强磁场中的平面载流线圈

一个矩形线圈 $abcda$，线圈的长与宽分别为 $ab=cd=l_1$，$bc=ad=l_2$，线圈可绕垂直于磁感应强度 $\boldsymbol{B}$ 的中心轴线 OO' 自由转动. 线圈平面的单位法向矢量为 $\boldsymbol{e}_n$（$\boldsymbol{e}_n$ 的方向与电流的方向成右手螺旋关系），$\boldsymbol{e}_n$ 与 $\boldsymbol{B}$ 的夹角为 θ. 图 11-21(b)是俯视图. 当线圈中通有稳恒电流 I 时，线圈的各边都受到安培力的作用，由安培力公式，各边所受的安培力的大小为

$$F_{ab}=F_{cd}=Il_1B, F_{bc}=F_{da}=Il_2B\cos\theta.$$

F_{bc} 和 F_{da} 的方向相反，此外它们的作用线都是 OO'，故这一对力对线圈无任何影响. F_{ab} 和 F_{cd} 虽然大小相等，方向相反，但是它们没有作用在同一直线上. 所以，它们形成一个绕 OO' 轴的力偶矩 $\boldsymbol{M}$，这一力偶矩使线圈的法向矢量 $\boldsymbol{e}_n$ 向 $\boldsymbol{B}$ 的方向转动. 力偶矩 $\boldsymbol{M}$ 的方向沿轴线 OO' 向上，大小为 $M=F_{ab}l_2\sin\theta=Il_1l_2B\sin\theta=ISB\sin\theta$，其中 S 是矩形线圈的面积. 由磁矩的定义(11.19)式，线圈的磁矩为 $\boldsymbol{p}_m=I\boldsymbol{S}=IS\boldsymbol{e}_n$，故力矩 $\boldsymbol{M}$ 可用磁矩 $\boldsymbol{p}_m$ 和 $\boldsymbol{B}$ 表示为

$$\boldsymbol{M}=\boldsymbol{p}_m\times\boldsymbol{B}. \tag{11.38}$$

上式虽然是从矩形线圈的特例推导出来的，但是可以证明它也适用于任意形状的平面线圈.

综上所述，任何形状的平面载流线圈在匀强磁场中所受合力为零，但是受到一个力矩 $\boldsymbol{M}=\boldsymbol{p}_m\times\boldsymbol{B}$ 的作用，力矩 $\boldsymbol{M}$ 力图将线圈磁矩 $\boldsymbol{p}_m$ 转动到 $\boldsymbol{B}$ 的方向. 当 $\boldsymbol{p}_m$ 与 $\boldsymbol{B}$ 成 $\pi/2$ 角度时，$\boldsymbol{M}$ 的数值最大；当 $\theta=0$ 或者 $\theta=\pi$ 时，力矩 $\boldsymbol{M}$ 为零，线圈分别处于稳定平衡和不稳定平衡状态.

载流线圈在安培力矩作用下转动这一现象有着很广泛的应用，直流电动机、磁电式仪表等都是依据这一原理制造出来的.

11.6　有磁介质时的磁场

本章前面几节讨论的都是稳恒电流在真空中激发的磁场的规律. 本节要讨论的是引入介质后磁场的规律. 介质在磁场作用下能够发生变化，称为**磁化**. 介质磁化后反过来会影响磁场. 通常，当我们谈论介质的磁性质或磁效应时，把介质就称为磁介质.

11.6.1　磁介质对磁场的影响

我们通过一个实验来研究磁介质对磁场的影响. 取一个长直螺线管，先让管内是真空，螺线管内通以电流 I，测出螺线管内的磁感应强度的大小 B_0，然后向螺线管内充满某种均匀线性磁介质，保持电流 I 不变，再测出此时螺线管内的磁感应强度的大小 B. 实验表明，这两者数值不同. B 和 B_0 的比值称为磁介质的**相对磁导率** μ_r，即

$$\mu_r=\frac{B}{B_0}. \tag{11.39}$$

而磁介质的**磁导率**则为

$$\mu=\mu_r\mu_0. \tag{11.40}$$

μ_r 是一个无量纲的数，它随磁介质的种类或者所处的状态的不同而不同，反映了磁介质被磁化后对原磁场的影响程度，体现了磁介质的性质.

阅读　几种磁介质的相对磁导率

11.6.2　磁介质的磁化

在 11.2 节中我们曾提到，物质的磁性源于构成物质的原子中带电粒子的运动. 在原

子内部,核外电子有绕核的轨道运动,同时电子还有自旋运动,原子核也有自旋运动,这些运动按经典的图像都可以等效为圆电流,由例 11.2,它们都有各自的磁矩. 分子中所有磁矩的矢量和称为分子的**固有磁矩**. 正如电介质分子可以分为有极分子和无极分子那样,磁介质分子也可以分为两种,分别对应固有磁矩为 0 和不为 0.

顺磁性来自不为 0 的分子固有磁矩. 在没有外磁场时,由于分子热运动,顺磁质中各个分子固有磁矩在空间的取向是完全随机的. 所以就磁介质整体来说,各个分子磁矩彼此抵消,对外不显磁性. 当顺磁质放入外磁场中时,外磁场对分子磁矩施加一个力矩,使分子磁矩在一定程度上转向外磁场的方向(见(11.38)式及随后的讨论),从而在整体上对外显示磁性. 外磁场越强,分子磁矩排列就越整齐,对外显示的磁性也就越强. 各个分子磁矩沿外磁场方向的排列将产生一个与其同向的附加磁场,故顺磁质磁化后将使原磁场增强.

抗磁性则存在于一切磁介质中. 理论上可以证明,在外磁场作用下,每个电子的轨道运动会发生变化,从而引起**附加磁矩**. 这种附加磁矩总是逆着外磁场的方向,从而会使总磁场减弱. 如果分子的固有磁矩为 0,那么最后的总效果就是反向的附加磁矩. 这就是抗磁质的情况. 但如果分子的固有磁矩不为 0,那么此时附加磁矩是远小于固有磁矩的,此时抗磁性远小于顺磁性,最终体现为顺磁性.

磁介质的磁化是由于分子磁矩的改变,其结果是在原磁场上叠加了同向或反向的磁场. 这一切可以解释为因为出现了新的电流,只是这种电流不是通常那种起因于电荷定向移动的**传导电流**(或**自由电流**),而是由于介质的磁化导致的,称为**磁化电流**(或**束缚电流**). 传导电流与磁化电流的关系类似于电介质中自由电荷和极化电荷的关系.

磁化电流的微观本质就是分子电流. 假设一种简单情况,即一根圆柱被磁化后所有的分子磁矩全部同向,剖面如图 11-22 所示. 此时,在圆柱内部,各分子电流相互抵消,内部不呈现宏观电流. 但在表面,各分子电流反向相同,且前后相接,形成闭合的宏观面电流分布. 这正是磁化电流.

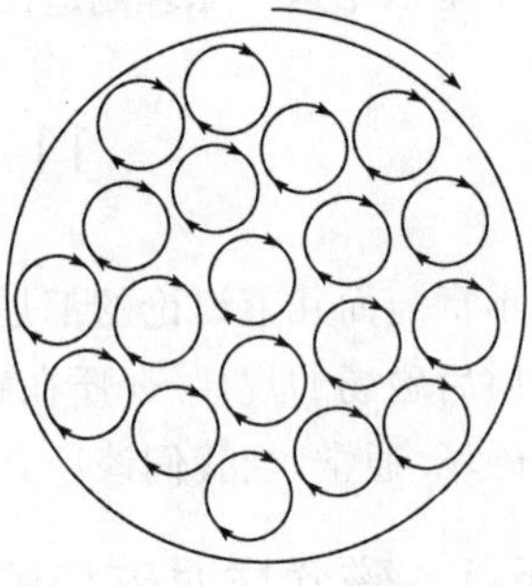

图 11-22　磁化电流的微观本质

11.6.3　有磁介质时的安培环路定理

如果把传导电流和磁化电流都考虑进来,那么安培环路定理仍然是成立的. 但问题在于:(11.27)式右边电流项中的磁化电流一般是未知的,而左边的总磁场也是未知的. 所以(11.27)式本身难以用来解决具体问题. 同有电介质时的高斯定理一样,如果等式右边只出现可以人为控制的传导电流,那么问题会变得容易解决. 下面就均匀各向同性线性磁介质充满有磁场的空间这一特殊情况来分析.

前面提到对于管内充满均匀磁介质的长直螺线管,实验表明 $\boldsymbol{B}=\mu_r\boldsymbol{B}_0$. 将此式两边对任意闭合路径 K 积分,并根据无介质时的安培环路定理 $\oint_L \boldsymbol{B}_0 \cdot \mathrm{d}\boldsymbol{l} = \mu_0 \sum I_0$ (见(11.27)式),可得

$$\oint_L \boldsymbol{B} \cdot \mathrm{d}\boldsymbol{l} = \oint_L \mu_r \boldsymbol{B}_0 \cdot \mathrm{d}\boldsymbol{l} = \mu_r\mu_0 \sum I_0 = \mu \sum I_0,$$

其中 $\sum I_0$ 是 L 所包围的传导电流的代数和. 定义**磁场强度 $\boldsymbol{H}$** 为

$$\boldsymbol{H}=\frac{\boldsymbol{B}}{\mu_0\mu_r}=\frac{\boldsymbol{B}}{\mu}, \tag{11.41}$$

则上式可以写为

$$\oint_L \boldsymbol{H}\cdot \mathrm{d}\boldsymbol{l}=\sum I_0. \tag{11.42}$$

这就是**有磁介质时的安培环路定理**,由于它是以 $\boldsymbol{H}$ 的环路积分来表示的,所以它又称为 **$\boldsymbol{H}$ 的环路定理**①.

(11.42)式虽然是对管内充满均匀磁介质的长直螺线管这一特例推出的,但可以证明,对于一般情况它仍然成立.

例 11.7　有一无限长直螺线管,线圈中通有稳恒电流 I,单位长度上线圈匝数为 n,管内充满磁导率为 μ 的均匀磁介质. 求螺线管内、外的磁感应强度.

解:在例 11.3 中,我们已经得到螺线管轴线上的磁感应强度的大小为 $B_0=\mu_0 nI$. 在有磁介质的情况下,由(11.39)式知,在轴线上,$B=\mu_r B_0=\mu_0\mu_r nI=\mu nI$,即 $H=nI$. 以此为基础,我们来求螺线管内外的磁感应强度.

根据电流分布的对称性以及磁介质的均匀性,可以首先得到两个结论:(1) 与轴线距离相同的各点磁场大小相等;(2) 管内各点的磁场沿垂直于轴线向外的径向分量 B_r 为 0.

第二条的证明如下:如图 11-23(a)所示,设 $B_r\neq 0$. 把整个系统绕过 P 点并垂直于轴线的线旋转 180°,则 B_r 不变. 然后再将电流反向,此时根据毕奥-萨伐尔定律,磁场必然反向,故径向分量变为反向的 B_r'. 然而,经过这样两次操作得到的电流情况就是原情况,因而径向分量 B_r 应该不变. 于是得到矛盾.

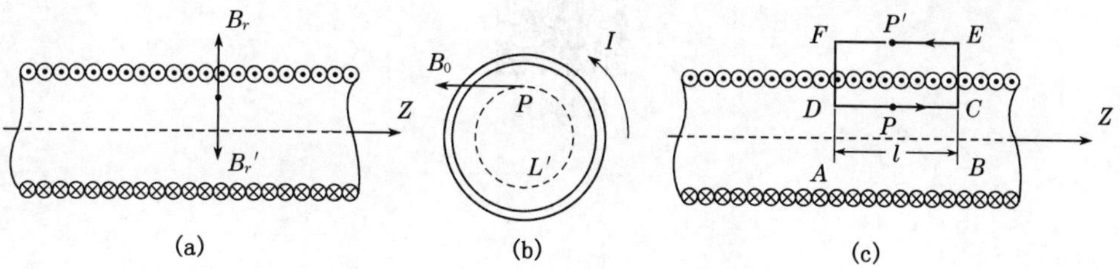

图 11-23　有介质时的无限长螺线管

再讨论磁场沿垂直于轴线(z 轴)和径向的横向分量 B_θ,如图 11-23(b)所示. 作虚线所示的安培环路 L',则环路上各点的 B_θ 相等. 考虑积分 $\oint_{L'}\boldsymbol{H}\cdot \mathrm{d}\boldsymbol{l}$,它只取决于横向分量,故 $\oint_{L'}\boldsymbol{H}\cdot \mathrm{d}\boldsymbol{l}=2\pi r H_\theta$.

---

①　同本书对电位移的定义一样,(11.41)式并不是磁场强度的普遍定义. 它实际上只是在均匀各向同性线性介质充满磁场所在空间情况下磁场强度和磁感应强度的关系而已. 在一般情况下,$\boldsymbol{B}=\mu_r\boldsymbol{B}_0$ 并不一定成立,而(11.41)式也可能不成立. 但无论如何,磁场强度的普遍定义保证(11.42)式总成立. 对于各种复杂情况,本书不做讨论.

另一方面，由于该回路没有包围任何电流，根据安培环路定理，上述积分应该为 0. 故 $H_\theta=0, B_\theta=0$.

以上关于 B_r 和 B_θ 的讨论对管内外都成立.

最后讨论磁场的 z 分量(轴向分量). 先讨论管内任一点 P，如图 11－23(c)所示. 在管内作矩形回路 $ABCDA$，其 AB 边与轴线重合，CD 边经过 P 点，这两条边的长度为 l. 对其应用 $\boldsymbol{H}$ 的环路定理，注意到在两个竖直边上 $\boldsymbol{H}$ 与 $\mathrm{d}\boldsymbol{l}$ 垂直($\boldsymbol{H}$ 和 $\boldsymbol{B}$ 没有径向分量)，得

$$0=\oint_L \boldsymbol{H}\cdot\mathrm{d}\boldsymbol{l}=\int_{ab}\boldsymbol{H}\cdot\mathrm{d}\boldsymbol{l}+\int_{cd}\boldsymbol{H}\cdot\mathrm{d}\boldsymbol{l}=H_{ab}l-H_{cd}l. \tag{11.43}$$

因为 $H_{ab}=nI$，所以 $H_{ab}=H_{cd}=nI$. 也就是说，对管内任何一点都有 $H=nI, B=\mu nI$. 对于管外任一点 P'，作矩形回路 $ABEFA$，应用 $\boldsymbol{H}$ 的环路定理，得

$$nI=\oint_{L'} \boldsymbol{H}\cdot\mathrm{d}\boldsymbol{l}=\int_{ab}\boldsymbol{H}\cdot\mathrm{d}\boldsymbol{l}+\int_{ef}\boldsymbol{H}\cdot\mathrm{d}\boldsymbol{l}=H_{ab}l-H_{ef}l=(nI-H_{ef})l.$$

故 $H_{ef}=0$，即管外任一点 $H=0, B=0$.

这样，我们就证明了无限长直螺线管管内是匀强磁场，方向沿轴线方向，大小为 $B=\mu nI$；管外磁场为零.

习题

线上阅览

第 12 章　电磁感应与电磁波

12.1　电磁感应的基本定律

自从奥斯特和安培发现了电流的磁效应后，相反方向的探索开始展开，即如何用磁场产生电流. 法拉第在这方面进行了系统的研究. 起初他认为将一块强磁铁靠近一根导线，导线中就会出现稳恒电流；或者将一根通有强电流的导线靠近另一根导线，另一根导线中就会出现稳恒电流. 但是这些实验都以失败而告终. 直到 1831 年，法拉第才发现了电磁感应现象. 从实用的角度来看，这一发现在生产技术上具有划时代的意义，为人类生活电气化打下了基础. 从理论的角度来看，这一发现深入揭示了电与磁的内在关系，从而麦克斯韦才有可能建立完整的电磁理论.

法拉第的实验大体上可以归为两类：一类实验是磁铁相对于线圈运动时，从而线圈中产生了电流；另一类是当一个线圈中的电流发生变化时，在它附近的其他线圈中产生了电流. 这些现象称为**电磁感应**，线圈中产生的电流称为**感应电流**. 这两类现象的共同点是穿过闭合回路中的磁通量发生了变化，从而在回路中产生了感应电流.

线圈中出现电流是线圈回路中存在电动势的反映，这种电动势称为**感应电动势**. 产生感应电动势的那部分导体相当于电路中的电源. 当电路闭合时，感应电流的大小由感应电动势的大小和电路的电阻决定，可以由闭合电路的欧姆定律计算出. 当电路断开时，感应电流不存在，但感应电动势仍然存在. 可见感应电动势比感应电流更能反映电磁感应的实质. 因此，对电磁感应现象的确切理解应为：当穿过闭合回路的磁通量发生变化时，在回路中就产生感应电动势.

12.1.1　楞次定律

在只含有电阻的闭合回路中，感应电动势的方向与感应电流的方向是一致的，确定了感应电流的方向也就确定了感应电动势的方向. 楞次在法拉第实验的基础上总结出一种直接判断感应电流方向的方法，称为**楞次定律**，其内容可表述为：闭合回路中感应电流的方向，总是使得它所产生的磁场阻碍引起感应电流的磁通量的变化.

如图 12－1(a)所示，当把磁棒插入线圈时，线圈的磁通增大. 按照楞次定律，感应电流激发的磁通与该磁通反向（阻碍它的增大），所以感应电流激发的磁场与磁棒的磁场方向相反. 根据右手定则，可以确定感应电流的方向如图所示. 当把磁棒拔出时，按照同样的方法，读者可以判断感应电流的方向是否如图 12－1(b)所示.

楞次定律实质上是能量守恒定律在电磁感应现象中的反映. 为了理解这点，我们从功和能的观点重新分析图 12－1 的实验. 当磁棒插入线圈时，线圈中出现感应电流. 按照楞次定律，感应电流的方向应该与图 12－1(a)中的方向一致. 如果把这个线圈看作一根磁

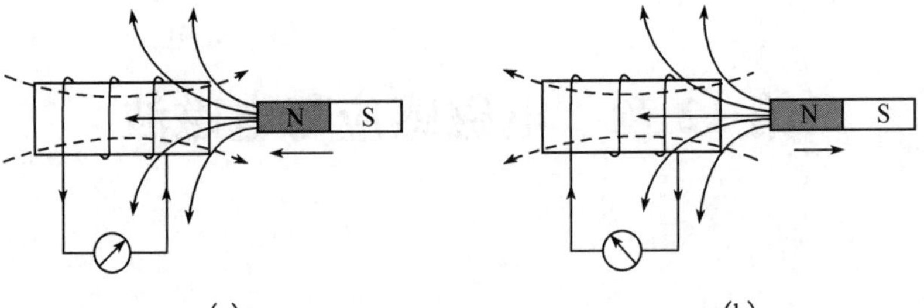

(a) (b)

图 12-1 楞次定律

棒，其右端相当于 N 极，与向左插入的磁棒的 N 极相斥．为了使磁棒匀速插入，必须有外力克服这个斥力做功．另一方面，感应电流流过电路必然产生焦耳热，这个热量正是外力做的功转化而来．可见楞次定律符合能量守恒定律．如果设想感应电流的方向与图 12-1(a)中的方向相反，则线圈的右端相当于 S 极，它与磁棒的 N 极相吸，无须其他外力，磁棒在这个吸力作用下加速向左运动，线圈中的感应电流越来越大，线圈与磁棒的吸力也就越来越强．如此下去，一方面是磁棒的动能不断增加，另一方面感应电流产生的焦耳热也越来越多，而在这一过程中竟然没有任何外力做功，这显然违背了能量守恒定律．正是能量守恒定律要求感应电动势的方向服从楞次定律．

12.1.2 法拉第电磁感应定律

实验表明，感应电动势的大小和通过导体回路的磁通量的变化率成正比：

$$\xi=\frac{\mathrm{d}\Phi}{\mathrm{d}t}. \tag{12.1}$$

这一结论称为**法拉第电磁感应定律**，其中的负号已经考虑到了楞次定律对感应电动势方向的描述，并且约定电动势的正方向与回路所包围面积的法线方向（或磁通量的正方向）呈右手螺旋关系，如图 12-2 所示．

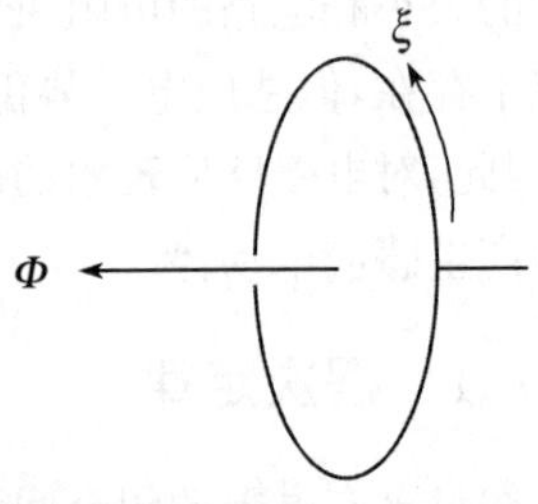

图 12-2 Φ 与 ξ 的正方向规定

下面我们用图 12-3 来说明(12.1)式的应用，其中正方向的规定与图 12-2 相同．在图 12-3(a)中，穿过回路的 $\Phi>0$，同时 N 极向着回路运动，穿过回路的磁通量增加，$\mathrm{d}\Phi/\mathrm{d}t>0$，由(12.1)式得出感应电动势取负值，即与正方向相反．如果根据楞次定律，此时回路中感应电流的磁场穿过该回路的磁通应该阻止原来磁通量的增加，所以感应电动势的方向应该与正方向相反，与(12.1)式得出的结果一致．在图 12-3(b)中，穿过回路的 $\Phi<0$，同时 N 极离开回路运动，即反向的磁通量减少．这等效于正向磁通增加，故仍有 $\mathrm{d}\Phi/\mathrm{d}t>0$．此时感应电动势与正方向相反，跟楞次定律的结果一致．图 12-3(c)、(d)的情况留给读者讨论．具体分析时，记住磁通正向增加与反向减少等效($\mathrm{d}\Phi/\mathrm{d}t>0$)、正向减少与反向增加等效($\mathrm{d}\Phi/\mathrm{d}t<0$)即可．

实际中的线圈总是由许多匝线圈组成，在这种情况下，当磁场变化时，每一匝中都产生感应电动势．由于匝与匝之间是串联关系，故整个线圈中产生的感应电动势应该是每一匝线圈中产生的感应电动势之和．当穿过每匝线圈的磁通量分别为 $\Phi_1,\Phi_2,\cdots,\Phi_n$ 时，定义

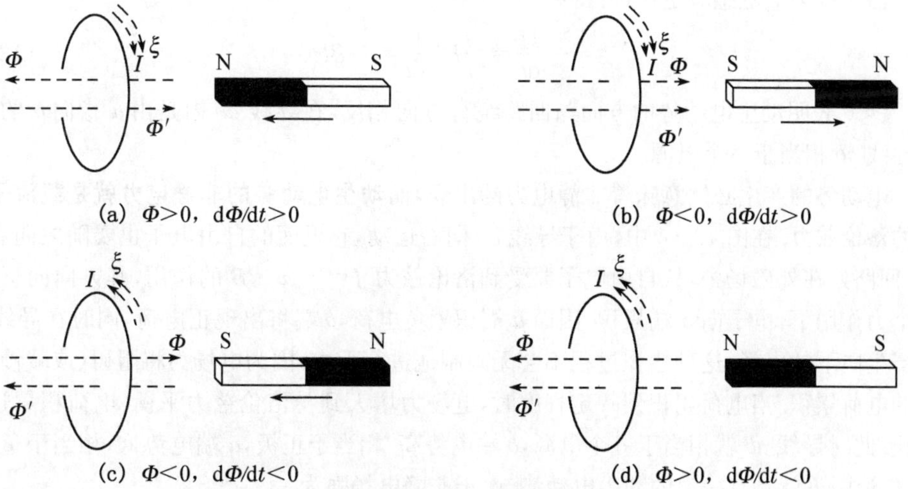

图 12-3　磁通量的变化与感应电动势的关系

$$\Psi = \sum_i \Phi_i, \tag{12.2}$$

则总感应电动势为

$$\xi = -\left(\frac{\mathrm{d}\Phi_1}{\mathrm{d}t} + \frac{\mathrm{d}\Phi_2}{\mathrm{d}t} + \cdots + \frac{\mathrm{d}\Phi_n}{\mathrm{d}t}\right) = -\frac{\mathrm{d}\Psi}{\mathrm{d}t}. \tag{12.3}$$

Ψ 称为穿过线圈的**全磁通**，又称为**磁通匝链数**，简称**磁链**. 当穿过各匝线圈的磁通量相等时，N 匝线圈的全磁通为 $\Psi = N\Phi$，这时

$$\xi = -\frac{\mathrm{d}\Psi}{\mathrm{d}t} = -N\frac{\mathrm{d}\Phi}{\mathrm{d}t}. \tag{12.4}$$

12.2　动生电动势

回路中磁通量变化的基本形式有两种：(1) 磁场不变而回路形状发生变化（如部分回路的运动）；(2) 回路不变单磁场随时间发生变化. 这两种情况下产生的电动势分别称为**动生电动势**和**感生电动势**. 如果两种变化同时存在，此时的感应电动势是动生电动势和感生电动势的叠加. 本节讨论动生电动势.

如图 12-4 所示，一矩形导体回路，长度为 l 导线 ab 以速度 $\boldsymbol{v}$ 在垂直于磁场 $\boldsymbol{B}$ 的平面内向右运动，其余边不动. 由于 ab 边的运动，导致闭合回路中的磁通量发生变化，所以我们可以用法拉第电磁感应定律来求动生电动势. 取回路绕行正方向为顺时针方向，此时回路所包围的面积的法线方向与磁场方向一致，导线 ab 在图示位置时磁通量 $\Phi = BS = Blx$.

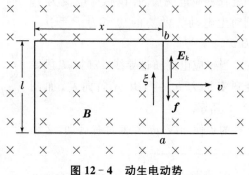

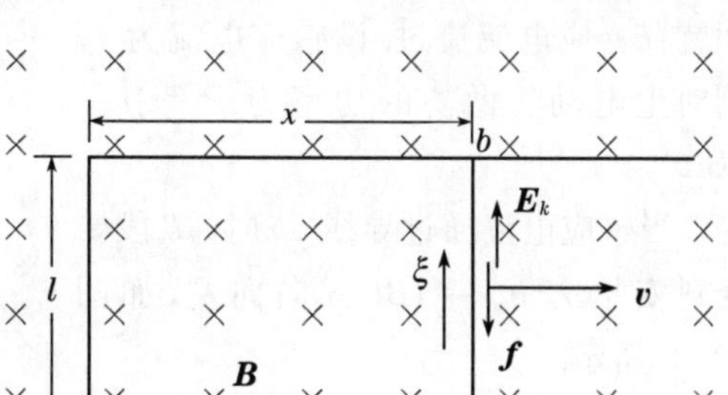

图 12-4　动生电动势

由法拉第电磁感应定律,可得①

$$\xi=-\frac{d\Phi}{dt}=-Bl\frac{dx}{dt}=-Blv. \tag{12.5}$$

$\xi<0$ 表明动生电动势的方向与回路绕行方向相反,在导线 ab 内是由 a 指向 b 的. 此时导线 ab 相当于一个电源.

电动势的产生必然意味着非静电力的出现,而**动生电动势的非静电力就是载流子受到的洛伦兹力**. 在图 12-4 中,由于导线 ab 向右运动,它里面的自由电子也要随之向右运动. 回路处在外磁场中,故自由电子要受到洛伦兹力 $\boldsymbol{f}=-e\boldsymbol{v}\times\boldsymbol{B}$ 的作用,其方向向下. 在这个力作用下,电子向 a 端累积,因而 a 端积累负电荷,b 端将出现正电荷,同时在导线 ab 中产生向下的电场. 这种累积过程不会无限制地进行下去,因为电场力将阻碍(或减慢)两端的电荷累积. 当电荷累积到一定程度时,电场力增大到与洛伦兹力平衡,电荷积累过程停止. 此时导线 ab 就相当于一个电源,b 端电势高,相当于正极,a 端电势低,相当于负极,这样导线 ab 就具有一定的动生电动势. 由于非静电场强为

$$\boldsymbol{E}_k=\frac{\boldsymbol{f}}{-e}=\boldsymbol{v}\times\boldsymbol{B},$$

根据电动势的定义,有②

$$\xi=\int_b^a \boldsymbol{E}_k\cdot d\boldsymbol{l}=\int_b^a(\boldsymbol{v}\times\boldsymbol{B})\cdot d\boldsymbol{l}. \tag{12.6}$$

由于 $\boldsymbol{v}$,$\boldsymbol{B}$ 和 $d\boldsymbol{l}$ 两两相互垂直,又构成左手系,上面积分的结果为 $\xi=-Blv$,与(12.5)式相同.

在一般情况下,如果磁场非均匀,导线形状任意,且各部分的运动速度不尽相同,我们可以在导线上任取一个小线元 $d\boldsymbol{l}$,它的运动速度为 $\boldsymbol{v}$,在线元上的动生电动势即为$(\boldsymbol{v}\times\boldsymbol{B})\cdot d\boldsymbol{l}$. 整根导线中的动生电动势应该是各个线元上的动生电动势之和,其表示式就是(12.6)式. 如果整个导体回路都在磁场中运动,则回路中总的动生电动势为

$$\xi=\oint(\boldsymbol{v}\times\boldsymbol{B})\cdot d\boldsymbol{l}. \tag{12.7}$$

可以一般证明,基于洛伦兹力得到的动生电动势(12.7)式与法拉第定律等价.

在图 12-4 所示的闭合回路中,由于 ab 段的运动产生了动生电动势,在回路中就有感应电流流过. 设感应电流为 I,则动生电动势做功的功率为 $P=\xi I=IBlv$.

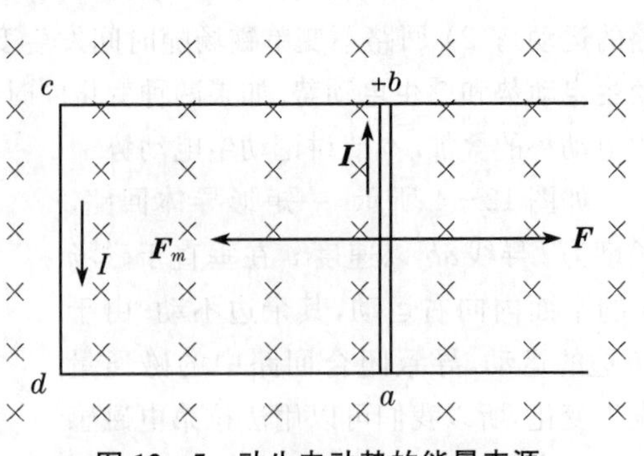

图 12-5 动生电动势的能量来源

当感应电流通过导线 ab 时,ab 段要受到安培力 $F_m=IBl$ 方向向左,如图 12-5 所示.

为了使导线 ab 匀速向右运动,必须

① 严格说来,导体本身的电流也会产生磁通. 导体本身电流和形状的改变都将导致这种磁通的改变. 这种现象称为自感(见本章第 11 节). 对于单匝回路,自感效应一般很小,可以忽略不计.

② 之所以积分由 b 到 a,是为了遵从前面关于回路正方向的规定.

要有外力 $\boldsymbol{F}$ 与安培力平衡，即 $\boldsymbol{F}=-\boldsymbol{F}_m$. 因此，外力 $\boldsymbol{F}$ 的功率为 $P'=\boldsymbol{F}\cdot\boldsymbol{v}=IBlv$，恰好等于动生电动势做功的功率. 可见电路中动生电动势提供的电能是由外力做功所消耗的机械能转化而来. 这就是发电机内的能量转化过程.

导线在磁场中运动时所产生的动生电动势是洛伦兹力作用的结果. 一方面，洛伦兹力总是与速度方向相垂直，不做功. 另一方面，动生电动势是要做功的. 如何解释这一矛盾呢？为此，有必要对导线 ab 中的电子所受的洛伦兹力做更细致的分析(图 12 - 6).

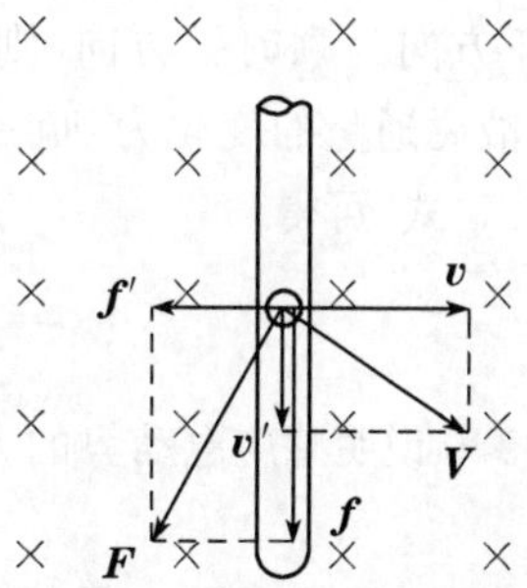

图 12 - 6　电子速度和洛伦兹力的分解

随着动生电动势的产生，闭合回路中将有电流出现. 导线 ab 中的自由电子的宏观定向速度由两部分组成：随导线向右运动的速度 $\boldsymbol{v}$ 和形成感应电流的速度 $\boldsymbol{v}'$. 电子的合速度则为 $\boldsymbol{V}=\boldsymbol{v}+\boldsymbol{v}'$. 电子受到的洛伦兹力 $\boldsymbol{F}=-e\boldsymbol{V}\times\boldsymbol{B}$ 相应地也可分成两部分：(1) 与 $\boldsymbol{v}$ 对应的部分 $\boldsymbol{f}=-e\boldsymbol{v}\times\boldsymbol{B}$，方向向下；(2) 与 $\boldsymbol{v}'$ 对应的部分 $\boldsymbol{f}'=-e\boldsymbol{v}'\times\boldsymbol{B}$，方向向左. $\boldsymbol{F}$ 的这两个分力都要做功：$P_f=\boldsymbol{f}\cdot\boldsymbol{v}'=f'v=evBv'$，$P_{f'}=\boldsymbol{f}'\cdot\boldsymbol{v}=-f'v=-ev'Bv$，而且做功之和为 0，即总洛伦兹力 $\boldsymbol{F}$ 不做功：

$$\boldsymbol{F}\cdot\boldsymbol{V}=(\boldsymbol{f}+\boldsymbol{f}')\cdot(\boldsymbol{v}+\boldsymbol{v}')=\boldsymbol{f}\cdot\boldsymbol{v}'+\boldsymbol{f}'\cdot\boldsymbol{v}=0.$$

$\boldsymbol{f}$ 与导线平行，是电源中的非静电力，$\boldsymbol{f}$ 沿导线的积分的效果就是动生电动势. $\boldsymbol{f}$ 对整段导体中 $N=nSl$ 个电子做的总功为 $N\boldsymbol{f}\cdot\boldsymbol{v}'=nSlevBv'=IlBv$，即动生电动势的功率. $\boldsymbol{f}'$ 与导线垂直，它的宏观表现为导线 ab 受到的向左的安培力. $\boldsymbol{f}'$ 对整段导体做的总功则为 $N\boldsymbol{f}'\cdot\boldsymbol{v}=-IlBv$，即安培力的功率. 可见，虽然洛伦兹力总的来说不做功，但是它的两个分力都做了功，只是两个功的代数和为 0 而已. 洛伦兹力在这里起了一个中间转换的作用，把外力所做的功转化为电能.

例 12.1　在与匀匀磁场 $\boldsymbol{B}$ 垂直的平面上，有一根长度为 L 的直导线 PQ 绕 P 点以匀角速度 ω 转动(图 12 - 7). 求导线内的动生电动势及其方向.

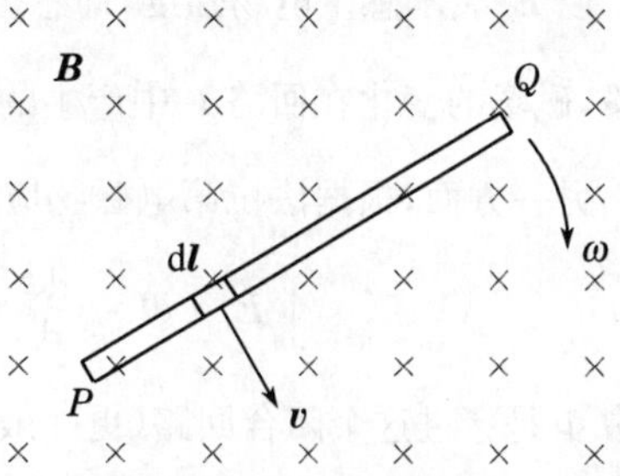

图 12 - 7　例 11.1 题图

解：应用(12.6)式求解. 在 PQ 上任取一个线元 $\mathrm{d}\boldsymbol{l}$，其方向沿着从 P 到 Q 的方向. 由于 $\boldsymbol{v}$ 垂直于 $\boldsymbol{B}$ 且 $\boldsymbol{v}\times\boldsymbol{B}$ 与 $\mathrm{d}\boldsymbol{l}$ 同向，故

$$\begin{aligned}\xi&=\int_P^Q(\boldsymbol{v}\times\boldsymbol{B})\cdot\mathrm{d}\boldsymbol{l}=\int_P^Q vB\mathrm{d}l\\&=\int_0^L\omega lB\mathrm{d}l=\frac{1}{2}\omega BL^2.\end{aligned}$$

$\xi>0$ 说明动生电动势的方向由 P 指向 Q.

此题还可用法拉第定律求解. 设想一个包括导线的扇形回路 PQQ'(图 12 - 8)，

导线 PQ 在 $\mathrm{d}t$ 时间内转过角度 $\mathrm{d}\theta=\omega\mathrm{d}t$，这时回路的面积改变了 $\frac{1}{2}L^2\mathrm{d}\theta$. 取回路的正方向为顺时针方向，则 $\Phi>0$，且在减少，故磁通量的变化为 $\mathrm{d}\Phi=-BL^2\mathrm{d}\theta/2$. 由(12.1)式，可得

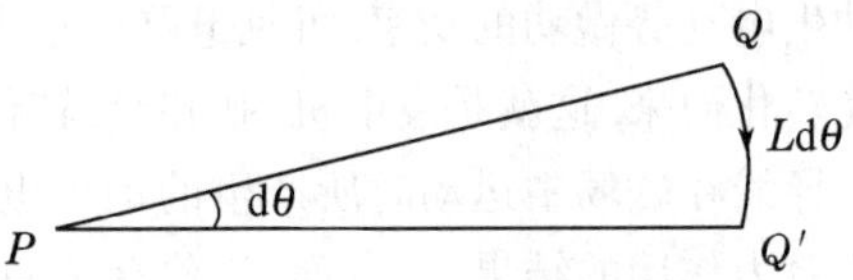

图 12-8　用法拉第定律解例 11.1

$$\xi=-\frac{\mathrm{d}\Phi}{\mathrm{d}t}=\frac{1}{2}BL^2\frac{\mathrm{d}\theta}{\mathrm{d}t}=\frac{1}{2}\omega BL^2,$$

$\xi>0$ 说明感应电动势的方向与正方向相同，即由 P 指向 Q. 结果与上面的结果相同.

根据该题的结果，如果使金属圆盘在与其垂直的均匀磁场中绕其轴线旋转，轴线与盘的边缘存在感应电动势. 这种装置称为**法拉第圆盘**，是历史上最早的发电机.

12.3　感生电动势与感生电场

当回路不动而磁场随时间变化时，回路中的磁通量也会发生变化，由此引起的感应电动势称为感生电动势. 感生电动势与磁通量变化率的关系仍然由(12.1)式给出. 产生动生电动势的非静电力是洛伦兹力，那么，产生感生电动势的非静电力是什么呢？由于导体回路不动，所以它不可能像动生电动势中那样是取决于速度的洛伦兹力. 既然静止回路在变化的磁场中会产生感生电动势，如果回路闭合会形成感应电流，可见回路中静止的电荷必然由于磁场的变化而受到某种非静电力. 而静止的电荷受到的力只能是电场力①，所以这时的非静电力也只能是一种电场力. 这种由于磁场随时间变化产生的电场称为**感生电场**(或**涡旋电场**).

以 $\boldsymbol{E}_i$ 表示感生电场强度，即感生电场作用于单位电荷的非静电力，则根据电动势的定义，磁场的变化在回路 L 中产生的感应电动势为 $\xi=\oint_L\boldsymbol{E}_i\cdot\mathrm{d}\boldsymbol{l}$.

另一方面，根据法拉第电磁感应定律，可得

$$\oint_L\boldsymbol{E}_i\cdot\mathrm{d}\boldsymbol{l}=\frac{\mathrm{d}\Phi}{\mathrm{d}t}=-\frac{\mathrm{d}}{\mathrm{d}t}\int_S\boldsymbol{B}\cdot\mathrm{d}\boldsymbol{S}=-\int_S\frac{\partial\boldsymbol{B}}{\partial t}\cdot\mathrm{d}\boldsymbol{S}.\tag{12.8}$$

式中 Φ 是穿过这个闭合回路(更一般地说是这个闭合曲线)L 的磁通量，闭路积分的方向应该与 Φ 的正方向呈右手螺旋关系. 面积分的区域 S 是以环路 L 为边界的曲面②，S 的法向应该选取与环路 L 的正方向呈右手螺旋关系. 由于 L 及 S 静止，所以上式中对空间的积分和对时间的微分可以交换次序. 由于磁感应强度 $\boldsymbol{B}$ 一般说来既是空间位置的函数，

① 在最一般的情况下，电场和磁场的本质区别(或定义)在于电场能够对静止电荷施与力的作用，而磁场只能对运动电荷施与力的作用.

② 以环路 L 为边界的曲面有很多，这里是指哪个？都行. 原因就在于 $\boldsymbol{B}$ 线是无始无终的，故穿过其中任何一个曲面的通量都相同. 在 11.4 节和 12.6 节有类似分析.

又是时间的函数，所以 $\boldsymbol{B}$ 在对时间求导时应该写成偏导数的形式.

(12.8)式反映了磁场的变化与所激发的感生电场之间的关系，可以理解为变化的磁场激发感生电场.

(12.8)式给出了感生电场的环流. 至于感生电场通过任意闭合面的通量，可以合理地假定为

$$\oint_S \boldsymbol{E}_c \cdot \mathrm{d}\boldsymbol{S} = 0. \tag{12.9}$$

其正确性已由其导出的各种结论与实验的符合而被验证. 可以看出，变化磁场产生的感生电场的两条基本性质(12.8)式和(12.9)式与稳恒电流产生的磁场类似，因此，关于磁场的一些结论可以适用于感生电场情况.

现在共有两种电场. 一种是由变化的磁场所激发的感生电场 $\boldsymbol{E}_i$，一种是电荷按库仑定律激发的电场 $\boldsymbol{E}_c$，称为**库仑电场**：

$$\oint_S \boldsymbol{E}_c \cdot \mathrm{d}\boldsymbol{S} = \frac{q}{\varepsilon_0},\ \oint_L \boldsymbol{E}_i \cdot \mathrm{d}\boldsymbol{l} = 0. \tag{12.10}$$

由于库仑场可以定义电势，故又称为**势场**. 库仑场的电场线始于正电荷，止于负电荷，且永不闭合；而根据(12.8)式和(12.9)式，感生电场的电场线无始无终，且可以闭合. 因此，感生电场又称涡旋电场. 在电路中，库仑场的存在使电势有意义，而感生电场则提供电源中的非"势"力(非静电力).

在一般情况下，空间的电场可能既有库仑场 $\boldsymbol{E}_c$，又有感生电场 $\boldsymbol{E}_i$，于是总场强

$$\boldsymbol{E} = \boldsymbol{E}_c + \boldsymbol{E}_i.$$

总场强 $\boldsymbol{E}$ 通过闭合面的通量和沿闭合路径的环流应该是库仑场和感生电场的贡献之和，故由(12.8)式、(12.9)式和(12.10)式，有

$$\oint_S \boldsymbol{E} \cdot \mathrm{d}\boldsymbol{S} = \frac{q}{\varepsilon_0},\ \oint_L \boldsymbol{E} \cdot \mathrm{d}\boldsymbol{l} = -\int_S \frac{\partial \boldsymbol{B}}{\partial t} \cdot \mathrm{d}\boldsymbol{S}. \tag{12.11}$$

这是电磁理论的基本规律之一.

利用电磁感应的方法可以使金属内部出现感应电流，称为**涡电流**，简称**涡流**. 如图 12-9 所示，在圆柱形铁芯上绕有线圈，当线圈中通有交变电流时，铁芯就处在交变磁场中.

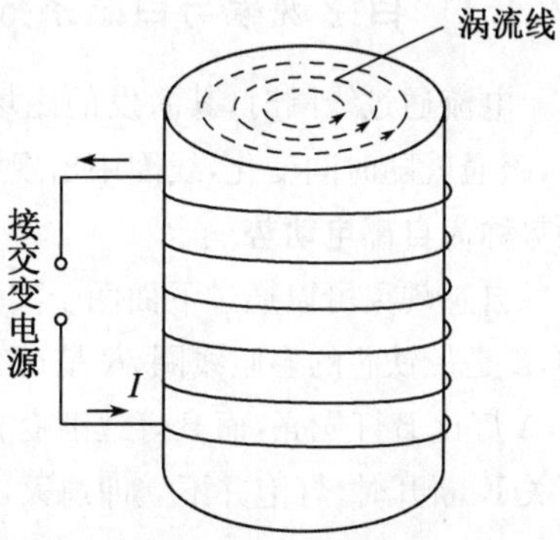

图 12-9　涡流

由于变化的磁场激发感生电场，金属内部的自由电子在感生电场作用下形成涡流. 由于大块金属的电阻很小，因此涡流的强度很大. 如果交流电的频率很高，那么金属中将产生大量的焦耳热. 工业上冶炼金属的高频感应炉就是它的应用实例. 这种冶炼方法的最大优点之一，就是冶炼所需的热量直接来自被冶炼的金属本身，因此可达到极高的温度，使得冶炼快速、高效，易于控制. 此外，这种冶炼方法可以避免有害杂质混入被冶炼金属内部，适合冶炼特种合金和特种钢等. 家用的电磁灶则是交变电流在金属锅底引起涡流的热效应的例子.

在变压器、电机等设备中，产生磁场的部件都包含铁芯，涡流在铁芯内的流动造成能量损耗，并且使设备发热，从而危及设备安全. 为了减少涡流，变压器和电机的铁芯都不用

整块钢铁，而是用很薄的硅钢片叠压而成，从而阻断涡流的回路，极大地减少涡流的焦耳热.

例 12.2 如图 12-10 所示，均匀磁场局限于半径为 R 的柱形区域中. 设磁场 $\boldsymbol{B}$ 以速率 $\mathrm{d}B/\mathrm{d}t$ 增大，求在任意半径 r 处感生电场强度.

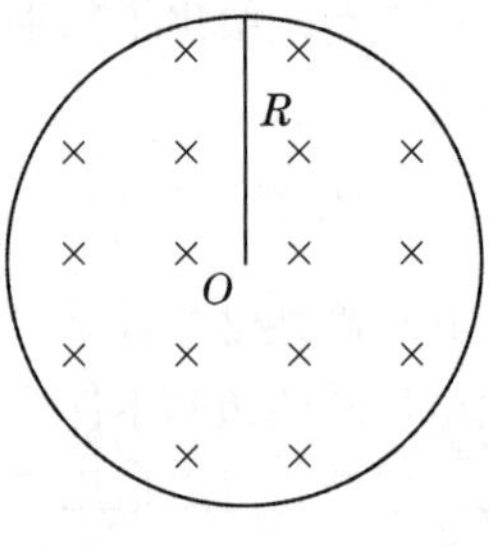

图 12-10 例 11.2 题图

解：根据体系的对称性和感生电场和磁场的相似性可知，$\boldsymbol{E}_i$ 线必然是垂直于轴线平面上以轴线为圆心的同心圆. 因此，考虑半径为 r 的圆形回路 L，取顺时针方向为回路正方向，则 $\oint_L \boldsymbol{E}_i \cdot \mathrm{d}\boldsymbol{l} = 2\pi r E_i$. 下面考虑 L 所包围的磁通量. 根据 r 的不同，有 $\Phi = \begin{cases} B\pi r^2, (r \leqslant R) \\ B\pi R^2. (r > R) \end{cases}$

于是，根据(12.8)式，有 $2\pi r E_i = -\dfrac{\mathrm{d}\Phi}{\mathrm{d}t}$，即 $E_i = \begin{cases} -\dfrac{1}{2} r \dfrac{\mathrm{d}B}{\mathrm{d}t}, (r \leqslant R) \\ -\dfrac{1}{2} \dfrac{R^2}{r} \dfrac{\mathrm{d}B}{\mathrm{d}t}. (r > R) \end{cases}$

其中的负号表示感生电动势与回路正方向相反，即为逆时针方向.

应当注意，尽管磁场区域限制在 $r \leqslant R$ 的柱面内区域，但是它激发的感应电场在柱面内外都存在.

12.4 自感和互感

12.4.1 自感现象与自感系数

电流通过线圈时，其激发的磁场在线圈自身产生磁通. 当线圈中的电流随时间变化时，磁通就随时间变化，线圈中出现感应电动势. 这种现象称为**自感现象**，所产生的感应电动势称为**自感电动势**.

自感现象可以通过下面两个实验来演示. 在图 12-11(a)的实验中，A、B 是两个小灯泡，L 是带铁芯的多匝线圈，R 是可变电阻，调节 R 使其与线圈 L 的阻值相同. 接通开关 K，A 灯比 B 灯先亮，而 B 灯逐渐变亮，最后与 A 灯亮度相同. 在图 12-11(b)中，当迅速将开关 K 断开时，灯泡并不立即熄灭，而是在熄灭前突然闪亮一下.

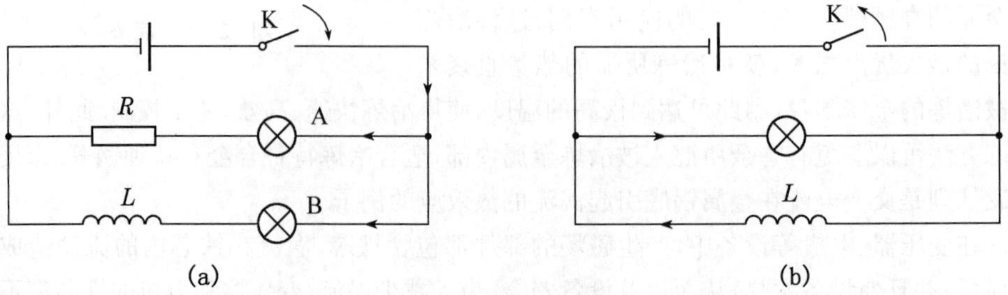

图 12-11 自感现象

这两个实验都说明，在线圈 L 的电流发生变化时，在线圈中产生了电动势. 在图 12 - 11(a)的实验中，当接通开关 K 时，电路中的电流将增大. 在 B 支路中，电流的变化在线圈 L 中产生自感电动势. 按照楞次定律，自感电动势阻碍电流的增大，于是灯泡 B 比灯泡 A 亮得迟一些. 最终电流达到稳定值时，A 灯和 B 灯就一样亮了. 在图 12 - 11(b)的实验中，当切断电源时，线圈 L 中的电流减少，电流的变化使得线圈中产生自感电动势，并且该电动势阻碍电流的减少. 这时，虽然电源已经切断，但是线圈 L 与灯泡组成了闭合回路，自感电动势在这个闭合回路中引起感应电流，所以灯泡并不立刻熄灭. 而且，由于线圈 L 的直流电阻比灯泡的电阻小得多，当开关处于接通状态时线圈中的电流就远大于灯泡中的电流. 在切断开关的一瞬间，线圈的这一电流流过灯泡，就使灯泡比先前还亮. 但是由于电路脱离了电源，电流必将逐渐减小为 0，因而灯泡逐渐熄灭.

设线圈中通有电流 I，根据毕奥-萨伐尔定律可知，电流激发的磁场 $B\propto I$，所以穿过线圈的全磁通 $\Psi\propto I$，即

$$\Psi=LI. \tag{12.12}$$

式中的比例系数 L 称为线圈的**自感系数**，简称**自感**. 一个线圈的自感由线圈的几何形状、大小、匝数和线圈中的磁介质的性质所确定. 当线圈中的电流变化时，通过线圈的全磁通也发生变化，根据法拉第电磁感应定律，线圈中产生的自感电动势为

$$\xi=-\frac{\mathrm{d}\Psi}{\mathrm{d}t}=-L\frac{\mathrm{d}I}{\mathrm{d}t}. \tag{12.13}$$

在国际单位制中，自感的单位是亨利，简称亨(H). 由(12.12)式和(12.13)式可知，1 H 可表示为 $1\ \mathrm{H}=\frac{1\ \mathrm{Wb}}{1\ \mathrm{A}}=\frac{1\ \mathrm{V\cdot s}}{1\ \mathrm{A}}=1\ \Omega\cdot\mathrm{s}$.

例 12.3　已知长直螺线管的长度为 l，截面积为 S，匝数为 N，求其自感.

解：当螺线管中通有电流 I 时，管内磁场为 $B=\mu_0 nI$，其中 $n=N/l$. 通过每一匝线圈的磁通为 $\Phi=BS$，所以螺线管的全磁通为 $\Psi=N\Phi=NBS=N\mu_0 nIS=\frac{\mu_0 N^2 IS}{l}$.

于是由(12.12)式得

$$L=\frac{\Psi}{I}=\frac{\mu_0 N^2 S}{l}.$$

注意到螺线管的体积 $V=Sl$，上式可改写为 $L=\mu_0 n^2 V$.

若螺线管内充满磁导率为 $\mu=\mu_0\mu_r$ 的磁介质，类似的推导可得

$$L=\mu n^2 V. \tag{12.14}$$

此结果表明在螺线管内充满磁介质时，其自感比在真空中增大 μ_r 倍.

12.4.2　互感现象及互感系数

图 12 - 12 中的 1 和 2 是两个闭合线圈. 当线圈 1 中通有电流 I_1 时，它所激发的磁场对线圈 1 和线圈 2 都提供磁通. 当 I_1 随时间变化时，I_1 所激发的磁场也随时间变化，闭合线圈 2 中就会出现感应电动势 E_{12}. 同样，当线圈 2 中通有随时间变

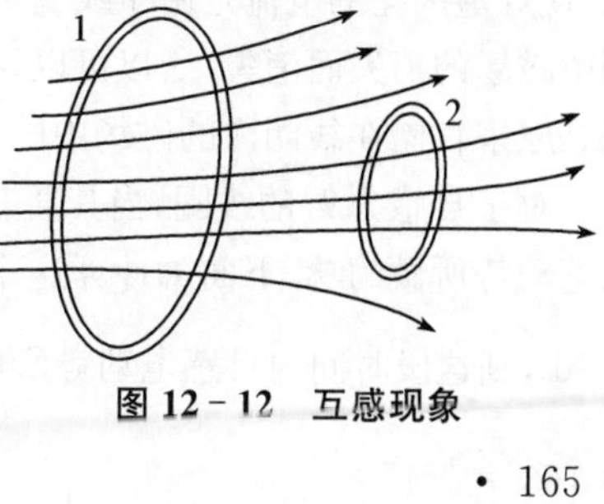

图 12 - 12　互感现象

化的电流 I_2 时，I_2 所激发的磁场也随时间变化，从而线圈 1 中也会出现感应电动势 E_{21}. 这种现象称为**互感现象**，所产生的感应电动势称为**互感电动势**.

由毕奥-萨伐尔定律可知，电流 I_1 激发的磁场 $B_1 \propto I_1$，从而由 I_1 产生的通过线圈 2 的全磁通 $\Psi_{12} \propto I_1$. 同时，由 I_2 产生的通过线圈 1 的全磁通 $\Psi_{21} \propto I_2$. 于是，

$$\Psi_{12} = M_{12} I_1, \Psi_{21} = M_{21} I_2. \tag{12.15}$$

式中 M_{12} 和 M_{21} 为比例系数. 对任意两个线圈，可以证明，这两个系数相等：

$$M_{12} = M_{21} = M. \tag{12.16}$$

这个相同的值 M 称为两个线圈之间的**互感系数**，简称**互感**. 在国际单位制中，互感的单位与自感的单位相同，都是亨(H). 由(12.15)式，有

$$M = \frac{\Psi_{21}}{I_2} = \frac{\Psi_{12}}{I_1}. \tag{12.17}$$

M 由两个线圈的几何形状、大小、匝数、相对位置和周围磁介质的性质所确定.

根据法拉第电磁感应定律，变化的 I_1 在线圈 2 中产生的互感电动势 E_{12} 和变化的 I_2 在线圈 1 中产生的互感电动势 E_{21} 分别为

$$E_{12} = -\frac{d\Psi_{12}}{dt} = -M\frac{dI_1}{dt}, E_{21} = -\frac{d\Psi_{21}}{dt} = -M\frac{dI_2}{dt}. \tag{12.18}$$

例 12.4 一长直螺线管，长度为 L，匝数为 N_1，横截面面积为 S. 在其中一段密绕一个匝数为 N_2 的短线圈. 计算这两个线圈的互感系数.

解：设螺线管中通有电流 I_1，它在螺线管中激发的磁感应强度为

$$B_1 = \mu_0 n_1 I_1 = \mu_0 \frac{N_1}{L} I_1.$$

因此通过短线圈的全磁通为 $\Psi_{12} = N_2 B_1 S = \mu_0 \dfrac{N_1 N_2 S}{L} I_1$.

由互感系数的定义(12.17)式，可得 $M = \dfrac{\Psi_{12}}{I_1} = \mu_0 \dfrac{N_1 N_2 S}{L}$.

可见，互感系数确实取决于几何因素和匝数.

12.5 磁场的能量

在图 12-11(b)的实验中，当断开开关 K 时，电源已经停止向灯泡供给能量，但是灯泡在熄灭前突然闪亮一下，它所消耗的能量不可能是由电源提供的. 由于此时只有线圈 L 与灯泡构成闭合回路，所以灯泡上所消耗的能量只能是原来通有电流的线圈 L 所提供的. 使灯泡闪亮的电流是由于线圈 L 中的自感电动势产生的感应电流，而此电流随着线圈中磁场的消失而消失，所以可以认为使灯泡闪亮的能量是原来存储在载流线圈中的，也就是原来存储在线圈内的磁场中的. 所以，这种能量称为**磁能**.

对于自感为 L 的线圈，当其通有电流 i 时所存储的磁能应该等于电流逐渐消失时自感电动势所做的功. 下面来计算这个功. 在断开电路的后某一时间 dt 内通过灯泡的电量为 $i dt$，则这段时间内自感电动势所做的功为 $dA = \xi i dt = -L\dfrac{di}{dt} i dt = -Li di$.

于是，在整个过程中自感电动势所做的总功为 $A=\int \mathrm{d}A=\int_I^0 -Li\mathrm{d}i=\frac{1}{2}LI^2$.
因此，线圈中通有电流 I 时所存储的磁能为

$$W_m=\frac{1}{2}LI^2. \tag{12.19}$$

上式说明，自感线圈的磁能与其自感以及通过线圈的电流的平方成正比. 与电容器内存储电能的公式 $W_e=\frac{1}{2}CU^2$ 比较，可以看出两者有着许多类似之处. 由电容器储能公式我们曾经推导出电场能量密度，依照类似的方法，我们来推导长直螺线管内磁场能量密度.

设螺线管长度为 L，横截面积为 S，单位长度的匝数为 n，管内充满相对磁导率为 μ_r 的均匀磁介质，例 12.3 给出了螺线管的自感为 $L=\mu n^2V$，而螺线管内均匀的磁感应强度为 $B=\mu nI$，故螺线管内的磁场能量为 $W_m=\frac{1}{2}LI^2=\frac{1}{2}\mu n^2VI^2=\frac{B^2}{2\mu}V$，
而磁场能量密度为

$$w_m=\frac{W_m}{V}=\frac{B^2}{2\mu}=\frac{1}{2}BH=\frac{1}{2}\mu H^2. \tag{12.20}$$

上式虽然是从一个特例推出的，但是可以证明它对大多数情况下的非均匀磁场也适用①. 由此可以求出某一磁场中存储的总能量为

$$W_m=\int w_m\mathrm{d}V=\int\frac{1}{2}BH\mathrm{d}V, \tag{12.21}$$

式中积分遍及整个磁场分布的区间.

例 12.5　一根电缆由一导体圆柱（半径为 R_1）和一同轴导体圆筒（半径为 R_2，厚度忽略）构成. 电流 I 从内导体流去，从外导体流回，且每个导体上的电流是均匀的. 求长为 l 的电缆所存储的磁能及其自感系数. 取导体的相对磁导率 $\mu_r=1$.

解：该题与前一章的例 11.4 类似. 这里直接给出由电流分布的对称性所蕴含的结果：空间各点的磁场沿横截面内以轴线为圆心的圆的切向，且同一圆周上各点的场强相等.

因此，选取在垂直于圆柱体的平面内，以圆柱体轴线与截面交点 O 为圆心、以 r 为半径的圆周为安培回路 L，回路绕行方向与电流方向成右手螺旋关系，则环流

$$\oint_L \boldsymbol{H}\cdot\mathrm{d}\boldsymbol{l}=2\pi rH.$$

而 L 内包围的电流，根据 r 的不同，为

$$\sum I_0=\begin{cases} r^2I/R^2, & (r\leqslant R_1)\\ I, & (R_1<r\leqslant R_2)\\ 0. & (r>R_2)\end{cases}$$

根据关于 $\boldsymbol{H}$ 的环路定理，有

① 由于铁磁质有磁滞现象，式(12.20)、(12.21). 对铁磁质不适用.

$$2\pi rH = \sum I_0,$$

故空间各点的磁场强度为

$$H=\begin{cases}\dfrac{Ir}{2\pi R_1^2}, (r\leqslant R_1)\\ \dfrac{1}{2\pi r}, \quad (R_1<r\leqslant R_2)\\ 0. \quad (r>R_2)\end{cases}$$

对于长为 l 的电缆，其所存储的磁能在导体内外都有分布. 但各处的磁场能密度不尽相同，需用微元法求解. 把长为 l 的导体内外的空间分割成一个个圆柱壳层（见图 12-13），对于半径为 r、厚度为 $\mathrm{d}r$ 的壳层，其体积为 $\mathrm{d}V=2\pi rl\mathrm{d}r$，其内部的磁场能为 $\mathrm{d}W_m=w_m\mathrm{d}V$. 于是，根据(12.20)式和磁场的分布，总磁场能为

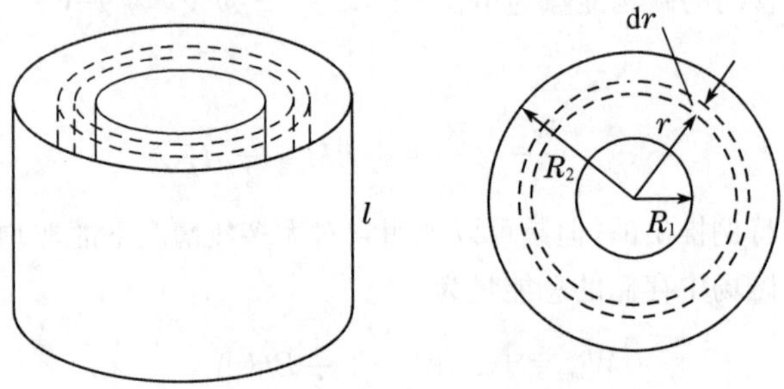

图 12-13　例 11.5 例图

$$\begin{aligned}W_m &= \int w_m \mathrm{d}V \\ &= \int_0^\infty \frac{1}{2}\mu_0 H^2 \cdot 2\pi rl\,\mathrm{d}r \\ &= \pi\mu_0 l\left[\int_0^{R_1}\left(\frac{Ir}{2\pi R_1^2}\right)^2 r\mathrm{d}r + \int_{R_1}^{R_2}\left(\frac{1}{2\pi r}\right)^2 r\mathrm{d}r + \int_{R_2}^{\infty} 0^2 r\mathrm{d}r\right] \\ &= \frac{\mu_0 lI^2}{4\pi}\left(\frac{1}{4}+\ln\frac{R_2}{R_1}\right).\end{aligned}$$

自感系数如果用(12.12)式来求，全磁通 Ψ 的计算将比较麻烦. 可以根据(12.19)式，这段电缆的自感为 $L=\dfrac{2W_m}{I^2}=\dfrac{\mu_0 l}{2\pi}\left(\dfrac{1}{4}+\ln\dfrac{R_2}{R_1}\right)$.

12.6　麦克斯韦方程组和电磁波

12.6.1　位移电流　全电流的安培环路定理

第 11 章中我们讨论了稳恒电流激发的磁场中的安培环路定理，由电流密度的定义 $I=\int_S \boldsymbol{j}\cdot\mathrm{d}\boldsymbol{S}$，安培环路定理可以改写为

$$\oint_L \boldsymbol{B}\cdot \mathrm{d}\boldsymbol{l}=\mu_0\int_S \boldsymbol{j}\cdot \mathrm{d}\boldsymbol{S}. \tag{12.22}$$

该式的含义是 $\boldsymbol{B}$ 沿任意闭合曲线 L 的环流 $\oint_L \boldsymbol{B}\cdot \mathrm{d}\boldsymbol{l}$ 等于以 L 为边线的任一曲面 $\boldsymbol{S}$ 的 $\boldsymbol{j}$ 通量. 这样的曲面很多,但是由稳恒电流条件 $\oint_S \boldsymbol{j}\cdot \mathrm{d}\boldsymbol{S}=0$ 不难看出,**以 L 为边线的任一曲面 S 的 $\boldsymbol{j}$ 通量(即电流强度 I)相等,因此取哪一个曲面都可以**. 然而如果电流是非稳恒的,即 $\boldsymbol{j}$ 随时间变化,那么 $\oint_S \boldsymbol{j}\cdot \mathrm{d}\boldsymbol{S}=0$ 不再成立,以 L 为边线的不同曲面可以有不同的电流 I. 这样就出现了一个问题:应用安培环路定理时究竟应该选取哪一个曲面作为 $\boldsymbol{S}$?

例如在图 12 - 14 中,电容器在交变电源作用下不断地充电和放电,导线上任一截面上都存在交变电流 I. 为了计算 $\boldsymbol{B}$ 沿图中圆周 L 的环流 $\oint_L \boldsymbol{B}\cdot \mathrm{d}\boldsymbol{l}$, 取曲面 S_1 和 S_2 计算,分别有 $\oint_L \boldsymbol{B}\cdot \mathrm{d}\boldsymbol{l}=\mu_0 I$, $\oint_L \boldsymbol{B}\cdot \mathrm{d}\boldsymbol{l}=0$. 这两个结果显然矛盾.

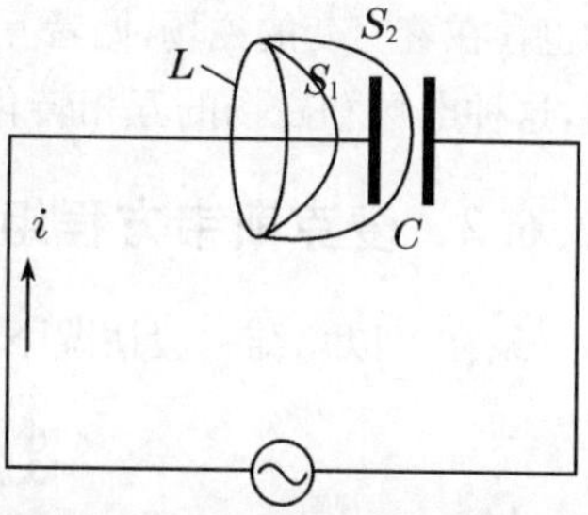

图 12 - 14　电流不连续的情形

麦克斯韦对上述矛盾进行了仔细的分析,注意到在电容器充放电过程中,极板上的电量发生了变化. 根据电荷守恒定律,有

$$\oint_S \boldsymbol{j}\cdot \mathrm{d}\boldsymbol{S}=-\frac{\mathrm{d}q}{\mathrm{d}t},$$

其中 q 是闭合曲面 S 内的电荷. 考虑到 q 也出现在电场满足的高斯定理(见(12.11)式)里面,故

$$\oint_S \boldsymbol{j}\cdot \mathrm{d}\boldsymbol{S}=-\frac{\mathrm{d}}{\mathrm{d}t}\oint_S \varepsilon_0 \boldsymbol{E}\cdot \mathrm{d}\boldsymbol{S}=-\oint_S \varepsilon_0\frac{\partial \boldsymbol{E}}{\partial t}\cdot \mathrm{d}\boldsymbol{S},$$

其中最后一步的推理见(12.8)式后面的说明. 于是,我们得到

$$\oint_S \left(\boldsymbol{j}+\varepsilon_0\frac{\partial \boldsymbol{E}}{\partial t}\right)\cdot \mathrm{d}\boldsymbol{S}=0. \tag{12.23}$$

现在来考虑前面提出的问题. 边界相同的不同曲面流过的电流不同,这一事实本身说明,我们不应该去考虑哪个曲面合适,而应该认为(12.22)式右边在一般情况下必须修改. 而修改的结果必须满足:新的物理量的通量对于边界相同的不同曲面总相同. 而这等同于要求:新的物理量通过任意闭合曲面的总通量为 0. 现在,我们正好找到了一个物理量,它总满足这个要求. 这就是(12.23)式中的 $\boldsymbol{j}+\varepsilon_0\partial \boldsymbol{E}/\partial t$,我们可以合理地用它代替原来的 $\boldsymbol{j}$:

$$\oint_L \boldsymbol{B}\cdot \mathrm{d}\boldsymbol{l}=\mu_0\int_S \left(\boldsymbol{j}+\varepsilon_0\frac{\partial \boldsymbol{E}}{\partial t}\right)\cdot \mathrm{d}\boldsymbol{S}. \tag{12.24}$$

这种替代的正确性已由其推论与实验的比较而确定.

由(12.24)式可以看出,$\varepsilon_0\partial \boldsymbol{E}/\partial t$ 在产生磁场方面与普通电流的效果相同,故称为**位移电流**密度,而普通电流密度与位移电流密度之和称为**全电流**密度:

$$\boldsymbol{j}_{全}=\boldsymbol{j}+\varepsilon_0\frac{\partial \boldsymbol{E}}{\partial t}. \tag{12.25}$$

于是(12.23)式写为

$$\oint_S \boldsymbol{j}_{全}\cdot \mathrm{d}\boldsymbol{S}=0 \tag{12.26}$$

引入位移电流的概念后,图 12 - 14 中的矛盾就解决了. 对曲面 S_1 来说,它所包围的

普通电流为 I，而位移电流为 0，全电流为 I. 对曲面 S_2 来说，它包围的传导电流为 0，但位移电流为 I，故全电流仍为 I. 也就是说，在电容器极板处，中断的普通电流被位移电流接替，使电路中的全电流保持连续不断. 所以，(12.24)式又称为**全电流的安培环路定理**，是普遍形式.

全电流的安培环路定理(12.24)式表明，不仅传导电流会激发磁场，位移电流也会激发磁场. 而位移电流实质上就是电场的时间变化率，因此随时间变化的电场会激发磁场. 由(12.8)式我们曾得出结论，随时间变化的磁场会激发电场. 按照上面两个结论，如果空间某一区域中存在交变的电场，那么在附近就会产生交变的磁场. 该磁场又会在较远处激发交变的电场，它又进一步在更远处激发交变的磁场. 这样，在充满交变电场的空间，必然同时也存在着交变的磁场，两者互相联系，互相转化，形成的统一体称为电磁场. 在自由空间内，这种电场和磁场的互相转化过程一直延续下去，由近及远地传播出去，就形成电磁波.

12.6.2 麦克斯韦方程组的积分形式

现在可以总结一般情况下电磁场的基本规律了，它们是

$$\begin{cases} \oint_S \boldsymbol{E} \cdot d\boldsymbol{S} = \dfrac{1}{\varepsilon_0}\int_V \rho dV, \\ \oint_L \boldsymbol{E} \cdot d\boldsymbol{l} = -\int_S \dfrac{\partial \boldsymbol{B}}{\partial t} \cdot d\boldsymbol{S}, \\ \oint_S \boldsymbol{B} \cdot d\boldsymbol{S} = 0, \\ \oint_L \boldsymbol{B} \cdot d\boldsymbol{l} = \mu_0 \int_S \left(\boldsymbol{j} + \varepsilon_0 \dfrac{\partial \boldsymbol{E}}{\partial t}\right) \cdot d\boldsymbol{S}. \end{cases} \tag{12.27}$$

其中用到了 $q = \int_v \rho dV$. 上面方程组称为**麦克斯韦方程组**的积分形式. 它反映了在场源(电荷密度 ρ 及电流密度 $\boldsymbol{j}$)给定的情况下电场 $\boldsymbol{E}$ 及磁场 $\boldsymbol{B}$ 随时间变化所遵循的规律，完全描绘了电磁场的动力学过程.

在麦克斯韦方程组中，第一个方程是电场的高斯定理. 它说明了电场强度和电荷的联系，说明电荷激发电场. 尽管电场和磁场彼此之间也有联系(如变化的磁场激发感生电场)，但电场的通量所服从的高斯定理不需修改. 第二个方程实质上就是法拉第电磁感应定律，它说明了变化的磁场产生电场. 虽然电场也可由电荷激发，但是电场的环流总是服从这一规律. 第三个方程是磁场的高斯定理，它没有被修改，因为目前的电磁学理论认为自然界不存在独立的磁荷(或磁单极子). 第四个方程是全电流的安培环路定理，它反映了变化的电场和传导电流都会激发磁场.

麦克斯韦方程组描绘了场源如何影响电磁场的演化. 但是电磁场反过来又会影响场源(带电粒子)的运动，因此还需要洛伦兹力公式

$$\boldsymbol{F} = q\boldsymbol{E} + q\boldsymbol{v} \times \boldsymbol{B}. \tag{12.28}$$

配合麦克斯韦方程组来共同描写实物(带电粒子)与场的相互作用. 这一公式实际上还可以当成电场强度 $\boldsymbol{E}$ 及磁感应强度 $\boldsymbol{B}$ 的定义式.

12.6.3 电磁波

电磁波的存在是麦克斯韦在 1873 年根据电磁理论预言的. 根据麦克斯韦方程组可以

证明，带电粒子加速运动时，在其周围会激发出变化的电场和磁场，以电磁波的形式辐射出去. 根据理论计算得出电磁波在真空中的传播速度为

$$c \equiv \frac{1}{\sqrt{\varepsilon_0 \mu_0}} \approx 3 \times 10^8 \text{ m/s}, \tag{12.29}$$

这与当时测得的真空中的光速几乎相等. 麦克斯韦据此提出光也是一种电磁波，从而把光现象也纳入电磁波的领域. 电磁波的预言后来被赫兹用实验验证，从此电磁波在人类生活中得到了广泛的应用.

为简单起见，我们讨论最基本的平面电磁波. 平面电磁波具有如下一些基本性质(见图 12－15)：

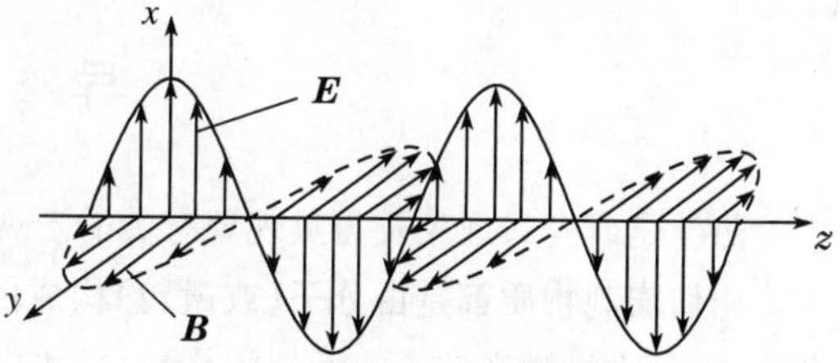

图 12－15　电磁波

(1) 电磁波是横波，电场 $\boldsymbol{E}$、磁场 $\boldsymbol{B}$ 和电磁波的传播方向相互垂直，且呈右手螺旋关系. (2) $\boldsymbol{E}$ 和 $\boldsymbol{B}$ 同相位，即 $\boldsymbol{E}$ 和 $\boldsymbol{B}$ 同时达到最大，同时为 0. (3) $\boldsymbol{E}$ 和 $\boldsymbol{B}$ 的幅值成正比. 由于 $\boldsymbol{E}$ 和 $\boldsymbol{B}$ 同相位，因此它们的瞬时值也成正比：

$$E = \frac{B}{\sqrt{\varepsilon_0 \mu_0}} = cB. \tag{12.30}$$

变化的电磁场的传播形成电磁波. 由于电磁场具有能量，所以在电磁波传播时，其中的能量也随同传播. 下面我们考虑这种以波的形式传播的能量.

前面我们已经得出了电场和磁场的能量密度分别为

$$w_e = \frac{1}{2}\varepsilon_0 E^2, \quad w_m = \frac{B^2}{2\mu_0}.$$

利用(12.30)式，电磁场的能量密度为

$$w = w_e + w_m = \varepsilon_0 E^2 = \frac{B^2}{\mu_0} = \sqrt{\frac{\varepsilon_0}{\mu_0}} EB. \tag{12.31}$$

为了衡量电磁波的强弱，我们讨论电磁波的能流密度，其时间平均值就是电磁波的**强度**. 根据 4.5 节的结果，可得能流密度为

$$S = wc = \frac{1}{\mu_0} EB.$$

能流密度是矢量，它的方向就是电磁波传播的方向. 由图 12－15 知，$\boldsymbol{E} \times \boldsymbol{B}$ 的方向就是传播方向，故能流密度的矢量形式为

$$\boldsymbol{S} = \frac{1}{\mu_0} \boldsymbol{E} \times \boldsymbol{B}. \tag{12.32}$$

这个矢量也称为**坡印亭矢量**，是描绘电磁波能量传播的重要物理量.

习题

线上阅览

第 13 章　热力学第一定律

导　论

热学是研究热现象及与热现象有关的宏观物质系统的理论.

一切宏观物质都是由分子(或微粒)构成的①,微观粒子处于永不停息的无规则热运动中.正是大量微观粒子的无规则热运动,才决定了宏观物质的热学性质.因此,热学有两个方面的研究方法.一种是从宏观角度切入,由观察和实验总结出热现象规律,并通过数学方法的逻辑演绎,构成热现象的宏观理论.这部分称为**热力学**.一种是从微观角度切入,依据粒子所遵循的力学规律,用统计的方法来解释物质的宏观性质.这部分称为**统计物理学**.

热学由于其研究对象是普遍的,故其结论是普适的.在这一点上热学有别于力学和电磁学.后二者针对的是不同的特殊运动形式,可以并列,但热学在层次上要高于它们,属于普适理论行列②.

从微观上看,热现象是物质微粒热运动的结果.这有几个特征:(1) 微粒数目极其巨大,一个典型的数目是阿伏伽德罗常数 $N_A=6.02\times10^{23}/\text{mol}$.(2) 由于如此数目的微粒间频繁的相互作用,微粒的运动情况实际上是完全随机的,要跟踪、预言某一个微粒的行为是不可能的,也是没必要的.而我们关心的只是微观量的统计平均值,因为**宏观量对应于微观量的统计平均值**.这就是为什么我们从微观角度切入时一定要用上统计方法的原因.由此可以得到统计物理学的一个前提:系统中必须有大量粒子.系统的粒子数越多,统计规律的正确程度也越高.相反,粒子数少的系统的统计平均值与宏观量之间的偏差较大,有时甚至失去它的实际意义.例如,对于由成百上千个粒子组成的系统,是没有温度这个概念的.

13.1　平衡态　温度　理想气体状态方程

热学所研究的对象称为**热力学系统**(简称**系统**),而与系统存在密切联系(这种联系可理解为存在做功、热量传递和粒子交换)的系统以外的部分称为**外界**或**媒质**.

---

① 理查德·费曼在其《费曼物理学讲义》的第一章第一节中说,假如由于某种大灾难,所有的科学知识都丢失了,只有一句话传给下一代,那么这句话便是原子假设:所有的物体都是由原子构成的.由此可见这句断言的分量.

② 《爱因斯坦文集》第一卷中,爱因斯坦说:"一种理论前提越为简练,涉及的内容种类越多,适用的领域越为广泛,那么这种理论就越为伟大.经典热力学就是因此给我留下了极其深刻的印象.我确信,这是在它的基本概念可应用的范围内决不会被推翻的唯一具有普遍内容的物理理论."

13.1.1　平衡态

平衡态是热学的一个基本概念，是对某一类基本现象的抽象. 例如，一容器由隔板分开，一边充有气体，一边为真空. 若把隔板打开，气体就自发地流入到真空一边. 这种现象叫自由膨胀. 在发生自由膨胀时，容器中各处压强不尽相同，且随时间变化. 此时系统处于非平衡态. 经过一段时间后，容器中各部分性质趋于一致，气体不再发生任何宏观变化，此时系统就处于平衡态了. 因此，**在不受外界影响的条件下，经过足够长时间后系统的宏观性质不随时间变化的状态称为平衡态**.

平衡态的概念是一个理想概念，跟质点概念一样，难以存在真正的平衡态. 但若外界影响很小，宏观性质变化不大，在我们所考虑的问题中可以忽略，就可以视系统处于平衡态. 这是我们经常的处理方式.

"足够长的时间"是相对的，有时可能很长，有时可以很短，这要依系统的弛豫时间而定. **弛豫时间**是指系统由其初始的非平衡态演化到平衡态所需要的时间，它跟具体宏观性质有关. 例如，气体中压强达到平衡的弛豫时间很短，约为 10^{-16} 秒. 而在扩散现象中，要使浓度均匀的话，在气体中需几分钟时间，在固体中则需几小时、几天甚至更长的时间.

要区分稳恒态和平衡态. 二者虽然都是不随时间变化，但前者允许有外界影响. 例如，将一根均匀的金属棒的两端分别与大量冰水混合物及沸水相接触，这时有热流从沸水端流向冰水端. 经足够长时间后，热流将达到某一稳定不变的数值，这时金属棒各处的温度也不随时间变化. 这样的态只是**稳恒态**，而非平衡态，因为其中存在外界影响——0 ℃和 100 ℃的热源. 平衡态虽然在宏观上平静，但在微观上仍然是大量粒子在不停运动. 只是这种运动达到某种平衡，使得其统计平均效果——宏观性质不随时间变化而已. 因此，这种平衡又称为**热动平衡**.

系统处在平衡态时，其一些物理量的值是确定的，这些量可用来描述系统的状态，称为状态参量. 常用的几类参量有**几何参量**、**力学参量**、**化学参量和电磁参量**. 几何参量有气体或液体的体积、薄膜的面积等. 力学参量有压强、薄膜的张力系数等描述系统力学性质的量. 如果系统由多种成分组成，就需给出各成分的质量或物质的量，这就是化学参量. 如果涉及电磁现象，还需加上电场强度、磁场强度、介质的极化强度和磁化强度等电磁参量.

以上这些物理量都不是热力学所特有的. 描述平衡态的参量还有一类，称为**热学参量**，此即下面的温度.

13.1.2　温度

温度表征物体的冷热程度，是大家常使用的概念. 但到底什么是温度？或者说什么是冷热程度？这个问题却不是那么简单. 概念的严格化是科学发展的重要一步，下面就将把温度这一概念严格化. 在此之前需介绍作为其起点的热力学第零定律或热平衡定律①.

使两个系统 A、B 进行热接触(即只允许传热). 一般来说，这两个系统之间会发生热传递，各自的状态会发生改变，直至长时间后不再变化. 此时我们说，这两个系统达到了热

---

①　热平衡定律的正式提出比热力学第一定律和第二定律晚，但它是温度概念的逻辑前提，不可能放在诸定律之后，故称为热力学第零定律.

平衡. 现在取三个系统 A、B 和 C. 将 A 和 B 隔开,但都与 C 发生热接触. 经过一段时间后,A、C 和 B、C 之间都已达到热平衡. 此时,如果让 A、B 进行热接触,那么经验告诉我们,A、B 之间将不会有热流,A、B 的状态也不会再发生任何改变. 或者说,A、B 之间已经达到热平衡. 简言之,**与同一系统达到热平衡的两系统必然也处于热平衡,这就是热平衡定律**.

那么,以上事实告诉了我们什么呢? 它告诉我们,热平衡关系具有传递性. 一种关系未必具有传递性,例如朋友关系,因为我的朋友的朋友不一定是我的朋友. 但热平衡关系却是如此. 由于这种传递性,我们马上可以得出四个、五个……系统可以处于共同的热平衡状态. 所有这些系统能够处于同一热平衡状态,就必然具有某种共同的宏观性质. 而且这种性质与各系统的具体结构无关,因为这些系统可以是很不一样的. 例如,一个是一块木头,一个是一团热辐射,一个是一团气体……而这些不同的系统所具有的共同性质我们就称为温度.

所以,热平衡定律是定义温度概念的基础. 它指出,**温度是决定一系统是否与其他系统处于热平衡的性质,其意义就在于一切互为热平衡的系统都具有相同的温度**. 所以,什么是温度? 什么是冷热程度? 简单回答是:**它是决定是否发生热传递的物理量**. 如果不发生热传递,表明温度相同;如果发生热传递,表明温度不同.

热平衡时的温度仅仅取决于系统内部的热运动状态,而不取决于进行热接触的另一系统. 热接触只是为建立热平衡创造条件. 所以**温度是系统本身的性质**,具体地说,是内部热运动特征的反映.

由于互为热平衡的物体具有相同的温度,因此,我们在比较两个物体的温度时,不需要将两物体进行热接触,只要取一个标准物体与这两个物体进行热接触就行了. 这个标准物体就是温度计.

13.1.3 温标

温度的概念有了. 我们甚至可以人为规定,如果热量从 A 传到 B,那么 A 的温度就比 B 的温度高. 于是也有了温度高低的概念. 但其具体数值呢? 这就需要温标了.

大体上说,温标分为经验温标、半经验温标和绝对温标三类. 经验温标是概念上最简单的一类. 建立一种经验温标需要包含三个要素:(1) 选择某种物质(叫作测温物质)的某一随温度变化而单调、显著变化的性质(叫作测温属性)来标定温度;(2) 选定固定点;(3) 进行分度,即对测温属性随温度的变化关系做出规定.

例如,水银的体积随温度显著变化,故可以用其体积来标定温度大小,称为水银温度计. 气体的体积和压强也随温度显著变化,也可作为测温属性,称为气体温度计. 铂的电阻受温度的影响很大,故可作为测温属性,用来做铂电阻温度计. 而通常的固定点是规定冰的正常熔点为 0 ℃,水的正常沸点定为 100 ℃. 分度时则通常规定测温属性随温度做线性变化. 例如,在水银温度计上标定了 0 ℃和 100 ℃后,将中间的间隔平分为 100 份,每份表示 1 ℃. 这其实就是规定:温度的改变量正比于体积(或长度)的改变量.

这些形形色色的温度计有一个缺点,那就是用它们测量同一物体的温度时各温度计的读数并不完全相同(固定点当然除外). 这很好理解. 假定用水银温度计测量某物体的温度时读数是 50.0 ℃,即水银高度刚好在两固定点的正中间. 如果用铂电阻温度计来测,有什么理由认为此时铂的电阻刚好也是处在它的两固定点电阻的正中间呢? 铂电阻的改变一定与水银高度的改变严格成正比吗？为什么不会稍微大一点或稍微小一点？因此，有必要建立一种标准温标来校正其他温标.

这种温标的基础是气体温度计.实验发现，一定质量的气体在恒温时压强和体积的乘积在一定的精度范围内可以认为保持不变，即 $pV=C$. 这就是玻意耳定律.既然如此，就可以取一定质量的气体，用其 pV 值来度量温度，规定它与温度成正比.通常是保持气体体积不变，规定温度值与其压强成正比，或者保持气体压强不变，规定温度值与其体积成正比.二者分别对应定容温度计和定压温度计.以定容气体温度计为例，由规定，温度值与气体压强成正比：$T(p)=ap$. 又规定水的**三相点**①的温度为 273.16 K(开).记温度计内气体在水的三相点时的压强为 p_{tr}，则系数 a 可以确定，且

$$T(p)=273.16\ \mathrm{K}\,\frac{p}{p_{\mathrm{tr}}}. \tag{13.1}$$

实验表明，用不同气体或不同质量的同一种气体所确定的定容温标，除水的三相点外，对其他温度值有少量差异.这跟前面的情况相同.但另一重要现象是，如果不断抽取温度计中的气体，不断按(13.1)式重新进行测量(此时 p_{tr} 将不断减小，当然测得的压强 p 也不断减小)，那么对同一状态的系统所测得的温度值趋于一个极限.而且，不同种类的气体温标的这一极限值都相同.一句话，当温度计内气体的密度(或三相点时的压强 p_{tr})趋于 0 时，各种气体定容温标给出的温度值的差别趋于 0，从而给出同一温度值.此时，各种气体的“个性”已经消失，体现出来的是所有气体的“共性”.正是这一特征使得气体温标区别于其他经验温标.对于气体定压温度计，也具有类似的特征.

由气体温度计所定出的温标的低压极限称为理想气体温标，其定义式为

$$T=\lim_{p_{\mathrm{tr}}\to 0}273.16\ \mathrm{K}\,\frac{p}{p_{\mathrm{tr}}}(V\text{ 不变})=\lim_{p\to 0}273.16\ \mathrm{K}\,\frac{V}{V_{\mathrm{tr}}}(p\text{ 不变}). \tag{13.2}$$

理想气体温标不依赖于任何气体的个性，故在一定程度上具有普适性质.但它毕竟依赖于气体本身的性质(如极低温下气体将液化，也就不存在气体了)，故又具有经验性质.因此，**理想气体温标是半经验温标.**

能否建立一种不依赖于任何测温物质和测温属性的温标呢？有.这就是**热力学温标**.简单地说，它是用卡诺热机在两系统间的吸放热量的比值来定义两体系温度的比值(详见第 14.2 节)，故已不依赖于任何测温物质，已不是经验温标，因而又称为**绝对温标**.国际上规定热力学温标为基本温标.可以证明，在理想气体温标适用的范围内，热力学温标与理想气体温标是一致的.

历史上还出现过其他温标，如摄氏温标 t_C(单位是摄氏度℃)和华式温标 t_F(单位是华氏度℉).它们的原始规定不尽相同，但现在已统一用热力学温标来定义：

$$t_C=T-273.15,\quad t_F=32+\frac{9}{5}t_C. \tag{13.3}$$

13.1.4 理想气体状态方程

前面说过，热力学系统的平衡态可以用四类状态参量来描述，现在又多了一类热学参

---

① 三相点是指同一化学纯物质的气、液、固三相同时达到热平衡时的状态，此时系统具有唯一的温度和压强.三相点跟沸点、熔点不同，后二者的温度随压强而变化.

量——温度. 它们之间必有联系. 表述温度与其他状态参量之间联系的方程称为**物态方程**(或**状态方程**). 对于仅需用压强 p、体积 V 和温度 T 来描述的简单系统(如气体),物态方程可写为

$$T=f(p,V) \text{或} F(T,p,V)=0. \tag{13.4}$$

前面讨论了理想气体温标. 所谓理想气体就是实际气体的低压极限状态. 关于气体的诸多实验定律,如玻意耳定律、盖·吕萨克定律、查理定律和阿伏伽德罗定律等,都是一些近似定律,但**它们在气体压强越低时准确度越高**,故可认为它们对于理想气体是精确成立的.

可以根据少数几个(具体说是三个)出发点来推导出理想气体状态方程. 首先,根据前面提及的玻意耳定律,对于做等温变化的一定质量的气体,有 $pV=C$. 而这个常数 C 可能跟温度和气体种类这两个因素有关. 其次,根据理想气体温标的定义,温度 T 在压强恒定时跟体积成正比(或在体积恒定时跟压强成正比),故这个常数 C 对温度 T 的依赖是正比关系:$C=Tf_i$,其中 i 是气体种类的编号,f_i 表明常数 C 对气体种类的可能的依赖. 于是 $pV/T=f_i$. 再次,根据**阿伏伽德罗定律**,相同压强和温度时,1 mol 任何气体的体积都相等,这意味着 pv/T(其中 $v=V/\nu$ 为摩尔体积,ν 为气体的**物质的量**)为一常数,且此常数与气体种类无关,记其为 R(称为**普适气体常数**),则有 $pv/T=R$,或

$$pV=\nu RT, \tag{13.5}$$

其中,温度 T 是用理想气体温标给出的数值. 至于 R 的值,可以根据下列实验事实得到:1 mol 任意气体在标准状况下的体积为 0.022 4 m^3. 故

$$R=\frac{pv}{T}=\frac{1.013\,25\times10^5\times0.022\,4}{273.15}\ \text{J}\cdot\text{mol}^{-1}\cdot\text{K}^{-1}=8.31\ \text{J}\cdot\text{mol}^{-1}\cdot\text{K}^{-1}. \tag{13.6}$$

理想气体状态方程(13.5)反映着实际气体在压强趋于 0 时的极限性质,在压强不太高、温度不太低时较准确地描述了实际气体.

气体的物质的量 ν 等于气体质量与其摩尔质量之比,也等于气体的粒子数与阿伏伽德罗常数之比:

$$\nu=\frac{M}{\mu}=\frac{N}{N_\text{A}}. \tag{13.7}$$

故理想气体状态方程又可写为

$$p=nkT, \tag{13.8}$$

其中,$n=N/V$ 为粒子数密度,$k=R/N_\text{A}=1.380\,66\times10^{-23}\ \text{J}\cdot\text{K}^{-1}$ 为**玻尔兹曼常数**.

如果是混合气体,还需用到一条实验定律——**道耳顿分压定律**:混合气体的压强等于各组分的分压强之和. 所谓分压是指某组分单独存在(具有与混合气体相同的温度和体积)时的压强. 分压定律同样适用于低压情况. 根据该定律,有

$$p=p_1+p_2+\cdots+p_n. \tag{13.9}$$

又把理想气体状态方程用于各组分,得

$$pV=(\nu_1+\nu_2+\cdots+\nu_n)RT. \tag{13.10}$$

这就是混合理想气体状态方程.

例 13.1　试计算 1 m^3 任何气体在标准状态下的分子数.

解:在标准状态下,$p=1.013\,25\times10^5$ Pa,$T=273.15$ K,故由(13.8)式得

$$n=\frac{p}{kT}=\frac{1.013\,25\times10^5}{1.380\,66\times10^{-23}\times273.15}\ \mathrm{m^{-3}}=2.687\,9\times10^{25}\ \mathrm{m^{-3}}.$$

这个常数称为**洛施密特常数**.

13.2　准静态过程　热力学第一定律

13.2.1　准静态过程

在前一节详述了平衡态,也谈到了与其密切相关的状态变化.热力学系统的状态随时间变化的过程称为**热力学过程**.

当外界条件不变时,系统的状态也不会变.但是一旦外界条件变化,系统平衡态必被破坏,系统随后在新的外界条件下经过一段时间(即弛豫时间)后达到新的平衡.但实际变化过程中,往往新平衡态尚未达到,外界已发生下一步变化,因而系统又向着另一个平衡态演化.这样,系统的中间状态一般不是平衡态.系统因变化较快而经历一系列非平衡态的热力学过程称为**非静态过程**.

非静态过程随处可见,是热力学过程的一般情况.但我们可以设想这样一种理想情况:系统变化很慢,使得中间每一步都**可视为**平衡态.这就是**准静态过程**.它具有重要的理论意义.

举一个例子.将一定量的气体密封在气缸中,用一定大小的力压住活塞一段时间,使气体达到平衡态.此时有两种释放压力的方法.一种是突然释放压力.此时活塞迅速上升,经过很多次振荡后稳定在某一高度.经过这样一段较长的时间后气体处于新的平衡态.这种联系初末平衡态的过程是非静态过程,因为气体经历的中间状态的压强和温度并非各处一致,都是非平衡态.另一种释放压力的方法是缓慢释放,最后活塞将达到跟前一情况相同的高度.这个过程由于足够缓慢,足以认为气体处于中间状态时各处的压强和温度是一致的,是平衡态,所以这种过程是准静态过程.

决定过程是否为准静态过程的标准是变化的快慢,然而**快慢的标准是弛豫时间**,不能从时间的绝对长短来衡量.通常气体压强达到平衡的弛豫时间比温度达到均匀的弛豫时间要短.如果某一个过程的时间介于二者之间,那么,这个过程是否为准静态过程取决于我们所关心的对象.如果温度改变不会引起实质性影响,使得我们只关心压强而不是温度,那么这个过程就可以视为准静态过程.如果必须考虑温度的变化,那么虽然这个过程所花的时间比压强的弛豫时间长,但比温度的弛豫时间要短,这个过程就不是准静态过程.

下面讨论准静态过程的图示.以只需 p、V、T 三个参数即可描述的**简单系统**(如气体)为例,此时涉及的是 $p-V$ 图.首先,$p-V$ 图上的一个点表示什么?是系统的一个平衡态,它有着确定的压强和温度.如果是一个非平衡态,那么系统各处的压强和温度不一定相

等,在 $p-V$ 图上标志该状态时该取哪一个压强值? 由于此时并不存在一个确定的压强值,因此非平衡态不能在 $p-V$ 图上表示出来. 那么 $p-V$ 图上的一条曲线表示什么呢? 曲线由点组成,而一个点表示一个平衡态,因此曲线表示的是由一系列平衡态所组成的准静态过程. 非静态过程不能在 $p-V$ 图上画出(有时用虚线表示非静态过程,但这只是示意而非实指).

13.2.2 功和热量

做功是能量转移的一种形式. 最常见的功是力学中的机械功. 此外,在遇到电磁现象时,还有电场功和磁场功. 但不论是哪种功,其原始出发点都是力学中功的定义:$\mathrm{đ}A=\boldsymbol{F}\cdot \mathrm{d}\boldsymbol{s}$. 例如,电流做功就归结为电场力对电荷做功.

现在研究准静态过程的功. 我们规定,以外界对系统做的功为正值,以系统对外界做的功为负值. 为简单起见,以下我们谈的准静态过程都是指**无摩擦的准静态过程**. 如图 13-1,气缸中有一无摩擦且可左右移动的活塞,横截面积为 S. 设活塞施与气体的压强为 p_e,则当活塞移动距离 $\mathrm{d}l$ 时,外界对气体所做元功为$\mathrm{đ}A=p_eS\mathrm{d}l$. 由于气体体积减小了 $S\mathrm{d}l$,即 $\mathrm{d}V=-S\mathrm{d}l$,所以上式又可写成$\mathrm{đ}A=-p_e\mathrm{d}V$. 由于整个过程是准静态过程,故气体任一时刻都处于平衡态,各处具有均匀压强 p. 又由于没有摩擦阻力,活塞施与气体的压强 p_e 等于气体内部的压强 p,故

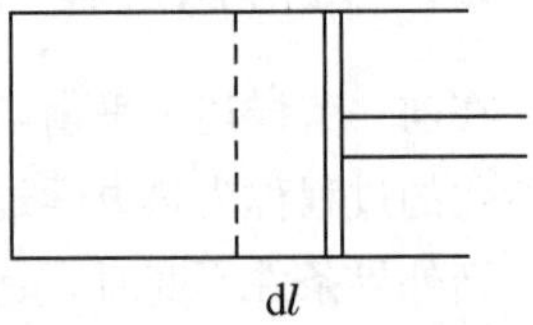

图 13-1 外界做功

$$\mathrm{đ}A=-p\mathrm{d}V. \tag{13.11}$$

注意这里只出现了气体本身的参量,而且是平衡态的参量. 因此,这个元功表达式的前提是无摩擦的准静态过程.

(13.11)式中的负号来自我们"以外界对系统做的功为正值"的规定. 例如,当 $\mathrm{d}V<0$ 时$\mathrm{đ}A>0$,即当气体体积减小时外界做正功. 这与我们的常识相符.

对于一个有限的准静态过程,将过程量微元进行积分即可:

$$A=\int_1^2 \mathrm{đ}A=-\int_{V_1}^{V_2} p\mathrm{d}V. \tag{13.12}$$

在 $p-V$ 图上,它就是**过程曲线**下面的面积,如图 13-2 所示.

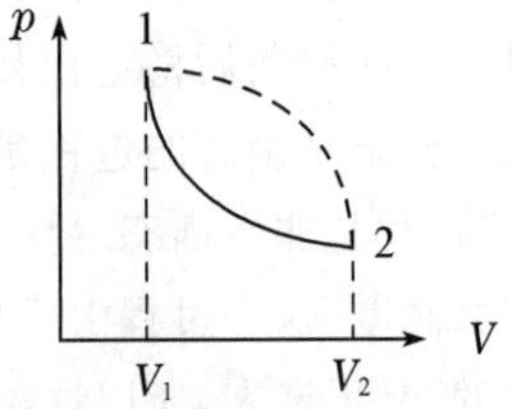

图 13-2 $p-V$ 图中的功

例 13.2 一定质量的气体经过一等温过程(温度为 T)从体积 V_1 变为 V_2,求外界所做的功.

解:由理想气体状态方程,有 $p=\nu RT/V$.

将其代入(13.12)式,得

$$A=-\int_{V_1}^{V_2} p\mathrm{d}V=-\int_{V_1}^{V_2}\frac{\nu RT}{V}\mathrm{d}V=\nu RT\ln\frac{V_1}{V_2}. \tag{13.13}$$

它又可写为$A=\nu RT\ln\frac{p_2}{p_1}$.

从图13-2中可以看出,气体从状态1变为状态2可以有多种过程可供选择.图中的虚线即表示另一种过程.显然,实线过程和虚线过程两曲线下面的面积不相等,即两过程的功不相等.这显示了功的一个重要特征:**功与变化路径(即过程)有关,它不是系统状态的特征,不是状态量,而是状态变化过程的特征,是过程量**.我们不能说"系统某一状态的功是多少",只能说"某个过程中的功是多少".与此相反,温度、压强等物理量是状态量,是系统状态的特征.由于存在过程量和状态量的基本区别,我们把在无穷小变化过程中状态量的无限小改变用d表示,把过程量微元用đ表示,以示区别.

热量是能量转化的另一种形式.根据热平衡定律和温度的定义,只要两系统温度不同,就会有热量从高温系统传到低温系统.显然,热量也是状态变化过程的特征,而不是状态的特征,故也是过程量.其在无限小过程中的微元记为$đQ$.

热量在历史上一度被认为是一种物质,此即热质说.这种观点认为,热是一种可以透入一切物体之中的、不生不灭的、无重量的物质.较热的物体含热质多,较冷的物体含热质少,冷热不同的物体相互接触时,热质就从较热物体流入较冷物体中.应该说这种理论解释了一定的现象(否则也不会被提出来),但遇到摩擦生热时就无法解释了.

另一种观点是热是运动.摩擦生热就支持这一观点.最终否定热质说而肯定热的运动说的是焦耳的大量实验工作.焦耳的工作证明,做功和传热都能使物体升温,而且使同一个物体升高相同的温度时,做功值(以焦耳为单位)和传热值(以卡为单位)成正比.这个比值就是热功当量,其大小为1 cal=4.186 8 J.

13.2.3 热力学第一定律

焦耳的热功当量实验为能量守恒定律的确立打下了坚实的基础.其他有突出贡献的还有迈耶和亥姆霍兹.需要强调的是,能量守恒定律的确立在历史上经历了一个较长的过程,其间有众人的大量努力,并不是一个人一蹴而就得到的.现在看来简单的东西在历史上一般都经历了艰辛的过程.

能量转化和守恒定律的内容是:自然界一切物体都具有能量,能量有各种不同形式,它能从一种形式转化为另一种形式,从一个物体传递给另一个物体,在转化和传递中能量的数量不变.

热力学第一定律就是能量转化和守恒定律.它告诉我们,系统存在一个只依赖于状态的函数,即内能.从微观上看,系统的内能原则上是所有层次上微粒热运动的能量和微粒间相互作用的势能之和.这包括:分子的动能和相互势能,组成各分子的原子的动能和相互势能,以及组成各原子的电子和原子核的动能和其间的势能……但通常情况下,如果热力学过程只改变分子和组成分子的原子这两个层次的运动状况,其下面所有层次的运动情况都不改变,那么这些层次对应的内能也不会发生改变.此时可将这部分的能量记为一个常数,且不用去关心其具体数值.于是,我们说,**系统的内能是分子和原子这两个层次的**

动能和势能之和.

外界传热 Q 给系统，或者外界对系统做功 A，都能使系统的内能 U 增加. 于是，热力学第一定律的数学形式是

$$\Delta U = Q + A. \tag{13.14}$$

这是对于一个有限过程而言的. 如果是无限小过程，热力学第一定律表达为

$$dU = đQ + đA, \tag{13.15}$$

其中已经区分了状态量无限小改变的符号 d 和过程量微元的符号 đ.

历史上曾经有人试图制造出无须提供任何能量却能不断对外做功的机器，这种机器被称为第一类永动机. 现在来看，这显然是做不到的，因为这违反了热力学第一定律. 因此，热力学第一定律也可表示为：第一类永动机是不可能制成的.

13.2.4 理想气体的内能

我们知道，物体的内能是微观粒子无规热运动动能与相互作用势能之和. 前者取决于温度，后者取决于体积，故一般说来，内能是 T 和 V 的函数：$U=U(T,V)$. 1845 年，焦耳做了如下实验，以研究气体的内能.

图 13-3 为焦耳实验的示意图. 气体被压缩在左边容器 A 中，右边容器 B 是真空. 两容器用管道连接，中间有一活门可以隔开，整个系统浸在水中. 打开活门让气体从容器 A 中**自由膨胀**进入 B 中，然后测量过程前后水温的变化. 焦耳的测量结果是水温不变.

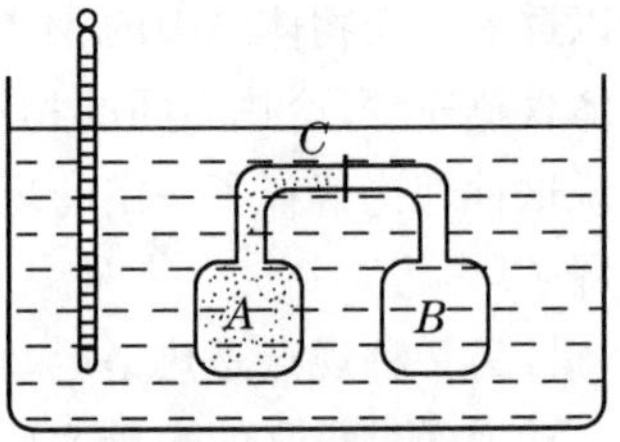

图 13-3 焦耳实验

所谓自由膨胀，是指气体在真空中膨胀不受阻碍. 此时外界做功必然为 0. 注意这是一种非静态过程. 由于水温不变，故气体温度也没变，这同时说明气体和水没有热交换，因此气体的膨胀是绝热自由膨胀. 于是，根据热力学第一定律，气体的内能保持不变. 但气体体积增加了，于是可知气体的内能与体积无关，只是温度的函数：$U=U(T)$.

应该说，焦耳的这个实验还是很粗糙的，因为他用到了大比热容的水. 即使水吸收了稍许热量，水温仍不会有多少改变. 因此，$U=U(T)$的结论也是粗糙的，只能说气体内能与体积的关系不大. 更精密的实验表明，气体内能确实与体积相关. 但如果压强越小，气体内能与体积的相关度越小. 在低压极限下，可认为二者无关. 因此，对于理想气体，$U=U(T)$是成立的. 这是理想气体的又一重要特征，称为**焦耳定律**. 一般**把理想气体定义为严格遵守理想气体状态方程和焦耳定律的气体.**

13.2.5 状态量和过程量

这里对状态量和过程量的区别进行一下小结.

表 13.1　状态量与过程量的区别

<table>
<tr><th colspan="3"></th><th>状态量</th><th>过程量</th></tr>
<tr><td colspan="3">定义</td><td>只依赖于系统状态</td><td>依赖于具体过程</td></tr>
<tr><td colspan="3">举例</td><td>内能 U,温度 T,压强 p</td><td>热量 Q,功 A</td></tr>
<tr><td rowspan="6">过程</td><td colspan="2" rowspan="2">有限过程符号</td><td>只能谈“量的改变是多少”</td><td>只能谈“量是多少”</td></tr>
<tr><td>ΔU</td><td>Q,A</td></tr>
<tr><td rowspan="3">无限小过程</td><td rowspan="2">符号</td><td>$\mathrm{d}U,\mathrm{d}T,\mathrm{d}p$</td><td>đ$Q$,đ$A$</td></tr>
<tr><td>可做意义分解,单独 d 有意义,表示改变. $\mathrm{d}U$ 表示内能的无限小改变.</td><td>不可做意义分解,单独đ无意义. đA 表示无限小过程中功的微元.</td></tr>
<tr><td>数学对应</td><td>全微分(恰当微分①)</td><td>非全微分(非恰当微分)</td></tr>
</table>

13.3　热力学第一定律的应用

13.3.1　热容量

在一定的过程中,系统温度升高 1 ℃所需吸收的热量称为热容量,简称为热容. 显然,热容与系统的质量或物质的量成正比. 单位质量的热容称为比热容,而单位物质的量的热容称为**摩尔热容量**,记为 C:

$$C=\frac{đQ}{\nu \mathrm{d}T}. \tag{13.16}$$

由于热量 Q 是过程量,因此热容 C 也是过程量,通常加上脚标以标明过程. 例如,C_p,C_V 分别表示等压过程和等容过程的热容量. 中学课本中给出的各种物质的比热容值即是对等压过程而言.

13.3.2　等容过程

假定只有体积功(đ$A=-p\mathrm{d}V$)这种形式的功存在. 当系统体积不变时,外界做功为 0. 由热力学第一定律,此时系统内能的改变全由系统吸热引起:$\mathrm{d}U=$đQ_V. 又由热容量的定义,有đ$Q_V=\nu C_V\mathrm{d}T$,故

$$\mathrm{d}U=\nu C_V\mathrm{d}T. \tag{13.17}$$

此式原则上只能用于体积不变的情况.

对于理想气体,由于 $U=U(T)$,内能与体积无关,故在一般情况下,上式都成立. 具体地,考虑理想气体的任意两个平衡态(T_1,V_1)和(T_2,V_2)的内能之差. 可以先让气体经过等容过程变为(T_2,V_1),其内能增量由(13.17)式给出. 再让气体经过等温过程,此时内能

---

① 能写成某一函数的全微分的微分形式称为恰当微分,反之,称为非恰当微分. 例如,$x\mathrm{d}y+y\mathrm{d}x$ 是恰当微分,因为它等于 $\mathrm{d}(xy)$,相应的函数是 $xy+C$. 而 $x\mathrm{d}y-y\mathrm{d}x$ 是非恰当微分. 沿某一路径积分时,恰当微分的积分值等于相应的积分函数值的改变,而非恰当微分的积分值不仅跟始末点有关,还跟积分路径有关.

不变.故总的内能增量仍由(13.17)式决定.

设热容量为常数,则一般有

$$dU=\nu C_V dT,\Delta U=\nu C_V(T_2-T_1). \tag{13.18}$$

13.3.3 等压过程

系统在等压过程中吸收的热量一方面用于增加自己的内能,一方面用于对外做功.因此,此热量要大于等容过程中系统吸收的热量,故 $C_p>C_V$.具体地,

$$Q_p=\Delta U+p\Delta V. \tag{13.19}$$

又由热容量的定义,有

$$Q_p=\nu V_p(T_2-T_1). \tag{13.20}$$

对于理想气体,由于 $U=U(T)$,内能改变的最一般形式由(13.18)式给出.再由理想气体状态方程(13.18)式给出(13.19)式中的 $p\Delta V$,可得

$$C_p-C_V=R. \tag{13.21}$$

此式称为**迈耶公式**.

例 13.3 在 1 atm 的大气压下和 100 ℃时,1 kg 水变为 1 kg 水蒸气需吸收的汽化热为 2.26×10^6 J,此时水蒸气的体积为 1.673 m^3,求体系的内能增量.

解:水变为水蒸气时,除需吸热 $Q=2.26\times10^6$ J 外,还需对外做功 $p(V_2-V_1)$.其中 $V_2=1.673\ m^3$,而 $V_1\approx1\times10^{-3}\ m^3\ll V_2$,故可忽略.根据热力学第一定律,有

$$\begin{aligned}\Delta U&=Q+A=Q-p(V_2-V_1)\approx Q-pV_2\\&=2.26\times10^6\ \text{J}-1.01\times10^5\times1.673\ \text{J}\\&\approx2.09\times10^6\ \text{J}.\end{aligned}$$

13.3.4 等温过程

对于理想气体,在等温过程($pV=C$)中,其内能保持不变,因为其内能只是温度的函数.这样,气体吸收的热量全部用于对外做功.有

$$Q_T=-A_T=\nu RT\ln\frac{V_2}{V_1}. \tag{13.22}$$

参见(13.13)式.

13.3.5 绝热过程

在绝热过程中,因为 $Q=0$,外界对系统做了多少功,内能就增加多少.即 $\Delta U=A$.对于理想气体,进一步有

$$A=\Delta U=\nu C_V(T_2-T_1). \tag{13.23}$$

此式对于理想气体的准静态和非静态绝热过程(例如前面的绝热自由膨胀)都成立.

对于理想气体的准静态绝热过程,由于此过程比较复杂,又是一个重要过程,下面给出清晰的逻辑线条,也算是一个小结.

研究准静态绝热过程有 5 条相互独立的出发点:(1) 热力学第一定律 $dU=đQ+đA$;(2) 理想气体内能改变的普适表达式 $dU=\nu C_v dT$;(3) 准静态过程中元功的表达式$đA=$

$-pdV$；(4) 理想气体状态方程 $pV=\nu RT$ 或其全微分 $Vdp+pdV=\nu RdT$；(5) 题设条件 $đQ=0$.

将第(2)、(3)和(5)条代入第(1)条，同时利用第(4)条消去 dT，整理得

$$VC_V dp + pC_p dV = 0.$$

这里利用了理想气体的迈耶公式(13.21). 定义**比热容比**

$$\gamma = \frac{C_p}{C_V}, \tag{13.24}$$

则有

$$\frac{dp}{p} + \gamma \frac{dV}{V} = 0. \tag{13.25}$$

设热容量是常数，则 γ 是常数. 把上式积分，即得

$$pV^\gamma = C. \tag{13.26}$$

此即准静态绝热过程的过程方程.

在 $p-V$ 图上画出此过程曲线，称为**绝热线**(见图 13-4). 绝热线比等温线要陡，这从二者的斜率即可看出. 前者是 $\frac{dp}{dV}=-\gamma\frac{p}{V}$(见(13.25)式)，后者是 $\frac{dp}{dV}=-\frac{p}{V}$. 由于 $\gamma=\frac{C_p}{C_V}>1$，故前一斜率的绝对值更大. 从物理上看，当气体从等温曲线与绝热曲线相交点出发压缩相同体积时，在等温过程中压强的增大仅来源于体积的减少，而在绝热过程中，压强的增大不仅来源于体积的缩小，还来源于温度的升高，因为外界对系统做功会使系统内能增加，从而温度升高. 故绝热线要比等温线陡.

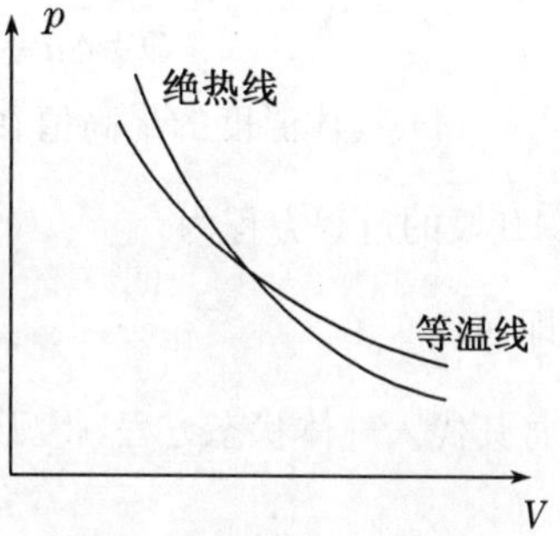

图 13-4　绝热线与等温线

利用理想气体状态方程(13.5)式和过程方程(13.26)式，可以得到用其他量表示的过程方程：

$$TV^{\gamma-1}=C, p^{\gamma-1}/T^\gamma = C. \tag{13.27}$$

当然，其中的常数各不相同.

根据绝热过程方程(13.26)式，对于过程中的任一状态，有 $pV^\gamma = p_1V_1^\gamma$. 视 p_1, V_1, V_2 已知，则外界对系统所做的功可计算为

$$\begin{aligned} A &= -\int_{V_1}^{V_2} p dV = -\int_{V_1}^{V_2} p_1 V_1^\gamma \frac{1}{V^\gamma} dV \\ &= \frac{p_1V_1}{\gamma-1}\left[\left(\frac{V_1}{V_2}\right)^{\gamma-1}-1\right] = \frac{p_2V_2-p_1V_1}{\gamma-1}. \end{aligned} \tag{13.28}$$

利用(13.24)式、(13.21)式和状态方程，可以将上式化为(13.23)式.

例 13.4　1 mol 理想气体经历如图 13-5 所示的准静态过程：从状态 A 出发，沿直线膨胀到 B，再等压压缩到原体积，到达状态 C. 已知该气体的定容摩尔热容量为 $C_V=3R/2$，求整个过程中：(1) 气体内能的改变；(2) 外界对气体所做的功；(3) 外界传给气体的热量；(4) 气体温度的最高值.

解:(1) 根据理想气体状态方程,初态的温度为

$$T_A=\frac{p_AV_A}{R}=\frac{6p_0v_0}{R},$$

末态的温度为 $T_C=\frac{p_Cv_C}{R}=\frac{2p_0v_0}{R}$.

故内能的改变为

$$\Delta u=u_C-u_A=C_V(T_C-T_A)=-6p_0v_0.$$

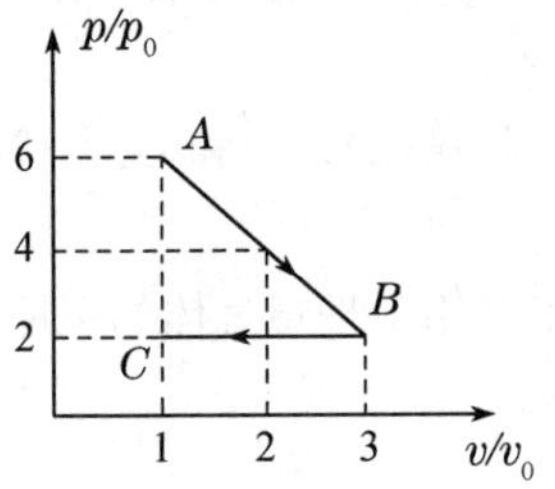

图 13-5　例 4 题图

(2) AB 过程中气体对外做功,值为线段$\overline{AB}$下面的面积;BC 过程中外界对气体做功,值为线段$\overline{BC}$下面的面积. 故整个过程中外界对系统做功为 ΔABC 的面积的负值:

$$A=-\frac{1}{2}(3-1)v_0(6-2)p_0=-4p_0v_0.$$

(3) 由热力学第一定律,整个过程中气体吸收的热量为

$$Q=\Delta u=A=-6p_0v_0-(-4p_0v_0)=-2p_0v_0.$$

(4) 气体温度的最高值在 AB 之间. 由 A 到 B 气体的温度先增大再减小到原值.

AB 段的过程方程为
$$\frac{p-p_A}{v-v_A}=\frac{p_B-p_A}{v_B-v_A},$$

即
$$p=8p_0-2p_0v/v_0.$$

将其代入气体状态方程,得 $T=\frac{pv}{R}=\frac{2p_0}{R}\left(4v-\frac{v^2}{v_0}\right)$.

令 $\mathrm{d}T/\mathrm{d}v=0$,即得极值点 $v=2v_0$ 和极值 $T=\frac{8p_0v_0}{R}$.

13.4　循环过程　卡诺循环

13.4.1　热机和循环过程

热机是能不断把热转化为功的机械. 气体等温膨胀能够把热转化为功,但气体膨胀完后,过程也就结束了,吸热做功不能继续. 要想让吸热做功的过程能够不断地循环进行下去,气体必须要回到其原状态,然后再周而复始地进行下去. 因此,一般地说,热机中的工作物质(简称为工质)必然经过不断重复的循环过程才能不断吸热做功.

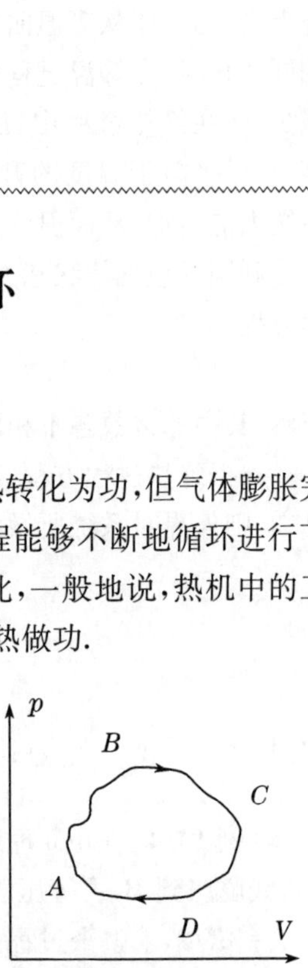

图 13-6　循环过程

图 13-6 是一个一般的循环过程. ABC 表示工质吸热膨胀,对外做功. 为回到原状态,工质必须收缩(即 CDA),从而外界对工质做功. 这两个功必须前者大后者小,否则无法做到对外输出净功. 伴随工质收缩的是其内能(温度)减小到原值,于是在过程 CDA 中,外界对工质做功,而工质内能减小,故工质一定向低温热源放热. 因此,任一热机中的工质在循环过程中必须存在放热过程,这是循环过程的性质所决定的. **不存在只与一个热源接触吸热并对外做功而不放热的循环过程.**

因此，一般地说，工质在循环时，总是从高温热源吸热 Q_1，对外做功，然后接受外界的功，向低温热源放热 Q_2（这里的 Q_1、Q_2 都是算术量），最后回到原状态. 由于工质的内能改变 $\Delta U=0$，根据热力学第一定律，工质对外做的净功为

$$A'=Q_1-Q_2 \tag{13.29}$$

（加一撇表示系统对外界做的功）. 任何机械都有个效率问题，其基本概念是目的与代价的比值. 热机效率可定义为

$$\eta=\frac{A'}{Q_1}=\frac{Q_1-Q_2}{Q_1}=1-\frac{Q_2}{Q_1}. \tag{13.30}$$

图 13-6 所示的循环是**正循环**，其特征是工质对外做功. 如果把它逆转过来，则称为**逆循环**：从低温热源吸热 Q_2，对外做功，再吸收外界的功，向高温热源放热 Q_1. 这就是制冷机或热泵，它是空调、冰箱的原型. 显然，从净结果上看，必须是外界对工质做正功，$A=Q_1-Q_2>0$. 它是必须付出的代价. 而制冷机的目的是从低温热源吸收热量 Q_2，故可定义制冷系数为

$$\varepsilon=\frac{Q_2}{A}. \tag{13.31}$$

13.4.2　卡诺热机和卡诺循环

法国工程师卡诺研究了一种理想热机，它具有可能的最高效率. 卡诺引入高温和低温两个恒温热源（具有确定的单一温度），让工质只与它们交换热量，此外没有摩擦、散热、漏气等因素存在. 这种热机称为**卡诺热机**，其循环过程称为**卡诺循环**（见图 13-7）. 一般地，卡诺循环由如下过程组成：(1) 工质从高温热源吸热，等温膨胀，对外做功；(2) 然后绝热降温；(3) 然后向低温热源放热，等温压缩，接受外界的功；(4) 最后绝热升温，回到原状态. 整个过程都是准静态的，一共有两个等温过程和两个绝热过程. 卡诺循环具有重要的理论地位.

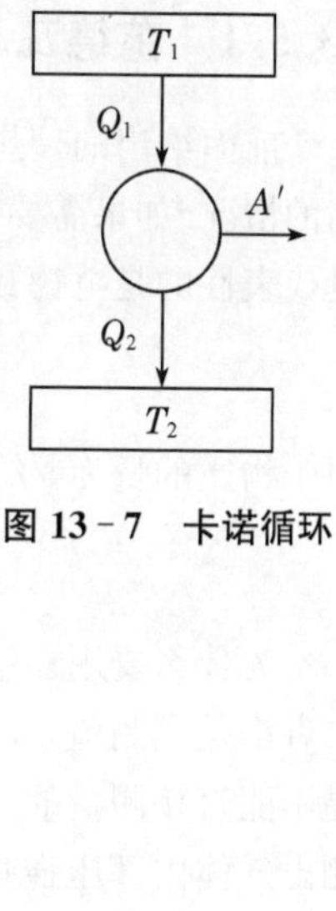

图 13-7　卡诺循环

如果以理想气体为工质，那么其卡诺循环在 p-V 图上由图 13-8 表示. 现在来求其效率. 在等温膨胀过程 1→2 中，气体从高温热源吸热

$$Q_1=\nu RT_1\ln\frac{V_2}{V_1}.$$

在绝热膨胀过程 2→3 中，气体与外界无热交换. 在等温压缩过程 3→4 中，气体向低温热源放热

$$Q_2=\nu RT_2\ln\frac{V_3}{V_4}.$$

在过程 4→1 中，气体同样与外界无热交换. 于是，根据(13.30)式，理想气体卡诺循环的效率为

$$\eta=1-\frac{Q_2}{Q_1}=1-\frac{T_2\ln(V_3/V_4)}{T_1\ln(V_2/V_1)}.$$

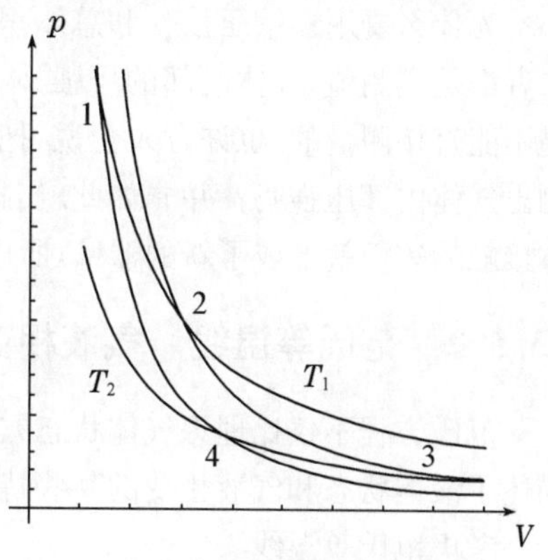

图 13-8　理想气体卡诺循环

由于状态 1、4 和状态 2、3 分别都处于绝热线上，由(13.27)式有 $\left(\frac{V_3}{V_2}\right)^{\gamma-1}=\frac{T_1}{T_2}$,

$\left(\frac{V_4}{V_1}\right)^{\gamma-1}=\frac{T_1}{T_2}$,故$\frac{V_3}{V_4}=\frac{V_2}{V_1}$.

于是,效率可简化为

$$\eta=1-\frac{T_2}{T_1}. \tag{13.32}$$

可见,**理想气体准静态卡诺循环的效率只由两个高低温热源的温度决定,而与气体种类无关**. 根据此式,提高热机效率的一种方式是增大 T_1,降低 T_2.

需要说明的是,图 13-8 表示的卡诺循环不是卡诺循环的一般情况,而是仅针对理想气体而言的. 换成不同的物质(例如热辐射或下文的范德瓦耳斯气体)做工质,其物态方程不同,在 p-V 图上表示的等温线和绝热线也就不同. 例如,对于热辐射,其准静态绝热过程体积不变,是不可能对外做功的. 因此,前面定义卡诺循环时,对于绝热过程强调的是"绝热升温"或"绝热降温",而不是"绝热膨胀"或"绝热压缩". 但不管怎样,卡诺循环总是由两个等温过程和两个绝热过程构成.

13.5 范德瓦耳斯方程 气液相变

13.5.1 范德瓦耳斯方程

前面给出的理想气体状态方程是对实际气体的近似,它适用于温度不太低、压强不太高的情况. 如果需要进一步地精确化,就需要各种非理想气体的状态方程. 其中最简单、最具代表性的是范德瓦耳斯方程(简称为范氏方程). 对 1 mol 的气体,其状态方程为

$$\left(p+\frac{a}{v^2}\right)(v-b)=RT, \tag{13.33}$$

对于物质的量为 ν 的气体,有

$$\left(p+\frac{\nu^2 a}{V^2}\right)(v-\nu b)=\nu RT. \tag{13.34}$$

为什么要用器壁压强 p 和总体积 V 来表示气体状态方程? 因为二者都是实测值,气体内部的压强 $p_{内}$ 和气体分子可活动的体积 $V_{活}$ 是不能直接测量的. 也许有人会说,把测压计伸入气体内部不就可以测出气体内部压强吗? 并非如此. 当把测压计伸入气体中时,其与气体接触的表面就形成了新的器壁,所以测量到的仍是器壁压强.

阅读 **方程中常数 a 和 b 及说明**

13.5.2 范氏等温线 气液相变

范氏方程不仅比理想气体状态方程更好地描述了实际气体的状态,也在一定程度上描述了液体状态和气液相变的某些特点,只要加上一些修正即可.

考虑范氏等温线

$$p=\frac{RT}{v-b}-\frac{a}{v^2} \quad (T=C). \tag{13.35}$$

当温度较高时,其曲线与理想气体等温线相似,表示气体可以一直等温压缩. 但当温度低于某一温度

$$T_C=\frac{8a}{27Rb} \tag{13.36}$$

时，曲线的形状出现质变，如图 13-9 所示. 可以看出，对 $T<T_C$ 的所有等温线，曲线都出现极小值点和极大值点. 当温度在此范围内升高时，两极值点逐渐靠拢. 而当 $T=T_C$ 时，两个极值点重合为 T_C 等温线上的拐点——二阶导数为 0 的点. 因此，只要令 $\mathrm{d}p/\mathrm{d}v=0$，$\mathrm{d}^2p/\mathrm{d}v^2=0$，即可得到 T_C.

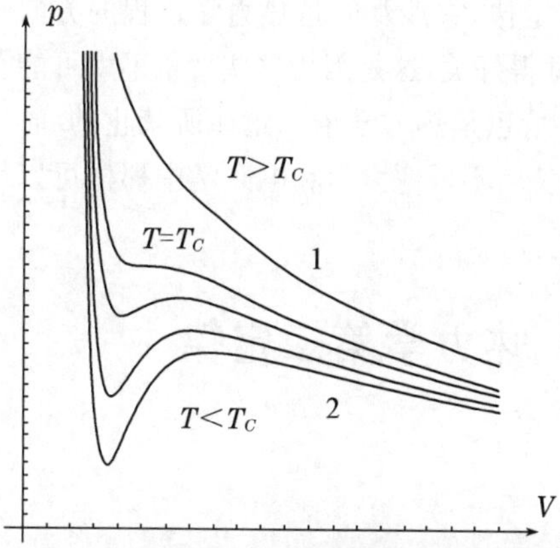

图 13-9　范式等温线

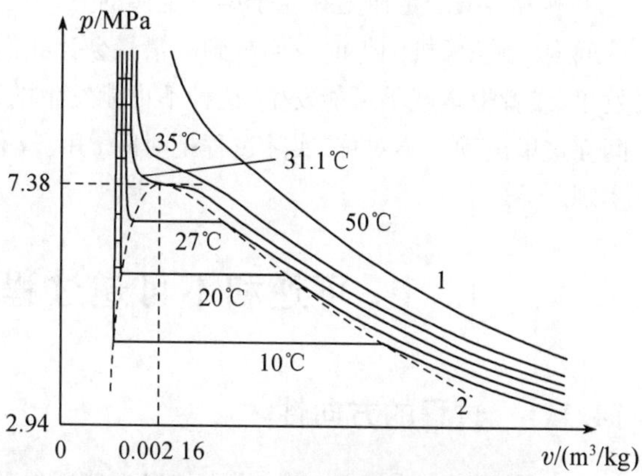

图 13-10　CO_2 的实际等温线

另一方面，考虑实际气体 CO_2 的等温线(如图 13-10 所示). 把气体进行等温压缩，可能有两种结果. 当温度较高时，气体能一直存在. 这意味着此时不可能通过等温压缩把气体变成液体. 要达到此目的，温度必须低于某一温度，称为**临界温度**. 只有在临界温度以下，气体才能被等温压缩成液体. 在这样的温度下，当气体被压到一定体积时，开始出现气液相变. 其特征是气体不断变为液体，故总体积不断变小，但气体压强保持不变，此压强称为**饱和蒸汽压**. 这一段过程在 p-V 图上显示为一个水平的等压过程. 当所有气体都被压成液体时，再压缩就很困难了，此时在 p-V 图上的等温线很陡.

两相比较可以看出，范氏理论中的 T_C 就对应实际情况中的临界温度，图 13-9 中的范氏等温线 1 和 2 分别对应图 13-10 中的实际等温线 1 和 2. 唯一不同的是，范氏等温线 2 在相变区域出现较复杂的形状，与实际等温线 2 的水平线不同. 根据热力学理论，这种不同可以按如下方式修正：用水平线代替范氏等温线 2 中的相应部分，其位置应使曲线与水平线所围的两块面积相等. 这就是**麦克斯韦等面积法则**，如图 13-11 所示.

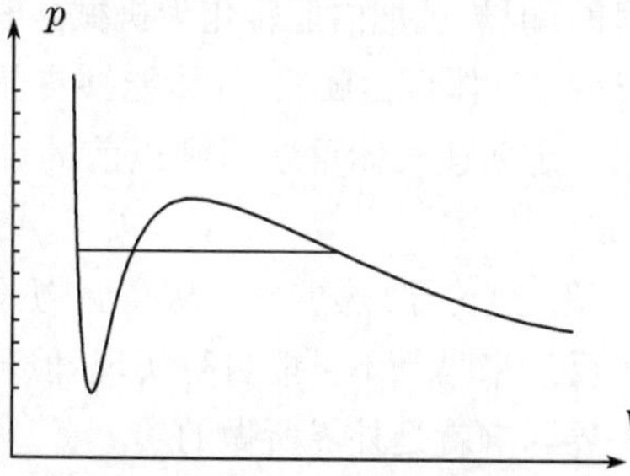

图 13-11　麦克斯韦等面积法则

习 题

线上阅览

第 14 章　热力学第二定律

热力学第二定律是独立于第一定律的另一基本定律，它涉及的是热力学过程的方向性问题. 当录像机倒带时我们看到的情景会让我们觉得好笑，这是因为这些情景不太可能发生，或者根本就不可能发生. 这种不可能发生的事情正是热力学第二定律所禁止的. 时间在这里出现了不对称，实际过程把时间 t 用 $-t$ 代替后不再像力学和电磁学中那样可以实现.

14.1　可逆和不可逆过程　热力学第二定律

14.1.1　过程的方向性

大量经验告诉我们，自然界中的宏观热现象具有方向性. 下面举数例来说明.

(1) 功变热. 精确地说，这是指机械能转化为内能. 这种过程是可以自然发生的，无须任何外界条件. 例如，摩擦生热. 一木块置于粗糙桌面上，具有一定的速度. 它一定会在摩擦力的作用下减速直至停止. 此时，所有机械能都转化成了内能(热能)，使木块与桌面接触的地方温度升高. 但能否期待物体自动降温而运动起来呢？显然不可能. 又比如焦耳的热功当量实验，让重物下降做功带动水中的叶片使水的内能增加. 有可能让水自动降温同时重物自动升高吗？不可能. 又如水流中各层的流速不同会使各层相互牵制(黏滞力)而速度趋于一致，同时水温升高一点. 要想让水温降低同时各层自动出现流速差，也是不可能的. 那么，这些不可能意味着内能不能转化为机械能吗？不是，人们造热机就是为了这个目的. 但热机把内能转化为机械能时，一定附带着向低温热源放热.

(2) 气体自由膨胀. 气体能够自然地膨胀到真空，但不可能使整个过程自行倒过来. 如果一定要让气体重新回到以前的小区域，就必须施加外界影响——外界做功，把它压回来.

(3) 热传导. 热量总是从高温物体传到低温物体. 这是可以自然发生的. 能够把这种过程反过来吗？不可能自行实现. 但若加以外界影响，仍可实现. 这就是制冷机(或热泵)，其外界影响就是外界所做的功.

(4) 气体扩散. 这个情况与自由膨胀类似. 如果某种气体扩散后要恢复原状的话，得使用一种能让其他气体透过，但不能让上述气体透过的半透膜，通过做功把这种气体拉回来.

(5) 化学反应. 以酸和碱中和生成水为例. 一旦完全中和，过程也就停止了. 这个过程可以反过来吗？要它自动反过来是不可能的，但是如果通电，即电解水，就可以把水分子变为氢离子和氢氧根离子. 注意这里的通电就是外界影响.

14.1.2　可逆和不可逆过程

种种事实让我们形成可逆和不可逆过程的概念. 对于系统经过的一个过程,如果存在另一个过程,能使系统和外界完全复原(即系统回到原状态,同时原过程对外界的影响被全部消除),则原过程称为**可逆过程**;否则,如果用任何方法都不能使系统和外界完全复原,则原过程称为**不可逆过程**. 可逆过程能够自行逆转,不可逆过程则不行. **不可逆过程要逆转就必须施加外界影响**. 这就意味着虽然系统可复原但外界又发生新的变化了.

实际上,**与热现象有关的实际宏观过程都是不可逆的**. 这是大量经验的总结. 不管是前面所举的例子,还是其他更复杂的情况,如爆炸、杯子摔碎等,都表明了这一点.

这里要强调的是,**谈论可逆与否所针对的一定是宏观过程**而不是微观过程,只有对宏观过程才有不可逆的概念. 在气体自由膨胀和扩散中,就某个分子而言,它是可能回到原区域的. 每个分子都可能回到原区域. 在化学反应中,所谓反应停止只是宏观上的说法. 当酸碱中和后,从微观上看,仍不停地有水分子自动变为正负离子,但同时也有数目几乎相同的正负离子合为水分子. 这才在宏观上说反应停止了. 虽然在微观上一切过程都可能自动反过来,但在宏观上就不是如此. 这正是宏观与微观的一种本质区别.

14.1.3　不可逆过程的相互关联

让人吃惊的是,这些看似互不相关的**各种不可逆过程其实是相互关联的**,即由一种过程的不可逆性可以推断出另一种过程的不可逆性. 下面举数例说明,所采用的方法都是反证法.

(1) 由热传导的不可逆性推断功变热的不可逆性. 已知热传导是不可逆的,假设功变热可逆,即可以造出一个机械,它能从一个热源吸热并将其全部变成功且**不产生其他任何影响**. 有了这种机械,我们就可以让它从低温热源 T_2 吸热 Q_1,使做出的功 $A'=Q_1$ 推动制冷机从同一热源吸热 Q_2,并向高温热源 T_1 放出热量 $Q_2+A'=Q_1+Q_2$. 这样的**净结果**就是有热量 Q_1+Q_2 从低温热源流向了高温热源,而且没有引起其他任何变化(见图 14-1,其中不可能的过程已用虚线表示). 这就与热传导过程的不可逆性相矛盾. 命题得证.

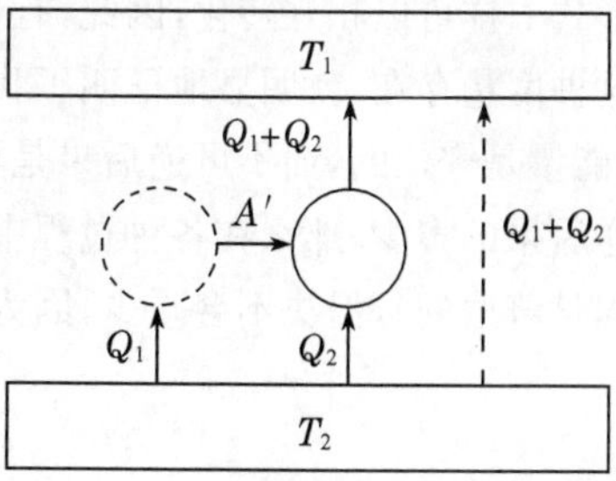

图 14-1　由热传导的不可逆性推断功

(2) 由功变热的不可逆性推断热传导的不可逆性. 已知功变热是不可逆的,假设热传导可逆,即热量能够自动地从等温物体传到高温物体而不产生其他任何影响. 既然这样,就让热量 Q 从低温热源传到高温热源,然后再传给一个热机,让它对外做功 A',同时向低温热源放热 $Q-A'$. 这样的净结果是,从低温热源中取出了 $Q-(Q-A')=A'$ 的热量,同时对外做功为 A',此外无其他任何变化(高温热源完全恢复,见图 14-2). 这就意味着可

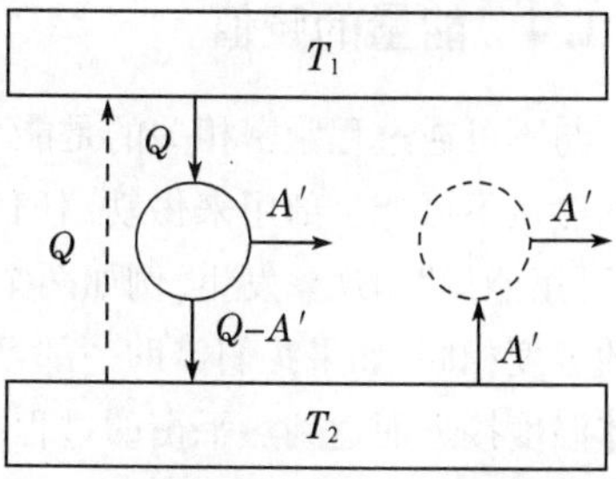

图 14-2　由功变热的不可逆性推断热

以从单一热源吸热并把它全部变成功且不产生其他影响,与功变热的不可逆性矛盾. 命题得证.

(3) 由功变热的不可逆性推断自由膨胀的不可逆性. 已知功变热是不可逆的,假设理想气体自由膨胀可逆,即理想气体可以自动收缩到较小的范围而不产生其他任何影响. 既然这样,就可以让气体先与一恒温热源接触,吸热 Q 从而等温膨胀对外做功 $A'=Q$,然后气体自动收缩,然后又继续吸热膨胀做功. 于是,我们就造成了一种机械,它能从单一热源吸热、全部用于对外做功而不产生其他影响. 这与功变热的不可逆性矛盾. 命题得证.

这些例子说明,总可以用各种可能的办法把两个不同的不可逆过程联系起来,从一个过程的不可逆性推断出另一个过程的不可逆性. 这些过程在其不可逆特征上是完全等效的,不可逆性是它们的共性.

如果一个不可逆过程已经发生,其所产生的后果就不可能被完全消除. 如果设法消除这种后果,其结果是:虽然目的可以达到,但另一种后果又出现了. 以粗糙桌面上的运动木块为例. 当功(动能)K 全部化为热 Q 后,如果想让桌面和木块生热的部分温度降到原值,且木块获得开始时的动能,可以采取这样的办法:在高温部分和环境之间建立热机,让它吸收刚才释放的热量 Q,并把输出的功 A 传给木块. 但由于环境一定会吸收一部分热量,因此这部分功并不够达到开始的木块动能:$A<K$. 此时可再由外界输入功,把这个差值 $K-A$ 补上. 现在,我们的目的达到了,但新的后果出现了,因为这样的净结果是外界输入了功 $K-A$,并且全部变成热让环境吸收了.

总之,**不可逆过程的后果不可能被完全消除,意图消除它的结果是这种后果以另外的面目出现**,而且在消除过程中又可能产生新的不可逆后果. 这种不可逆后果有点像各种能量形式一样可以相互转化,因此,有可能对各种具体的不可逆性进行某种公共的度量. 一旦这种度量存在,就明显地证明了我们的论断:各种不可逆过程是相互关联的. 但不同的是,能量是守恒的,而不可逆后果是可以不断产生的. 因此,如果引入一个量来描述这种不可逆后果的多少,那么在各种过程中,这个量可以保持不变,一般情况是增加(因为不可逆过程是普遍的),但决不会减少,因为不可逆过程的后果一经产生就不可能被完全消除.

$$\nabla\cdot\boldsymbol{J}_E+\frac{\partial\rho_E}{\partial t}=0,$$

$$\nabla\cdot\boldsymbol{J}_S+\frac{\partial\rho_S}{\partial t}>0.$$

14.1.4 能量的贬值

与不可逆过程紧密相关的是能量的贬值. 人们所关心的是可用来做功的能量,但是吸收的热量不可能全部用来做功. 任何不可逆过程的出现,总伴随有"可用能量"被贬值为"不可用能量"的现象发生. 例如两个温度不同的物体间的传热过程,其最终结果无非使它们的温度相同. 如果我们借助一部可逆卡诺热机,把两物体分别作为高、低温热源,则在两物体温度接近而达到热平衡的过程中,卡诺机对外可输出一部分有用功. 但如果使这两物体直接接触而达到热平衡,那么上述那部分可用能量就白白浪费了. 因此,在同样的条件下,不可逆过程中所做的功要小于可逆过程中所做的功. 这一现象叫作能量的**退降**或**贬**

值. 我们应该仔细消除或减少各种可能的不可逆因素，以使可用能达到最大.

14.1.5　热力学第二定律

所谓热力学第二定律，即是指明上述过程的不可逆性的陈述. 由于不可逆过程都是相互联系的，指明一种过程不可逆性就意味着指明其他过程的不可逆性，因此，只要任挑出一种来表述其不可逆性即可.

如果挑选功变热这个不可逆过程，可得热力学第二定律的**开尔文表述：不可能从单一热源吸热，使之完全变成有用功而不产生其他影响**. 历史上曾有人试图制造能从单一热源吸热并全部变成有用功而不产生其他影响的机械，称为第二类永动机. 这种机械是很诱人的，因为如果可行，那么大海就是我们取之不尽的能量来源. 但现在知道，这种机械违反了开尔文表述，是不可能的. 故开尔文表述也可表达为：**第二类永动机是不可能造成的**.

如果挑选热传导这个不可逆过程，可得热力学第二定律的**克劳修斯表述：不可能把热量从低温物体传到高温物体而不引起其他变化**.

如果挑选热功当量实验，可得**普朗克表述**：不可能制造一个机器，在循环动作中把一重物升高同时使一热库冷却.

如果挑选自由膨胀这个不可逆过程，可得热力学第二定律的又一表述：不可能让气体回到较小范围而不引起其他变化.

这些表述的冠名都是历史原因造成的，没有哪个更基本，它们都相互等价. 热力学第二定律的所有表述无非表明前面所强调的事实：所有与热现象有关的实际宏观过程都是不可逆的. 如果不是历史原因，我们完全可以就用“所有与热现象有关的实际宏观过程都是不可逆的”作为热力学第二定律的表述. 所以，**热力学第二定律反映了过程进行的方向性，反映了时间的箭头**.

注意种种过程的自发逆转过程之所以不可能实现，并不是由于它们被热力学第一定律所禁止. 例如，从单一热源吸热使之完全变成有用功而不产生其他影响，这并不违反能量守恒定律. 热量自动从低温物体传到高温物体而不引起其他变化也是能够满足能量守恒的. 所以，禁止这类过程实现的热力学第二定律是独立于第一定律的基本定律.

14.1.6　不可逆因素

各种不可逆过程都具备下列部分或全部特征. (1) 存在摩擦力、黏滞力、电阻等耗散因素. 所谓**耗散**因素，就是能让功自发地变成热的因素. 铁电体的电滞现象和铁磁体的磁滞现象也属于耗散. (2) 没有达到**力学平衡**，系统与外界之间存在有限大小(而不是无限小)的压强差. 例如，在气体自由膨胀中，气体有一定压强，但真空的压强为 0，其差不可忽略. (3) 没有达到**热平衡**，存在着有限(而不是无限小)的温度差. 存在温度差，这就是热传导的原因. 这直接来自温度的概念本身，见前一章. (4) 没有达到**化学平衡**. 气体扩散和化学反应能够进行都是因为没有达到化学平衡.

回顾前一章关于准静态和非静态过程的概念可知，准静态过程必须满足力学平衡、热平衡和化学平衡条件. 我们可以得出结论：**热力学中的可逆过程就是无耗散的准静态过程**.

既然前面强调，所有与热现象有关的实际宏观过程都是不可逆的，那就意味着不存在可逆过程.那么谈论可逆过程还有意义吗?当然有.可逆过程同质点、刚体、光滑桌面一样,都是理想模型.只要所有不可逆因素在所研究的问题中并不重要,可以忽略,就可以将实际过程视为可逆过程.

14.2 卡诺定理

14.2.1 卡诺定理

早在热力学第一和第二定律发现之前,卡诺就在对热机的研究中提出了**卡诺定理**:

首先,在相同的高、低温热源间工作的一切热机以可逆热机的效率最高,且所有可逆热机的效率都相等,与工作物质无关.应注意,这里所讲的热源都是指具有确定的单一温度的恒温热源.其次,若一可逆热机工作于两恒温热源之间,根据其可逆性,工质与热源接触时,必然具有热源的温度(否则不能达到热平衡)而经历等温过程,而离开一个热源到达另一个热源时,必经历准静态绝热过程.因此这部可逆热机必然为卡诺热机,其循环是由两个等温过程及两个绝热过程所组成的卡诺循环.至于工作于两恒温热源之间的不可逆热机,情况就可多样了.

卡诺当时是用第一类永动机不可能和热质说来证明这个定理的.在热力学第一定律尤其是第二定律发现之后,卡诺定理便可以建立在正确的基础上.

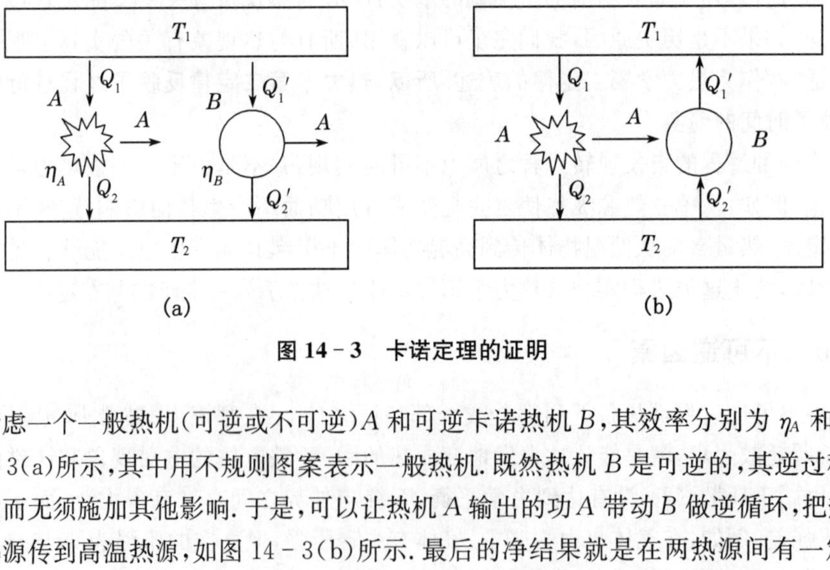

图 14-3　卡诺定理的证明

考虑一个一般热机(可逆或不可逆)A 和可逆卡诺热机 B,其效率分别为 η_A 和 η_B,如图 14-3(a)所示,其中用不规则图案表示一般热机.既然热机 B 是可逆的,其逆过程是可实现的而无须施加其他影响.于是,可以让热机 A 输出的功 A 带动 B 做逆循环,把热量从低温热源传到高温热源,如图 14-3(b)所示.最后的净结果就是在两热源间有一定的热量交换.

下面做具体计算.对于热机 A,根据热力学第一定律,有 $Q_1=A+Q_2$.又由热机效率的定义 $\eta_A=A/Q_1$,可将两个热量用功来表示为 $Q_1=\dfrac{A}{\eta_A}$,$Q_2=A\left(\dfrac{1}{\eta_A}-1\right)$.

同理,对于热机 B,有 $$Q_1'=\frac{A}{\eta_B},Q_2'=A\left(\frac{1}{\eta_B}-1\right).$$

由于工质经过循环过程后回到了原状态,因此整个体系的唯一变化是有热量

$$Q_1 - Q_1' = A\left(\frac{1}{\eta_A} - \frac{1}{\eta_B}\right) \tag{14.1}$$

从高温热源流向低温热源，或者说有热量 $Q_1' - Q_1 = Q_2' - Q_2$ 从低温热源流向高温热源. 根据热力学第二定律的克劳修斯表述，热量只能自发地从高温热源流向低温热源，故 $Q_1 - Q_1' \geqslant 0$. 故 $\eta_A \leqslant \eta_B$，即可逆热机的效率最高.

进一步，如果热机 A 也是可逆的，那么也可以让热机 B 输出的功带动热机 A 做逆循环. 于是根据同样的推理，又有 $\eta_B \leqslant \eta_A$. 两个不等式必然同时成立，故只有 $\eta_A = \eta_B$，即可逆热机的效率都相等.

还可以证明，不可逆热机的效率必然小于，而不能等于可逆热机的效率. 从(14.1)式可以看出，如果 A 是不可逆热机，而 $\eta_A = \eta_B$，则 $Q_1 - Q_1' = 0$，即当 A 推动 B 逆循环时，经过循环过程后，高、低温热源没有任何变化，同时工质也恢复到原状态. 这意味着这种逆循环可以完全消除不可逆热机所引起的一切后果，故与热机 A 的不可逆性矛盾. 故 $\eta_i < \eta_r$，其中脚标 i 表示不可逆(irreversible)热机，r 表示可逆(reversible)热机.

注意上述证明过程只用到了热力学第一和第二定律，对工质性质没有具体的要求，因此所有可逆热机的效率都相等，与具体的工质无关. 另一方面，以理想气体作为工质的卡诺循环的效率我们已经求得，即 $\eta = 1 - T_2/T_1$(其中的温度是理想气体温标)，于是我们可以得出结论：工作于高温热源 T_1 和低温热源 T_2 之间的一切可逆热机的效率都是 $1 - T_2/T_1$. 这意味着，如果我们用范氏气体、液体、热辐射等物质作为工质在这两个热源之间进行卡诺循环，那么，我们不需要知道它们具体的物态方程，不需要做具体计算，即可知道其效率. 作为对比，在前一章中计算以理想气体为工质的卡诺循环的效率时，我们是用到了理想气体的物态方程的.

结合不可逆热机的情况，我们最后有

$$\eta = 1 - \frac{Q_2}{Q_1} \leqslant 1 - \frac{T_2}{T_2}, \tag{14.2}$$

其中，**对于可逆热机(即卡诺热机)取等号，对于不可逆热机取不等号**，且这里的温度值是理想气体温标给出的.

14.2.2　热力学温标

利用卡诺定理有可能定义一种新的温标. 回顾前一章，经验温标是依赖于具体测温物质的属性的，没有一个绝对的标准. 即使是理想气体温标，它虽不依赖于具体的气体种类，但毕竟有赖于气体的共性.

现在，根据论断“在相同的高、低温热源间工作的一切可逆热机的效率都相等，与工作物质无关”，我们可以定义一种温标，它不依赖于任何物质属性，因而是绝对温标而成为各种温标的标准，因为这一论断是“与工作物质无关”的.

具体做法如下. 对于任意两个温度不同(即接触后会有热传递)的物体，在其间建立**可逆**的卡诺循环. 工质与两物体会有热量交换，记为 Q_1，Q_2. 于是，定义新温标 θ 满足

$$\frac{\theta_2}{\theta_1} = \frac{Q_2}{Q_1}. \tag{14.3}$$

即将温度比定义为热量比. 此外还需一个固定点，仍跟以前一样取水的三相点温度为 273.16 K. 这样建立的温标称为**热力学温标或开尔文温标**.

把(14.3)式与(14.2)式(取可逆情况下的等号)比较可以马上看出,对于理想气体温标 T 和热力学温标 θ,有

$$\frac{T_2}{T_1}=\frac{\theta_2}{\theta_1}.$$

而它们对固定点的规定完全相同,因此,

$$\theta=T. \tag{14.4}$$

这是说热力学温标就是理想气体温标?不是.在概念上,热力学温标是不依赖于具体物质的绝对温标,是用卡诺循环中的热量来定义的.而理想气体温标是气体温标的低压极限,是用气体的压强(定容时)或体积(定压时)来定义的.它依赖于气体的性质,如果某温度下气体都不能存在,就不存在理想气体温度值.因此,(14.4)式只是表明,在理想气体温标能确定的范围内,热力学温度值与理想气体温度值相等.以后我们将不再区分二者,都记为 T.

14.3 熵与熵增加原理

前面谈到,各种不可逆过程是相互关联的.不可逆过程的后果不可能被消除,而只能转化成其他形式,而且在转化过程中可能不断有新的不可逆后果出现.因此,有可能引入一个量来描述这种不可逆后果的多少,而且这个量将永不减少.这个量描述着初态和末态之间的差异,正是这个差异决定了过程进行的方向.这个物理量就是熵.

14.3.1 克劳修斯等式和不等式

考虑工作于高、低温热源 T_1 和 T_2 之间的热机.由(14.2)式可得

$$\frac{Q_1}{T_1}-\frac{Q_2}{T_2}\leqslant 0,$$

其中,对于可逆热机(即卡诺热机)取等号,对于不可逆热机取不等号,且这里的温度值可认为是理想气体温标或热力学温标所给出的.上式中的热量都是算术量.改其为代数量,以工质吸热为正,则上式改写为

$$\frac{Q_1}{T_1}+\frac{Q_2}{T_2}\leqslant 0. \tag{14.5}$$

先考虑卡诺热机(这是可逆热机),则上式中应取等号.此时,上式中的两项分别对应于卡诺循环中两个等温过程.而对于另两个绝热过程,由于 $đQ=0$,故显然有 $đQ/T=0$.因此,在整个卡诺循环中,每一无穷小过程的 $đQ/T$ 的和为 0,即 $\oint_{卡}\frac{đQ}{T}=0$.

实际上,上式对任意可逆循环(不必是卡诺循环)都成立.其证明的思路是:将一般可逆循环分割成许多小的卡诺循环,对其中每一个都运用上式,再全部加起来,最后得到,对于整个可逆循环,有

$$\oint_{r}\frac{đQ}{T}=0. \tag{14.6}$$

上式称为**克劳修斯等式**.

对于不可逆热机,(14.5)式应该取小于号,而对于一般可逆循环成立的(14.6)式对于一般循环可推广为

$$\oint \frac{\text{đ}Q}{T} \leqslant 0, \tag{14.7}$$

其中仍然是对于可逆循环取等号，对于不可逆循环取小于号. 此式称为**克劳修斯不等式**.

有一个概念问题：(14.7)式中的温度 T 是指谁的温度？这要回到原始的(14.5)式. 不管对于等号还是不等号，其中的温度都是热源(外界)的温度. 只是对于可逆循环，系统与热源(外界)的温度相等(或相差无穷小)，故此时的温度 T 又是系统的温度. 但对于不可逆循环，系统与热源(外界)的温度不相等(相差有限大小)，那么(14.7)式中的 T 就只能是指外界的温度了.

14.3.2　熵

下面考虑对任意可逆循环都成立的(14.6)式. 对任意闭合路径的积分恒为 0，这一点读者应该不陌生，在重力、电场力等保守力做功的例子中都曾经碰到. 从数学上说，下列三种说法等价：(1) 对任意闭合路径的积分恒为 0；(2) 对任意路径的积分只与始末点有关，与路径无关；(3) 存在一个关于点的函数，使得对任意路径的积分等于这个函数在两点的值的差. 对于我们这里的情况，上述的“点”即平衡态，“路径”即可逆过程，“闭合路径”即可逆循环.

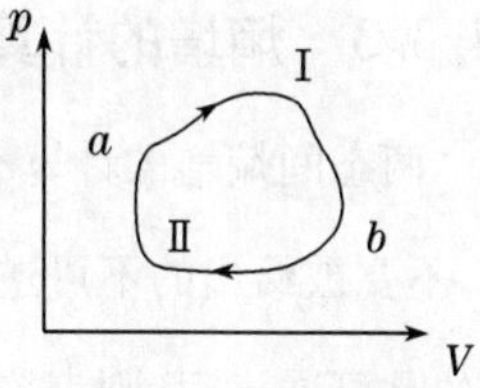

图 14-4　任意可逆循环

具体地说，对于图 14-4 所示的任意可逆循环，有

$$\oint \frac{\text{đ}Q}{T} = \int_{a,\,\mathrm{I}}^{b} \frac{\text{đ}Q}{T} + \int_{b,\,\mathrm{II}}^{a} \frac{\text{đ}Q}{T} = 0.$$

将第二个积分过程逆转过来，有 $\int_{b,\,\mathrm{II}}^{a} \frac{\text{đ}Q}{T} = -\int_{a,\,\mathrm{II}}^{b} \frac{\text{đ}Q}{T}$.

要注意的是，此式在数学上只是交换上下限而已，但在物理上却依赖于此过程是可逆过程的前提. 舍此，不能交换上下限. 由以上两式马上得到：

$$\int_{a,\,\mathrm{I}}^{b} \frac{\text{đ}Q}{T} = \int_{a,\,\mathrm{II}}^{b} \frac{\text{đ}Q}{T},$$

即积分与路径无关，而只能与始末状态有关. 于是，存在一个态函数 S，使得

$$S_b - S_a = \int_a^b \frac{\text{đ}Q_r}{T}. \tag{14.8}$$

此式中已不再注明具体的中间路径了. 这个态函数就是熵，(14.8)式就是熵的定义，是克劳修斯最先引入的，故又称为**克劳修斯熵**. 如果是无限小过程，则代替(14.8)式有

$$\frac{\text{đ}Q_r}{T} = \mathrm{d}S, \tag{14.9}$$

即在无限小可逆过程中系统的吸热量与其温度的比值等于系统熵的增加. 根据这一定义，系统可逆吸热时熵增加，可逆放热时熵减少.

根据无限小过程的热力学第一定律 $\mathrm{d}U = \text{đ}Q + \text{đ}A$，考虑可逆过程(无摩擦的准静态过程)，根据 $\text{đ}A_r = -p\mathrm{d}V$ 和(14.9)式，有

$$\mathrm{d}U = T\mathrm{d}S - p\mathrm{d}V. \tag{14.10}$$

这就是**热力学基本微分方程**. 由此方程，可以得到熵的另一计算公式：

$$\mathrm{d}S = \frac{\mathrm{d}U + p\mathrm{d}V}{T},\ S_B - S_A = \int_A^B \frac{\mathrm{d}U + p\mathrm{d}V}{T}. \tag{14.11}$$

关于熵应注意如下几点：

(1) 熵是态函数.只要系统的平衡态确定,熵就确定了,与到达这个平衡态的路径(过程)无关,即使是不可逆过程也如此.既然是态函数,熵就可以写成状态参量(p,V)或(p,T)等的函数.

(2) 跟力学中的势能一样,熵有一个参考点(即参考态)的问题.我们能真正确定的,其实是两个态的熵差.如果规定某一个参考态的熵为0,就可以确定其他任意平衡态的熵值.

(3) 如果从一个态变到另一个态所经历的是可逆过程,那么两态的熵差满足(14.8)式或(14.9)式;但如果经历的是不可逆过程,那么熵差仍是那个确定的值,只是积分$\int_a^b \frac{đQ}{T}$(其中T是外界热源的温度)不再等于熵差了.具体见后面的(14.15)式.

(4) 热力学基本微分方程(14.10)式是通过可逆过程而得到的,但不能因此说它不适用于不可逆过程.实际上,该方程中根本不涉及过程,故而跟过程是否可逆完全无关.它涉及的是两个无限接近的平衡态,它给出这两平衡态之间的关系.关键在于,**任意**两个平衡态之间总可以通过可逆过程联系起来.这样得到的关于内能差dU、熵差dS和体积差dV的关系就是**任意**两个(无限接近的)平衡态之间所满足的关系.即使两个平衡态是通过不可逆过程过渡的,其状态量的差仍满足这个关系.

14.3.3 熵增的计算

两态间熵增的计算有两个基本公式,即(14.8)式和(14.11)式.用定义(14.8)式计算时,不要被给出的不可逆过程所迷惑,用不可逆过程的积分$\int_a^b \frac{đQ}{T}$来计算熵.如果题设给出的是可逆过程,则直接用(14.8)式计算.如果给出的是不可逆过程,则设计一个可逆过程来计算.**仅仅是出于计算目的,我们才采用可逆过程**.至于(14.11)式,当已知内能与状态参量之间的关系时,用此式即可得到熵与状态参量之间的关系.

例 14.1 理想气体向真空自由膨胀,体积从V_1增加到V_2,求其熵增.

解:这是一个不可逆过程.理想气体自由膨胀后温度不变,内能不变.此过程无外界做功,系统也不从外界吸热.如果计算这个过程的积分$\int_a^b \frac{đQ}{T}$,由于是绝热过程,$đQ=0$,故积分为0.如果用这个积分代替(14.8)式右边的积分,就会得到$\Delta S=0$的错误结论.

系统初末态分别为(T,V_1)和(T,V_2),兹设计这样的可逆过程来连接初末态:让理想气体与温度为$T+dT$的恒温热源接触,从热源中吸热等温膨胀,体积从V_1增加到V_2.这是可逆过程,因为温度差是无穷小量.在此过程中,$dU=0$,故$đQ=-đA=p dV$.于是

$$\Delta S=\int_1^2 \frac{đQ}{T}=\int_1^2 \frac{p dV}{T}=\nu R\int_{V_1}^{V_2} \frac{dV}{V}=\nu R\ln \frac{V_2}{V_1}. \tag{14.12}$$

中间用到了理想气体状态方程.

例 14.2 在一个大气压下把一克0℃的水与100℃的恒温热源接触,使其最终达到100℃.求水的熵增和热源的熵增.

解：这也是一个不可逆过程. 对于水，兹设计这样一个可逆过程来联系其初末态. 准备一系列温度彼此相差无限小 $\mathrm{d}T$ 的恒温热源，其温度从 $T_1=273.15\ \mathrm{K}$ 逐渐递升到 $T_2=373.15\ \mathrm{K}$. 先将温度为 T_1 的水与温度为 $T_1+\mathrm{d}T$ 的热源接触，吸热为 $đQ=mc_p\mathrm{d}T$，水温升高 $\mathrm{d}T$. 然后将水与热源 $T_1+2\mathrm{d}T$ 接触，吸热量和温度升高同前. 这样依次进行，直至水温升高到 T_2. 中间的每一步，温度差都是无穷小，故整个过程是可逆过程. 至于被积量，在中间某步从 T 升到 $T+\mathrm{d}T$ 时，被积量为 $\dfrac{Mc_p\mathrm{d}T}{T}\approx\dfrac{Mc_p\mathrm{d}T}{T+\mathrm{d}T}$，即分母中温度的不确定不是问题，因为相差的只是高阶无穷小量. 这也是为什么只有温度差无穷小时才可视为可逆过程的原因. 于是，根据(14.8)式，有

$$\Delta S_{水}=\int_1^2\frac{đQ}{T}=\int_{T_1}^{T_2}\frac{Mc_p\mathrm{d}T}{T}=Mc_p\ln\frac{T_2}{T_1}. \tag{14.13}$$

代入数据和 $c_p=1.0\ \mathrm{cal\cdot g^{-1}\cdot K^{-1}}$，得 $\Delta S_{水}=0.312\ \mathrm{cal\cdot K^{-1}}$.

对于恒温热源，其初末态都是 $T_2=100\ ℃$，差别仅在于流出了 $Q=Mc_p(T_2-T_1)$ 的热量. 这样的前后状态之差也可以通过这样的可逆过程达到：让此热源与温度为 $T_2-\mathrm{d}T(\mathrm{d}T>0)$ 的恒温热源接触，直至流出热量 Q 为止. 于是，

$$\Delta S_{源}=\int_1^2\frac{đQ}{T}=\frac{1}{T_2}\int_1^2 đQ=\frac{Mc_p(T_2-T_1)}{T_2}.$$

代入数据，得热源的熵增为 $\Delta S_{源}=-0.268\ \mathrm{cal\cdot K^{-1}}$. 注意熵增是代数量，可以为负.

例 14.3　求理想气体的态函数熵.

解：兹用(14.11)计算. 考虑 1 mol 理想气体，其状态方程为 $pv=RT$，且 $\mathrm{d}u=C_V\mathrm{d}T$. 故

$$\mathrm{d}s=\frac{\mathrm{d}u+p\mathrm{d}v}{T}=C_V\frac{\mathrm{d}T}{T}+R\frac{\mathrm{d}v}{v}.$$

把状态方程微分，再除以状态方程，得 $\dfrac{\mathrm{d}v}{v}+\dfrac{\mathrm{d}p}{p}=\dfrac{\mathrm{d}T}{T}$.

故摩尔熵 s 的全微分用不同的状态参量表示为

$$\mathrm{d}s=C_V\frac{\mathrm{d}T}{T}+R\frac{\mathrm{d}v}{v}=C_p\frac{\mathrm{d}T}{T}-R\frac{\mathrm{d}p}{p}=C_p\frac{\mathrm{d}v}{v}+C_V\frac{\mathrm{d}p}{p}.$$

视 C_V、C_p 为常数，把上式从参考态 0 积分到任意态，得

$$s-s_0=C_V\ln\frac{T}{T_0}+R\ln\frac{v}{v_0}=C_p\ln\frac{T}{T_0}-R\ln\frac{p}{p_0}=C_p\ln\frac{v}{v_0}+C_V\ln\frac{p}{p_0}, \tag{14.14}$$

其中 s_0 是参考态(p_0,v_0,T_0)的熵.

用(14.14)式来解例 14.1 是直截了当的，代入第一个表达式即得.

14.3.4　熵增加原理

前面已经提及，熵这个态函数是用来度量不可逆后果的多少的，但现在它是通过可逆过程来引入的. 那么，熵和不可逆过程到底是如何联系起来的？现在就来回答这个问题，其中当然要用到克劳修斯不等式(14.7)式.

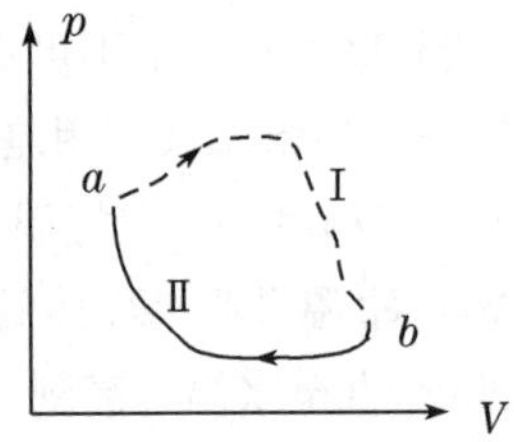

图 14-5　由不可逆过程联系的两个平衡态

考虑系统从平衡态 a 经过一不可逆过程 I 到达另一平衡态 b，如图 14-5 虚线所示①. 由于任意两态均可以用可逆过程连接，故设计一可逆过程 II 把态 b 变为 a. 这是一个循环过程，利用(14.7)式(取小于号)，有

$$\oint \frac{đQ}{T} = \int_{a,\mathrm{I}}^{b} \frac{đQ_i}{T} + \int_{b,\mathrm{II}}^{a} \frac{đQ_r}{T} < 0.$$

a，b 两态的熵差正好可以用上面的第二个积分表示：

$$S_a - S_b = \int_{b,\mathrm{II}}^{a} \frac{đQ_r}{T},$$

代入上式，即得

$$S_b - S_a > \int_a^b \frac{đQ}{T}. \tag{14.15}$$

这是任何一个不可逆过程所应满足的不等式，是**热力学第二定律的数学表述**. 把它与(14.8)式合在一起，得

$$S_b - S_a \geqslant \int_a^b \frac{đQ}{T}, \tag{14.16}$$

其中，对于可逆过程取等号，对于不可逆过程取不等号.

如果过程是绝热的，$đQ=0$，那么上式化为

$$S_b - S_a \geqslant 0, \tag{14.17}$$

此式表明，**系统从一个平衡态经绝热过程到达另一个平衡态，熵永不减少：如果过程可逆，熵不变；如果过程不可逆，熵增加**. 这就是**熵增加原理**.

根据熵增加原理，可以做出如下判断：**可逆绝热过程总是沿着等熵线进行；不可逆绝热过程总是朝着熵增加的方向进行**. 熵恒增的事实说明，不可逆过程相对于时间坐标轴是不对称的，从而标示了时间的箭头(方向). 这是熵这个物理量的重要意义②. 这种箭头在力学和电磁理论中是没有的，因为在那里把时间 t 以 $-t$ 代替时一切仍然正确.

与外界无任何相互作用的系统称为**孤立系统**. 它必然与外界无热交换，故熵增加原理又可表述为：**孤立系统的熵永不减少**. 实际上，这种系统内自发进行的涉及热的过程必然是不可逆过程，而不可逆过程的结果将使孤立系统达到平衡态. 此时系统的熵具有极大值. 对于涉及多个系统的热力学过程，把所有这些系统组成一个大系统时，它一定是孤立系统，因为没有包括进来的都是与这些系统没有任何相互作用的系统. 对于这个大系统中的任何与热相关的宏观过程，虽然其中某个系统的熵可能会减少，但总熵一定增加. 因此，**热力学第二定律等价于熵增加原理**，二者其实是对宏观热力学过程的进行方向分别给出定性和定量的描述.

现在可以来回答熵是如何度量不可逆后果的. 首先，由于不可逆后果可以像能量那样做不同形式的转化(见第 14.1 节)，因此熵也可以像能量一样流动. 其次，每次新的不可逆

---

① 不可逆过程(非静态过程)原则上不能在 p-V 图上表示，此处用虚线表示仅是示意.

② 物理学家埃姆顿(R. Emden)在《冬季为什么要生火?》一文中写道："在自然过程的庞大工厂里，熵原理起着经理的作用，因为它规定整个企业的经营方式和方法，而能原理仅仅充当簿记，平衡贷方和借方."

过程都会产生新的后果,因此熵又是伴随着不可逆过程而不断产生的. **凡是热力学过程中有不可逆因素存在的地方,就一定会有熵产生**. 由于不可逆后果不可能被消除,至多只能在形式上被转化,所以熵永不减少. 所以,系统的熵增包括两方面:因与外界的相互作用而由外界流入的熵和内部因不可逆过程而产生的熵. 前者可正(流入)可负(流出),后者恒正. 实际上,(14.16)式已经表明了这两方面. $\int_a^b \frac{dQ}{T}$ 就是由外界流入的熵(应该还记得在一般情况下 T 是外界的温度),它由热量流入导致. 而熵增 S_b-S_a 比它多出的部分(恒正)就是由于不可逆过程而产生的熵. 所以要区分"熵增"和"熵产生"两个概念.

下面举数例来说明熵增加原理.

(1) 气体自由膨胀. 这是绝热过程,对于理想气体,其熵增已计算为 $\Delta S=\nu R\ln\frac{V_2}{V_1}$. 由于膨胀后 $V_2>V_1$,故 $\Delta S>0$.

(2) 热传导. 此时对于单个物体而言,当然不一定熵增加,因为不满足绝热条件;如果有热量流出去,则有可能熵减少. 但如果把所有发生热交换的物体全部考虑进来,就成为一个大的孤立系统,其总熵必增加.

对于前面的例 14.2,有

$$\Delta S_{总}=\Delta S_{水}+\Delta S_{源}=0.312\ \mathrm{cal\cdot K^{-1}}-0.268\ \mathrm{cal\cdot K^{-1}}=0.044\ \mathrm{cal\cdot K^{-1}}>0.$$

可以一般地证明,两温度不同的物体进行热交换而达到热平衡后,熵一定增加. 设两物体质量分别为 M_1,M_2,比热容分别为 c_1,c_2,初始温度分别为 T_1,T_2,则热平衡后的温度 T 满足 $M_1c_1(T_1-T)=M_2c_2(T-T_2)$,故

$$T=\frac{M_1c_1T_1+M_2c_2T_2}{M_1c_1+M_2c_2}.$$

由(14.13)式,两物体的熵增分别为

$$\Delta S_1=M_1c_1\ln\frac{T}{T_1},\Delta S_2=M_2c_2\ln\frac{T}{T_2}.$$

这二者一正一负,但其和

$$\Delta S=\Delta S_1+\Delta S_2=M_1c_1\ln\frac{T}{T_1}+M_2c_2\ln\frac{T}{T_2}$$

一定为正. 证明如下:

令 $q_1=M_1c_1$,$q_2=M_2c_2$,把 T 代入上式,则需证

$$q_1\ln\frac{q_1T_1+q_2T_2}{(q_1+q_2)T_1}+q_2\ln\frac{q_1T_1+q_2T_2}{(q_1+q_2)T_2}>0.$$

令 $a=\frac{q_1}{q_1+q_2}$,$b=\frac{q_2}{q_1+q_2}$,则 $a+b=1$,且 $0<a,b<1$. 又令 $x=T_2/T_1>0$,上式即为

$$a\ln(a+bx)+b\ln\left(\frac{a}{x}+b\right)>0.$$

利用对数性质和 $a+b=1$,上式化为 $a+bx>x^b(a+b=1,0<a,b<1,x>0)$. 此式的证明是一个纯数学问题. 两边函数的图像曲线(见图 14-6)只在 $x=1$ 时相交且相切,在其他位置不等式恒成立. 这意味着只在 $T_2=T_1$ 时才有熵增为 0,而只要初始温度不相等,熵增恒大于 0. 证毕.

这一结论也适用于前面的例 14.2,只是对于恒温热源,其热容 $c\to\infty$,因此需要求极限.

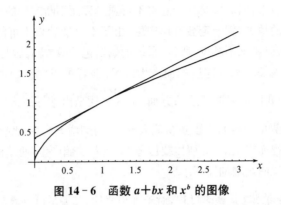

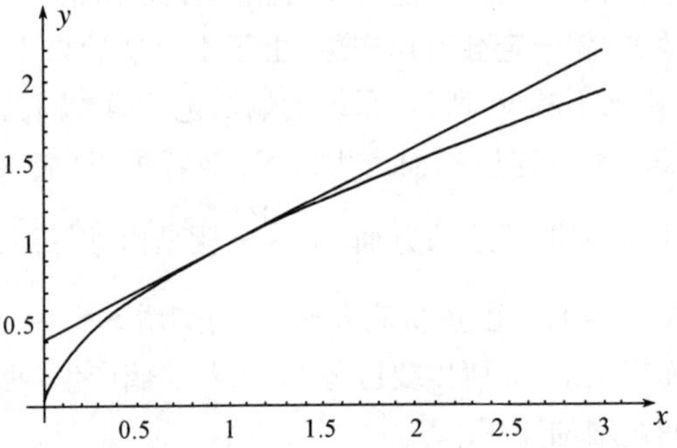

图 14-6　函数 $a+bx$ 和 x^b 的图像

(3) 功变热. 以粗糙桌面上的运动木块为例. 开始时木块和桌面的温度都是室温，后来二者温度都有所升高. 根据(14.13)式，二者的熵都增加，故总熵增加. 若以焦耳的热功当量实验为例，则过程前后重物的熵未变，而叶片和水的熵增加了，因为叶片和水之间存在摩擦.

习题

线上阅览

第 15 章　统计物理学初步

在第 13 章的导论部分谈到，热现象有热力学和统计物理学这两套理论. 前者是从宏观角度切入的，在前两章已有表述. 本章则从微观角度切入，介绍统计物理学的初步知识. 其中主要讨论统计物理的初级部分——气体分子动理论，这也是发展较早的部分. 此外的内容还有气体分子动理论的非平衡态理论——关于输运现象的理论以及热力学第二定律和熵的微观解释.

一切宏观微粒都是由大量分子(或原子)组成的. 所有分子都处在无规则的热运动中，液体中花粉颗粒的**布朗运动**就反映了这种热运动. 温度越高，热运动越剧烈. 分子之间有相互作用力，包括引力和斥力. 这种力的本质是电磁力. 正是这种相互作用，使得分子能够聚集在一起，形成各种物质.

分子动(理学)理论(以前称为分子运动论)的主要特点是：它考虑到分子与分子间、分子与器壁间频繁的碰撞，利用力学定律和概率论来讨论分子运动及分子碰撞.

15.1　理想气体的压强和温度的微观意义

15.1.1　理想气体的微观模型

气体的特征是，分子间的平均距离大约是分子本身线度的 10 倍. 此时，各分子间相互分散远离，分子的运动近似为自由运动. 前面讲过，理想气体是实际气体的低压近似. 作为理想情况，理想气体的微观模型有如下特点：

(1) 分子线度为 0；(2) 除碰撞的一瞬间，分子间和分子器壁间无相互作用；(3) 所有碰撞都是弹性的，气体分子的动能不因碰撞而损失.

此外，对于理想气体的平衡态，我们还做出如下合理的统计假设：(1) **各处同性**，即一个分子处于任何地方的概率都相同，或者任何地方的粒子数密度都相同；(2) **各向同性**，即一个分子的速度朝向任何方向的概率都相同，或者朝任何方向运动的粒子数都相同.

基于这种统计假设，有

$$\overline{v_x^2}=\overline{v_y^2}=\overline{v_z^2}, \tag{15.1}$$

这是因为没有哪个方向特殊，三个方向上速度分量平方的平均值必然相同. 又有

$$\overline{v_x}=\overline{v_y}=\overline{v_z}=0, \tag{15.2}$$

这是因为，有一个向左的分子，就必然有一个向右、且速率相同的分子，二者速度分量一定抵消. 这些结论将在后面用到.

15.1.2　压强公式

气体的压强源自气体分子对器壁的不断撞击，跟大量雨点打在雨伞上一样. 下面采取

简化手续来推导压强与微观碰撞的关系.

如图 15-1 所示,边长为 L_1,L_2,L_3 的长方体容器中有 N 个同类理想气体分子.由于各处压强都相等,故可选 A 面来计算其压强.考虑某一个分子 i,其速度为$\vec{v}_i$,分量为 v_{ix},v_{iy},v_{iz}.它以 v_{ix} 的速度撞击 A 面,又以 $-v_{ix}$ 的速度返回,施与 A 面的冲量大小为 $2mv_{ix}$.当它返回,被 B 面反射,又与 A 面相撞时,所需时间为 $2L_1/v_{ix}$,故在 Δt 的时间内,分子 i 与 A 面的撞击次数为 $\Delta t v_{ix}/2L_i$.而每次都给 A 面以 $2mv_{ix}$ 的冲量,故在 Δt 内,分子 i 给以 A 面的总冲量为

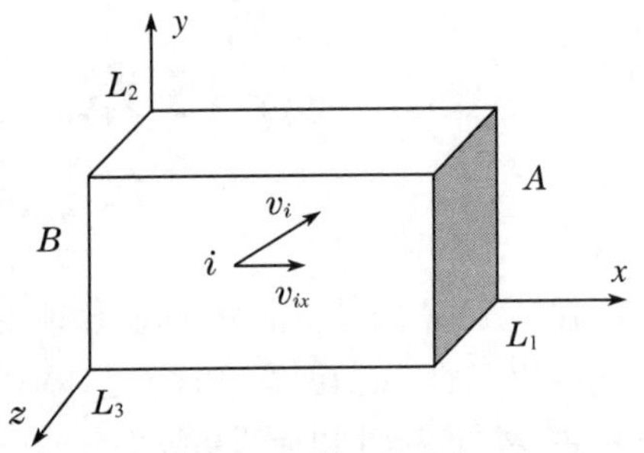

图 15-1　气体分子对器壁的碰撞

$$2mv_{ix}\cdot\Delta t v_{ix}/2L_1=mv_{ix}^2\Delta t/L_1.$$

这只是一个分子的冲量.所有分子在单位时间内给 A 面的总冲量(力)为

$$F=\sum_{i=1}^{N}mv_{ix}^2/L_1.$$

于是,A 面所受的压强为

$$p=\frac{F}{L_2L_3}=\frac{m}{L_1L_2L_3}\sum_{i=1}^{N}v_{ix}^2=\frac{Nm}{V}\frac{v_{1x}^2+v_{2x}^2+\cdots+v_{Nx}^2}{N}=nm\,\overline{v_x^2},$$

其中 $n=N/V$ 为粒子数密度.根据(15.1)式和$\overline{v^2}=\overline{v_x^2}+\overline{v_y^2}+\overline{v_z^2}$,可得

$$\overline{v_x^2}=\overline{v_y^2}=\overline{v_z^2}=\frac{\overline{v^2}}{3}.$$

故
$$p=\frac{1}{3}nm\,\overline{v^2}.\tag{15.3}$$

考虑到分子的平均动能(具体地说是平均平动动能)为$\overline{\varepsilon_t}=\frac{1}{2}m\,\overline{v^2}$,故上式又可写为

$$p=\frac{2}{3}n\overline{\varepsilon_t}.\tag{15.4}$$

(15.3)式或(15.4)式就是理想气体的压强公式.它表明,理想气体的压强正比于粒子数密度和分子平均动能.它给出了压强这一宏观量与分子动能 $\varepsilon_t=\frac{1}{2}mv^2$ 这一微观量的统计平均值 $\bar{\varepsilon}$ 的关系,是阐明宏观量与微观量联系的第一个典型公式.在其导出过程中,我们不只用到了力学规律,还用到了统计的概念和方法(如(15.1)式),所以,**压强公式是一个统计规律.**

在其导出过程中,我们简单地假设了一个分子除了与器壁碰撞外不与其他分子碰撞.这是不可能的,但在此处又是合理的.因为当有分子发生碰撞时,动量守恒和能量守恒决定了器壁所受的冲量不会改变.另外,就大量分子的统计效果而言,当速度为$\vec{v}_i$ 变时,必有其他分子也因碰撞而具有$\vec{v}_i$ 的速度.所以,我们的推导是合理的,也不用担心 Δt 是否取得太长(需让分子来回碰撞多次).

15.1.3　温度公式

把压强公式与理想气体状态方程 $p=nkT$ 联立起来,消去 p,即得

$$\overline{\varepsilon_t}=\frac{3}{2}kT, \tag{15.5}$$

其中k为玻尔兹曼常数.此式表明,理想气体分子的平均动能只与温度有关,且正比于热力学温度.它同时阐明了温度的微观实质:**温度是分子无规则热运动的剧烈程度的标志**(详见后文(15.33)式).温度公式(15.5)式与压强公式(15.4)式都是统计规律,温度和压强都是大量分子热运动的集体表现.对于单个或少量分子,根本就不存在温度和压强的概念.

例15.1　试求室温(20 ℃)下气体分子的平均动能.

解:利用温度公式,有

$$\begin{aligned}\overline{\varepsilon_t}&=\frac{3}{2}kT\\&=\frac{3}{2}\times1.38\times10^{-23}\times(273+20)\ \mathrm{J}\\&=6.07\times10^{-21}\ \mathrm{J}.\end{aligned}$$

作为比较,1 eV=1.60×10^{-19} J.

利用温度公式和$\overline{\varepsilon_t}=\frac{1}{2}m\overline{v^2}$可以得出理想气体的方均根速率

$$v_{rms}\equiv\sqrt{\overline{v^2}}=\sqrt{\frac{3kT}{m}}=\sqrt{\frac{3RT}{\mu}}. \tag{15.6}$$

方均根速率是速率平方的平均值的平方根(root mean square velocity)的简称.它是分子速率这种微观量的一种统计平均值.由之虽然不能得到分子速率的分布,但能大体反映速率分布的某些特征,可作为某种代表速率.例如,如果v_{rms}比较大,那么可以认为气体中速率大的分子比较多.

例15.2　计算0 ℃时氢气分子和氧气分子的方均根速率.

解:对于氢气,有$v_{rms}=\sqrt{\frac{3RT}{\mu}}=\sqrt{\frac{3\times8.31\times273}{2\times10^{-3}}}\ \mathrm{m/s}=1.84\times10^{3}\ \mathrm{m/s}$.

对于氧气,代入数据,有$v_{rms}=461$ m/s.可见,除去氢气、氦气这种轻分子气体外,一般气体分子在室温下的速率都也有几百米每秒.与汽车、火车比较,这是一个很高的速率.

15.2　麦克斯韦速率分布和玻尔兹曼分布

前一节做计算时很幸运,不需知道具体的速度或速率分布情况就求出了方均根速率.但大部分情况下要求出某种统计平均值仍然需要知道具体的分布情况.本节讨论处于平衡态的理想气体的速率分布情况.

15.2.1　分布的概念

由于此节涉及概率论的知识,尤其是分布这一概念,因此,我们先就这一概念和相关公式做一介绍.

实际上，分布是一个常用的概念，我们对它并不陌生. 以下是几种使用“分布”一词的场景：

(1) 某年级 100 人，某次考试，成绩分布情况是，七八十分的人多，高分的少，不及格的有 6 个. 具体如下：

表 15.1　成绩分布表

成绩范围	0～29	30～39	40～49	50～59	60～69	70～79	80～89	90～100
人数 N_i	0	1	3	2	16	39	27	12

(2) 某班 50 人，一次测身高，其分布情况是：普遍较高，低于 1.5 米的人 3 个，1.5 米～1.6 米的有 10 人，1.6 米～1.7 米的有 30 人，1.7 米～1.8 米的有 7 人. 具体如下：

表 15.2　身高分布表

身高范围(m)	(0～1.50)	(1.50～1.55)	(1.55～1.60)	…	(1.75～1.80)	(1.80～1.85)	…
人数 N_i	3	4	6	…	3	0	…

(3) 常温(23 ℃)下的 1 mol 气体，其分子的速率各不相同. 实验测出，其速率分布情况是：中间多，两头少，即速率很小和很大的分子占的百分比小，速率居中的分子占的百分比大. 具体如下：

表 15.3　速率分布表

速率范围(m/s)	(0～10)	(10～20)	…	(310～320)	(320～330)	…
分子数 N_i	7.36×10^{18}	5.15×10^{19}	…	1.16×10^{22}	1.18×10^{22}	…
分子数百分比 $\frac{N_i}{N}$	0.001 2%	0.008 5%	…	1.92%	1.97%	…
分子速率处于此范围的概率 P_i	0.001 2%	0.008 5%	…	1.92%	1.97%	…

从以上示例中，我们可以分析出分布这一概念的各个方面. 可以看出，所谓成绩分布，是指人数随成绩的分布；所谓身高分布，是指人数随身高的分布. 而所谓速率分布，是指分子数随速率的分布. 因此，凡谈分布，一定是有大量的个体(比如人或分子)，这些个体都具有某一属性或变量(如成绩、身高或速率). **所谓某属性或变量的分布，就是指个体数随这一属性或变量的分布.**

在上面，变量处于一个范围的个体数可以换成处于这个范围的个体数百分比，而后者又可理解为，对一个个体而言，它处于这个范围的概率. 这样不会改变任何实质内容. 例如，人数随成绩的分布等价于人数百分比随成绩的分布，二者的差别无非是总个体数(总人数)而已. 而给出分子数百分比随速率的分布也等价于给出一个分子其速率在各个范围内的概率. 谈论速率分布时，它既可以指分子数随速率的分布，也可以指分子数百分比随速率的分布，也可以指分子速率处于某小区间的概率随速率的分布. 写成公式如下：

$$\text{个体的概率 } P_i=\text{集体的百分比}=\frac{\text{个体数 } N_i}{\text{个体总数 } N}. \tag{15.7}$$

变量可以取分立值，称为**离散变量**，也可取连续值，称为**连续变量**. 例如，成绩一般是整数，它的取值可以罗列出来，故是离散变量. 而身高和速率则可以在一定的范围内连续取值，它们的值不能罗列出来，故是连续变量. 不管是离散还是连续变量，一个分布应该是给出该变量各取值范围所对应的个体数. 因此，**所谓给出一个分布，一定是给出一组数**. 当然，当取值范围划分得越细时，所给出的分布越具体、越详细.

那么，最具体、最详细的分布该如何给出？离散变量和连续变量在这里就有区别了. 对于离散变量，最具体的分布显然是对于它的所有可能取值都给出个体数，如分数为 61 分、62 分……的人数. 但连续变量呢？

对于连续变量，谈论“变量等于某一值的个体数”是没有统计意义的. 例如，“身高**精确**为 1.72 米的人数”这样的说法是没有意义的. 完全可能出现这样的情况：在某一千人中，有 3 人身高**精确**为 1.72 米，而在另外的十万人中，没有一个人的身高精确为 1.72 米. 因此“身高精确为 1.72 米的人数”不能反映任何问题，没有统计意义. 但几乎可以肯定，在前一千人中身高精确值在 1.720 米～1.725 米之间的人数要少于后十万人中身高精确值在相同范围内的人数，而且前者约为后者的 1%，只要这一千人和这十万人都不是特意挑选的. 因此，有(统计)意义的说法是“身高在某范围内的人数”.

此话也可以这样从数学上理解. 考虑线段[0,2]，并随机地在上面取点. 问：取到中点 1.0 的概率是多少？0！因为一个点的长度为 0. 但显然取到中点是可能的. 又问：取到[1.0,1.1]之间的点的概率是多少？是 5%. 它就是两线段长度的比值.（数学上的说法是，前者的测度为 0，后者的测度不为 0.）所以，对于连续变量，只能谈论变量值在某区间内的个体数(百分比、概率)，不能谈论变量取某一个值的个体数. 这是连续变量的特征.

再强调一次：速率等于某一值的分子有没有？可能有，也可能没有. 但即使有，其数目也不具有任何统计意义. 只有“速率在某范围内的分子数”才有意义.

虽然如此，考虑到测量中误差的存在，“身高为 1.72 米”根据其有效数字其实是指“身高在 1.715 米～1.725 米之间”，因此，“身高为 1.72 米的人数”还是有意义的，因为它其实是指变量在某一范围之间的个体数.（实际上，由于现在身高只精确到小数点后两位数，故也可以视身高已不再是连续变量而变为离散变量了，因为它的取值范围是可数的，可以罗列出来.）但在未给出具体数值的情况下，如“身高为 h 的人数”或“速率为 v_0 的分子数”，仍应视为无意义，因为无法从这样的说法中看出它们其实指的是一个范围.

那么，对于连续变量，最详细的分布该如何给出？它应给出各个无穷小范围内的个体数或概率. 由于这样的范围是无穷小的，所以这样的概率也是无穷小的. 以分子速率分布为例. 分子速率在 $v \sim v+\mathrm{d}v$ 范围内的概率 $\mathrm{d}P$ 应该正比于此范围的宽度 $\mathrm{d}v$，因为这个范围是如此之小，以至于可以认为概率在这个小范围内是均匀分布的. 而二者的比例系数 f 则可能与这个小区间的位置 v 有关(见图 15 - 2). 具体写为：

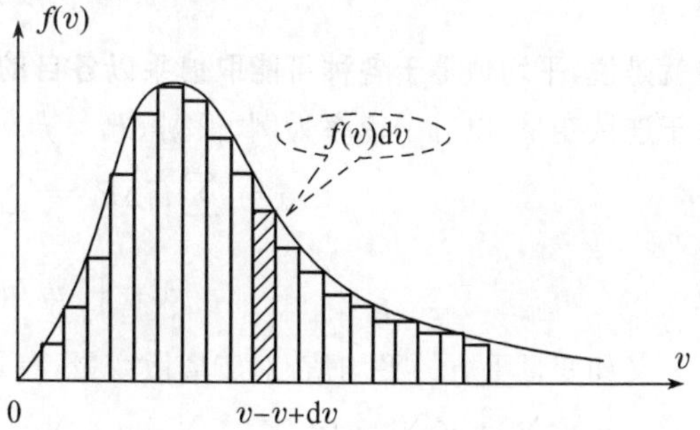

图 15 - 2　分布函数(概率密度)

$$\mathrm{d}P = f(v)\,\mathrm{d}v. \tag{15.8}$$

由于 f 是单位速率间隔内的概率，所以称为**概率密度**，跟单位体积内的质量为质量密度完全类似.（对于连续情况，将不可避免地要用到密度的概念.）知道了概率密度随速率的关系 $f=f(v)$，那么任意小范围内的概率可以由之给出：$\Delta P \approx f(v)\Delta v$. 而对于一个有限大小的区间 v_1-v_2，分子速率处在此范围内的概率为

$$P=\int_{v_1}^{v_2} f(v)\mathrm{d}v. \tag{15.9}$$

函数 $f=f(v)$ 又称为**速率分布函数**. 至于相应速率范围内的分子数，把以上概率乘以总分子数 N 即可. 例如，$v \sim v+\mathrm{d}v$ 范围内的分子数为

$$\mathrm{d}N=N\mathrm{d}P=Nf(v)\mathrm{d}v. \tag{15.10}$$

对于离散分布情形，各变量值 u_i 所对应的个体数 N_i 之和为总个体数：

$$N_1+N_2+\cdots=\sum_i N_i=N.$$

把两边除以 N，利用(15.7)式 $P_i=N_i/N$，即得

$$\sum_i P_i=1, \tag{15.11}$$

即所有概率之和必须等于 1. 这是理所当然的.（15.11）式称为**规一化条件**. 对于连续情形，这一点当然也成立，只是现在求和必须变成积分：$\sum_i \Delta P_i=\int \mathrm{d}P$. 利用(15.8)式，规一化条件变为

$$\int_0^{\infty} f(v)\mathrm{d}v=1, \tag{15.12}$$

其中积分区域$(0,\infty)$就是分子速率所有可能的取值范围.

15.2.2 各种统计平均值

知道了分布的具体情况（离散变量的概率分布 $P_1, P_2, \cdots$ 和连续变量的分布函数 $f(v)$），就可以求各种平均值了.

先来看看平均成绩：

$$\bar{u}=\frac{u_1N_1+u_2N_2+\cdots}{N}=u_1\frac{N_1}{N}+u_2\frac{N_2}{N}+\cdots=u_1P_1+u_2P_2+\cdots,$$

或

$$\bar{u}=\sum_i u_iP_i. \tag{15.13}$$

也就是说，**平均值等于各种可能取值乘以各自的概率再求和**. 这是求平均值的一般公式. 对于连续变量，以分子速率为例，根据 $\mathrm{d}P_i=f(v_i)\mathrm{d}v$ 和上面求平均值的一般原则，有

$$\bar{v}=\sum_i v_i\Delta P_i=\sum_i v_if(v_i)\Delta v,$$

或

$$\bar{v}=\int_0^{\infty} vf(v)\mathrm{d}v. \tag{15.14}$$

又如变量平方的平均值. 对于离散变量，有

$$\overline{u^2}=\frac{u_1^2N_1+u_2^2N_2+\cdots}{N}=u_1^2\frac{N_1}{N}+u_2^2\frac{N_2}{N}+\cdots=u_1^2P_1+u_2^2P_2+\cdots=\sum_i u_i^2P_i.$$

而对于连续变量，有

$$\overline{v^2}=\int_0^{\infty} v^2f(v)\mathrm{d}v. \tag{15.15}$$

这就是分子速率平方的平均值.一般地,变量的某一函数 g 的平均值可计算为

$$\overline{g(u)} = \sum_i g(u_i)P_i, \quad \overline{g(v)} = \int_0^\infty g(v)f(v)\mathrm{d}v. \tag{15.16}$$

下面是一个小结.

表 15.4　离散变量与连续变量的比较

	离散情况	连续情况
变量	u_i	v(分子速率)
变量取值范围	可数,$\{u_1, u_2, u_3, \cdots\}$	不可数,$(0, \infty)$
分布的给出	概率 P_i	概率密度(分布函数)$f(v)$
概率(百分比)	个体的概率=集体的百分比	
	$P_i = \frac{N_i}{N}$	$\mathrm{d}P = \frac{\mathrm{d}N}{N} = f(v)\mathrm{d}v$
相加	求和 $\sum_i$	积分 $\int$
规一化公式	$\sum_i P_i = 1$	$\int_0^\infty f(v)\mathrm{d}v = 1$
平均值公式	$\bar{u} = \sum_i u_i P_i$ $\overline{u^n} = \sum_i u_i^n P_i$ $\overline{g(u)} = \sum_i g(u_i)P_i$	$\bar{v} = \int_0^\infty vf(v)\mathrm{d}v$ $\overline{v^n} = \int_0^\infty v^n f(v)\mathrm{d}v$ $\overline{g(v)} = \int_0^\infty g(v)f(v)\mathrm{d}v$

例 15.3　在线段[0,1]上扔下 5 000 个点,最后的分布情况由分布函数 $f(x) = ax^2(1-x)(0 \leqslant x \leqslant 1)$给出.求:(1) a 的值;(2) 所有点的最可几坐标.(3) 落在区间[0,0.5]中的点数;(4) 所有点的坐标的平均值;(5) 所有点的坐标倒数的平均值;(6) [0,0.5]中的点的坐标平均值.

解:(1) 分布函数如图 15-3 所示.它必须满足规一化条件

$$\int_0^1 f(x)\mathrm{d}x = 1,$$

故

$$a\int_0^1 x^2(1-x)\mathrm{d}x = 1,$$

得 $a=12$.

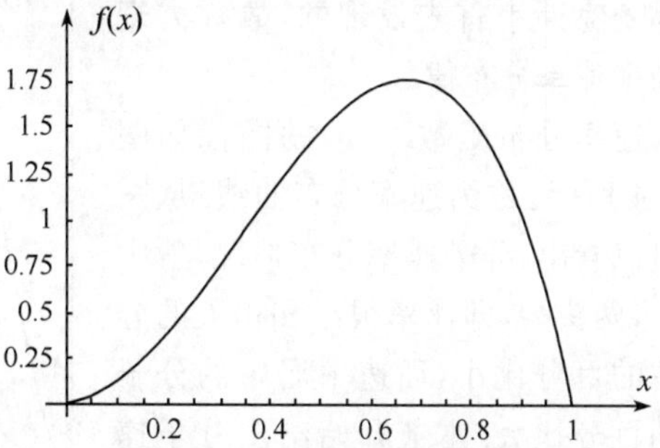

图 15-3　例 3 的题图

(2) 最可几坐标就是概率或概率密度最大的坐标,故 x_p 由 $\mathrm{d}f(x)/\mathrm{d}x=0$ 给出,得

$$x_p = 2/3.$$

(3) $\Delta N = N\int_0^{0.5} f(x)\mathrm{d}x = 5\,000 \times \int_0^{0.5} 12x^2(1-x)\mathrm{d}x = 2\,031$. 这个数目没到一半.

(4) $\bar{x}=\int_0^1 xf(x)\mathrm{d}x=12\int_0^1 x^3(1-x)\mathrm{d}x=0.6$.

(5) $\overline{1/x}=\int_0^1 x^{-1}f(x)\mathrm{d}x=12\int_0^1 x(1-x)\mathrm{d}x=2$. 于是倒数平均值的倒数为1/2,位于[0,1]之间.

(6) 平均值是所有点的坐标值之和除以总点数,只是此时的点不是所有的点,而是分布在[0,0.5]中的点.坐标值之和为$\int_0^{0.5} xNf(x)\mathrm{d}x$,而总点数为$\int_0^{0.5} Nf(x)\mathrm{d}x$,故此时

$$\bar{x}=\frac{\int_0^{0.5} xNf(x)\mathrm{d}x}{\int_0^{0.5} Nf(x)\mathrm{d}x}=\frac{\int_0^{0.5} x^3(1-x)\mathrm{d}x}{\int_0^{0.5} x^2(1-x)\mathrm{d}x}=0.36.$$

15.2.3 麦克斯韦速率分布律

气体分子热运动的特点是无规则和频繁碰撞.在任一时刻,某个分子的情况(位置和速度大小、方向)是随机的,但从大量分子的整体来看,它们的这些性质遵从一定的统计规律.具体地说,在平衡态下,分子处于各处的概率相同①(各处同性),分子速度在各方向的概率也相同(各向同性).但分子速率的分布就不再是均匀分布了.

理论和实验证明,在平衡态下,理想气体分子的速率在$(v,v+\mathrm{d}v)$内(不论方向)的概率为

$$\mathrm{d}P=\frac{\mathrm{d}N}{N}=4\pi\left(\frac{m}{2\pi kT}\right)^{3/2}\mathrm{e}^{-mv^2/2kT}v^2\mathrm{d}v. \tag{15.17}$$

也就是说,速率分布函数(概率密度)为

$$f(v)=4\pi\left(\frac{m}{2\pi kT}\right)^{3/2}\mathrm{e}^{-mv^2/2kT}v^2, \tag{15.18}$$

其中T是热力学温度,m是分子质量.它是麦克斯韦首先发现的,故称为**麦克斯韦速率分布律**.

速率分布函数$f(v)$的图像如图15-4所示,称为速率分布曲线.从图中可以看出,分子速率分布情况是:中间多,两头少,即速率很小和很大的分子占的百分比小,而速率居中的分子占的百分比大.本节开始给出分子速率分布,即根据这个速率分布律得到

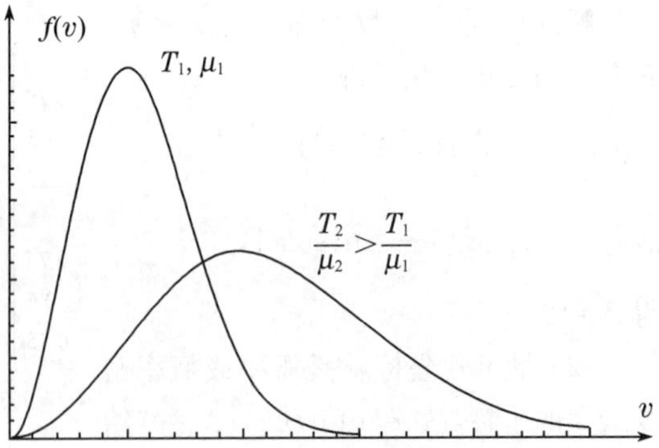

图15-4 麦克斯韦速率分布律

① 空间位置是连续变量,故严格地说,"分子处于某点的概率"是没有意义的.但不严格时,这种说法也可接受,尤其在日常用语中常见,只要把它理解为"分子处于某点处的概率密度"即可.后面"分子速度在某方向的概率"类此,应理解为"分子速度沿某方向的概率密度",只是此时的概率密度是指单位立体角内的概率.

的. $f(v)$的最高点对应的速率称为最可几速率(或最概然速率),用 v_p 表示. 其意义是:如果用相同的小间隔 Δv 划分速率取值范围,那么分子速率处于 v_p 处的间隔内的概率 $\Delta P=f(v_p)\Delta v$ 最大,在这个间隔内的分子数 $\Delta N=N\Delta P=Nf(v_p)\Delta v$ 最多,因为这个间隔对应的面积最大. **分布曲线下面的面积表示概率**,这是由分布函数的本质所决定的.

最可几速率 v_p 的值可以令 $\mathrm{d}f(v)/\mathrm{d}v=0$ 得到:

$$v_p=\sqrt{\frac{2kT}{m}}=\sqrt{\frac{2RT}{\mu}}\approx 1.41\sqrt{\frac{RT}{\mu}}. \tag{15.19}$$

可以看出,温度越高,分子质量(或气体的摩尔质量)越小,最可几速率越大.

(15.18)式和(15.19)式表明,速率分布曲线的形状由比值 T/m(或 T/μ)决定. 对于一定的气体(m 一定),曲线随温度 m 而变. 在同一温度下,曲线随气体种类(分子质量 m)而变. 图 15-4 给出了两条不同的分布曲线. 如果是同种气体,那么较尖锐的曲线对应低温度. 当温度升高时,最可几速率 v_p 增大,故高峰向速率大的一方移动. 同时由于曲线下面的总面积只能是 1(所有概率之和为 1),故曲线变得平缓. 如果是同一温度下的不同气体,那么较尖锐的曲线对应分子质量大的气体. 这本质上是因为温度是分子平均动能的量度. 同一温度下的平均分子动能必然相同,于是质量大的分子显然将具有较小的速率,故其曲线将挤在离纵轴不远的范围内,而质量小的分子大部分将具有较高的速率,于是曲线的高峰右移.

速率分布函数 $f(v)$可以这样记忆. 首先,它是一个指数函数和 v^2 的乘积. 至于那个指数,是负的. 如果是正号,那么指数函数和 v^2 的乘积是增函数,这将使得 $f(v)$在 $v\to\infty$ 时趋于无穷大,于是分布曲线下面的面积不可能等于 1. 同时,这个指数是 $mv^2/2$ 与 kT 的商. 前者是动能,后者由(15.5)式也具有能量量纲,故二者的商是无量纲的. 这是指数函数、对数函数、三角函数等函数对自变量的必然要求①. 注意 e 上面的指数刚好可以写为 v^2/v_p^2. 至于 $f(v)$前面的系数 $4\pi\left(\frac{m}{2\pi kT}\right)^{3/2}$,它跟速率无关. 可以记其为 C,并利用规一化条件 $\int_0^\infty f(v)\mathrm{d}v=1$ 求出来. 这个系数又称为**规一化系数(常数)**. 同时,由于规一化条件中,$\mathrm{d}v$ 具有速度量纲,因此 $f(v)$必须具有速度倒数 v^{-1} 的量纲. 从(15.18)式看,4π 和指数函数无量纲,$\left(\frac{m}{2\pi kT}\right)^{3/2}$ (kT 是能量)具有 v^{-3} 的量纲,又有因子 v^2,故整体具有 v^{-1} 的量纲,与要求相符.

下面列出一些积分值,它们在验证规一化条件和计算另一些统计平均值时可能会用到:

$$\int_0^\infty \mathrm{e}^{-\lambda x^2}\,\mathrm{d}x=\frac{1}{2}\sqrt{\frac{\pi}{\lambda}},\quad \int_0^\infty x^{2n}\mathrm{e}^{-\lambda x^2}\,\mathrm{d}x=\frac{1\cdot 3\cdot\cdots\cdot(2n-1)}{2^{n+1}\lambda^n}\sqrt{\frac{\pi}{\lambda}},$$

$$\int_0^\infty x\mathrm{e}^{-\lambda x^2}\,\mathrm{d}x=\frac{1}{2\lambda},\quad \int_0^\infty x^{2n+1}\mathrm{e}^{-\lambda x^2}\,\mathrm{d}x=\frac{n!}{2\lambda^{n+1}}. \tag{15.20}$$

① 如何理解这些函数的自变量必须是无量纲的?可以考虑它们的级数展开. 例如,$\mathrm{e}^x=1+x+x^2/2!+x^3/3!+\cdots$如果 x 具有长度量纲,那么展开式将是一个纯数加一个长度加一个面积再加一个体积……这显然是无意义的. 凡是这种函数以及多项式,其自变量都必须是无量纲的,同时函数本身也必须是无量纲的.

需要指出的是，伴随任何统计规律的是**涨落现象**，即实际值与统计平均值存在正的或负的偏差. 这是统计规律的必然. 由麦克斯韦分布律得到的分子数 $\Delta N = Nf(v)\Delta v$ 也是这样. 但涨落的幅度基本上是 $\pm\sqrt{\Delta N}$，于是相对涨落为 $\frac{\sqrt{\Delta N}}{\Delta N} = \frac{1}{\sqrt{\Delta N}}$. 如果 $\Delta N = 10^6$，那么涨落幅度为 1 000，相对涨落为 1‰，这表明统计规律很精确. 但如果 $\Delta N = 9$，那么相对涨落就是 1/3=33%，此时统计规律的预言也就很不准确了. 因此，分子越多，相对涨落越小，涨落现象越不显著；分子越少，相对涨落越大，统计规律也就逐渐失去意义. 所以，统计规律必须要求体系由大量分子组成. 这一结论对前面的压强公式(15.4)式和温度公式(15.5)式都成立.

由此也可以从另一角度理解为什么"速率等于某一值的分子数"没有意义. 当 Δv 越小时，$\Delta N = Nf(v)\Delta v$ 也越小. 如果 ΔN 小到一定程度，统计规律的预言也就很不准确了. 所以，用麦克斯韦分布律和 $\Delta N = Nf(v)\Delta v$ 求分子数时，由于统计规律的涨落性，Δv 不能太小，当然更不能为 0.

15.2.4 用麦克斯韦速率分布函数求平均值

有了速率分布函数，就可以求各种关于速率的平均值. 其基本公式是(15.14)～(15.16)式，计算中遇到的积分可参考(15.20)式. 例如，对于平均速率 $\bar{v}$，

$$\bar{v} = \int_0^\infty vf(v)\mathrm{d}v = \int_0^\infty 4\pi\left(\frac{m}{2\pi kT}\right)^{3/2} \mathrm{e}^{-mv^2/2kT} v^3 \mathrm{d}v,$$

最后得到

$$\bar{v} = \sqrt{\frac{8kT}{\pi m}} = \sqrt{\frac{8RT}{\pi\mu}} \approx 1.59\sqrt{\frac{RT}{\mu}}. \qquad (15.21)$$

而速率平方的平均值计算为

$$\overline{v^2} = \int_0^\infty v^2 f(v)\mathrm{d}v = \int_0^\infty 4\pi\left(\frac{m}{2\pi kT}\right)^{3/2} \mathrm{e}^{-mv^2/2kT} v^4 \mathrm{d}v = \frac{3kT}{m},$$

于是方均根速率为

$$v_{rms} = \sqrt{\overline{v^2}} = \sqrt{\frac{3kT}{m}} = \sqrt{\frac{3RT}{\mu}} \approx 1.73\sqrt{\frac{RT}{\mu}}. \qquad (15.22)$$

这与上一节的结果(15.6)式完全一致，但当时没有用到分布函数而是用简单推理得到的.

现在，处于平衡态的气体分子有三种特征速率：最可几速率 v_p、平均速率 $\bar{v}$ 和方均根速率 v_{rms}. 三者依次增大，但都在同一数量级(常温下几百米每秒)，尤其是它们都体现了同一个分布的特征，用其中任何一个都可以表征这个分布. 它们的值越大，表明 T/m 越大. 在讨论问题时，如果只需要估算，那么用任何一个都无多大区别. 如果要求精细严格，那么它们各有各自的应用. 在讨论速率分布时，要用到最可几速率；在讨论分子两次碰撞之间的平均距离时，要用到平均速率；在讨论分子平均动能时，要用到方均根速率.

例 15.4 用最可几速率 v_p 表示麦克斯韦速率分布律.

解：$v_p = \sqrt{2kT/m}$，而在分布函数 $f(v)$ 中，其规一化系数和 e 上的指数都含有 $2kT/m$，故

$$f(v) = 4\pi \frac{1}{\pi^{3/2}} \frac{1}{v_p^3} \mathrm{e}^{-v^2/v_p^2} v^2 = \frac{4}{\sqrt{\pi}} \frac{v^2}{v_p^3} \mathrm{e}^{-v^2/v_p^2},$$

而
$$dP=\frac{dN}{N}=\frac{4}{\sqrt{\pi}}\frac{v^2}{v_p^2}e^{-v^2/v_p^2}d\left(\frac{v}{v_p}\right).$$
可见，若定义无量纲的量 $u=v/v_p$（即用 v_p 度量的速率值），则分布律可写为
$$dP=\frac{dN}{N}=\frac{4}{\sqrt{\pi}}e^{-u^2}u^2du. \tag{15.23}$$
这种形式相对于原形式大大简化了，称为**相对于 v_p 的麦克斯韦速率分布律**. 由此可见为什么在讨论速率分布时要用到 v_p 而不是$\bar{v}$或 v_{rms}.

例 15.5　速率在 v_p 与 $1.01v_p$ 之间的气体分子数占总数的百分之几？

解：由于 $\Delta v=1.01v_p-v_p=0.01v_p$ 很小，故可用 $\Delta P=\frac{\Delta N}{N}\approx f(v)\Delta v$ 来求. 或由(15.23)式，$u=1$，$\Delta u=0.01$，有
$$\begin{aligned}\Delta P&\approx\frac{4}{\sqrt{\pi}}e^{-u^2}u^2\Delta u\\&=\frac{4}{\sqrt{\pi}}e^{-1}\times0.01\\&=0.0083.\end{aligned}$$

15.2.5　玻尔兹曼分布律

前面给出了分子数（或概率）随速率的分布，由此可以对大量分子的状态做部分了解. 但这种分布不能给出更详细的信息，如速度的 x 分量 v_x 在 (v_x, v_x+dv_x) 内（不管 v_y 和 v_y 如何）的概率. 而最详细的信息应该给出分子速度的三个分量分别在确定的范围 (v_x, v_x+dv_x)、(v_y, v_y+dv_y)、(v_z, v_z+dv_z) 内的概率. 这种概率分布称为**速度分布律**. 有了速度分布律，其他概率分布都可以得到，包括前面的速率分布律. 麦克斯韦最先给出的就是平衡态的理想气体的分子速度分布律.

麦克斯韦的分子速度和速率分布律适用于无外力影响的情况，此时分子的空间分布各处相同. 有外力时，以重力为例，可以想见，此时不再有各处同性. 越低处势能 ε_p 越小，分子密度越大，分子处于这种地方的概率越大；越高处势能 ε_p 越大，分子密度越小，分子处于这种地方的概率越小.

玻尔兹曼把麦克斯韦速度分布律推广到有保守力场的情形. 它给出了分子处于某种**状态**时的概率密度. 这里对“状态”一词做一解释. 经典粒子（点粒子）的**状态包括空间位置和速度（动量）两个方面**，也就是说由六个参数 (x, y, z, v_x, v_y, v_z) 构成. 任何一个发生变化，即认为粒子状态发生了变化. 在空间某点处的小体积中（空间坐标近似相同），各分子可以具有不同的速度；而速度相同（或近似相同）的所有分子可以出现在不同的地方（有不同的空间坐标）. 这六个参数都是连续变量，故只能谈论概率密度. 给出了概率密度随这六个变量的关系，即给出了有势场时分子状态分布最详细的信息.

当理想气体在势场中处于平衡态时，空间坐标分别处于 $(x, x+dx)$、$(y, y+dy)$、$(z, z+dz)$ 内，且速度分量分别处于 (v_x, v_x+dv_x)、(v_y, v_y+dv_y)、(v_z, v_z+dv_z) 内的分子数为

$$dN=n_0\left(\frac{m}{2\pi kT}\right)^{3/2}e^{-(\varepsilon_t+\varepsilon_p)/kT}dxdydzdv_xdv_ydv_z, \tag{15.24}$$

其中 n_0 为 $\varepsilon_p=0$ 处的分子数密度(单位体积内具有各种速度的分子总数). 这一结论称为**玻尔兹曼分布律**.

注意此时概率密度的构成. 它只含一个指数函数,外加一个规一化常数. 在指数中,分子动能 $\varepsilon_t=\frac{1}{2}m(v_x^2+v_y^2+v_z^2)$,而其势能通常是空间坐标的函数:$\varepsilon_p=\varepsilon_p(x,y,z)$. 所以概率密度确实是$(x,y,z,v_x,v_y,v_z)$的函数. 而且,概率密度实际上只是取决于分子的总能量 $\varepsilon_t+\varepsilon_p$.

有了这一详细的分布律,其他的分布律都可以由之得到. 例如,无势场时,$\varepsilon_p\equiv0$. 故概率密度跟空间坐标无关. 代入(15.24)式得到:

$$dN=n_0\left(\frac{m}{2\pi kT}\right)^{3/2}e^{-mv^2/2kT}dxdydzdv_xdv_ydv_z.$$

注意这只是某体积元 $dxdydz$ 内速度处于(v_x,v_x+dv_x)、(v_y,v_y+dv_y)、(v_z,v_z+dv_z)内的分子数,而我们想得到整个体积内速度处于同一范围的分子数,故所需做的只是对 x,y,z 积分而已. 而概率密度跟空间坐标无关,故积分后出现体积 V. 利用总分子数 $N=n_0V$,可得:对于无势场时处于平衡态的理想气体,其分子速度处于(v_x,v_x+dx)、(v_y,v_y+dv_y)、(v_z,v_z+dv_z)内(空间位置任意)的概率为

$$dP=\left(\frac{m}{2\pi kT}\right)^{3/2}e^{-m(v_x^2+v_y^2+v_z^2)/2kT}dv_xdv_ydv_z. \tag{15.25}$$

这就是**麦克斯韦速度分布律**. 它必然满足规一化条件

$$\iiint\left(\frac{m}{2\pi kT}\right)^{3/2}e^{-m(v_x^2+v_y^2+v_z^2)/2kT}dv_xdv_ydv_z=1. \tag{15.26}$$

其中三个积分范围都是$(-\infty,\infty)$. 由此速度分布律可以得到麦克斯韦速率分布律.

无势场时,分子在空间均匀分布,有势场时如何? 即分子数是如何随空间变化的? 此时,我们关心分子的位置,但不再关心分子速度的信息,或者说,同一处的所有速度的分子都要算进来. 这意味着要对速度的三个分量积分. 坐标处于$(x,x+dx)$、$(y,y+dy)$、$(z,z+dz)$内的分子(具有各种可能的速度)数目为

$$dN'=n_0e^{-\varepsilon_p/kT}dxdydz\iiint\left(\frac{m}{2\pi kT}\right)^{3/2}e^{-\varepsilon_t/kT}dv_xdv_ydv_z.$$

根据规一化条件(15.26)式,有

$$dN'=n_0e^{-\varepsilon_p/kT}dxdydz. \tag{15.27}$$

或者,用分子数密度 $n=dN'/dV=dN'/dxdydz$ 表示,可得

$$n=n_0e^{-\varepsilon_p/kT}. \tag{15.28}$$

它是玻尔兹曼分布律的一种常用形式,表明某处的分子数密度只跟该处的势能有关,且密度随势能做指数衰减. 这与我们前面的期望相符.

对于重力场,只要把 $\varepsilon_p=mgz$ 代入,即得气体分子数密度随高度 z 的变化关系:

$$n=n_0e^{-mgz/kT}, \tag{15.29}$$

其中,n_0 为势能零面处的分子数密度. 又考虑理想气体状态方程 $p=nkT$,则有

$$p=p_0e^{-mgz/kT}. \tag{15.30}$$

其中 p_0 为势能零面处的压强. 可见,在重力场中,气体的分子数密度和压强都随高度做指

数衰减.(15.30)式可用作估计高处的大气压强或高度.

15.3　能量均分定理　理想气体的内能

15.3.1　自由度与自由度数

前面讨论分子的热运动时,我们只考虑了它们的平动,因此可以把它们当成点粒子.但一般而言,分子可能由几个原子构成.这样,分子就具有一定的内部结构,分子的运动也就不只有平动,还有转动和内部原子间的振动.要考虑转动和振动时,就不能再把分子视为点粒子了.

结构变得复杂,就意味着描述一个分子状态所需要的参数会增多.在力学中,确定一个体系的空间位置所需的独立坐标(参数)称为**自由度**,这种独立坐标的个数称为**自由度数**①.下面以几例说明自由度的概念.

(1) 平面上的一个点,可以用直角坐标(x,y)或极坐标(r,θ)表示位置,这意味着**自由度(独立参数)的选取有多种**,并不唯一.但另一方面,**自由度数是确定的**.平面上的点只能有两个自由度,不能多,也不能少.

(2) 单原子分子可视为三维空间中的质点,它有三个自由度,可以选取为直角坐标(x,y,z)、球坐标(r,θ,φ)或柱坐标(ρ,φ,z),或者取为(x,y,θ)也行,但数目只能是三个.

(3) 对于刚性双原子分子,其运动除了平动外还有转动,故可以这样选取自由度.对于平动情况,确定质心位置即可.这需要三个自由度,故有三个平动自由度.所谓转动情况,对双原子分子而言即是确定其轴(两原子的连线)的方向.这可以用球坐标中的(θ,φ)表示,故转动自由度有两个.或者也可以这样考虑:过质心垂直于轴有两个独立的方向,它们相互垂直,绕这两个方向的转动是有意义的,但唯独绕轴的转动是没有意义的(两原子视为点粒子),故转动自由度有两个.

(4) 对于非刚性双原子分子,它除了三个平动自由度、两个转动自由度外,还存在两原子之间的振动.这只需要两原子之间的距离即可描述,故又有一个振动自由度.

(5) 对于刚性线形多原子分子(即原子都排在一根直线上),其情况同刚性双原子分子,也是有三个平动自由度和两个转动自由度.

(6) 对于刚性非线性多原子分子,可以把它嵌入一个刚体中.刚体位置确定,分子的位置也就确定了.因此其自由度数同刚体,而刚体的平动自由度和转动自由度都是三个.这三个转动自由度可以取为三个欧勒角.或者这样来看:确定刚体转轴的方向需两个自由度(θ,φ),然后还需绕转轴转过的角度这个自由度,共三个.又可这样理解:过质心有三个相互垂直的转轴,绕每根轴的转动都是独立的,故有三个转动自由度.

(7) 对于非刚性非线性三原子分子,情况更为复杂.由于三原子之间的距离不固定,因此要确定这种分子的空间位置,需要确定三个原子的位置,共九个直角坐标,即有九个自由度.或者,先确定质心位置(三个平动自由度),再确定三个转动自由度,然后还有两两

---

① “自由度”一词有两种不同的用法.一种如本书,此时说“某某有几个自由度”;一种是把独立坐标数称为自由度,此时说“某某的自由度是几”.

原子之间的距离,有三个,即三个振动自由度,共九个.又一次看出,自由度有多种选择,但数目是确定的.

对于更复杂的分子,所需的自由度更多.有时分子是刚性的,可视为刚体处理;有时是非刚性的,则需要多个振动自由度.一般地说,n 个原子组成的分子最多有 $3n$ 个自由度.它们可以取为每个原子的三个直角坐标,也可以取为三个平动自由度、三个转动自由度和 $3n-6$ 个振动自由度.

一点说明.所谓"刚性",是为了解释经典预言与实验不符时人为引入的一种说法,目的是为了去掉振动自由度.在纯经典统计理论中是没有"刚性"一词的.具体见后.

前面在讨论玻尔兹曼分布律时,谈到了粒子状态的概念.对于点粒子,需要三个坐标和三个动量表示其状态,这是因为其自由度有三个.对于多原子分子,它有多少个自由度(广义坐标),就同时有多少个广义动量.因此描述状态的参数数目是自由度数的两倍.

15.3.2 能量按自由度均分定理

在本章第一节,曾得到理想气体分子的平均平动动能为$\overline{\varepsilon_t}=\dfrac{1}{2}m\overline{v^2}=\dfrac{3}{2}kT$.平动自由度有三个,而

$$\overline{v^2}=\overline{v_x^2}+\overline{v_y^2}+\overline{v_z^2},\text{故}\frac{1}{2}m\overline{v_x^2}=\frac{1}{2}m\overline{v_y^2}=\frac{1}{2}m\overline{v_z^2}=\frac{1}{2}kT, \tag{15.31}$$

即分子在每个平动自由度上的平均动能相同,都是 $kT/2$.或者说,分子的平均平动动能 $3kT/2$ 是均匀地分配到每一个平动自由度的.

这一结论可以推广到其他自由度.经典统计力学表明,在温度为 T 的平衡态下,物质分子的每一个自由度都具有相同的平均动能 $kT/2$.这就是**能量(动能)按自由度均分定理**,简称为**能量均分定理**.因此,如果气体分子具有 t 个平动自由度、r 个转动自由度和 s 个振动自由度,那么其平均平动动能、平均转动动能和平均振动动能分别为 $tkT/2$、$rkT/2$ 和 $skT/2$,而分子的平均总动能为

$$\overline{\varepsilon_K}=\frac{t+r+s}{2}kT. \tag{15.32}$$

能量均分定理是关于分子热运动动能的统计规律.对于单个的分子而言,其每种动能都可能取各种值,这是随机的,存在一个分布,像玻尔兹曼分布那样.但对大量分子而言,其统计平均值却存在上述简单的关系.平均动能按自由度均分是靠分子无规则碰撞实现的.在碰撞过程中,能量在分子间传递,也可以在同一个分子的各自由度间传递.结论(15.31)式的得到是由于空间各向同性,没有一个优越的方向.而现在动能按所有自由度均分表明,不仅平动自由度中没有一个是优越的,所有自由度中也没有一个是优越的.这样就在最大的可能上做到了均匀,跟气体平衡时在空间是均匀分布一样.**最大可能的均匀是平衡态的特征**.

由振动学可知,简谐振动的平均动能等于平均势能.分子中原子间的振动可以用简谐振动模拟,故对于每个振动自由度,除 $kT/2$ 的平均动能外,还有 $kT/2$ 的平均势能①,共有

---

① 要注意区分分子中各原子之间的势能和分子在外场中的势能.若不是理想气体,则还存在分子间的势能.

kT 的平均能量. 因此,分子的平均总能量应为

$$\bar{\varepsilon}=\frac{i}{2}kT.\ (i=t+r+2s) \tag{15.33}$$

例如,对于单原子分子,$t=3$,$r=s=0$,故 $\bar{\varepsilon}=3kT/2$. 对于双原子分子,$t=3$,$r=2$,$s=1$,故 $\bar{\varepsilon}=7kT/2$.

在本章第一节曾指出温度的一般微观意义,但当时的依据只是有关平均平动动能的(15.5)式. 现在知道,不仅平动自由度,其他如转动、振动自由度也都参与了分子的无规则热运动. 温度不仅表征着分子的平均平动动能,也表征着其他自由度的平均能量,因此才有结论:温度是分子无规则热运动的剧烈程度的标志.

15.3.3　理想气体的内能和热容

根据假定,理想气体的分子间无势能,故理想气体的内能就等于所有分子能量之和. 根据上面的结论,理想气体的内能为

$$U=N\bar{\varepsilon}=\nu N_A\,\frac{i}{2}kT=\frac{i}{2}\nu RT. \tag{15.34}$$

由此看出,理想气体的内能只与温度有关.

根据第 12 章理想气体内能的公式 $\mathrm{d}U=\nu C_V\mathrm{d}T$,可得理想气体的定容摩尔热容量为

$$C_V=\frac{i}{2}R=\frac{t+r+2s}{2}R. \tag{15.35}$$

因此,理想气体的热容由其自由度确定.

对于单原子分子气体,有

$$U=\frac{3}{2}\nu RT,\ C_V=\frac{3}{2}R\approx 3\ \mathrm{cal\cdot mol^{-1}\cdot K^{-1}}.$$

对于双原子分子气体,有

$$U=\frac{7}{2}\nu RT,\ C_V=\frac{7}{2}R\approx 7\ \mathrm{cal\cdot mol^{-1}\cdot K^{-1}}.$$

阅读
- 几种气体在 0 ℃时 C_V 的实验值
- 经典理论的局限

15.3.4　经典理论的局限*

15.4　分子碰撞 输运过程

前面几节都是从微观角度讨论气体在平衡态下的性质. 在第 12 章中谈到,在新的外界影响下,系统的平衡态将被破坏,系统将经历非静态过程到达另一个平衡态. 而在第 13 章中又指出,这种非静态过程是不可逆的,而且举出了几种典型的不可逆过程及其不可逆因素. 从微观上看,在这种不可逆过程中到底发生了什么? 这就是本节的论题.

在气体中发生的由非平衡态向平衡态过渡的变化过程有这么几类:各层流速不同时发生的黏滞现象,温度不均匀时发生的热传导现象,以及密度不均匀时发生的扩散现象. 它们在第 13 章第 1 节中已有介绍,统称为**输运过程**. 从微观上看,输运过程的基本机制是分子间的碰撞. 故本节把分子视为刚球,把分子间的碰撞视为刚球间的弹性碰撞,从而引入平均自由程的概念. 由此可以对宏观输运现象做出比较合理的解释.

15.4.1 气体分子的平均自由程

在室温下，气体分子的速率有几百米每秒. 但经验告诉我们，当香水瓶盖打开后，香气要经过好几秒的时间才能传过几米的距离. 这两种速率相差两个数量级. 麦克斯韦的速率分布律出来后就遇到这种诘难. 对此他的回答是，气体分子的速率虽大，但在前进过程中要与大量分子做频繁碰撞，所走的路程非常曲折. 输运过程进行的快慢取决于分子碰撞的频繁程度.

一个分子在单位时间内碰撞的平均次数称为平均碰撞频率，记为 $\bar{Z}$，而它在相邻两次碰撞之间走过的自由路程的平均值称为平均自由程，记为 $\bar{\lambda}$. 由于 $1/\bar{Z}$ 就是相邻碰撞之间的平均时间，故有

$$\bar{\lambda}=\frac{\bar{v}}{\bar{Z}}, \tag{15.36}$$

其中 $\bar{v}$ 为平均速率(15.21)式.

对于碰撞来说，重要的是分子间的相对运动，故我们跟踪一个确定分子 A 时采取如下假设：分子 A 以平均相对速率 $\bar{u}$ 运动，而其他分子不动. 设分子的直径为 d. 注意，"分子的直径"是一种等效说法，它真正反映的是分子间在小距离时的强大斥力，故称为**等效直径**. 以分子 A 的中心路径为轴线，以 d 为半径作一曲折的圆筒，如图 15－5 所示. 显然，能与分子 A 相碰的分子，就是中心在此圆筒内的分子. 圆筒的横截面积 $\sigma=\pi d^2$ 称为分子的碰撞截面.

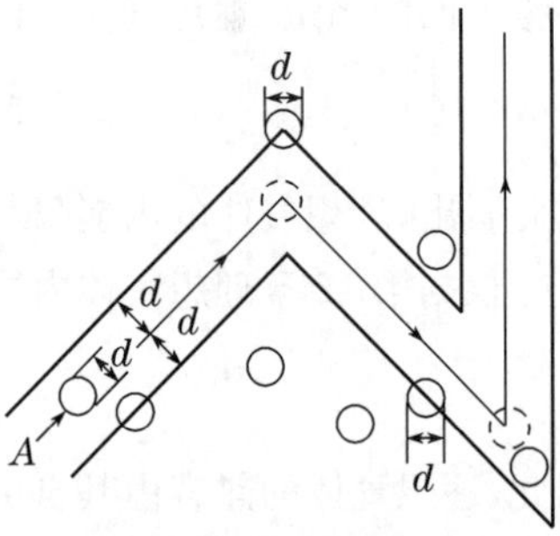

图 15－5　分子碰撞

在时间 t 内，分子 A 走过的路程为 $\bar{u}t$，相应的圆筒体积为 $\sigma\bar{u}t$. 设分子数密度为 n，则在时间 t 内与 A 碰撞的分子数为 $n\sigma\bar{u}t$，或者说，单位时间内的碰撞次数(即平均碰撞频率)为 $\bar{Z}=n\sigma\bar{u}$. 利用麦克斯韦速度分布律可以证明，$\bar{u}=\sqrt{2}\,\bar{v}$，故

$$\bar{Z}=\sqrt{2}\,\bar{v}n\sigma=\sqrt{2}\,\pi d^2\bar{v}n. \tag{15.37}$$

把上式代入(15.36)式，可得平均自由程为

$$\bar{\lambda}=\frac{1}{\sqrt{2}\,\pi d^2 n}. \tag{15.38}$$

可见，平均自由程与平均速率无关，而只取决于分子数密度和分子等效直径.

把理想气体状态方程 $p=nkT$ 代入，可得

$$\bar{\lambda}=\frac{kT}{\sqrt{2}\,\pi d^2 p}. \tag{15.39}$$

故当温度恒定时，平均自由程与压强成反比.

例 15.6　计算空气分子在标准状态下的平均自由程和碰撞频率. 取分子的等效直径 $d=3.5\times10^{-10}$ m，空气的平均分子量为 29.

解：标准状态为 $T=273$ K，$p=1.0$ atm$=1.01\times10^5$ Pa，故

$$\bar{\lambda}=\frac{kT}{\sqrt{2}\pi d^2 p}=\frac{1.38\times10^{-23}\times273}{\sqrt{2}\pi\times(3.5\times10^{-10})^2\times1.01\times10^5}\text{ m}=6.9\times10^{-8}\text{ m}.$$

故平均自由程约为等效直径的 200 倍.

又由空气的 $\mu=29\times10^{-3}$ kg/mol，代入(15.21)式得 $\bar{v}=448$ m/s，故空气分子的碰撞频率为

$$\bar{Z}=\frac{\bar{v}}{\bar{\lambda}}=\frac{448}{6.9\times10^{-8}}\text{ s}^{-1}=6.5\times10^9\text{ s}^{-1},$$

即平均地说，一个分子在一秒钟内要与其他分子碰撞 65 亿次.

15.4.2　黏滞现象

定向流动的流体，如果各层流速不同，则相邻两层之间存在阻碍相对运动的内摩擦力，使两层的流速趋于相同. 这就是黏滞现象. 它本质上是定向动量的输运，即从速度大的流层向速度小的流层传递. 二者之间的黏滞力(内摩擦力)即表征着这种动量转移.

如图 15-6 所示，流体向 x 轴正方向流动，但沿 z 轴方向各层的流速不同. 这种不同可以用**速度梯度** $\mathrm{d}u/\mathrm{d}z$ 来表征. 速度梯度越大，表明各层的速度差异越大. 图中画出了两层中相接触的一部分，其接触面积为 $\mathrm{d}S$. 实验发现，这两部分之间的黏滞力正比于接触面积和速度梯度：

$$f=\eta\frac{\mathrm{d}u}{\mathrm{d}z}\mathrm{d}S. \tag{15.40}$$

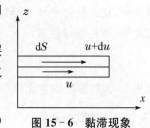

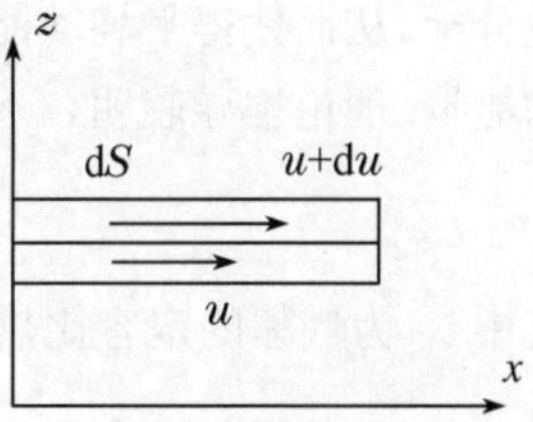

图 15-6　黏滞现象

这就是**牛顿黏滞定律**，其中的比例系数 η 称为黏滞系数，它与流体的性质和状态有关. 摩擦力 f 的存在必导致定向动量的迁移，在图 15-6 中是 x 方向的动量 K 沿 z 轴的负方向流动①，即上方的动量将减小，下方的动量将增大. 根据动量定理，$f=\mathrm{d}K/\mathrm{d}t$，故

$$\mathrm{d}K=-\eta\frac{\mathrm{d}u}{\mathrm{d}z}\mathrm{d}S\mathrm{d}t, \tag{15.41}$$

其中 $\mathrm{d}K$ 表示在 $\mathrm{d}t$ 时间内通过接触面 $\mathrm{d}S$ 沿 z 方向输运的定向动量，而负号表示当速度梯度 $\mathrm{d}u/\mathrm{d}z>0$ 时，沿 z 方向输运的定向动量 $\mathrm{d}K<0$，即动量沿 $-z$ 方向输运. 所以负号表示的是输运方向.

从微观上看，当气体流动时，每个分子除了无规则的热运动外，还附加有一定的定向运动. 各层的流速不同，就是因为各层分子的定向速度(或定向动量)不同. 在两层的接触

① 注意这里涉及动量的两种方向，一种是动量本身的方向，一种是这种动量的流动方向. 两者不是一回事. 在力学中对动量流动和能量流动的概念通常强调不够，此处做一说明. 设有两相同小球，后面速度大的小球追赶前面速度小的小球，然后发生碰撞. 碰撞后，前面的小球获得了一些动量和动能，变得更快；后面的小球失去了一些动量和动能，变得更慢. 这就是说，动量和动能从后面的小球流向了前面的小球，而流动发生处就是碰撞发生处. 由动量定理和动能定理，凡是出现冲量(或力)的地方就有动量流动，凡是出现功的地方就有能量流动.

面处，两层中的分子由于热运动而不断交换，于是其定向动量也不断交换，使得两层的定向速度趋同，从而在宏观上表现为相互阻碍的黏滞力. 故黏滞现象是气体内定向动量输运的结果. 可以根据气体分子动理论来导出黏滞现象的规律，结果为

$$\eta=\frac{1}{3}\rho\bar{v}\bar{\lambda}, \tag{15.42}$$

其中 p 为气体的密度.

15.4.3 热传导现象

热传导源自温度的空间分布不均匀. 这种不均匀分布可以用**温度梯度**来表示，即移动单位距离而导致的温度改变. 温度梯度越大，则不均匀性越大.

设体系沿 z 方向存在温度差，温度梯度为 $\mathrm{d}T/\mathrm{d}z$. 则在 $\mathrm{d}t$ 时间内通过垂直截面 $\mathrm{d}S$ 沿 z 方向传递的热量 $\mathrm{d}Q$ 由**傅立叶定律**给出：

$$\mathrm{d}Q=-\kappa\frac{\mathrm{d}T}{\mathrm{d}z}\mathrm{d}S\mathrm{d}t, \tag{15.43}$$

其中比例系数 κ 称为气体的导热系数，负号表示热量的传递方向是温度的减小方向，即当 $\mathrm{d}T/\mathrm{d}z>0$ 时 $\mathrm{d}Q<0$.

从微观上看，低温部分的分子平均动能小，高温部分反之. 由于热运动，两部分不断交换分子，从而使得平均动能趋同，温度趋同. 这就是热传导，所传导的热量就是粒子热运动的能量. 理论推导表明，

$$\kappa=\frac{1}{3}\rho\bar{v}\bar{\lambda}c_V, \tag{15.44}$$

其中 c_V 为气体的定容比热容——单位质量气体温度升高 1 ℃所需的热量.

15.4.4 扩散现象

气体的扩散源自其密度的空间分布不均匀. 扩散过程比较复杂. 如果只有一种气体，在温度均匀时密度的不均匀将导致压强的不均匀，从而产生宏观气流. 此时发生的主要不是扩散过程. 只有保持温度、压强处处相同，才可能发生单纯的扩散过程. 密度的不均匀分布可以用**密度梯度**来表示，即移动单位距离而导致的密度改变. 密度梯度越大，则不均匀性越大.

设体系沿 z 方向存在密度差，密度梯度为 $\mathrm{d}\rho/\mathrm{d}z$，则在 $\mathrm{d}t$ 时间内通过垂直截面 $\mathrm{d}S$ 沿 z 方向穿过的气体质量 $\mathrm{d}M$ 由**斐克定律**给出：

$$\mathrm{d}M=-D\frac{\mathrm{d}\rho}{\mathrm{d}z}\mathrm{d}S\mathrm{d}t, \tag{15.45}$$

其中比例系数 D 称为气体的扩散系数，负号表示气体的扩散方向是密度的减小方向.

从微观上看，由于分子的热运动，在相同的时间内，由密度小的地方转移到密度大的地方的分子少，而相反方向转移的分子多，故最终分子密度趋同. 理论指出，

$$D=\frac{1}{3}\bar{v}\bar{\lambda} \tag{15.46}$$

15.4.5 小结

以上几种现象的宏观特征都是由于气体内部存在某种不均匀性，三个梯度就是对这

种不均匀性的定量描述，而三个负号表明对这种不均匀性的消除．直到最后，一切性质均匀，这就是平衡态．前面已谈到，最大可能的均匀是平衡态的特征．从微观上看，输运现象是分子热运动和分子间碰撞的结果，二者分别体现在 $\bar{v}$ 和 $\bar{\lambda}$ 中．

以下是三种输运现象的小结，其中的共性尤其值得注意．

表 15.5　三种输运现象的异同

输运现象	黏滞现象	热传导现象	扩散现象
引起输运的原因：不均匀性	定向流速不均匀	温度不均匀	组分密度不均匀
不均匀性的度量：梯度	速度梯度$\frac{\mathrm{d}u}{\mathrm{d}z}$	温度梯度$\frac{\mathrm{d}T}{\mathrm{d}z}$	密度梯度$\frac{\mathrm{d}\rho}{\mathrm{d}z}$
沿负梯度方向输运的物理量	定向动量 K	热量 Q(内能)	组分的质量 M
宏观输运规律：简单的线性关系	牛顿黏滞定律 $\mathrm{d}K=-\eta\frac{\mathrm{d}u}{\mathrm{d}z}\mathrm{d}S\mathrm{d}t$	傅立叶定律 $\mathrm{d}Q=-\kappa\frac{\mathrm{d}T}{\mathrm{d}z}\mathrm{d}S\mathrm{d}t$	斐克定律 $\mathrm{d}M=-D\frac{\mathrm{d}\rho}{\mathrm{d}z}\mathrm{d}S\mathrm{d}t$
输运系数与平均自由程的关系	$\eta=\frac{1}{3}\rho\bar{v}\bar{\lambda}$	$\kappa=\frac{1}{3}\rho\bar{v}\bar{\lambda}c_V$	$D=\frac{1}{3}\bar{v}\bar{\lambda}$

15.5　热力学第二定律和熵的统计意义*

线上阅览

习　题

线上阅览

第 16 章　狭义相对论基础

十九世纪末,物理学已经达到相当完美、相当成熟的程度. 一切物理现象似乎都能够从相应的理论中得到满意的回答. 当时物理学对世界的认识,可以概括为两种客体,一种是粒子,另一种是波——主要是电磁波. 粒子遵从牛顿力学规律,这是一切力学现象的最终原理,且后来在分析力学中得到极大地发展. 电磁波则服从麦克斯韦方程组,这是电磁场的统一理论,还可用来阐述波动光学的基本问题. 至于热现象,也已经有了热力学和统计力学的理论,它们对于物质热运动的宏观规律和分子热运动的微观统计规律,几乎都能够做出合理的说明. 总之,以经典力学、经典电磁场理论和经典统计力学(加上热力学)为三大支柱的经典物理大厦已经建成. 前面的章节正是对这些基本规律的初步介绍. 在这种形势下,物理学被誉为是"一座庄严雄伟的建筑体系和动人心弦的美丽庙堂","正在明显地接近于几何学在数百年中所已具有的那样完美的程度". 因此,"物理学已经无所作为,往后无非在已知规律的小数点后面加上几个数字而已".

然而,一些不和谐的音符已经出现了,物理学"美丽而晴朗的天空出现了两朵乌云". 这两朵乌云,一个是指迈克尔逊-莫雷实验的零结果,一个是指热学中的能量均分定理应用于气体比热容等情况时得出与实验不符的结果,其中尤以黑体辐射理论出现的紫外灾难最为突出. 谁也没想到,这两片小小的乌云,竟然随着二十世纪的来临演化为物理学天空的晴天霹雳,乃至最终在根本上改写了物理学.

伴随第一片乌云演化的是 1905 年爱因斯坦发表的《论动体的电动力学》. 他在此文中提出了狭义相对论的观念,这同后来同样由他创立的广义相对论一起给出了一套关于时间、空间和物质运动关系的理论. 相对论加上同期出现的量子理论(见后一章)一起促成了物理学波澜壮阔的革命,成为现代物理理论和技术的基础.

16.1　相对性原理和牛顿时空观的困境

16.1.1　相对性原理

人类对自然界的认识过程在某种意义上是对绝对性和相对性进行重新认识的过程.

在人类早期,无论是东方还是西方,人们都认为大地是平坦的,所谓"天圆地方". 到了古希腊,毕达哥拉斯和亚里士多德主张大地是个球体,即地球. 球形大地对于早期的习惯来说是不可思议的事情:如果处在某地的人是站立在地面上的话,那处在地球另一端的人岂不要掉下去? 但实际上,地"球"说把上、下两个方向相对化了:上、下不是绝对的,而是相对而言的;我们的"下"就是另一端的"上";空间各个方向都是等价的,没有哪个方向具有绝对优越的特殊性质. 这种空间方向上的相对性理论的提出是人类认识史上的一次飞跃.

而经典物理学是从否定亚里士多德-托勒密的地心说开始的. 这一体系认为,地球是宇宙的中心,是静止的,所有的天体都是围绕地球旋转的. 因此地球所处的点是空间中一个非常特殊的点. 随着哥白尼的日心说的提出,人们逐渐认识到:任何空间点都是等价的;地球并不特殊,而是在绕太阳高速运动. 对此,地心说派提出一条强有力反诘:如果地球是在高速运动,那为什么在地面上的人一点也感觉不出来呢?

面对这一反驳,伽利略在他的《关于托勒密和哥白尼两大世界体系的对话》中给出了精彩的解答:

"把你和一些朋友关在一条大船甲板下的主舱里,再让你们带几只苍蝇、蝴蝶和其他小飞虫. 船内放一只大水碗,其中放几条鱼. 然后,挂上一个水瓶,让水一滴一滴地滴到下面的一个宽口罐里,船停着不动时,你留神观察,小虫都以等速向舱内各方向飞行,鱼向各个方向随便游动,水滴滴进下面的罐子中. 你把任何东西扔给你的朋友时,只要距离相等,向这一方向不必比另一方向用更多的力. 你双脚齐跳,无论向哪个方向,跳过的距离都相等. 当你仔细地观察这些事情后,再使船以任何速度前进,只要运动是匀速的,也不忽左忽右地摆动,你将发现,所有上述现象丝毫没有变化,你也无法从其中任一现象来确定船是在运动还是停着不动. 即使船运动得相当快,在跳跃时你将和以前一样,在船底板上跳过相同的距离,你跳向船尾也不会比跳向船头来得远,虽然你跳到空中时,脚下的船底板向着你跳的相反方向移动. 你把任何东西扔给你的同伴时,不论他在船头还是船尾,只要你自己站在对面,你也不需要用更多的力. 水滴像先前一样滴进下面的罐子,一滴也不会滴向船尾,虽然水滴在空中时,船已行驶了许多拃①. 鱼在水中游向碗前部所用的力,不比游向水碗后部来得大,它们一样悠闲地游向放在水碗边缘任何地方的食饵. 最后,蝴蝶和苍蝇继续随便地到处飞行,它们也决不会向船尾集中,并不会因为它们可能长时间留在空中,脱离了船的运动,为赶上船的运动显出累的样子."

伽利略得出结论:在船里所做的任何观察和实验都不可能判断船究竟是运动还是静止;同样,在地球上的你并不能感觉到地球的运动. 这就是伽利略的**相对性原理**.

用现代语言来说,这里的大船就是一种惯性参考系,简称惯性系. 在一个惯性系中能看到的种种现象,在另一个惯性系中必定也能无任何差别地看到.(当然,同一运动在不同惯性系中看到的结果是不同的.)亦即,**所有惯性系都是平权的、等价的,物理定律在各惯性系中具有相同的形式**. 这就是相对性原理的**肯定性表述**. 唯其如此,我们才不可能判断出,哪个惯性系是处于绝对静止状态,哪一个又是绝对运动的,其绝对速度是多少. 或者说,**绝对速度不可测量**. 这是相对性原理的另一表述,是**否定性表述**. 伽利略的相对性原理不仅从根本上否定了地心说派的非难,而且也在惯性运动范围内否定了绝对空间观念.

相对性原理最早是从力学中总结出来的,它是一个**不涉及具体动力学的原理**,因而在层次上要高于牛顿力学这种具体理论.

16.1.2　伽利略变换

相对性原理涉及不同惯性系之间的时空变换关系,称为**坐标变换**②. 没有坐标变换,

---

① 古代的一种长度单位.

② 坐标变换还有一个意义,即指纯空间平移和转动下的坐标变换. 本章不涉及此内容.

物理规律是否相同将无从谈起. 所谓坐标变换(或时空变换),是指同一个**事件**在不同惯性系中的时空坐标(度量)之间的关系. **坐标变换直接跟时空观相联系**. 我们的日常经验给予我们的就是牛顿时空观,其坐标变换是我们从小就熟知的.

假设有静止系和运动系两个惯性系,如图16-1所示.(注意,"静止"和"运动"是相对而言的,不具有绝对意义. 此处采用这种说法仅出于方便的考虑.)我们约定:静止系用Σ表示,运动系用Σ'表示. 又设两系的x轴重合、同向,y轴和z轴同向平行,且Σ'系以速度v相对于Σ系沿x轴正方向运动. 当二者的原点重合时,两惯性系的时钟都指向0时刻. 也就是说,先**对好**空间和时间的"起点". 考虑一个事件P,它在Σ和Σ'系中的坐标分别为(x,y,z,t)和(x',y',z',t'),那么它们之间的关系是

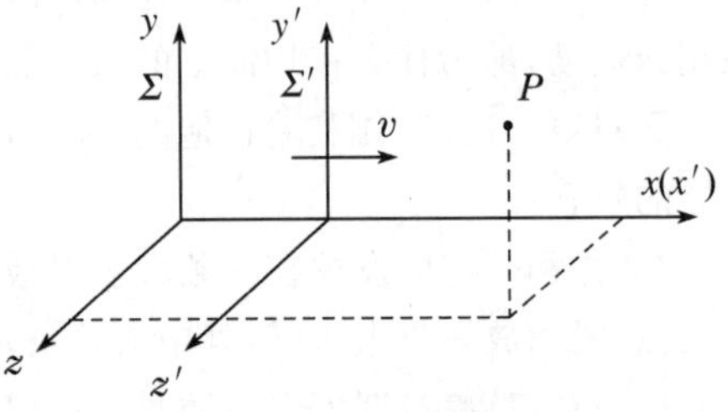

图16-1 伽利略变换

$$\begin{cases}x'=x-vt,\\y'=y,\\z'=z,\\t'=t\end{cases}\quad\begin{cases}x=x'+vt',\\y=y',\\z=z',\\t=t'.\end{cases}\tag{16.1}$$

这就是**伽利略变换**. 这两组关系互为逆关系.

伽利略变换的特征是,时间和空间是分离的:**时间间隔是绝对的,长度是绝对的**,它们都不因参考系的改变而改变. 这在很大程度上反映了牛顿的绝对时空观. 尤其反映这种时空观的是伽利略变换的推论——速度合成律(设只有x方向的运动):

$$u=u'+v.\tag{16.2}$$

它体现的是同一运动质点在两个惯性系中测量到的速度的关系. 由此马上得到,对于加速度,

$$a=a',\tag{16.3}$$

即加速度是绝对的①.

相对性原理和伽利略变换是独立的. 二者都高于一般的具体动力学,也与我们的日常经验相符. 但如果在某种情况下二者有矛盾,该怎么办?

16.1.3 二十世纪以前的认识和困境

在承认伽利略变换的前提下,已经深入人心的牛顿力学符合相对性原理. 这只要考虑牛顿力学的核心——牛顿第二定律$\boldsymbol{F}=m\boldsymbol{a}$即可. 首先,在牛顿力学中,一个质点的加速度是绝对的,不因惯性系的改变而改变:$\boldsymbol{a}=\boldsymbol{a}'$. 其次,质量和力也是跟参考系无关的:$\boldsymbol{F}=\boldsymbol{F}'$,$m=m'$. 因此,如果在一个惯性系中的基本动力学规律是$\boldsymbol{F}=m\boldsymbol{a}$,那么在另一个惯性系中的动力学规律则为$\boldsymbol{F}'=m'\boldsymbol{a}'$. 二者具有相同的形式,故牛顿力学符合相对性原理.

---

① 在牛顿的绝对时空观内相对性原理是被认可的,这是因为速度是相对的,牛顿本人也承认这一点. 但牛顿认为可以通过测量加速度来确定绝对空间,这正是因为加速度的这种绝对性. 只有在广义相对论中,由于否定了加速度的绝对性,才真正彻底否定了绝对时空观.

然而，同样在承认伽利略变换的前提下，后来发现的麦克斯韦电磁场理论却是不符合相对性原理的. 很简单，只要把麦克斯韦方程组中的时空坐标用伽利略变换换成另一惯性系中的时空坐标，就会发现形式变得很复杂了. 因此，当时认为，麦氏方程组只在某一特殊参考系中才成立. 于是我们看到，相对性原理已经在电磁现象面前被否定了，得以肯定的是伽利略变换及与其紧密联系的牛顿时空观. 这是因为这种时空观我们太熟悉了，太天经地义了，以至于不会受到任何质疑.

当时对波的认识只有机械波. 电磁波一出来，理所当然地就把它当成一种机械波. 而机械波是需要介质才能传播的，那么电磁波这种机械波的介质是什么呢? 由于电磁波可以在宇宙中传播，因此其介质必然充满整个宇宙，并能渗透到通常的物质中. 在古希腊哲学中有一种特殊物质——**以太**也具有这种性质，而且惠更斯早就把以太当成光传播的媒质，称为光以太. 现在，麦克斯韦电磁场理论把光和电磁波统一了起来，因此以太不仅是光的载体，也是电磁场的载体. 它被认为是一种弹性媒质，以太中的带电粒子振动会引起以太变形，这种变形以弹性波的形式传播，这就是电磁波，也就是光，而电场和磁场只是以太振动的某种表观性质. 电磁波既然是机械波，那么必然符合机械波的一般原理. 电磁波是横波，套用机械横波的波速公式 $c=v_{横}=\sqrt{N/\rho}$（N 为切变模量，ρ 为密度），由于光速 c 非常大，因此，以太的切变模量将非常大，而密度将非常小. 这样的物质是非常奇怪而难以想象的. 但无论如何，人们还是容忍这种怪事存在.

既然电磁波是在以太中传播的机械波，那么描述电磁波的麦氏方程组当然就只在以太这种参考系中才成立. 弥散在整个宇宙中的以太就天然成为一种绝对的参考系，可以作为绝对静止系. 于是，相对性原理对于电磁理论不再成立了，任一物体的绝对速度也就原则上可以测量了. 虽然用力学现象无法判定绝对运动，但利用电磁现象却可以. 尤其是，光只是相对于以太的速度为 c，相对于其他在以太中运动的物体，如地球，就一般不会是 c 了.

人们首先想到的自然是测出地球相对于以太的运动. 其中最著名的就是**迈克尔逊-莫雷实验**. 迈克尔逊设计了如图 16－2 所示的装置，称为迈克尔逊干涉仪（详见 6.5 节）. 由光源 S 发出的光在半透镜 M 上分为两半，一半透过 M，射向 M_1，又反射回 M，再反射到目镜 T 中；另一半被 M 反射至 M_2，再反射回并透过 M 到达 T. 两束光汇集到目镜的屏上，将产生干涉条纹. 这种装置静止于以太中和固定于地球上所看到的干涉条纹的位置是不一样的. 这种条纹移动反映了由于地球的运动而导致的地球上不同方向的光速的差异. 但静止于以太中的干涉条纹（视为标准位置）是看不到的，故可考虑将整个装置旋转 90°. 此时两束光的差异相反，条纹相对于标准位置的移动也相反，故在地球上旋转前后的条纹移动将翻倍. 根据计算，地球上光速各向异性的差异足以使条纹有明显的移动. 然而，多次的实验结果都没有观察到预期的结果.

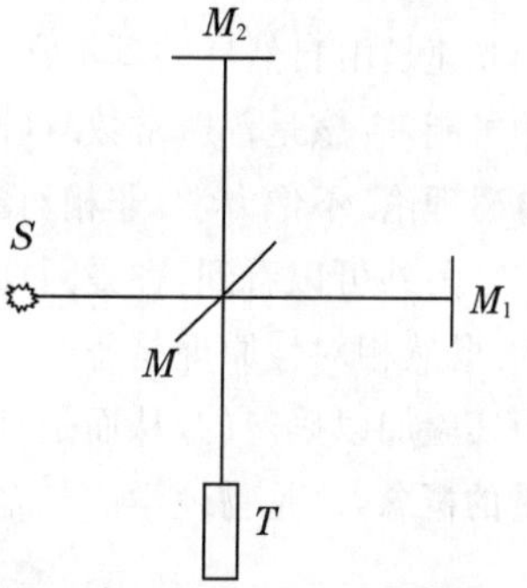

图 16－2　迈克尔逊-莫雷实验

另一个可以判定地球绝对运动的实验是 Trouton-Noble 实验. 如图 16－3 所示，两等量异号电荷固定于一绝缘杆上. 如果杆相对以太静止，那么杆自然不会旋转. 但如果杆相对于以太运动起来,那么,正负电荷的运动将产生电流,而其中一个运动电荷产生的电流对另一运动电荷将产生洛伦兹力的作用.两个电荷受到的两个洛伦兹力刚好构成一对力偶,从而使杆转动起来.因此,只要在地球上测量到杆的转动,就可以判定地球相对于以太的绝对运动.然而实验结果是:无论如何也测不到这种转动.

这些实验和其他大量实验一起表明:**即使利用电磁学实验,也无法判定地球的绝对运动!**

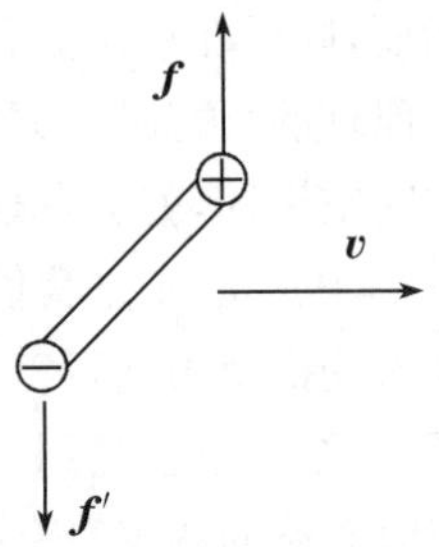

图 16-3 Trouton-Noble 实验

面对这种困境和许多其他困境,许多人提出了各种方案.但这些方案都基于以太观点,都有解释不了的实验现象,因此一时间莫衷一是.

16.1.4 爱因斯坦的相对论基本假定

爱因斯坦于1905年提出的狭义相对论,独辟蹊径,统一解决了各种困境.相对论的提出,与其说爱因斯坦是为了解决某一个具体困境而摸索出来的,不如说他是站在一种超然的高度,凭着对某种物理原理的强烈信仰而提出来的①.这种原理就是相对性原理.**电磁现象必须满足相对性原理!** 而我们刚刚总结出,利用电磁现象是无法判定绝对运动的.

电磁现象满足相对性原理,这意味着在任意惯性系中,电磁现象的动力学规律都是同一形式的麦氏方程组.尤其是,在一个惯性系中解麦氏方程组,得到光速为 $1/\sqrt{\varepsilon_0\mu_0}$,那么在其他惯性系中也将得到光速为 $1/\sqrt{\varepsilon_0\mu_0}$! 也就是说,真空中的光速与参考系无关!

因此,爱因斯坦提出了两条假定作为狭义相对论的基本出发点:(1) **相对性原理**:任何动力学规律在所有惯性系中具有相同的形式.(2) **光速不变原理**:真空中的光速为恒定值,跟参考系(或光源)无关.

肯定光速不变原理的实质在于肯定麦克斯韦电磁场理论满足相对性原理,因为其中的光速是由自然界的基本常数构成:$c=1/\sqrt{\varepsilon_0\mu_0}$.既然是基本常数,就没有跟参考系相关的可能,应该是普适常数.这同时也说明,电磁理论必然是相对论性的;没有非相对论性的电磁理论.不像力学,非相对论性的力学就是牛顿力学.

另外可以看到,在爱因斯坦的理论中已经没有了一般人所不离不弃的绝对静止系以太.既然相对性原理是普适的,绝对运动仍然不可测量,那么绝对静止系就仍然不是可以由实验加以确定的,从而是玄学的概念,而不是物理学的概念.**物理学只讨论可以操作、测量的概念**,这是物理学的一个原则.

16.2 狭义相对论时空观(Ⅰ)

光速不变原理的提出,意味着必须对通常的时空观进行全面革新,因为它直接与通常的速度合成律相冲突.举例来说,一列以速度 v 运行的火车上有一探照灯射向前方.如果

① 我们熟知的爱因斯坦小时候思考的追光实验实际上就已初步体现出他对相对性原理的思考.

光相对于火车的速度为 c，那么根据通常的速度合成律，在地面上测量到的这束光的速度将是 $c+v$. 然而依据光速不变原理，这束光相对于地面的速度仍是 c！这违反了我们的日常经验，从而必然与我们熟悉的牛顿时空观相冲突. 所以爱因斯坦的大胆就在于，他居然否定了我们熟悉的时空观，这是通常人们想都没想到、想都不敢想的.

16.2.1　同时的相对性

爱因斯坦对牛顿时空观首要的、也是根本性的突破是认识到了同时的相对性. 自此，其后的理论发展也就势如破竹了. 因此，对同时的相对性的掌握是学习相对论的首要任务.

爱因斯坦假想了一辆高速火车，我们称为**爱因斯坦火车**. 假设**从地面观测**，某时刻车头 A 和车尾 B 同时发生了一次闪电，如图 16 - 4 所示. 在火车中点 C 处装有一探测器，只要两边的两束光同时到达，探测器就会响. 同一时刻，地面上相应重合的点为 A'、B'和 C'，且 C'处也装有同样的探测器.

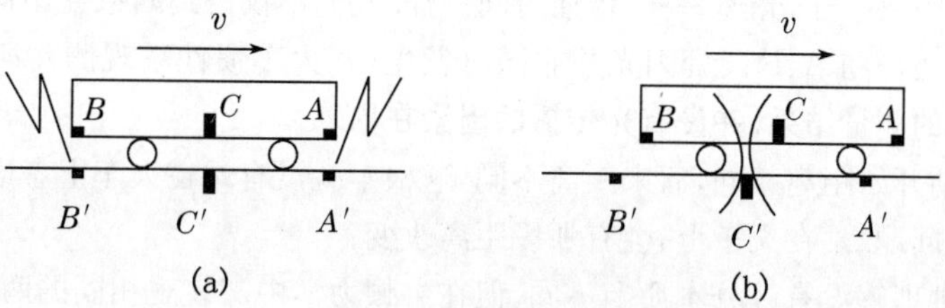

图 16 - 4　爱因斯坦火车

现在，由于地面上观测两束光在 A'和 B'同时发出，故二者将同时到达 C'，于是 C'处的探测器会响一声. 但火车上的探测器 C 呢？由于火车前行，A 处发出的光（简称 A 光）与 C 相向而行会先达到 C，B 光将追赶 C 而后到达 C. 因此，C 处的探测器不会作响. 这是地面的观测结果，当然也是火车上的观测结果. 因为一件事情发生与否是确定的，不会因参考系的不同而不同. 根据该探测器的性能，可知两束光不是同时到达 C 的.

至此的分析与我们通常的时空观完全不矛盾. 这也就意味着上述分析和结论是与时空观无关的，在逻辑上是**先于时空观**的. 下面要依据光速不变原理来分析火车上观测到的情形.

光速是不变的，火车上观测到的光速也是 c. 而距离相同 $\overline{AC}=\overline{BC}$，且两束光不是同时到达 C 的，故只能得出一个结论：A、B 两处的闪电在火车上观测不是同时发生的！而且，由于 A 光比 B 光先到达 C，所以，A 处的闪电比 B 处的闪电先发生.

也就是说，**在某系看来**①**同时发生的两事件，在另系看来不是同时发生的**！这就是同

① 这里用通俗用语“看”代替“观测”一词. 严格来说，二者有别. 观测结果是实际发生的结果，而看到的结果则是光达到眼睛时产生的视觉形象. 后文会谈到，高速运动的球体会在运动方向上发生洛伦兹收缩，变成扁球，这是测量结果. 但可以证明，眼睛看到的形象却仍是球体，因为较远部分的光必须先发出才能与较近部分发出的光同时达到眼球. 因此眼睛看到的视觉形象不是同一时刻的测量形象，而是不同时刻、不同部位的形象的同时展现. 历史上二者曾一度被混淆，直至 *Terrell* 指出这一点. 本书不拟讨论此问题，仍不时用“看”代替“观测”.

时的相对性. 而且,还可以确定先后次序:**另系运动前方(或原系运动后方)的事件先发生**.

这一结论又一次完全违背我们的直观感觉,当然,这是必然的. 在牛顿时空观看来,时间和空间是完全分离的,不同惯性系测量到的空间距离和时间间隔都是一样的. 现在,由于光速不变性对牛顿速度合成律的背离,居然时间间隔成为一个相对概念了.

有一个经常出现的误解是这样的:

火车上两处闪光并非同时发生的结论其实是有光传播的因素在内的. 两处闪光其实就是同时发生的,只是一先一后达到才使探测器不响. 你们只是把"两束光不同时到达 C"的事实当成"两处闪光不同时发生",并没有去掉光传播的因素. 为什么 A 光比 B 光先到达 C? 就是因为 A 光与 C 是相向运动,而 B 光与 C 是追及运动. 前者的相对速度是 $c+v$,后者的相对速度是 $c-v$,当然会一前一后到达 C 了. 所谓距离相同,只是开始时的距离相同,后来因为相对运动,一个缩短,一个拉长,距离就不再相同了.

这里犯了几个概念错误.

首先,虽然在我们的讨论中用到了光,但光的传播因素已经扣除,因为我们已经考虑到了在火车上距离一样,光速一样,传播时间一样. 我们不仅得到两束光不同时达到 C,更重要的是我们还得到 A、B 两处闪光并非同时发生(在火车惯性系观测). 所以,**我们所指的是实际发生的测量结果,并没有光传播的因素在内**.

其次,所谓开始距离相同,后来距离不同,这根本就没有站在火车上考虑问题,而是仍站在地面考虑问题. 站在火车上,会有那段距离改变?

再次,这种理解没有区分本质上不同,但在牛顿力学中却表观相同的两个概念,即"相对速度"的两种意义:

A 系测到的 B 相对于 C 的速度 $\neq C$ 系测到的 B 的(相对于 C)速度.

这两种速度表面上看都是 B 相对于 C 的速度,但一个是在第三者 A 系中测量的,一个是在二者之一的 C 系中测量的,二者在本质上并不是一回事. 但它们在牛顿时空观中却具有相同的数值,故通常人们并不区分它们. 然而在狭义相对论中,二者的本质不同就体现为数值不同,此时不可再混淆. 具体地说,前面所谓两束光相对于火车的速度值 $c\pm v$ 是地面测到的光与火车的相对速度,不是火车上测到的光相对于火车的速度. 后者只能是 c! 而且,后面会谈到,任何物体的速度不能超过 c,这是指在任一参考系中测到的某物体的速度. 而 $c+v$ 已经超过 c 了,所以它不可能是某参考系中测到的某物体(包括光)相对于此参考系的速度. 因此,用 $c\pm v$ 来讨论问题,还是站在地面上,而不是火车上来讨论的. 而我们正是要考虑火车上观测到的情形.

谈到相对速度的两种意义,这里对速度的合成或叠加再做一些说明. 也有两种意义上的速度叠加. 第一种是物理上的叠加,即 $\boldsymbol{v}_{A对C}$ 与 $\boldsymbol{v}_{A对B}$ 和 $\boldsymbol{v}_{B对C}$ 的关系. 这里涉及的是参考系的变换,其中的每个速度都不能超过光速. 在牛顿力学中有 $\boldsymbol{v}_{A对C}=\boldsymbol{v}_{A对B}+\boldsymbol{v}_{B对C}$,但在相对论中此式不再成立,而应代之以更复杂的公式. 第二种是数学上的叠加,即把 $\boldsymbol{v}_{A对C}$ 按照矢量的性质做纯数学意义上的分解与合成:$\boldsymbol{v}_{A对C}=\boldsymbol{v}_{A对C,1}+\boldsymbol{v}_{A对C,2}$. 这里不涉及参考系的变换,其分速度都是对同一个参考系而言,而且此时分速度可以大于光速,只要合成之后的总速度不大于光速就行了. 由于不涉及参考系的变换,所以这种叠加与时空观无关,是先于时空观的. **两种叠加的区别就看是否涉及参考系的变换**. 在牛顿时空观中,两种叠加具有类似的形式,故常常不区分它们,而且还常常把它们当成一回事. 但在相对论时空观中,二者形式不再相同，不可再把它们等同.

16.2.2　时钟延缓和固有时间

有了同时的相对性这一突破性结论，其他结论也就接踵而至了. 下面具体考虑时间间隔是如何具有相对性的.

考虑静止于运动系 Σ' 中的一个光钟(如图 16－5 所示)，由两块镜子构成. 在 Σ' 系中，光从 B 镜发出射向 A 镜，又返回至 B，经过一段时间 $\Delta t'$. 可以把 $\Delta t'$ 视为一个标准钟“嘀”和“哒”之间的时间. 也就是说，现在有两个事件，即 B 镜发射光(嘀)和 B 镜接收光(哒)，而 $\Delta t'$ 是在 Σ' 系中测量到的这两个事件的时间间隔. 那么地面 Σ 系中测量到这两事件的时间间隔如何呢?

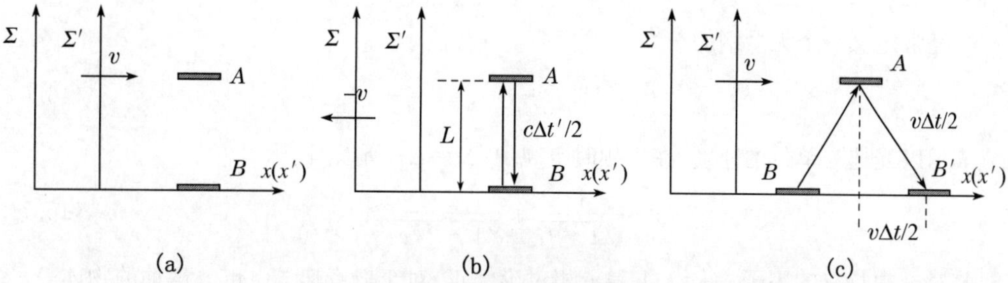

图 16－5　时间延缓效应

图 16－5(b)是运动系 Σ' 中看到的情形，而图 16－5(c)是**同一个过程**在静止系 Σ 中看到的情形. 在 Σ' 系中，显然有 $L=\frac{1}{2}c\Delta t'$.

在 Σ 系中，光沿折线行进，但由于光速不变，速度仍是 c. 设这两事件在 Σ 系中测量到的时间间隔是 Δt，则有(注意图 16－5(c)中的长度是用 Δt 表示的)$L^2=\left(\frac{v\Delta t}{2}\right)^2=\left(\frac{c\Delta t}{2}\right)^2$. 两式消去 L，得

$$\Delta t=\frac{\Delta t'}{\sqrt{1-v^2/c^2}}. \tag{16.4}$$

这就是同样的嘀嗒两声在地面测量到的时间间隔. 由于 $\Delta t>\Delta t'$，故这嘀嗒两声在地面上看所花的时间变长了，从而动作变缓慢了. 这就是**动钟延缓**，又称**时间膨胀**. 可以看出，如果参考系的速度 $v>c$，那么上式就会出现虚数，这是无意义的. 故**光速是最高速度**.

于是有一个问题：如果静止系和运动系上都有一口标准钟，从静止系看，运动钟变慢了，$\Delta t>\Delta t'$；但从运动系看，静止系的钟反向运动，也应该变慢，从而 $\Delta t'>\Delta t$. 两式怎能都成立呢?

这是根本未了解动钟延缓的意义，而只是从字面意思去理解. 首先，两个结论都是对的，但二者说的是完全不同的两码事. 不能只注意“钟”，而要关注事件. (16.4)式到底表示什么意思? 它是“嘀”“哒”两个事件在不同参考系中的时间间隔的关系. 而这是怎样的两个事件? 它们在 Σ' 系中是**同地发生**的，但在 Σ 系中不是同地发生的(见图 16－5(c)). 这才是关键，此时有 $\Delta t>\Delta t'$. 至于从 Σ' 系观察 Σ 系中后退的钟，此时考虑的是另外两个事件，这两事件在 Σ 系中是同地发生的，但在 Σ' 系中不是同地发生的. 此时有 $\Delta t'>\Delta t$. 这与

前面谈的根本是两码事,怎么会有矛盾呢?

可以看出,(16.4)式分子上的时间 $\Delta t'$ 有着特殊的意义,因为在运动系中"嘀""哒"这两个事件是**同地发生**的,而 $\Delta t'$ 正是在这个参考系中测量到的. Δt 则不同,两事件在地面测量不是同地发生的,故地面系的测量时间 Δt 就不特殊了.

如果在某惯性系中测量到两事件同地发生,那么在其中测量到的时间间隔就称为**固有时间**,又称**原时**,通常用 τ 表示. 简单地说,**原时的特征是同地发生**. 在其他惯性系观测这两事件时,它们必然是异地发生的,且时间间隔都较长. 所以,在所有惯性系观测到的各个时间间隔中,只有**原时最短**,也只有原时才能放在(16.4)式的分子上. 为明确起见,重新把(16.4)式写为

$$\Delta t=\frac{\Delta\tau}{\sqrt{1-v^2/c^2}}. \tag{16.5}$$

经常定义一个无量纲的量

$$\beta=\frac{v}{c}, \tag{16.6}$$

它表示以光速为单位的速度. 在牛顿时空观中,$\Delta t=\Delta\tau$,所以因子

$$\gamma\equiv\frac{1}{\sqrt{1-\beta^2}}\equiv\frac{1}{\sqrt{1-v^2/c^2}}>1 \tag{16.7}$$

是相对论中特有的因子,而 $\gamma-1$ 表示相对论修正. 对于以音速 334 m/s 运动的物体,$\gamma=(1-\beta^2)^{-1/2}\approx1+v^2/2c^2=1+6.2\times10^{-13}$. 因此,对于日常所遇到的速度,相对论修正是非常小的,完全可以忽略. 但在高能物理中,粒子的速度很大,有的甚至接近光速,此时 $\gamma\gg1$,相对论修正就很明显了.

例 16.1 一辆火车以高速 v 从地面的一个桩子边通过,地面测量的通过时间为 $t_{地}$. 求火车上测量到的通过时间 $t_{车}$.

解:该题关键是确定哪个是固有时间,而这首先要抽象出两个事件. 此题中的两个事件是:车头过桩和车尾过桩. 然后判断:在哪个参考系中这两个事件是同地发生的? 是地面. 因此,$t_{地}$ 就是固有时间. 故

$$t_{车}=\gamma t_{地}=\frac{t_{地}}{\sqrt{1-v^2/c^2}}. \tag{16.8}$$

小结一下:(1) **事件是相对论的基本概念和用语**. 相对论中的任何分析都要首先把事件抽象出来,这样才利于讨论. (2) 要从不同的惯性系中找出各自的方程,再联立求解.

这里再阐明一下相对论中的事件概念. 一个事件总是在某时、某地发生的,从而一定具有一组时空坐标(x,y,z,t). 反过来,如果给出一组时空坐标(x,y,z,t),就可以找到(或制造)某事件在该时、该地发生. 也就是说,相对论中的**事件等同于某参考系中给出的一组时空坐标**. 这意味着,如果有两事件同时同地发生,那么它们将被认为是同一个事件,因为它们具有相同的时空坐标. 在爱因斯坦火车一例中,"A 处闪光"和"A 与 A' 重合"就是相对论意义下的同一事件. 虽然这在日常经验中不好理解,但只要注意到下面这一点就可以明白:相对论只关心它们的时空坐标,而不关心它们的其他性质.

16.2.3　动尺缩短和固有长度

时间是相对的，长度当然也就是相对的了. 考虑一根尺子，它静止时的长度称为**原长**，或**固有长度**. 如果已经测量出它的原长，那么它沿长度方向运动时，长度如何？

我们就用上面火车过桩的例子分析. 设火车原长为 L_0. 重新强调，现在的两事件是车头过桩和车尾过桩. 下面考虑在两惯性系中各自得到的关系. 在火车系中，火车长度即原长 L_0，而地面以速度 v 高速后退，且在其中测量到的这两事件的时间间隔为 $t_{车}$，故

$$L_0 = vt_{车}.$$

在地面系中，设测量到的火车长度为 $L_{地}$，而测量到的这两事件的时间间隔为 $t_{地}$，故

$$L = vt_{地}.$$

利用上面的结论(16.8)式，即得

$$L = L_0\sqrt{1-v^2/c^2}. \tag{16.9}$$

由于 $L<L_0$，因此火车运动时长度变短，这就是**动尺缩短**，又称**洛伦兹-斐兹杰惹收缩**①，简称为**洛伦兹收缩**.

洛伦兹收缩只出现在运动方向上，垂直于运动方向的尺度并不收缩. 实际上，只涉及时空变换、不涉及速度变换的相对论效应都只发生在运动方向上. 例如，在爱因斯坦火车的例子中，车头、车尾闪电这两事件是分布在运动方向上的. 在动钟延缓的例子中，嘀嗒两事件在 Σ' 系中是同地发生的，不好谈论是否在运动方向上，但在 Σ 系中确实是处在运动方向上. 对于动尺缩短效应，当然也是这样. 这也是为什么在处理动钟延缓的例子时，Σ' 系和 Σ 系测到的 AB 间的垂直距离都是 L 的原因.

下面给出洛伦兹收缩的另一证明，以利于读者熟悉狭义相对论时空观. 如图 16-6 所示，在运动系 Σ' 中置有 A、B 两块镜子. 光从 A 镜发出，又被 B 镜反射回来.

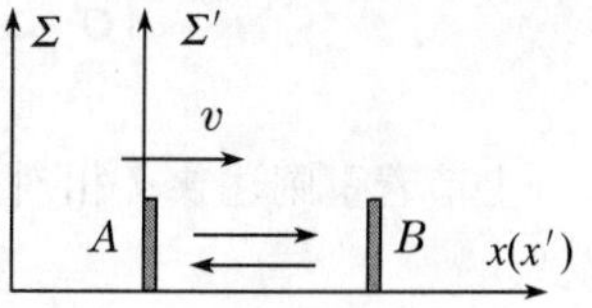

图 16-6　洛伦兹收缩的证明

兹考虑这样的两事件：A 镜发射光和 A 镜接收光. 在 Σ' 系中，两镜静止，AB 的距离为原长 L_0，两事件是同地发生的，都在 A 处，故其时间间隔为原时 $\Delta\tau$. 故有

$$L_0 = c\Delta\tau/2.$$

在 Σ 系中，整个过程由两部分构成：(1) 光发出后追及 B；(2) 光反射后与 A 相向而遇. 设测到的 AB 的距离为 L，则两过程的时间分别为 $\Delta t_1 = \dfrac{L}{c-v}$，$\Delta t_2 = \dfrac{L}{c+v}$.

故两事件的时间间隔为 $\Delta t = \Delta t_1 + \Delta t_2 = \dfrac{2Lc}{c^2-v^2}$.

根据动钟延缓(16.5)式，即得 $L = L_0\sqrt{1-v^2/c^2}$.

在这种证明方式中我们看到，从地面观测，光与运动系之间是存在相对运动的，其处

---

① 这种收缩公式和后面的洛伦兹变换公式在相对论之前就已给出，并以提出者的名字命名. 但它们当时都基于以太观点而有着另外的意义. 例如，洛伦兹收缩当时被认为是当物体相对于以太运动时由于物质与以太之间的相互作用而导致的绝对收缩. 而在相对论中，洛伦兹收缩是纯运动学效应.

理方法并不特别，就是我们从小就熟知的追及运动和相向运动问题，其中直接出现相对速度 $c \pm v$. 这再次说明，如果两者之间存在相对运动，那么从第三者看它们的相对运动和从两者之一看它们的相对运动原则上是不一样的. 对于前者的处理，直接用我们熟知的方式，因为这是**与时空观无关**的. 而对于后者，只要涉及参考系变换，其处理方式就直接与时空观相关，从而体现出牛顿时空观与相对论时空观的区别了.

例 16.2 宇宙射线中的 μ 子是在大气层上部产生的，其速度非常高，为 $v = 2.994 \times 10^8$ m/s $= 0.998c$. μ 子会衰变，静止 μ 子的平均寿命为 $\tau = 2.2 \times 10^{-6}$ s. 一方面，$v\tau = 660$ m，另一方面，实际上大部分的 μ 子可以穿透厚为 $H = 9\,600$ m 的大气. 如何解释？

解：站在地面系和 μ 子系中都可以解释. 从地面系中看，μ 子即为动钟，故地面测量的高速 μ 子的寿命将延长为 $\Delta t = \dfrac{\tau}{\sqrt{1 - v^2/c^2}} = \dfrac{\tau}{\sqrt{1 - 0.998^2}} = 15.8\tau$.
故其能走过的距离为 15.8×660 m $\approx 10\,400$ m，与所给数据吻合.

站在 μ 子系中看，μ 子静止，但地面和大气以高速 $v = 0.998c$ 迎面扑来. 此时大气的厚度即可视为动尺的长度，它缩短为

$$H' = H\sqrt{1 - v^2/c^2} = 0.063\,3H \approx 610 \text{ m},$$

与数据 660 m 相符.

可以看出，不同的参考系中可以有不同的描述方法，但最后的物理事实和结论必须是一致的.

16.3 狭义相对论时空观(Ⅱ)

上节着重阐述狭义相对论时空观的基本物理概念，本节则侧重于该时空观的数学形式.

16.3.1 洛伦兹变换

根据以上结论，可以得到不同惯性系之间的时空坐标变换. 由于坐标变换直接跟时空观相联系，所以在现在的时空观下的坐标变换将与牛顿时空观下的伽利略变换有根本不同.

设有两惯性系 Σ 和 Σ'，其 x 轴重合，y 轴和 z 轴平行，且 Σ' 系以速度 v 相对于 Σ 系沿 x 轴正方向运动，如图 16-7 所示. 跟前面讨论伽利略变换相同，这里也要求当二者的原点重合时，两原点处的时钟都指向 0 时刻①. 也就是说，先对好空间和时间的“起点”. 考虑一个事件 A，它在 Σ 和 Σ' 系中的坐标分别为 (x, y, z, t) 和 (x', y', z', t'). 下面分别在两系中列方程.

在 Σ 系中，在事件 A 发生的同一时刻，Σ' 系的原点到事件发生点的 x 坐标之差为 $x'\sqrt{1 - v^2/c^2}$. 这只要想象在 Σ' 系中摆放着一根原长为 x' 的尺(一头在 Σ' 系的原点，一头

① 两原点重合就是一个事件. 根据该要求，这个事件在两惯性系中的坐标都是(0,0,0,0).

在事件 A 发生的地方)即可,然后由于动尺缩短,尺长变为 $x'\sqrt{1-v^2/c^2}$. 因此,有

$$x=vt+x'\sqrt{1-v^2/c^2}.$$

而在 Σ' 系中,在事件 A 发生的同一时刻,Σ 系的原点到事件发生点的 x 坐标之差也因动尺缩短为 $x\sqrt{1-v^2/c^2}$. 于是有 $x\sqrt{1-v^2/c^2}=x'+vt'$.

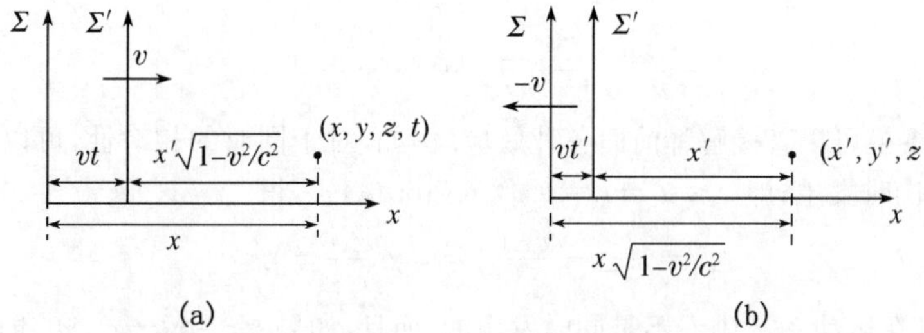

图 16-7　洛伦兹变换的推导

联立两式,可得

$$t'=\frac{1}{\sqrt{1-v^2/c^2}}\left(t-\frac{vx}{c^2}\right), \tag{16.10}$$

$$x'=\frac{1}{\sqrt{1-v^2/c^2}}(x-vt), \tag{16.11}$$

$$y'=y,$$

$$z'=z.$$

这就是**洛伦兹变换**,其中加入了 y,z 方向的坐标变换. 前面已指出,只与时空坐标有关的相对论效应只出现在运动方向上. 而 y,z 方向是垂直于运动方向的,故此坐标值不变. 由于这套公式只适用于仅 x 轴有相对运动的情况,故又称为特殊洛伦兹变换.

可以看出,对于低速情况,$v\ll c$,则 $\gamma=1/\sqrt{1-v^2/c^2}\approx 1$,且(16.10)式中的 vx/c^2 项也可以忽略. 此时,洛伦兹变换就完美地过渡到伽利略变换(16.1)式. 这就是说,牛顿时空观是相对论时空观的低速近似. 这是一个必然的要求,因为,不管高速时的正确理论如何,其低速近似必须是久经考验的牛顿力学.

上述洛伦兹变换是把 Σ' 系的坐标用 Σ 系的坐标来表示. 也可以反过来,把 Σ 系的坐标用 Σ' 系的坐标表示,称为**逆变换**. 这只要当 x' 和 t' 为已知量,将 x 和 t 反解出来即可:

$$t=\frac{1}{\sqrt{1-v^2/c^2}}\left(t'+\frac{vx'}{c^2}\right), \tag{16.12}$$

$$x=\frac{1}{\sqrt{1-v^2/c^2}}(x'+vt'). \tag{16.13}$$

此逆变换也可以这样得到:"Σ' 系相对于 Σ 系以速度 v 运动"与"Σ 系相对于 Σ' 系以速度 $-v$ 运动"是完全**等价或平权**的,故所满足的相对关系是完全一样的. 于是,在(16.10)式和(16.11)式中,采取互换 $x\Longleftrightarrow x'$,$t\Longleftrightarrow t'$,同时 $v\rightarrow -v$,就得到上述逆变换. 伽利略变换中的两组互逆关系(16.1)也可以这样得到.

经常用到的是两事件的时空坐标之差. 此时,只要把(16.10)~(16.13)式中的所有变量取改变即可:$\Delta x=x_2-x_1$,$\Delta t=t_2-t_1$,$\Delta x'=x_2'-x_1'$,$\Delta t'=t_2'-t_1'$. 罗列如下:

$$\Delta t'=\frac{1}{\sqrt{1-v^2/c^2}}\left(\Delta t-\frac{v\Delta x}{c^2}\right) \tag{16.14}$$

$$\Delta x'=\frac{1}{\sqrt{1-v^2/c^2}}(\Delta x+v\Delta t) \tag{16.15}$$

$$\Delta t=\frac{1}{\sqrt{1-v^2/c^2}}\left(\Delta t'+\frac{v\Delta x'}{c^2}\right) \tag{16.16}$$

$$\Delta x=\frac{1}{\sqrt{1-v^2/c^2}}(\Delta x'+v\Delta t') \tag{16.17}$$

用洛伦兹变换可以直接解释前面各种效应.例如,对于同时的相对性,可以设在静止系 Σ 中两事件同时发生,即 $\Delta t=t_2-t_1=0$. 代入(16.14)式,得

$$\Delta t'=\gamma\left(\Delta t-\frac{v\Delta x}{c^2}\right)=-\gamma\frac{v\Delta x}{c^2}\neq 0.$$

可见,这两事件在运动系 Σ' 中看不是同时发生的.而且,如果 $\Delta x=x_2-x_1>0$,即在 Σ 系中事件 2 位于事件 1 的前方,则 $\Delta t'=t_2'-t_1'<0$,即在 Σ' 系中事件 2 比事件 1 先发生.这就是结论“另系运动前方的事件先发生”.

对于动钟延缓,由于其特征是两事件在某系中同地发生,可以设此系为运动系 Σ',则 $\Delta x'=x_2'-x_1'=0$. 代入(16.16)式,得 $\Delta t=\gamma\left(\Delta t'+\frac{v\Delta x'}{c^2}\right)=\gamma\Delta t'=\frac{\Delta t'}{\sqrt{1-v^2/c^2}}$.

此即动钟延缓,其中 $\Delta t'$ 即原时间隔.

对于动尺缩短,分析要麻烦些.相对论中的任何分析都要先抽象出事件来,那么这里的事件是什么?问题是:什么是长度?该如何定义?可以这样操作:**长度测量必须同时测量两端的坐标**,再相减.这里“同时”一词非常重要:同时是具有相对性的,长度当然也就具有相对性了.于是,这里的两事件是测量前端和测量后端,而且这两事件在地面系 Σ 中是同时发生的,故 $\Delta t=0$. 另一方面,这两事件在运动系 Σ' 中不是同时发生的,但由于尺子静止于其中,所以什么时候测量两端坐标都没关系,而且有 $\Delta x'=L_0$,即原长.把上述条件代入(16.15)式,即得

$$\Delta x=\Delta x'\sqrt{1-v^2/c^2},$$

其中 $\Delta x=x_2-x_1$ 即在地面系中量出的长度 L. 故 $L=L_0\sqrt{1-v^2/c^2}$,即动尺缩短.

例 16.3 地面上 A、B 两地相距 8.0×10^3 km,一列做匀速运动的火车由 A 到 B 历时 2.0 s. 另有一架飞机跟火车同向飞行,速率为 $u=0.60c$. 求:(1) 地面观测到的火车速度;(2) 在飞机中观测到的火车在 A、B 两地运行的路程、时间和速度.

解:本题涉及难以实现的高速,但我们不纠缠这个问题.本题中的两个事件很明显,即火车离开 A 地和到达 B 地.

(1) 由题意可知,在地面参考系中,$\Delta x=8.0\times10^6$ m,$\Delta t=2$ s,故地面测到的火车速度为 $u=\frac{\Delta x}{\Delta t}=\frac{8.0\times10^6}{2.0}$ m/s$=4.0\times10^6$ m/s.

(2) 由洛伦兹变换(16.14)式和(16.15)式知,在飞机参考系中,对于同样的两事件,有

$$\Delta t'=\frac{\Delta t-\frac{v\Delta x}{c^2}}{\sqrt{1-v^2/c^2}}=\frac{2.0-\frac{0.60\times8.0\times10^6}{3.0\times10^8}}{\sqrt{1-0.60^2}}\text{ s}=2.5\text{ s},$$

$$\Delta x' = \frac{\Delta x - v\Delta t}{\sqrt{1-v^2/c^2}} = \frac{8.0\times10^6 - 0.60\times3.0\times10^8\times2.0}{\sqrt{1-0.60^2}}\ \mathrm{m} = -4.4\times10^8\ \mathrm{m}.$$

所以，飞机上观测到的火车速度为 $u' = \frac{\Delta x'}{\Delta t'} = \frac{-4.4\times10^8}{2.5}\ \mathrm{m/s} = -1.8\times10^8\ \mathrm{m/s}.$

在本题中，要注意区分两种速度：一个是两参考系之间的相对速度 v，它是进入洛伦兹变换中的速度；一种是从不同参考系观测到的火车的速度 u 和 u'，其中火车是被研究的对象.

对于同一物体，其速度在不同惯性系看来是不同的. 上面最后一式体现了速度变换规则的一般确定方法. 根据洛伦兹变换(16.14)式和(16.15)式和 $\Delta y' = \Delta y, \Delta z' = \Delta z$，有

$$u'_x = \frac{\Delta x'}{\Delta t'} = \frac{u_x - v}{1 - vu_x/c^2},$$

$$u'_y = \frac{\Delta y'}{\Delta t'} = u_y\,\frac{\sqrt{1-v^2/c^2}}{1 - vu_x/c^2},$$

$$u'_z = \frac{\Delta z'}{\Delta t'} = u_z\,\frac{\sqrt{1-v^2/c^2}}{1 - vu_x/c^2}. \tag{16.18}$$

其逆变换读者可以自行推导. 由(16.18)式可知，虽然垂直于相对运动方向的位置坐标不受相对运动的影响，但垂直方向上的速度还是受影响的.

可以用(16.18)式检验光速不变原理. 设 Σ 系中光沿 x 方向传播，则 $u_x = c, u_y = u_z = 0$. 代入(16.18)式，马上得到 $u'_x = c, u'_y = u'_z = 0$. 对于光沿其他方向传播的情况，读者可以自行验证.

16.3.2　间隔不变性

至此，我们已经知道，原来很多我们以为具有绝对性的东西都是相对的：同时是相对的，时间是相对的，空间是相对的. 于是自然会问一个问题：难道一切都是相对的吗？就没有一个大家能都认同的东西？难道先有父亲后有儿子的事实还有可能变成先有儿子后有父亲？那岂不乱套了？

并非如此. 事实上，在相对论中，我们已经知道有两件东西是绝对的，一个是光速，一个是事件. 如果发生了某事件，那么所有参考系都会承认此事件发生了. 只是其时空坐标是相对的而已. **时空坐标是表象，而事件才是实质**. 另一个绝对的量就是下面的间隔.

利用洛伦兹变换(16.11)和(16.10)式计算 $(ct')^2 - x'^2$，会发现，

$$(ct')^2 - x'^2 = (ct)^2 - x^2.$$

或者说，

$$(ct')^2 - x'^2 - y'^2 - z'^2 = (ct)^2 - x^2 - y^2 - z^2.$$

这意味着时空坐标的这样一种组合是与参考系无关的，是绝对的，是**不变量**. 这样的不变量就是**间隔** s^2：

$$s^2 \equiv (ct)^2 - x^2 - y^2 - z^2. \tag{16.19}$$

或者，如果采用(16.14)式～(16.17)式那样的形式，则两事件之间的间隔

$$\Delta s^2 \equiv (c\Delta t)^2 - \Delta x^2 - \Delta y^2 - \Delta z^2 \tag{16.20}$$

是不变量，其中，Δx^2 是 $(\Delta x)^2$ 的省写，其余类推. 而(16.19)式中的 s^2 可以理解为某事件 (x,y,z,t) 与事件 $(0,0,0,0)$ 之间的间隔.

注意两点：(1) 这里的间隔符号 s^2 和 Δs^2 都是整体符号，一般不能做意义拆解，理解为 s 或 Δs 的平方，虽然有时可以这样做. 看其定义就会发现，$s^2<0$ 是可能的. 如果能做意义拆解，那么此时 s 是虚数，这是没有意义的. (2) 要区分通常的空间、时间间隔和这里的间隔. 前一“间隔”是日常生活中就已使用的概念，而后一“间隔”是相对论中所特有的概念，而且具有长度平方的量纲.

考虑这样的两个事件：某时某处发射光，然后在另时另处接收光. 它们的空间间隔和时间间隔显然满足

$$\Delta l=\sqrt{\Delta x^2+\Delta y^2+\Delta z^2}=c\Delta t.$$

代入间隔的定义(16.20)式，即得 $\Delta s^2=0$. 因此，**由光信号连接起来的两事件的间隔为 0.**

根据定义，对于同时异地的两事件，其间隔 $\Delta s^2=-\Delta l^2<0$，而对于同地异时的两事件，其间隔 $\Delta s^2=c^2\Delta t^2>0$. 由于间隔是不变量，故不可能存在两事件，它们在某系看来同时异地，而在另系看来同地异时. 这意味着，在爱因斯坦火车的那个例子中，那两个在地面看来同时发生的闪光无论如何也不可能在某系中被视为是在同一个地方先后发生的两事件.

根据间隔的不变性可以很简单地得到一些结论. 例如，如果在某系中两事件同地异时，那么它们在此系中的时间间隔最短(此即动钟延缓). 又如，如果在某系中两事件同时异地，那么它们在此系中的空间距离最短(这直接关系到动尺缩短). 请读者自证.

16.3.3 因果不变性

同时性的相对性告诉我们，两事件的时间顺序是有可能倒过来的. 在爱因斯坦火车(见图 16-4)一例中，向右运动的火车观测到闪光 A 比 B 先发生，而向左运动的火车将观测到闪光 B 比 A 先发生. 那么，是不是时间顺序**一定**可以倒过来呢？如果真的如此的话，那这个世界就乱套了：我们看到先有父亲再有儿子，但一定会有人看到先有儿子后有父亲；我们看到猎人先开枪，然后鸟掉下来，但也一定会有人看到，鸟先掉下来，然后猎人才开枪. 一句话，因果关系将会被颠倒. 这是无论如何不能被接受的. 物理规律必须要能够保证因果律.

那么，狭义相对论中因果律能够得到保证吗？我们让洛伦兹变换来回答. 由(16.10)式，有

$$\frac{\Delta t'}{\Delta t}=\frac{1}{\sqrt{1-v^2/c^2}}\left(1-\frac{v}{c^2}\frac{\Delta x}{\Delta t}\right). \tag{16.21}$$

其中 $\Delta x/\Delta t$ 是有因果关系的 A、B 事件的空间间隔和时间间隔的比值，可视为某种速度. 我们可以一般地认为，A 引发 B 是因为传递了某种信号，而 $\Delta x/\Delta t$ 就是这种信号的速度，比如猎人射鸟例子中子弹的速度. 信号速度最大是光速，故 $\Delta x/\Delta t\leqslant c$. 同时，在(16.21)式中，参考系的相对速度满足 $v<c$，故式中的括号一定是正数，从而 $\Delta t'$ 与 Δt 同号. 这就是说，有因果关系的两事件的时序确实保持不变，因果律得以保证. 所以，在相对论中绝对的东西不仅有间隔，还有因果性.

反过来，如果两事件不可能有因果关系，那么一定有 $\Delta x/\Delta t>c$. 此时，一定可以找到一个足够接近 c 的 v 值，使得(16.21)式中的括号小于 0，于是可以使 $\Delta t'$ 与 Δt 反号. 因此，

对于不可能有因果关系的两事件，其时序一定**可以**颠倒(注意，不是“一定颠倒”). 而这样的两事件的先后颠倒不会造成任何问题.

因果不变性还可以用间隔不变性来进行简单的一般证明. 对于可以建立因果关系的两事件，由于其信号速度 $\Delta l/\Delta t \leqslant c$，根据间隔的定义，有 $\Delta s^2 \equiv (c\Delta t)^2 - \Delta l^2 \geqslant 0$. $\Delta s^2 > 0$ 称为**类时间隔**，$\Delta s^2 = 0$ 称为**类光间隔**. 而对于不可建立因果关系的两事件，即使用光速也无法联系它们，因此其空间间隔和时间间隔的比值 $\Delta l/\Delta t > c$，于是 $\Delta s^2 < 0$，这称为**类空间隔**. 也就是说，**能否建立因果关系就看间隔的正负**. 由于间隔 Δs^2 是不变量，所以因果关系是绝对的.

再看爱因斯坦火车中的那两道同时发生的闪光. 它们不可能有因果关系，故时序是相对的. 或者说，同时发生的两事件因为无因果关系而可以成为先后发生的. 反过来说也对：对于无因果关系的非同时两事件，一定可以找到某系使得它们是同时发生的. 这是因为，无因果关系就意味着 $\Delta s^2 = (c\Delta t)^2 - \Delta l^2 < 0$. 只要找到某系，在其中测到的两事件的空间间隔 $\Delta l'$ 满足 $-\Delta l'^2 = (c\Delta t)^2 - \Delta l^2$，那么在此系中两事件必然同时发生.

与此相应的另一结论是：对于可建立非光因果关系的两事件，一定可以找到某系使得它们是同地发生的. 请读者自证. 以上两结论也可以从洛伦兹变换中得到证明.

下面是一个小结. 对于两个不同的事件($\Delta t, \Delta l$ 不同时为 0)：

可建立非光因果联系	由光信号联系	不可建立因果联系
$\Updownarrow$	$\Updownarrow$	$\Updownarrow$
$\dfrac{\Delta l}{\Delta t} < c$	$\dfrac{\Delta l}{\Delta t} = c$	$\dfrac{\Delta l}{\Delta t} > c$
$\Updownarrow$	$\Updownarrow$	$\Updownarrow$
$\Delta s^2 > 0$	$\Delta s^2 = 0$	$\Delta s^2 < 0$
$\Updownarrow$	$\Updownarrow$	$\Updownarrow$
间隔类时	间隔类光	间隔类空
$\Updownarrow$	$\Updownarrow$	$\Updownarrow$
不可实现同时发生，可实现同地发生	不可实现同时发生，也不可实现同地发生	可实现同时发生，不可实现同地发生
$\Updownarrow$	$\Updownarrow$	$\Updownarrow$
时间顺序绝对，左右顺序相对	时间顺序绝对，左右顺序绝对	时间顺序相对，左右顺序绝对

其中 $\Updownarrow$ 表示同一列的各陈述等价. 所谓非光联系，是指用小于光速的信号所建立的联系. 最后一行谈到左右顺序，这有一个前提，即两事件都发生在有相对运动的 x 轴上.

16.4　相对论动力学

时空观的改变必然导致动力学的改变. 可以证明，处于基础地位的牛顿第二定律 $\boldsymbol{F} = m\mathrm{d}\boldsymbol{v}/\mathrm{d}t$ 必须修改为下列形式：

$$\boldsymbol{F} = \frac{\mathrm{d}}{\mathrm{d}t}\left(\frac{m_0 \boldsymbol{v}}{\sqrt{1 - v^2/c^2}}\right) = \frac{\mathrm{d}}{\mathrm{d}t}(m_0 \gamma \boldsymbol{v}). \tag{16.22}$$

其中，m_0 是一个常数，$v = \sqrt{\boldsymbol{v} \cdot \boldsymbol{v}}$ 是速度 $\boldsymbol{v}$ 的大小. 当然，括号内的量就是相对论动量：

$$\boldsymbol{p}=m_0\gamma\boldsymbol{v}=\frac{m_0\boldsymbol{v}}{\sqrt{1-v^2/c^2}}. \tag{16.23}$$

经常把

$$m\equiv\gamma m_0\equiv\frac{m_0}{\sqrt{1-\beta^2}}\equiv\frac{m_0}{\sqrt{1-v^2/c^2}} \tag{16.24}$$

称为**动质量**，而把 $m_0\equiv m|_{v=0}$ 称为**静质量**. 因此，相对论中的质量是随速度增大而增大的. 这一点已由实验所证实.

具体的讨论表明，动力学定律(16.22)会引起与牛顿力学中大不相同的结果. 例如，力 $\boldsymbol{F}$ 与加速度 $\boldsymbol{a}=\mathrm{d}\boldsymbol{v}/\mathrm{d}t$ 的方向可以不同；就算相同，所差的系数也随情况而变.

能量也将被修改. 将(16.22)式两边点乘 $\mathrm{d}\boldsymbol{s}=\boldsymbol{v}\mathrm{d}t$，得

$$\boldsymbol{F}\cdot\mathrm{d}\boldsymbol{s}=\frac{\mathrm{d}}{\mathrm{d}t}(m_0\gamma\boldsymbol{v})\cdot\boldsymbol{v}\mathrm{d}t=\boldsymbol{v}\cdot\mathrm{d}(m_0\gamma\boldsymbol{v}).$$

为计算 $\boldsymbol{v}\cdot\mathrm{d}(\gamma\boldsymbol{v})$，先给出一些将用到的结果. 将 $\gamma=1/\sqrt{1-v^2/c^2}$ 变形，得 $1+\frac{v^2}{c^2}\gamma^2=\gamma^2$.

又有 $\mathrm{d}\gamma=\mathrm{d}\frac{1}{\sqrt{1-v^2/c^2}}=\frac{v\mathrm{d}v}{c^2(1-v^2/c^2)^{3/2}}=\gamma^3\frac{v\mathrm{d}v}{c^2}$.

反复利用以上两式，得

$$\begin{aligned}\boldsymbol{v}\cdot\mathrm{d}(\gamma\boldsymbol{v})&=\boldsymbol{v}\cdot\boldsymbol{v}\mathrm{d}\gamma+\gamma\boldsymbol{v}\cdot\mathrm{d}\boldsymbol{v}\\&=v^2\gamma^3\frac{v\mathrm{d}v}{c^2}+\gamma v\mathrm{d}v\\&=\left(\frac{v^2}{c^2}\gamma^2+1\right)\gamma v\mathrm{d}v\\&=\gamma^2\gamma v\mathrm{d}v\\&=c^2\mathrm{d}\gamma.\end{aligned}$$

于是，

$$\boldsymbol{F}\cdot\mathrm{d}\boldsymbol{s}=\mathrm{d}(m_0c^2\gamma)=\mathrm{d}\left(\frac{m_0c^2}{\sqrt{1-v^2/c^2}}\right), \tag{16.25}$$

外力做功等于质点能量的增加，因此，括号内的量就是质点的能量：

$$E=\frac{m_0c^2}{\sqrt{1-v^2/c^2}}=mc^2. \tag{16.26}$$

兹考虑其级数展开. 在低速情况下，$v\ll c$，利用

$$(1+x)^\alpha=1+\alpha x+\frac{\alpha(\alpha-1)}{2!}x^2+\cdots$$

注意 $\gamma=(1-v^2/c^2)^{-1/2}$，故 $\alpha=-1/2$. 于是有

$$E=m_0c^2+\frac{1}{2}m_0v^2+\frac{3}{8}m_0\frac{v^4}{c^2}+\cdots \tag{16.27}$$

第一项是物体静止时的能量，称为**静能**：

$$E_0=m_0c^2. \tag{16.28}$$

这种能量在牛顿力学中是没有的.

第二项就是牛顿力学中的动能，而高阶项则是动能的相对论修正. 从第二项开始往后的所有项之和就应该是物体的动能：

$$E_K=E-E_0=(m-m_0)c^2=\left(\frac{1}{\sqrt{1-v^2/c^2}}-1\right)m_0c^2. \tag{16.29}$$

(16.26)式和(16.28)式称为**质能关系**.它是相对论最重要的推论之一,也是其最著名的推论.它表明,任意的能量都成比例地表现为一定的质量.质量的减少一定伴随能量的减少.例如,在高能物理中,当几个粒子复合成一个粒子时,一般要放出部分能量,称为**结合能** ΔE,即静能量会减少.而生成粒子的静质量也是小于反应粒子的静质量之和的,其差称为**质量亏损** ΔM.根据狭义相对论,二者的关系为

$$\Delta E=\Delta Mc^2. \tag{16.30}$$

这已被大量的实验所证实,也是原子能利用的主要理论依据.

但不要认为能量不守恒了,前面谈到的减少和亏损指的是静能和静质量.实际上,放出的能量一般以光子的形式辐射开来.能量守恒定律和动量守恒定律是高于牛顿力学的一般定律,它们是普适的,在相对论中仍然成立.

如果根据(16.26)式和(16.23)式计算 $E^2-(c\boldsymbol{p})^2\equiv E^2-c^2\boldsymbol{p}\cdot\boldsymbol{p}$,将发现,它是一个常数:

$$E^2-(c\boldsymbol{p})^2=m_0^2c^4. \tag{16.31}$$

它跟(16.19)式和(16.20)式极为类似.(16.31)式表明,虽然一个粒子的动量和能量在不同惯性系中测到的值是不同的,但它们的这种组合却是与参考系无关的不变量.实际上,在相对论中,动量和能量组成**四维动量**$(p_x,p_y,p_z,E/c)$,其变换规律跟事件的坐标(x,y,z,ct)完全一样,只要把洛伦兹变换(16.10)～(16.11)式中的(x,y,z)换成(p_x,p_y,p_z),把 t 换成 E/c^2 即可.(16.31)式是关于相对论动量、能量的重要关系式.

光子是一种特殊的粒子.由于其速度只能是恒定的 c,由(16.26)式,其静质量为 0,静能为 0.故光子的能量就是其动能.根据(16.31)式,有 $E=E_K=cp$.

例 16.4　带电 π 介子会衰变为 μ 子和中微子:$\pi^+\rightarrow\mu^++\nu$,其中中微子和光子一样速度恒为 c.已知各粒子的静质量为:$m_\pi=139.57\ \mathrm{MeV/c^2}$,$m_\mu=105.66\ \mathrm{MeV/c^2}$,$m_\nu=0$.求在 π 介子质心系中 μ 子的动量、能量和速度.

解:在 π 介子质心系中,π 介子的动量为 0,能量为 $E=m_\pi c^2$.它衰变后,根据(16.31)式,μ 子和中微子的能量分别为 $E_\mu=c\sqrt{m_\mu^2c^2+p_\mu^2}$,$E_\nu=p_\nu c$.
由动量守恒定律和能量守恒定律,有

$$p_\mu=p_\nu=p,\ c\sqrt{m_\mu^2c^2+p_\mu^2}+p_\nu c=m_\pi c^2.$$

解之,得

$$p=\frac{m_\pi^2-m_\mu^2}{2m_\pi}c=\frac{139.57^2-105.66^2}{2\times139.57}\ \mathrm{MeV/c}=29.79\ \mathrm{MeV/c},$$

$$E_\mu=\frac{m_\pi^2+m_\mu^2}{2m_\pi}c^2=\frac{139.57^2+105.66^2}{2\times139.57}\ \mathrm{MeV}=109.78\ \mathrm{MeV}.$$

又根据(16.26)式,对于 μ 子,有 $\gamma=\dfrac{1}{\sqrt{1-v^2/c^2}}=\dfrac{E_\mu}{m_\mu c^2}=\dfrac{109.78}{105.66}=1.0390$.

故其速度为 $v=0.2714c$.

16.5 电磁现象的相对性*

线上阅览

习题

线上阅览

第 17 章　量子物理基础*

17.1　能量子假设　光的粒子性*

17.2　氢原子光谱和玻尔半量子理论*

17.3　物质波不确定性关系　波函数*

17.4　量子力学对氢原子的描写　电子自旋*

17.5　多电子原子*

线上阅览

习 题

线上阅览

附录与习题参考答案*

附录 1　矢量基本知识*

附录 2　国际单位制(SI)*

附录 3　常用物理常数*

习题参考答案*

线上阅览

参考文献

[1] 姜廷墨,宋根宗,力学与电磁学[M]. 沈阳:东北大学出版社,2006.
[2] 吴王杰. 大学物理学[M]. 北京:高等教育出版社,2005.
[3] 梁绍荣,等. 普通物理学[M]. 第三版. 北京:高等教育出版社,2005.
[4] 卢德馨. 大学物理学[M]. 第三版. 北京:高等教育出版社,2003.
[5] 梁灿彬,等. 电磁学[M]. 第二版. 高等教育出版社,2004.
[6] 王绶官,邹振隆. 大学物理[M]. 北京:高等教育出版社,1996.
[7] 俞允强. 热火爆炸宇宙学[M]. 北京:北京大学出版社,2001.
[8] 严燕来,叶庆好. 大学物理拓展与应用[M]. 北京:高等教育出版社,2004.
[9] 朱荣华. 基础物理学[M]. 北京:高等教育出版社,2001.
[10] 凯勒(美),高物译,经典与近代物理学[M]. 北京:高等教育出版社,1997.
[11] 杨福家. 原子物理学[M]. 北京:高等教育出版社,2000.
[12] 吴翔,等. 文明之源——物理学[M]. 上海:上海科学技术出版社,2001.
[13] 德国物理学会. 译:中国物理学会. 新世纪物理学[M]. 济南:山东教育出版社,2002.
[14] 教育部高教司组. 工科大学物理课程试题库[M]. 北京:清华大学出版社,2003.
[15] D Halliday, R Resnick, J Walker. Fundamentals of Physics[M]. 6th Edition. John Wiley &. Sons, Inc, 2001.
[16] Francis W S, Mark W Z, Hugh D Y. University Physics[M]. 5th Edition. Addison-Wesleypublishing company, 1999.